災害を語り継ぐ

—複合的視点からみた天明三年浅間災害の記憶—

関俊明

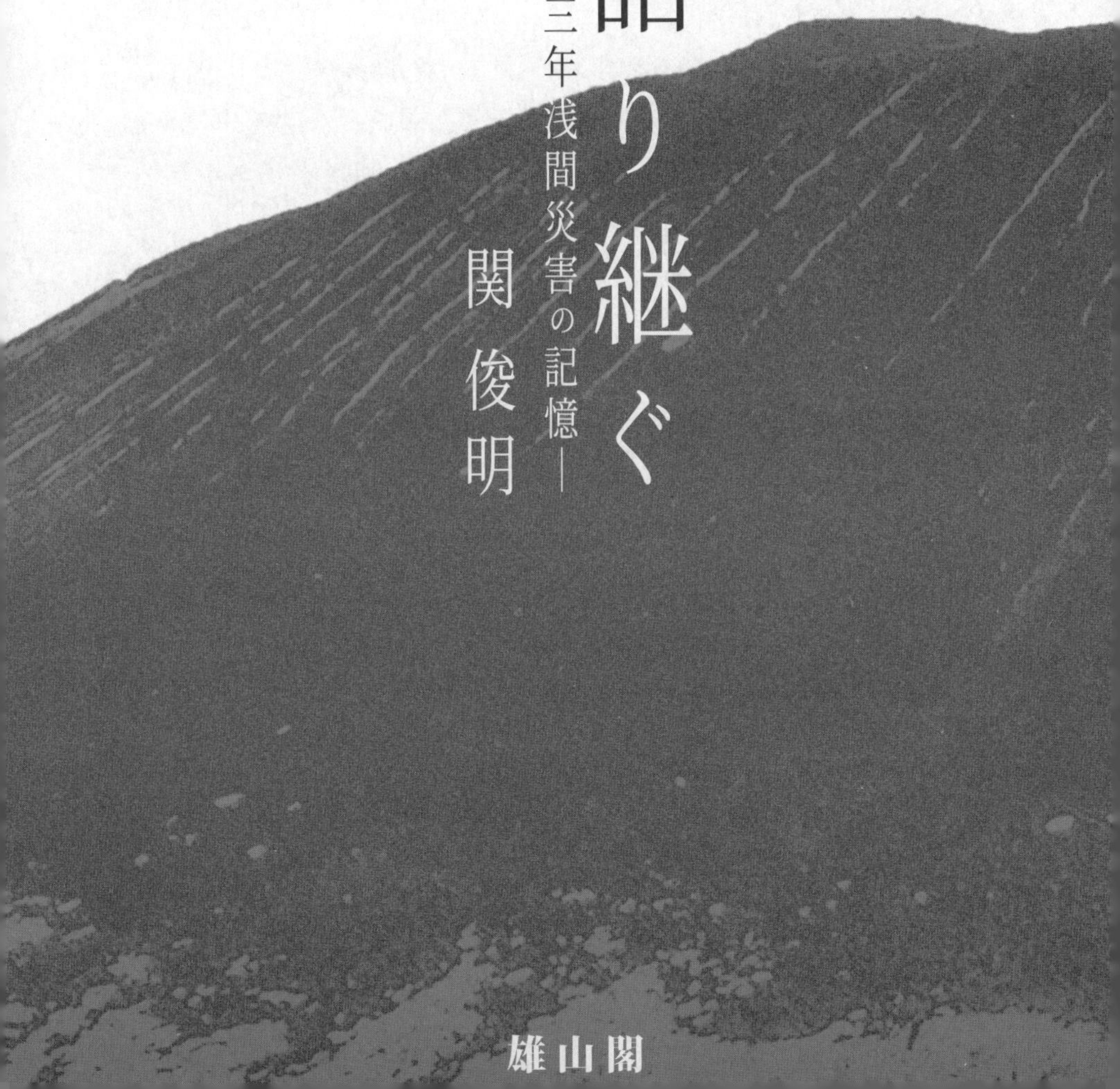

雄山閣

災害の語り継ぎ——はじめに換えて——

災害の語り継ぎは、防災や減災に生かされる知恵といえる。どのような出来事だったのか、それに対して、先人がどう対処し行動してきたのかを、各個人の尺度を通して知ることは、自ずと、今と将来を賢明に生きていこうとする我々にとっての指南となる。手立てを講じなければ人々の心の中から遠退いてしまう性質の「災害の記憶」は、その存在自体が、かけがいのない力をもつことになる。整理集約することの必要性と取り扱うべき重要性に気づかされるのである。

先人たちが被った災害像、復旧から復興への道筋、犠牲者への供養、歴史と災害像、現象に対する自然科学からの歩み寄り、今日的な課題への転化…。災害に対して、実に多くの視点があり、どれも実に大きな課題で、学問的なアプローチが存在する。

天明三（一七八三）年に発生した浅間山の噴火災害を調査研究し、無形としての口承、有形としての行事や事物など、様々な方法で後世に語り継がれる罹災記録を紐解くうちに、研究領域を越えた「語り継ぐ」という一つの括りが必要だと思えるようになってきた。最初に思い浮かべていた、語り継がれてきた「天明三年浅間災害の記憶」という多岐にわたる関連事物の枠組みを十分に整えることは、さらに機会を改めねばならないことにもなってしまったのだが。

歴史にはいつ何が起こったのかという事実記録のほかに、当時の人達が何を思い、暮らし行動してきたかを知る手掛かりが隠されている。本研究でも、歴史学者がいうように、「過去の時の断面を独り占めしたかのような感動」を覚えることがあり、それが研究を進める源になっている。それまで、理解できているようで分かっていないことに出会し、新たな解明に巡り合い得られた時の感動、それがここまでの原動力だったと思う。

考古学の時間スケールで見ると、時間経過の二三〇余年というのは、かなり短い。しかし、その手法による微細情報の扱いは有効だったと思う。歴史災害に対して、カルテのような記録があってもよい、というのは持論かもしれないが、「記憶」という個人の体験が多くの人々に伝わる力の集約の具現として、本書を扱っていただければ有り難い。それは、いつ起こるか予測もつかない次なる様々な災害へ、判然とした不安を感じているよりも、復興へまた防災へと強い意志を熟成させてくれるためのものと信じている。

一つの歴史災害の語り継ぎというアプローチが、社会へ還元されることになるなら、自分にとってそれに勝るものはない。自然災害が多く発生する現代社会に、本書が活かされることがあれば幸甚である。

もくじ

災害の語り継ぎ――はじめにかえて――……1
序　章　天明三年浅間災害・歴史災害の記憶……7
第一章　天明三年浅間災害にかかわる研究史……15
第一節　学際的な視点と天明三年浅間災害……15
第二節　地方史、郷土史における「天明三年」研究……25
第三節　自然科学からみた天明三年浅間山噴火……38
第四節　歴史学からみた「天明三年」……46
第五節　考古学からみた天明三年浅間災害……55
小　結……60
第二章　天明三年浅間災害の語り継ぎの構成……69
第一節　取り組みの意義……70

第二節　天明三年浅間災害と伝える事物……71
第三節　事例と分類の試み……78
第四節　自然的要素……79
第五節　人文的要素……82
小　結……90

第三章　語り継ぎの継続……95
第一節　語り継ぎの所在と変化の実例……95
第二節　災害からの救済と復興……109
第三節　人物伝に登場する「天明三年」……130
第四節　供養碑……145
第五節　鎮撫・慰霊と奉納……161
第六節　信仰や地域文化への特化……180
第七節　災害地名……196
第八節　年忌と供養……206
小　結……222

第四章　我が国の火山系列の博物館について……249
第一節　我が国の「火山」……250
第二節　火山系列の博物館の定義と分類……254
第三節　火山系列の博物館の一覧……256
小　結……261
第五章　「風土記の丘」構想の再検討から学ぶ……265
第一節　評価を扱う研究……266
第二節　構想のあらまし……267
第三節　史跡保存の背景……269
第四節　風土記の丘設置の経過と理念……273
第五節　国庫補助に拠らない風土記の丘……278
第六節　二〇年経過した現況から学ぶこと……280
小　結……286

第六章　語り継ぎの具体から野外博物館への展開とテーマ……291
第一節　鎌原村——埋没した土砂の上に子孫の生活が続けられているムラ——……291
第二節　川嶋村——絵図に描き残され地中に眠るムラ——……303
第三節　震災遺構の存在……312
第四節　野外博物館の構想……337
小　結……359
終　章……367
おわりに……374
初出一覧……376
天明三年浅間災害語り継ぎの時間軸年表……i

序章　天明三年浅間災害・歴史災害の記憶

Ⅰ「天明三年浅間災害」

浅間山は、群馬と長野の県境に位置する標高二五六八ｍの活火山で、天明三（一七八三）年の浅間山噴火は概ね三ヶ月の活動であった。軽石や降灰の被害・岩屑なだれと呼ぶ土砂移動とそれらが吾妻川・利根川を流れ下った天明泥流、今日「鬼押出し溶岩」と呼ばれる火口から流れ出た溶岩の流出などが、火山噴火に伴う現象であった。人的な被害としては降下物による一名の犠牲者を除けば、北麓側に流れ下った岩屑なだれと天明泥流により犠牲者が一五〇〇人を数え、そのほとんどを占める。しかし、災害としてはそれだけには留まらず、すでに前年から続く天候不順の中で発生した噴火活動は、気候の要因とも重なり、天明の飢饉と深く絡み合って、歴史のうねりをつくることになる。

天明三年の噴火では、この天明泥流の発生がなければ、噴石により軽井沢で死者が出た程度で、我が国の火山災害史でもこれほどまでに注目はされなかったともいわれ、泥流発生のメカニズムなどにも学際的な興味が集まる理由にもなっている。当時の日本の人口が二五〇〇万人とされることから、犠牲者数を四倍に見積もると、先の阪神・淡路大震災に匹敵する数の犠牲者を出した歴史災害ということにもなる。

「災害」とは、自然の営み、ここでは火山の噴火活動をいうのではなく、それによって人間がどのような被害を被ったかをいう。つまり、火山の噴火活動があっても人間が被害を受けなければ「火山災害」とはいわない。また、この災害を人文の視点からだけで解明の糸口を網羅することにはつなげられず、諸領域を融合させることの必要性もある。

さらに、噴火に伴う直接被害に絡み合い発生した二次的被害も含める見方をしながら、噴火活動によってもたらされた災害として重ねていくことも求められる。そこで、天明三年の浅間山噴火、及びそれが引き金となり被害が重なり天明の飢饉へと拍車をかけたという要因の含みをもたせ、ここでは「天明三年浅間災害」と総称するものである。

Ⅱ　歴史災害としての派生

一次災害としては、岩屑なだれと天明泥流の流下や噴火降下物による被害があり、山麓から吾妻川・利根川へと流下し多くの犠牲者を出した。また、水陸交通網の遮断として、中山道や例幣使街道の陸路、吾妻川や利根川の水運の遮断、橋梁流失や関所機能の麻痺などがあげられる。二次災害として派生した天明の飢饉への影響は、餓死者の増加や食糧の価格暴騰、富農や富商の売り惜しみに対しての打ちこわしなどの直接行動を誘発し松平政権を誕生させた。地域の疲弊と絡み合いながら、農村荒廃や人口減少と都市への流出、貧富の差拡大などを導いたとされる。

災害史の研究からは、災害が発生したときに、①先人がどう対応してきたのか、②非業の最期を迎えた人々に対してどう追悼の表現の形をとってきたのか、③神仏とはどのようにかかわってきたのか、④経験を通してどのような知恵や工夫が出されてきたのか、⑤災害の経験を後世にどう伝達してきたのか、などの視点が挙げられ、実例を通して学ぶことができる。本テーマにおいては、二三〇余年余の時間経過をもつ火山災害としての天明三年浅間山噴火とそれにかかわる被害や人々の関わりについて、出来事の実態解明・被害の実像・その後人々はどのように対処し復興を遂げてきたかなど、視点はさまざまで、目指す方向や手法も多岐に及び、多くの研究が存在している。歴史災害としての認識を通して、時間経過とその後の生活の中で、この災害から人々がどう影響を受け今日の社会につながるのかを知ることにもなる。

Ⅲ 「災害の記憶」の存在

「記憶」とは、ここではどのような定義が相応しいのか。それは、「歴史」という概念よりも、一般化されておらず遥かに個人的であったり、限られた人達にしか明確にされていなかったりする存在のようである。また、「記録」と違って、たとえ理解するのは難しくても、それが何なのかを一目で推測できるような形のものではない場合も多い。また、より個人や特定の人々の内面に存在する性格のもののようでもあるし、意識しなければ人々に忘れられてしまう性格のものでもある（第三章小結）。

災害の直後は、世間の注目が集中するが、時間の経過とともに、出来事は社会的関心から忘れ去られ、風化していく傾向にある。しかし「災害の記憶」の存在は、人々に「先祖の供養や慰霊」の気持ちをもたらし、地域の経験として「地域の防災意識」にもつながる性格をもっている。そして、過去の「負の遺産」であっても、観光や地域に活力をもたらす「地域資源」として未来創造につなげられる可能性すら含んでいる。二〇〇六年、神戸で開催された「世界災害語り継ぎフォーラム」（二〇一〇年三月二〇～二二日、よみうり神戸ホール／ＪＩＣＡ兵庫、「世界災害語り継ぎフォーラム」実行委員会主催）の開催要旨では、

語り継ぎは、生命や環境を守るという人びとの意識を高め、被災地の復興や、災害に強い地域づくりを進める原動力にもなり、さらには地域を越えた連帯の意識を生みだすなど、社会全体にとって多くの可能性を持った、大変重要な活動

と表現されている。

そのように考えると、個々の研究領域の統一、あるいは、網羅的に概観する視点をもつことも、地域史的な見方として重要な論点といえる。時系列の「記憶の掘り起こし」や、さらにそれらを総括的な視点をもち、後世に伝える役割を受け持つ研究があって然るべきで、点から線や面へと広げていくことが求められる。

本論ではこのような視点を貫き、進めていきたいと考える。

また「語り継ぐ」という言葉には、どういった意味が込められているのか。「次の世代の人に次々と語り伝えていく」ことを意味するこの言葉に対して、この場で言えることは出来事を「忘れない」ようにすることであり、より人々に身近にしてもらえるようテーマを据えていくことになる。また、意識してそのことを明らかにしていくこと、情報発信していくことだといえる。

「天明三年浅間災害」と包括した用語には、浅間山噴火とその影響だけに留まらず、天明の飢饉にも、直接・間接的に影響を及ぼしあった意味合いがある。この噴火活動では、浅間山火口からみて東南東方向の関東地方一帯に厚く軽石や火山灰を堆積させた。浅間山の南東麓、軽井沢から碓氷峠をぬけ関東平野、高崎・熊谷から江戸にかけて降下物堆積の主軸方向があり、降下物が当時の中山道を覆い尽くしたことになる。この範囲では、浅間山噴火と天明の飢饉は極めて密接に結びついた出来事として看て取れる。だが、噴火の影響を受けつつも気象学的な要因、さらに人的要因により発生した天明の飢饉とは、別の災害として一線を画する必要が本来はある。しかしながら、本論の中では、災害研究上は区別されるべき天明浅間山噴火災害と天明の飢饉との線引きを敢えて避け、両者が絡み合い、時間経過の中で起因する流れを如何に語り継がれてきたかを把握することに努め、「どのように語り継ぎがなされ」、「どのような方法、手立てを講じることができるか」につなげていきたい。その意味から、交錯した領域の設定をおこなった。

Ⅳ「語り継ぎ」の枠組

「語り継ぐ」ことは、「次の世代に語って伝える」ことであり、出来事や物語を世代から世代へと伝えていくこと、手渡していくことである。歴史災害とのかかわりで、このことの定義や意味付けを試みるとすれば、個人や社会が世代を越え、時間が経過しても災害という出来事を忘れないようにする工夫や努力を捉えていくことを意味する。そして、遭遇者や関係者にとって、被害に対する出来事の「語り」は格別な意味をもつ。一次的に関係する人々にとって、すぐには出来事を語ることさえ叶わない、或いは、そうなるまでに相当の時間を要することさえある。場合によれば、遭遇したという直接体験は当事者の心の内面の「記憶」に留まり、語られることなく失せていってしまうことすらある。そして、社会の枠で捉えれば、その出来事についての語りは、世代が交代する度に薄れていくという危険を含む性格のものでもある。「忘れないこと」が本当によいことなのかという議論も一部にはあるかもしれないが、それは限られた場面でのことと考えておくべきで、多くの場合、「記憶の風化」などという言葉に示されるように、人々の記憶から出来事は忘れられていく傾向にあり、そうさせない知恵として「語り継ぎ」の議論へと発展する段階を踏まえることになるのである。

では、災害の「語り継ぎ」の向かうべき、或いは活かされるべき方向はどこかという問いには、どう答えたらよいのか。社会全体の将来のためという括りで見ると、「災害の教訓」などという言葉でまとめられそうである。国、社会、我々の未来に備え、同じことが起こったときの対処に少しでも役立てようとすべき知恵として、出来事を記憶していくことが求められている。また、対象を掘り下げ限定し、被害を被った限られた地域のこととして、そこに住む人達の過去の出来事として語られていく意味合いを考えてみる必要もあるだろう。そこには、時間の経過とともに地域の文化として概念化されていく傾向や世代を超え地域社会の地盤形成の要因にもなっている実態がある。そして、その地域の人達のアイデンティティにも成り得る性格のものにもなっている。この意味で、「教訓」という言葉は、「供養」や「回顧」などという言葉に身が置き換えられているといえる。このことは、ややもすると地域社会の中で時間経過とともに他のモノや形に変化してしまう恐れもあり、出発点である災害という出来事が明確に示されている必要性も求められるはずである。例えば、災害に端を発した祇園祭の由来は限られた人々にしか認知されず祭典の興隆が進められ、教訓としての知恵と観る場合には、期待する効果は十分なものにはならないこともあるだろう。

それでは、歴史災害が語り継がれることのあるべき構図、求められる理想の姿とは、どのような状態をいうのだろうか。論者にとっては、いささか検討が不十分の観があるが、社会全体や地域社会の機会において活かされる場面があること、過去の出来事に派生した行事や行為を通して過去の出来事が日常的に目の辺りにされる環境、或いは、そういったことが人々の生活に根付いていることが求められるだろう。そして、他の領域、観光や地域資源といった災害史研究や教訓の発展形といった直接的ではない分野との緩やかな繋がりを維持していることが相乗効果に結びつく構図となるのである。

その意味で、天明三年浅間災害は近世社会に発生した火山災害の一事例ではあるが、具体的な情報集約によって学術研究の枠を越え、災害と「語り継ぎ」を検討することに寄与できるものと考えられる。

Ⅴ　歴史災害と今日的な災害事例との接点

災害は地形を変え、人命を奪い、人々を苦難な生活に追いやったりする。天明三年の浅間山噴火の影響が及んだ地域に残存している認識可能な出来事の断片をたどり、二三〇余年の経過の中で、消え行く変遷や経時的事象を分析・

系列化して整理していくことに取り組み、「土地に刻まれた地域の歴史」を語り継ぐことの検討、防災意識や地域創造への〝萌芽・種まき〟を本論のねらいとしたい。そして、今日的な災害事例でいわれる「震災遺構」を通して人々がどう出来事を語り継ぐことができるかという発想と同様に、歴史災害の視点として、このテーマを見ていくことを論者は課題としている。この解決のために、考古学及び援用する周辺領域を通した天明三年浅間災害の解明と同時に、災害の記憶の語り継ぎと博物館学の接点を見出そうと試みている。本論では、次の三点を構成の柱とした。

先ず一点目に**「天明三年浅間災害」を俯瞰すること**である。第二章「天明三年浅間災害語り継ぎの構成」において、災害発生からの時間経過の語り継ぎを構成している個々の事柄・項目を分類・整理することを試み、第三章「語り継ぎの継続」で、歴史災害が今日まで伝えられる事物を項ごとに集約しようとした。無論、地域性が色濃く映し出され地元に残されている「草の根的」な情報の集約作業であることはいうまでもない。第一章の研究史のなかでは、これまで多くの領域から「天明三年浅間災害」解明のアプローチがあることを見渡した。この作業は、単に「天明三年」の出来事を発掘調査するに留まらず、当時の人々の営みの解明について、遺跡調査を通して向き合い研究を独創的に進展させようとしてきた論者の研究の裏付けとなる部分である。

二点目には、**本テーマにかかわる国内の博物館・遺跡の広域保存を実現させた風土記の丘構想について**概観した。「火山」や「遺跡」をキーワードとし、火山に関する展示や遺跡保存の先行事例を通覧していく基礎作業として、第四章「我が国の火山系列の博物館について」、また、第五章「「風土記の丘」構想の再検討から学ぶ」でそれぞれ検討した。災害を含めた火山の事例を扱う博物館についてより広い枠組みで見渡そうとし「火山系列」の文言を用いた。また、発掘調査による遺跡の保存と活用という視点で、既に制度は終了している「風土記の丘」構想をあらためて見直し、第六章につなげ、どのような方法で語り継ぐ手立てが講じられるかを扱った。

そして、三点目の第六章「語り継ぎの具体から野外博物館への展開とテーマ」において**「語り継ぎ活動」展開の具**

現化のための布石として、地点情報を取り上げ模索しようとした。出来事と時間経過の中で培われてきた人々の教訓を後世に語り継ぐための活動が顕著に根付いている、先の学術発掘調査がおこなわれた嬬恋村鎌原地区の現況を見渡した上で、同地点から五〇㎞下流にある旧川嶋村の例を、天明泥流に被災し「地下に眠るもう一つのムラ」と形容し、渋川市川島地区の旧川嶋村での出来事や地点情報を取りまとめようとした。

これまで「天明三年浅間山噴火」に纏わり、多くの研究領域からのアプローチが存在することを確認した。しかしながら、これらをクロスさせ、人々の苦難、あるいは災害という出来事自体を語り継ぐこと、さらにそれらを社会全体の可能性につなげていくといった研究は、これまで存在していない。火山学・歴史学・歴史地理学・考古学・砂防学、等々の研究諸領域で別々に扱われていた歴史災害像を、横断した複眼的な思考によって、背景にある人々の思いや社会の姿を見つめ直し、事実・経過の集積という形で取りまとめていく展開を試みようとすることが、本研究の課題であり、歴史災害を源とする「語り継ぎ」の研究として、本論がその契機となることを目指したい。

第一章　天明三年浅間災害にかかわる研究史

第一節　学際的な視点と天明三年浅間災害

（1）国立歴史民俗博物館災害史研究の2つの企画展

近代科学の手法分析が可能になる以前の災害は「歴史災害」と呼ばれている。自然災害は突発的であり、人の一生に比べると発生頻度はそう高いとはいえない。このことは、被災体験が世代間で直接伝えられることが少ないことを意味する。さらに、歴史的なスパンで災害を克服し社会回復を行う人間や社会に関する研究の蓄積は、さほど伸展を見ていないともいえる。

【図1】国立歴史民俗博物館 2003
『ドキュメント災害史 1703-2003』展示図録

このような歴史災害研究のとるべき方向性を総合的に探ろうという災害史を扱う学際的な取り組みとして、国立歴史民俗博物館において「ドキュメント災害史一七〇三－二〇〇三～地震・噴火・津波、そして復興～」（二〇〇三年七月八日～九月二一日開催）が企画された。二年の共同研究の成果で展示が成されたプロジェクトであり、開館二〇周年記念展示とされる中で、企画展示という開かれた場を通して各分野の研究者が同じ素材について検討を手掛けていく試みであった。一七〇三年の元禄地震にはじまる我が国の災害史年表で、六五の災害を掲げた展示であり、その研究の方向性は、「災害研究に携わる理学、工学系研究者と歴史・地理学などの文系研究者がともに日本における自然災害史をテーマに取り組み、その成果を展示を通して表現しようとする新しい試み(1)」と示されている。

全体の流れとして、江戸時代の地震・津波・噴火を知るという部分と、災害の「その後」を考えるというテーマの二部構成がとられた。日本人が不慮の災害に遭遇したときに、如何に対応し、供養してきたかを取り扱っている。江戸時代から近代はじめの、いわゆる近代科学導入以前の歴史災害を対象として、資料に基づき、次のような研究の理念が示されている。①災害当時の絵図や記録が何を記録するために作られたのか、②歴史災害の記録から何がわかるのか、③そこから災害像の復元がおこなえるのか、④科学的分析に基づく災害像から災害予知が可能か、といった内容を文系研究者と理系研究者が普段交わることのない研究者同士やさらに研究者と観覧者との新しい出会いの場、研究と展示の接点を求めていこうという、主に四点である。

災害研究に携わる、理学・工学系研究者と歴史・地理学などの文系研究者がともに自然災害史をテーマに据えるという扱いを目指した。このことを北原糸子は、展示解説の中で、

地震学や津波学、あるいは火山学の専門家と、歴史を専門とする人たちがともにひとつの企画に参加してお互いに知恵を出し合い、江戸時代に起きた大きな地震や噴火や津波などの災害を記録した絵図や文書、あるいは地下に埋没した痕跡などをそれぞれの立場から読み解く。

と述べ、また、冒頭あいさつの中で、宮地正人館長は、災害史の研究の立ち遅れは、「自然科学者と共同に研究しなければ、災害の全体を科学的に把握できないこと、またそうしなければ資料一つ一つの検討も科学的におこなえない

ことがあります」といい、災害と社会という両輪が合わさってこそ、研究の成果が生かされることになるという概念が示された。この中「噴火」の分野で、天明三年浅間山噴火が、一七〇七年の富士山宝永噴火と一七九二年の普賢岳寛政噴火とともに、企画展示がおこなわれている。絵図や伝承から、「噴火の実相」に加え「復興への道のり」の展示が行われ、火山学・歴史学・砂防学研究分野の集積という形で展開されている。

そして、二〇一四年、東日本大震災を経たなかで「東北の地震・津波」と「近代の震災」の二部の展示構成により、「人は震災をどう生きたか」というテーマの企画展示「歴史にみる震災」が開催された。

開催趣旨では、東日本大震災の発生を目の辺りにし、歴史災害研究を通して「過去と現在をどう切り結び、震災をめぐっていまと未来を考えることにつなげていくのかという課題」、「いまを考えることと関わらせて歴史を見直すという発想の仕方」を改めて意識し直すことの必要性や課題性を、前回一一年前の企画の経過とともに、多くの分野領域の研究者の集結と歴史を扱う博物館の取り組みにより改めて気づかされる、と再確認されている。

歴史災害を地域史的な出来事とも捉え直し、語り継ぎの要件を問おうと試みる研究にあたり、歴史研究分野の枠にとどまらずに学際的な取り組みで研究にあたろうとする視点、諸領域の融合から災害教訓として導き出すことで未来創造につなげていこうとする研究の在り方、発想の視点に対して、ここで改めて、国立歴史民俗博物館二つの企画展の発想から学んでおくことは重要である。

（2）内閣府中央防災会議「災害教訓の継承に関する専門調査会」

災害の全体像を捉え、他領域との融合をもって、教訓として語り継ごうとする動きは、国の防災の動きとも関わっていく。前述の二〇〇三年の国立歴史民俗博物館の企画展「ドキュメント災害史一七〇三―二〇〇三」の流れは、中央防災会議において、災害テキストの取りまとめという形に推し進められていくことになる。

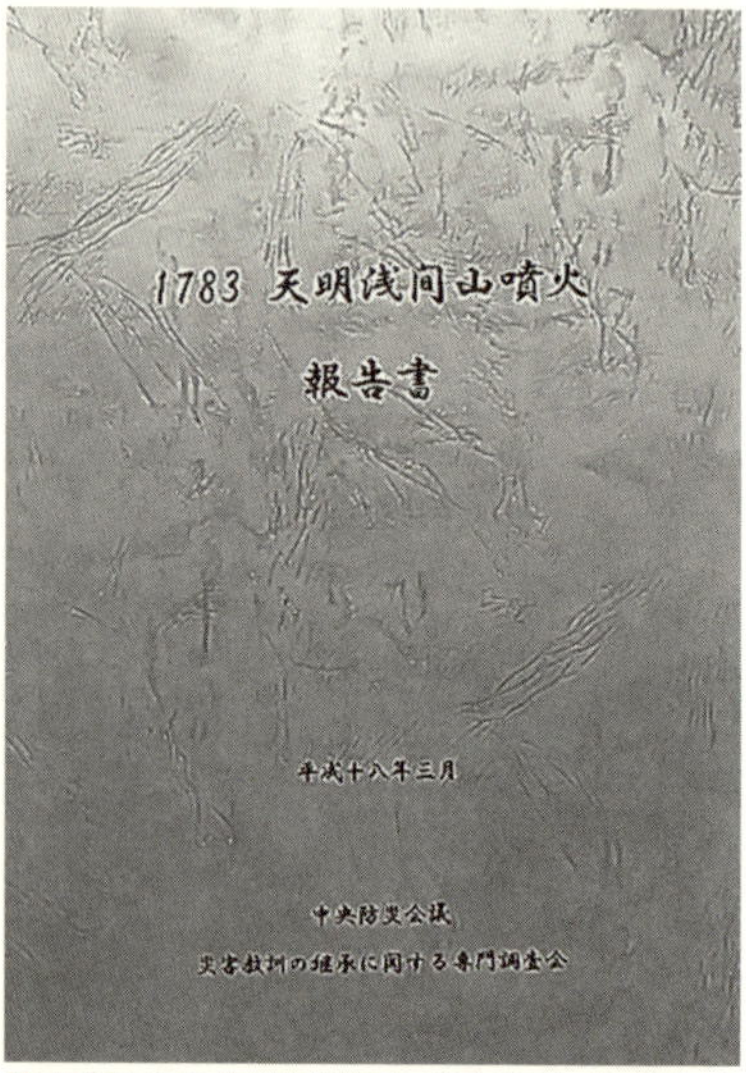

【図2】『1783天明浅間山噴火報告書』（註2）

「過去に経験した大災害について、被災の状況、政府の対応、国民生活への影響、社会経済への影響などを体系的に収集することにより、被災の経験と国民的な知恵を的確に継承し、国民の防災意識を啓発するとともに、将来の災害対応に資することを目的」として、平成一五年五月の中央防災会議において、「災害教訓の継承に関する専門調査会」の設置が決定された。地震、噴火、津波、水害その他の災害種類別の取りまとめをおこない、被災の状況、政府の対応、国民生活への影響、特別な貢献をした人物とその内容を整理し、教訓テキストを整備することとしている。わが国で発生した自然災害について調査し、そこから現在に活かせる教訓を導き出そうとした事業で、二〇一〇年度までの七年半にわたり第四期・二五の報告書が刊行されている。

調査会では、実際に災害を調査して報告書を作成するために小委員会が設けられ、この委員会のなかに、それぞれの災害に応じて分科会が設けられている。天明三年の浅間山噴火は、第一期報告書（二〇〇三〜〇四年度）として、地震・津波災害に関する五編、風水害の一編、火災の二編、その他（海難）の一編とともに、火山災害三編（他に一七〇七年の富士山宝永噴火・一八八八年の磐梯山噴火）に挙げられ、天明三年浅間山噴火分科会が設けられ、二〇〇六年に報告書【図2】の刊行がなされた。[2]

災害の発生は、自然的条件が作用するため、その分析を手掛ける理学的な研究者が必要である。その時の防災対策で重要とされたこと、あるいは今後の課題とされたことを検証するため、これまで行政が行ってきた災害調査と異なる点として、この委員会の新機軸には、人文系、特に歴史系の研究者に加えて、工学系の研究者が参画するとしている。また、過去の災害を調査し、その全体像を明らかにするためには、当時の社会的状況を抜きにしては語れない。

それだけではなく、被災した人々がいかにして生活回復を図ったか、村や町の復興はどのようにしてなされたのかなど、災害後の社会の姿が明らかにされるならば、現代社会に活用されるべき「災害教訓」がより一層具体的に伝えられるはずであるとの趣旨が述べられている。このような流れから、「一七八三天明浅間山噴火分科会」では、歴史学・歴史地理学・火山学・考古学の研究者を中心に構成された小委員会により報告書作成がおこなわれた。

『一七八三天明浅間山噴火報告書』は、①天明三年噴火を火山学的に考察して、噴火現象の全体像とメカニズムを明らかにし、②被災地域の遺跡の発掘調査などの成果を踏まえて考古学的観点から考察を加え、噴火時における人々の営みと被害の実態とを解明し、③歴史学の方法を用いて被災村落の復興過程について検討し復興に努めた人々の工夫と努力に光をあて、江戸幕府が災害復旧工事にいかに取り組んだかを詳細にし、災害に関する絵図や石造物を悉皆調査し、災害に対する人々のイメージや思いに迫る内容を目指している。

報告書作成後、成果を地元へ還元するという趣旨から、群馬・長野両県内で会場を設定し、平成一八年五月二八日群馬県中之条町のツインプラザ、六月二五日長野県御代田町の浅間縄文ミュージアムでの調査報告会が開催され、

自然と歩調を整えて生活していかなければならない我々にとって、何よりも過去の噴火や災害の実態をよく知ることがまず必要であり、…本県と長野県側でこの災害に対する捉え方も自ずと異なり、不幸にも犠牲者の多くを出した本県側での負の出来事を地域資源としていく発想や努力があってよい。今後の課題として天明三年浅間災害を学術研究の枠に留めることなく、地域の防災意識の高揚、あるいは地域資源として地域開発の資産として注目させていくことを模索していくべきだ。

との提言がなされている[3]。

（3）「吾妻渓谷での堰上げ」や「灼熱の熱泥流」という伝承

天明三年浅間山噴火の歴史災害としての複合的な切り口に着目し、天明三年浅間災害史研究の先鞭を付けた研究第一人者である萩原進は、『群馬県百科事典』（上毛新聞社一九七九）の〝浅間焼け〟で「吾妻川に流入した噴出物は両岸の村々をおそい、吾妻渓谷を堰きとめて逆流したあと、比重が大きいために急速に流下し、渋川で利根川に流入、沿岸の村々に被害を与え、銚子から太平洋まで濁した」と記述している。近世考古学の先駆的試みとして注目された浅間山麓埋没村落総合調査会の発掘調査が、この年の夏に始まっている。この学術発掘調査を契機とする研究の進展がなされる以前の、吾妻渓谷での現象を扱った解釈で、史料記述から伝わった現象解釈の一つとして着目しておきたい。一九七〇～八〇年代にかけての天明泥流が地元でどう考えられていたかを示す一つの指標と考えてよい。

「発掘調査がおこなわれ、…浅間押しは熱泥流といわれてきたが、高温のものではなく、水分をそれほど含まないとされた[4]」という記述のように、発掘調査の行われるまで、それまで吾妻川や利根川を流れ下った天明泥流のイメージは、高温の溶岩であったり、灼熱の流れであったりする言い伝えや見方がなされていた。「浅間山麓埋没村落総合調査会」（代表、児玉幸多学習院大学前学長）により第一次発掘調査が行われたのは、昭和五四（一九七九）年七～八月である。したがって、ここでいう「発掘調査」は、埋没村落鎌原村や渋川市の中村遺跡（一九八四～八六）などの発掘調査の進展で確認されはじめたものである。これら、災害痕跡の観察を含めて行われてきた発掘調査による遺構や遺物の観察では、高温の熱を受けた痕跡は見受けられず、常温に近い状況を確認する検証がなされている。

火口より一〇〇kmほど下流にある伊勢崎藩の後の藩家老関重嶷が著した『沙降記』では、天明泥流が襲う七月八日の記述に、「且水中に烈火有り。泥汁は熱湯と為り邀《むか》え近づく可らず」と漢文（読解は萩原進による）で記述されている[5]。

また、それより上流域の現吉岡町の大久保村名主本人の記述による『歳中万日記[6]』は、「昼八ツ時出水の由申来候ニ付水門橋迄参見届ケ申候所水ハどろ水也。けむりの立事数ケ所也。火石ニ候や水門辺近ク見る所水にへかへり申候。

…尤八つ時より北ノ方殊の外音致候。其音夕方迄もたへす候」といい、火石、部分的な水煙、夕方まで続いた奇妙な音などが実見に基づいて記されている。原町在住の富沢久兵衛の著した『浅間記』(7)では、「それより里え下りどろノ中あゆみて見れバあたたかなり。至てあつき所も有り。又五、六日之内はふみ込てむさとあゆむ事も不成ら、七、八日ノ内火石煙り立」、あるいは、新堀村（現在の前橋市の南端）の名主が実見をもとに記した『浅間山焼覚』(8)では、「利根川の水を瀬切り一里斗り上江流其川の水瀬に乗て崩れ一旦に押来ル事矢よりも早押開く。夫共不知川下ニては当村の人々は満水と心得、川辺江網子を持出魚を汕《スク》はんとせし所に泥水ニて…。予其時…泥中に足を踏込見れはアツキ泥也」とあり、一端「川の流れが堰き止め」られ決壊して一気に流れ下った、そして、泥流は「熱い泥の部分もあった」とある。

水煙を上げる本質岩塊が流れ下る様が記述されていること、あるいは、史料中に記される「火石」と呼ばれる真っ赤に焼けた本質岩塊はその後も一ヶ月間は水がかかると水煙が立ち「十五日迄は、右石に而たばこ吸付候へば、火出候處」(9)というように煙管を近づけると火が着いたといわれることからすれば、高温の溶岩流や高温で灼熱の流れというイメージがもたれることもあり得るが、不十分な解釈である。

さて、鎌原村の発掘調査が行われて、三〇余年が経過しようとしている。また、同時期におこなわれた厚さ四ｍにも及ぶ天明泥流に埋もれた渋川の中村遺跡（一九八四〜八六）などをはじめとする発掘調査の成果により、土砂の流れのイメージは「一部に高温の火石などを含む常温の流れ」という表記に落ち着くようになってきており、火山災害のイメージではあるが、火山泥流という周辺の土砂を巻き込んだ土砂移動であることが理解されるようになってきている。

近年出版された児童図書の中でも、(10)

八日午前十時ころ、とつぜん、真っ赤に焼けた土砂や岩が大量のガスとともにふきだした。そしてそれが、北の斜面を滝のようになだれ落ち、ふもとの村々におそいかかった。火砕流のはじまりだった。…この日浅間山で発生した火砕流は、温度が一〇〇〇度をこえ、山の斜面をかけ下る速さは時速一〇〇㎞にたっしたのではないかと推定されている。…火砕流は、まず、そんな鎌原村の中心を直撃した。そしてもっとも大きなつめあとが記されたのも、この村だった。山頂から一〇㎞あまり、火砕流が到着するのに、ものの一〇分とはかからなかっただろう。…そのエネルギーはすさまじく、地面をけずりとり、ひとかかえもふたかかえもある大きな岩石を巻きこんでいった。そんな大岩をふくんだ、一〇〇〇度という、溶鉱炉のような熱の流れが、高速道路を走る車のスピードで村にせまり、九五軒の集落は、あっという間に残らずそのなかに飲みこまれて流された。火砕流が去ったあとは、薄いところでも二m、厚いところでは一〇mもの土砂が、村をおおいつくしていた。

というように、北麓を襲った様子も「熱の流れ」として描写されている。

このように概略される現象であるが、実際には、一部に高温の本質岩塊を含むが「岩屑」とも表現すべき土砂の移動といえる。さらに、吾妻川から利根川へと流れ込んだ天明泥流は、厳密には「灼熱」とか「焦熱」の流れと表現されるべきではなく、一部に水煙を上げる高温の部分を含む常温の流れであると説明されるべきである。また、二〇〇八年五月一二日に起こった四川大地震の発生後、崩落土砂でできた天然ダム湖は「中国紙によると、このダムの水量は、黒部ダムの総貯水量の半分に相当する一億㎥にまで膨張」と報じられた。この時の映像でいう「一億㎥」は現在建設計画中の八ッ場ダムの総貯水量にも相当するといい、天明泥流の総流量は、この程度と見積もられている。[11]

天明三年の噴火では、土砂移動の発生がなければ、噴石により軽井沢で死者が出た程度で、我が国の火山災害史でもこれほどまでに大きな被害とはならず、注目はされなかったともいわれ、泥流発生のメカニズムに学術的な興味が集まる理由とされる。このように、天明泥流の流下の解釈が一般に理解されるようになったのは、災害研究の近代科学が進展したとはいえ、つい最近のことでもある。

（4）天明飢饉の起因説

従来、天明三年の浅間山噴火に結びつき、気候が非常に不順であったことは、いくつかの史料で示される。少なくとも、県内吾妻郡や碓氷郡などを扱った記述では『浅間山焼出し大変記』(12)に、

一、天明三年九月梨子花林檎の花咲く。一、同年十一月つゝぢの花開く。一、同年吾妻郡三島村（現東吾妻町）の内にて麦の穂十月出となり。一、奥州にて八月雪弐尺、九月壱尺七寸降るとなり。一、上州碓氷郡の内にては柿の花九月開くとあり。

というものがあり、季節はずれの自然現象が記録されている。また「飢饉」とは社会現象であって気候の度合いをいうのではないことを確認しつつ、噴火災害に派生する気候に伴う現象を見ておきたい。

天候不順による作柄不良として、天明飢饉の予兆を読み取ることに発掘調査で得られた値を当てはめた。発掘調査で見つかった天明泥流に埋もれた畑跡の被害の様子を数値で示す試みである。火口から北東に直線距離二〇㎞地点である群馬県吾妻郡長野原町では、新暦一七八三年七月二七～二九日に降った軽石が最大で二～三㎝堆積していた。この地域には、夏の土用に作物の根元に対して培土（土寄せ）の作業をおこない、八月初めには終了させる農事があった。つまり、天明泥流の発生で埋もれる八月五日には作業は済んでいるべきことに着目すると、軽石降下日と人々の作業痕跡を畑跡の畝サクの断面図と該当する面積から読み取ることができる。その結果、一万㎡を超す畑跡で、最大に見積もって五三％、最小で三〇％の畑では耕作が継続されていなかったとの数値が抽出されている。(13)

三上岳彦（気象学）は、全国各地の古日記類から天明三年前後の気象と噴火の関係を分析し、

不順な天候の兆しは一七八二年から現れており、一七八三年（新暦八月五日）の浅間山大噴火を飢饉の直接的な要因とみなすことはできない。しかし、凶作がほぼ決定的となった段階での噴火による降灰が、稲作以外の作物生産にまで大きな被害をもたらし、飢饉に追いうちをかける結果となったことは否定できない[14]。

とまとめている。

史料で「破免」とは作柄不良による年貢の減免をいう。近隣に残された「（横壁村）破免御年貢割付状（天明三年）」では、田方の「青立皆無引」（生育不良で年貢が免除される）の割合は四割になっている。また、大柏木村では、粟と大豆「皆損」、蕎麦「八分損」、稗と麻「七分損」と記録され、畑跡で抽出されたデータと整合する。泥流に埋まった畑跡には「作柄不良」が封じられていたことにもなる。また、遠く、埼玉の『北本市史』（通史編Ⅰ）[15]に掲載される荒井村八五町の検見の結果が天明三年九月「卯砂降検見帳」（矢部洋蔵家文書）に記録されていて「皆損二八・八％、八分損七・九％、七分損一一・五％、六分損一八・五％、五分損三二・一％、本途（減免なし）一・二％」といい、減免理由の九割以上は「砂降引」で、残りは「水入引」となっていて、火口から一一〇km離れた地点での被害をたどることができる。

天明三年浅間山噴火と天明の飢饉の関連について、「火山灰が降下せず成層圏で浮遊したために冷害になり、天明の飢饉の原因となったとされている[16]」とか、歴史教科書の中にさえも、「浅間山噴火は世界の気候に影響し、ヨーロッパでも、それによる不作がおきた[17]」と記述されたりもしている。また、浅間山噴火がヨーロッパの異常気象の原因にまで及ぶとまでされ、フランス革命に影響をあたえたという逸話さえもある。しかしながら、この表記や解釈には慎重にならなくてはならない。

一七八三年の浅間山の噴火活動と同じころ、アイスランドのラキ山（ラカギガル）が大噴火をおこしている。この噴火は、『理科年表』（国立天文台編纂）の値で比較すると、浅間山天明噴火のおよそ数一〇から一〇〇倍に近い規模の噴火となる。前年から不順な天候の兆し、天明三年前後の小氷河期ともいわれる寒冷期、世界的な火山活動の活発化、さらには、一七八三年はエルニーニョ年でもあった可能性が高く[18]、世界的規模の気候異常が発生していたものと考えられている。

このように、自然の営みを冷静に捉えておく必要があり、学際的に天明三年浅間噴火をとらえ、災害現象と考えていかねばならないという視点ともなる。

第二節　地方史、郷土史における「天明三年」研究

（1）萩原進の研究

天明三年の浅間山大噴火において「悲劇中の悲劇になった三つの原因」として、萩原進は「一は天明三年は凶年期の絶頂であり、二は爆発の降灰砂だけでなく泥流を交へた出水となったこと、三は社会情勢が転換期にあったことである…社会的影響の根本には右の三があることを前提としている。この三は相交錯しているので資料も又再三観点をかえて出すかもしれない…[19]」と天明三年浅間災害が複合的な〝大変〟（災害）、であったことを示している。噴火災害に留まらず、天明の飢饉の発生と絡み被害を助長し、歴史的要因にも大きく関連して、時代の渦を巻き起こしていくことを述べている。萩原は、天明三年浅間山噴火の歴史災害としての複合的な切り口に着目していた。天明三年浅間災害史研究の先鞭を付けた研究第一人者である郷土史家の、災害から一五五年目の年の論考の序文である。

萩原進（一九一三～九七）は、群馬県議会図書室長、前橋市立図書館長を歴任し、群馬県の郷土史研究に貢献した人物である。県内市町村誌の執筆や『高山彦九郎全集』全四巻の刊行をはじめ、一六二冊を越える多大な著書があげられている。その中で、自分の故郷にある山、浅間山の研究・著作にも精力を傾け、五六年以上に及ぶライフワーク

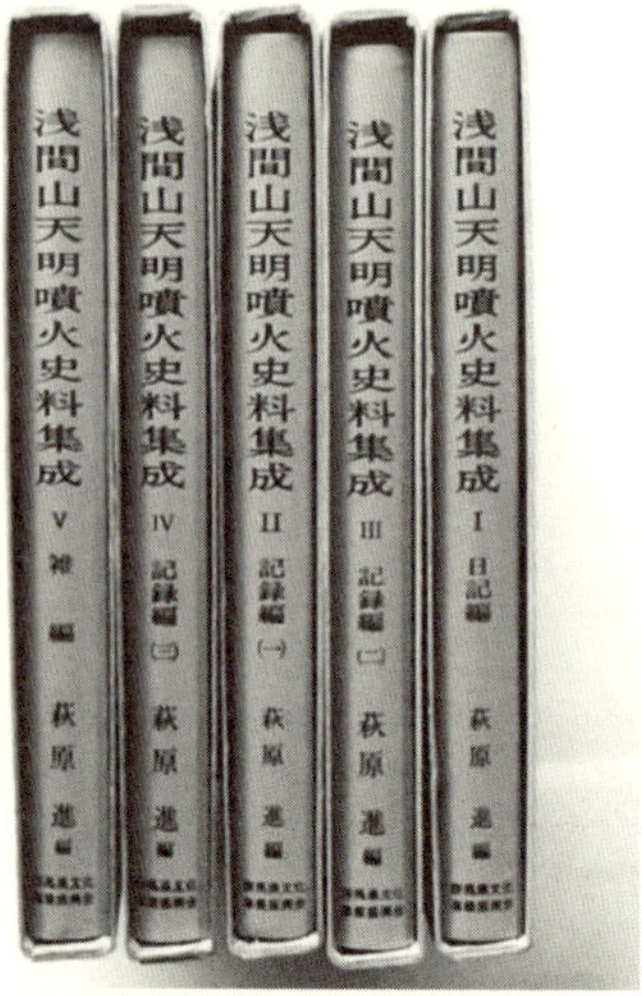

【図3】萩原進著『浅間山天明噴火史料集成』全5巻（Ⅰ～Ⅴ:1985~95）

として『浅間山風土記』（煥乎堂一九四二）、『天明三年浅間山噴火史』（観音堂奉仕会一九八二）を著し『浅間山天明噴火史料集成』（Ⅰ～Ⅴ、群馬県文化事業振興会一九八五～一九九五）を完成させた。

萩原は、群馬県師範学校（現群馬大学）に入学後の一年生の暑中休暇に帰省した当時、柳田国男のフォークロワァ（民俗学）や小田内通敏の郷土地理学調査などの実践が進められた時期で、郷土・浅間山に目が向きかかった、と記している[20]。また、浅間山に関する史料研究のスタートについて「昭和六（一九三一）年が、天明三年から一四九年、犠牲者の供養からは百五十回忌になるために、吾妻郡原町の善導寺で供碑を建てたり、各地で大法会の行われたりしたことが新聞に載った[21]」と書き残していて、群馬県師範学校在籍時、天明三年の浅間山噴火が百五十回忌を迎えていたことが意識されている。吾妻郡長野原町出身の萩原が、故郷を離れつつも、故郷で目の辺りにしていた浅間山を想う望郷の思いが浅間山研究へとつながったとみられる。処女論文として、昭和七年度の終わりに刊行された校友会誌に「天明三年　浅間山噴火古記録に就いて」を掲載し、天明三年浅間災害に関する代表的な史料の紹介を行っている。

嬬恋西小学校の教壇に立った昭和一二（一九三七）年、一一月四日から三〇日まで、浅間山に関する展示「浅間山麓嬬恋村の歴史と地理展」が、母校群馬師範において開催された。「（一）嬬恋村史1一般、2大笹関所、3中居屋重兵、4北白川宮牧場、（二）浅間焼出関係史料1古文書、2古記録・古文書、3絵図・其の他」と分類された目次が作成されている。史料は、師範学校郷土室に陳列され、嬬恋東校の訓導深井明「浅間山北麓の交通と商圏」、同西校の萩原進「天明三年浅間山大噴火に就いて」の研究発表が一一月四日午後から講堂でおこなわれたと記され「浅間山展覧会出土史料目録」とともに、当日の研究発表要項がまとめられている[22]。

その後、昭和一四年に群馬師範の専攻科に入学した萩原は、この一年間に従来の天明三年浅間山噴火史料研究を整理しようと、「天明三年浅間山噴火と社会的影響」などの論文を『上毛及上毛人』で発表している。萩原が二六歳の年である。次項に掲載する論考の一覧がそれである。この時作成した「天明三年浅間山噴火関係資料目録」は、『浅間山天明噴火史料集成Ⅰ』に掲載されている。「一・一般古記録之部」「二・古文書之部」「三・地図・絵図之部」「四・関係記事収録資料の部」「五・金石文関係資料」、補遺資料で構成されている。そして、昭和一七年、待望の処女作『浅間山風土記』が刊行された。

膨大な天明三年浅間災害に関する記録の整頓作業にかかわった萩原は『浅間山天明噴火史料集成Ⅱ』の中で「後から研究される人たちに二度と史料捜しの苦行をやらなくてすむようにしてあげるのが自分に課せられた責任と思い」との言葉を残している[23]。偉大な郷土家、萩原進が七三歳で完成させた『浅間山天明噴火史料集成』（Ⅰ～Ⅴ）の五冊は、一九八五～一九九五年の一〇年の歳月をかけて刊行がなされたものである。一定の史料批判がなされた上で、記述された地点や日時の単位が判読し易く整理され、資料としての類別や系統立てられた構成となっており、膨大な量の記録が適切に史料集約されている。そのため、系統的で検証に耐えうる史料として天明三年研究進展に果たす役割が大きい。文献史料と火山学を結びつけた研究なども提唱されるようになっており、同著は天明三年の浅間山噴火研究では云わずと知れた存在となっている。いわば、天明三年浅間災害研究の嚆矢というべき存在となっている。

例えば、田村知栄子・早川由紀夫[24]は、これまで考えられてきた天明三年浅間山噴火全体の推移について、萩原文献[25]をもとに再検討する中で、天明泥流を「鎌原熱泥流」と呼び、「鎌原村を埋没させた岩なだれは吾妻川に流れ込んで熱泥流となった」として、史料をもとに熱泥流がどのように流れ下ったかを概観している。

このように、萩原により編集された史料に依拠して他領域がアプローチすることができるのは、天明三年浅間災害を記録した膨大な量の史料の存在に対して、①群馬県・長野県側を中心に史料を系統的に見ていくのに適切な編集がされている、②編者萩原の注釈が適宜加えられており、記録者と記録された地点が明らかにでき、地名や神社仏閣などの指標から見聞記事の地点を今日明確に出来て精度の高い経過復元ができる、③一定の文献史学的な検討がなされた上で編集がなされていることで史料を精度高く扱うことができる、④被害地で直接の見聞をもとに記述された史料を一次的な材料として扱う上では、群馬県内の史料収集を軸にして集成されていることが特に有利である、といった特徴があげられる。

（2）郷土史研究にみる天明三年浅間災害

豊国覚堂は、本名を田川義孝といい、群馬県大胡町にある曹洞宗長善寺の住職で、明治から昭和にかけての僧侶でもあり郷土史家でもあった。大正二（一九一三）年上毛郷土史研究会を結成して『上毛及上毛人』を創刊した。同誌は、大東亜戦争による用紙の配給の制限により廃刊となる昭和一七（一九四二）年まで二五年間刊行が重ねられた。[26] 二〇一二年一一月一日付の上毛新聞【三山春秋】では次のように掲載している。

> 郷土史の研究は、国家的事業中、最も緊要なる事業の一にして、（略）本誌の責務も亦《また》重大なりと謂いふべし▼一九一四（大正三）年に上毛郷土史研究会が創刊した月刊郷土誌『上毛及上毛人』の「発刊の主旨」で、郷土史研究の意義の大きさを強調し、それを軽視する姿勢に対する批判がつづられる▼編集・発行人の豊国覚堂《とよくにがくどう》氏（一八六五～一九五四）は明治期に前橋、高崎で続々と創刊された新聞の発行にかかわった。そんな郷土の代表的新聞人の一人が、後半生をかけて取り組んだのが、郷土の歴史・文化を掘り下げ、後世に伝えることだった▼同

誌は県内外の歴史研究者をはじめ、市井の知恵袋ともいえる人たちからの寄稿も多く、内容は歴史、遺跡、人物を中心に政治、経済、社会的事象まで多岐にわたった▼豊国氏は財産を投じて発行を続け、戦争に伴う紙不足などで四二年に廃刊となるまで通算二九七号に及んだ。七〇年代に復刻された同誌を開くたびに、〈最も緊要なる事業〉として取り組んだ初志が伝わってくる（後略）

さて、近代群馬の郷土史の先駆けと位置づけられる郷土研究史『上毛及上毛人』に掲載された天明三年浅間災害に関わる論考は『上毛及上毛人記事索引[27]』から一覧すると、次頁表に見い出すことができる。

この中で、萩原進は「天明三年浅間山噴火と社会的影響」との連載を一〇号重ねている。刊行された一九二三〜四二年の二〇年間は、天明三年から一三〇〜一六〇年後を経過した時期にあたる。この時期に注目される出来事として、一五〇年忌供養が執り行われており、その内容についても記述されている。このなかで、章立てを各号におこなって連載している。一九三八年の二五五号〜三九年二六八号に掲載された同稿の目次は次頁表補足の通りである。

中曽根都太郎は、群馬県天然記念物調査委員を務めた人物で、火山地質の論考を複数投稿している。その中でも、一九三八年二五七号掲載の「浅間山熔岩樹型」には、四つの区域に分布する一九六の溶岩樹型について調査し、入口径や深さなどを調査して、一覧表を掲載している。「鬼押出熔岩流は天明三年浅間山噴火口の北方の低所銚子口から、…流出…分布して居る。…」というように、付近の地質を記載しているが、新暦八月四日に流出し仰木型に拡がり溶岩樹型を形成した「吾妻火砕流」については、まだ明らかにされていない時代だったようである。今日、国の特別天然記念物に指定されている浅間山の溶岩樹型は、溶岩ではなく火砕流によって形成されたもので、火山北麓の樹木を瞬時になぎ倒し、焼き尽くされた森林の樹木の痕が空洞になったものである。立木あるいは横倒しになった樹木によって生じた樹幹痕の溶岩樹型は、大きいもので直径八〇〜一二〇cm、最大で深さが七mにも達している。浅間山の溶岩

執筆者	論考	『上毛及上毛人』掲載号
新井信示	「天明三年浅間山大噴火の跡を訪ねて」	一八五・一八六
	「天明三年浅間山噴火関係資料目録」	二七〇
萩原進	「浅間山を中心として見たる修験道」	二〇三・二〇五・二〇六
	「天明三年浅間山噴火と社会的影響」	二五五・二五七・二五八・二六〇・二六一・二六二・二六四・二六五・二六六・二六八【補足】
	「浅間火口に湖水が出来る」	八一
三上義夫	「会田安明と天明三年浅間山破烈に因める算学」	一八八
浦野克彦	「浅間山大変記」	一八四
鹿沼文樵	「浅間山焚災記」	二九
	「浅間焼の言伝」	三
大橋佳明	「浅間山大爆発の埋没品」	二一七
	「天明罹災者の大供養」	一八六
	「浅間山大噴火百五十年忌」	一八四
中曽根都太郎	「浅間山鬼押出熔岩流」	二〇六・二〇七
	「浅間山鬼押出岩と和讃」	二一三
	「浅間山の鬼押出」	二六七
	「浅間山熔岩樹型」	二五七
西沢測候所長	「浅間山をめぐる展覧会」	二四八
	「浅間山展覧会出品史料目録」	二四九
本多夏彦	「近世高崎双話（一三）」	二〇八
萩原秋水	「浅間熔岩帯横断記」	二九三
佐藤雲外	「蠹魚の余業（一、二）」	二〇二、二〇三

【補足】二五五～二六八号連載目次一覧

一	大変の一般状況
二	幕府の救護事業に表れた影響
三	諸藩の救護事業に表れた影響
四	個人の救護事業
五	宗教界方面に表れた影響
六	天明年間打毀騒動概略
七	打毀騒動の影響と処置
八	個人の社会的活動と其の考察
九	瓦版に表れた大噴火の模様
十	北甘楽郡宮崎村の被害状況
十一	交通路への影響
十二	村高と賦課税
十三	鎌原村復興の過程
十四	災害地に於ける生活自粛の例
十五	明治二年浅間大神勅祭宣旨に表れた事情
十六	蜀山人書天明噴火記念碑
十七	宗教・歴史・科学意識への影響
十八	結び

樹型は、昭和一五（一九四〇）年天然記念物の指定を受け、更に昭和二七（一九五二）年には特別天然記念物の指定を受けている。したがって、この論考は、物件の指定に関して影響を与えていたものと推定される。天然記念物指定にかかわる文部省職員が昭和一四（一九三九）年六月二一日から五日間にわたって実地踏査した際に案内した記事が残され、「浅間山鬼押出岩と和讃」二一三号では、鬼押出し溶岩と浅間山噴火大和讃が、前橋放送局で、昭和九（一九三四）

年一二月一八日午後六時二五分から放送された紹介である。県立太田中学校校長の著者が「鬼押出岩」について講演し、鎌原区の老婦人達一二名によって噴火大和讃が詠われたことが記されている。[28]テレビ放送は、昭和二八年からなので、ラジオ放送によったものであろう。

浦野克彦は、昭和七（一九三四）年一八四号で論考「浅間山大変記」を「一五〇年前の回顧」と注書きしている。この中で、『吾妻郡誌』（昭和四（一九二九）年刊行）に取り上げている『浅間山大変記』にかかわる史料の取り上げについて所蔵本と比べ補訂をおこなっている。さらに、『吾妻郡誌』を編纂するにあたって『震災豫防調査會報告』（第七十三號）を参考していなかったことに「不審であるとともに遺憾に堪えない」としている。また、編者の豊国は同号に、「天明三年七月の浅間山大噴火百五十年忌　本月の六・七・八の三日が其の忌辰」の見出しで、天明噴火のあらましを掲載している。

新井信示は、一八五号「浅間山大噴火の跡を訪ねて（上）」と一八六号「浅間山大噴火の跡を訪ねて（下）」に「現存する泥流堆積層」として、吾妻川河畔の地点情報を示している。昭和初年に確認できた天明泥流堆積物にかかわる踏査資料や『震災豫防調査會報告』を引用し天明泥流について記述している。さらに、埋没した田畑の開発について富沢家文書を使い解説、供養碑に関する情報、災害救助などに対する奇特者について記している。

佐藤雲外は、昭和九（一九三四）年の二〇二、二〇三号で「蠹魚の余業（其の1、其の2）」として、「天明浅間噴火と文献」と題し、膨大な史料を概観しようとしている。萩原進が、一九八五年刊行をはじめる『浅間山天明噴火史料集成』（Ⅰ～Ⅴ）のヒントとなるかのような先稿ともいえる。

（3）自治体誌史にみる天明三年浅間災害

郷土史として天明三年浅間災害を調べる場合、各自治体の発行した自治体誌史としてまとめられた都道府県史・市町村史が参考となるのはいうまでもない。歴史災害に関する研究においては「現状では、個別災害に関して各県史・市町村史レベルでの史料収集が最も進んでいる」[29]というように、本テーマにおける県史・市町村誌の役割は大きい。

『群馬県史』は、昭和五二年三月に「資料編17」の刊行以来一五年、平成四年一一月の「通史編10年表・索引」の刊行をもって全三七巻が完結となった。生活・文化を扱う「通史編6近世3」には「天明の浅間焼けの実情等が叙述されている」と群馬県史の案内チラシにも紹介されている。その主な構成は、通史編の他に、「資料編」がそれぞれ、「西毛」「北毛」「中毛」「東毛」の四地区割りに各二編で「資料編9」～「資料編17」の八分冊となっていて、どの巻にも天明三年浅間災害を抜きには考えられない内容となっている。群馬側からみる天明三年浅間災害の地域は、①鎌原村にみられるような噴火による直接的壊滅的な被害地域、②発生した天明泥流に見舞われた被害地域、③前二者ほど瞬時の出来事でないにしても夥しい降砂灰により田畑の壊滅的な被害により大飢饉の舞台となった地域に区分けされている。そして、その後の社会不安・生活不安から、暴動などの発生、さらに復興までの過程といった内容をそれぞれの巻で扱っている。

『新編埼玉県史』には、浅間山噴火と備前渠、被災者の救済や褒賞などを取り上げている。その中では、天明泥流が流れ下り、得川村（群馬県尾島町、現太田市）の利根川に、九間四方に及ぶ大岩が流れ止まり、材木はじめ大小の礫がかかり、一大堰になって上流に逆流し、烏川・神流川・小山川の利根川落口は土砂で埋まり、川底が一丈余りも高くなったといい、対岸の群馬側の情報も記述されている[30]。また「天明三年浅間砂降」の章を設け、浅間山噴火騒動やその後の埼玉での社会情勢なども含めた日記類などを掲載している[31]。特に、天明泥流の流下は、烏川との合流点以降、埼玉側に多くの堆積物を残して、その後の水害の被害を助長したり、利根川水運などへ大きな影響を与えたりしている。「上利根川通被害見分願」などの史料にみるように、天明泥流流下直後の被害の模様を知ることもできる。

『茨城県史』（近世編）では、天明の飢饉について、『水戸紀年』（近世政治編Ⅰ）はその前ぶれとなった浅間山の噴火について、「七月六、七日浅間嶽が噴火して関東以東に砂灰をふらせた」、「初秋に冷寒で五穀が熟さず、藩は稗倉を開いて領民を救済し、死をまぬがれた。また十月には、邦内は水損で租入が大減収となり、用度がもっとも窮迫した」と記していて、水戸藩の困窮を伝えている。

噴火被害の中心であった群馬県内及び降灰被害域にあたる長野県の東信地域の自治体史を、嬬恋郷土資料館友の会編による『市町村誌にみる天明三年の浅間焼』(32)をもって概観したい。

天明三年浅間山研究の先導者である、萩原進が執筆した『嬬恋村誌』は昭和五二年の編纂であるために、浅間山山麓埋没村落総合調査会の発掘調査には、記述が及んでいない。しかしながら、被害の激甚地であるために、多くの資料や論考を盛り込み、多くの頁をあてがっている。萩原の研究成果が多分に盛り込まれ、当然の如く、天明三年浅間災害について多くの情報が含まれている。吾妻郡内の市町村誌では、どれも自村の古文書等を紹介しつつ、噴火被害の後やってくる天候の不順が追い打ちをかけ、飢餓の状況と罹災に際しての助力なども含めて編集している。この地域では、泥流被害の激震地でありながら暴動や不穏な動きなどを示すような史料を扱うものはない。昭和三五年刊行の『原町誌』には、復興や助力、善導寺の供養塔などについて項が設けられている。原町には、御普請金を預かり、勘定吟味役根岸の御宿をつとめるなどした御本陣役の五郎兵衛宅などがあり、それらの資料を中心にまとめられている。

昭和四五年刊行の『渋川市誌』（第二巻）では、渋川地区で最も被害が大きかった川島村の記述が目立っている。その被害状況は、宿祢大明神、福性寺の流失、高台への屋敷替え、用水の普請懇願や「火石」と表現される浅間石の記述が目立っている。火口からの流下距離約五〇kmの地点にある川島村は、吾妻川下流域の村としては、特に被害者数が突出している村であった。『吉岡村誌』では、大久保村名主中島宇右衛門の日記など、一級の史料をもとに、噴火被害の比較的少なかった利根川東岸の地域に暴徒化する動きがあったことなどを記載している。

昭和五九年刊行の『前橋市史』（第三巻）では、前橋藩の「藩日記」を網羅しつつ、天明泥流流下の様子や、利根川沿いの被害の及んだ村々の被害を、多くの史料を扱いながら実態を記載している。『箕郷町誌』などのように、降灰被害であっても比較的被害の少ない場所でも、飢饉に際し食した「藁餅」の記述などが取り上げられている。

水上武によれば高崎では、一五〇年経った調査でも五～一〇cm程度の軽石層が確認され[33]、藤岡にある「千部供養塔」には、「藤岡、高崎辺　一尺余」と記されている。平成六年刊行の『新編高崎市史』（通史編3）には、砂降りの被害といっても様々な課題が残される。降った砂の除去する作業、置き場、耕作面積の減少、救済措置、また「手余り地」の発生などを取り上げ、浅間焼けと土地の荒廃についてが扱われている。同じように、降灰被害により、物価高騰などを扱い、翌年稲作ができた田は三分の一で他は畑作へ転換したり不作田となったりしている証文が掲載されているのは、平成二〇年刊行の『新編倉渕村誌』である。また、荒廃により中山道沿いでは、宿場機能に大きな影響を出したこと、西上州から信州にかけての打ちこわしなど社会不安について記されているのは『新町町史』（通史編）、『吉井町誌』、『松井田町誌』、『東横野村誌』、『甘楽町史』（下巻）、『新屋村誌』などである。これに加え『藤岡市史』（通史編、資料編）には、「千部供養塔」や「古今覚」といった、浅間焼けの影響を子孫へ申し伝える努力を取り上げている。『安中市史』（自然史編）、『富岡市史』（自然編）では、噴火記録や火山学、火山灰考古学といった自然科学に即する領域から天明三年浅間山噴火の記述がおこなわれている。

降砂と泥流の接点となる被害がでている佐波伊勢崎の地域は、浅間山火口から直線距離で六〇km、流下距離は九〇kmにあたる地域である。『玉村町誌』では、社会と文化として、古記録を織り交ぜ町域の被害状況を取り上げ、地形・地質の章で、町域の天明泥流堆積物の観察が盛り込まれている。『伊勢崎市誌』（通史2・資料近世Ⅱ）では、伊勢崎藩関重嶷の「沙降記」や「川越藩前橋陣屋日記」、「慈悲太平記」などの史料をもとにした利根川沿いの被害、砂抜きや川浚い、普請の経緯などが詳細に記述されている。また、救助活動、噴火後の打ちこわしを回避した伊勢崎藩の対応、遺体の収容、供養と慰霊といった動向についても細かく記述されている。

一方、泥流による被害のなかった地域としては、降灰に因る被害や作柄不順で年貢引の願上訴状などが扱われている。これらは『赤堀村誌』（下巻）、『境町誌』（第3巻）、『太田市史』（資料編近世2）で扱われている。また、噴火による直接被害よりも後日の飢饉や治安の課題について取り上げられているのは『桐生市史』（別巻）、『山田郡誌』などである。また、昭和四四年刊行の『館林市史』にも、「藁もち仕法」とその経験が、明治一七年の農作物不収穫の際に活かされた記事がある。『箕郷町誌』の記述のみならず『館林市史』などにも「此度関東筋村々損毛の趣御奉行衆御聞き…」(34)とあるから、地域で生み出されただけはなく、多くの地域で飢饉時の食糧確保の手法として、この行為がおこなわれていたことがわかる(35)。また、『群馬県史』(36)（資料編16）にも卯十月廿日付けで廻状により板倉村の「藁餅仕法」の記述が掲載されている。群馬県の最東端の板倉町でも『板倉町史』（通史編上、別巻6）に「七月砂降」の記述が取り上げられ、ここにも「藁餅仕方」が記されている。降灰域外の情報としても掲載されていることに着目しておくべきであろう。『千代田村誌』には、この「わら餅仕方」に加え、郷土が生んだ儒家亀田鵬斉がこの時に蔵書を売って難民の救助をおこなったことも記している。また同誌には、天明泥流の利根川河床への堆積により、天明の前後で破堤の位置が変わってきたこと、その後の出水による破堤の数が頻繁になったことなど、天明泥流堆積物が利根川河床に与えた影響にも触れている。

また、浅間山を取り巻く周辺の長野県側の市町村誌では『軽井沢町誌』（自然編）のように、天明噴火の経緯や情報を含んだ史料を引用して同宿の被害状況などを掲載しているものがあり『御代田町誌』（自然編）においても、同様に最近の火山学面での研究成果を盛り込んでいる。また『小諸市誌』では、小諸尋常高等小学校編纂の『浅間山』、あるいは「小諸藩御用部屋家老日記」などを引用し、噴火の経緯を細かに記載したり、天明騒動の顛末を記述したりしており、参考とする部分が多い。

以上、傾向として、県市町村の当該地区ごとの被害に対して、自治体誌史は最も詳細に掲載されているものの一つとして概観でき、各県史・市町村史の系譜をもとに、視点を定めて史料収集を計ることも可能といえる。さらに、系統的に整理・集約された萩原文献を基軸として、市町村誌による資料の抜き出しにもつなげられることが可能と考えられる。

(4) 群馬県史編纂の中の「浅間焼け」

『群馬県史』での本災害の取り扱いは、研究の進展において着目できるものといえよう。「資料編11　近世3（北毛地域1）」のあとがきにも記されているように、本地域に固有な事項として「浅間焼け」について、節・項を立てて可能な限り重点的に関係史料を採録したとしている。組織された「群馬県史編さん委員会」の部会報告の経過には、本災害に関し災害としての現象や被害を知るだけではなく、災害後の経過や村社会といった地域の復興を見直す視点を目論んでいる。天明三年浅間災害関連の経過を文書記録から抽出し、研究成果に結び付ける視点の発露といってよい。勿論、この編纂作業は史料を読み解くことで災害現象としての出来事に新たな解釈や現象の解明に結びついてきた経緯も見ておく必要もある。

編纂委員会の近世部会は「昭和五十四年近世史部会の目標は、「近世3」（北毛地域1）を年度内に刊行することであった。そのため前年度に引き続き四月から六月にかけて対象地域の調査を継続したが、七月以降はもっぱら編集作業を中心とした活動に終始することとなった」というように、編纂委員の泥流による噴火の直接被害の中心地となった吾妻郡下の調査活動について報告されている[37]。この刊行に向けては、昭和五三年八月から翌八月にかけてのほぼ一年間の調査活動により、二〇〇軒の文書調査、そして、撮影フィルムのコマ数は四・三万に及んだという。また、記された定例部会の動向の中で、浅間焼と備荒救済についての報告（四月の史料選択時）、及び解説原稿「浅間焼」（青木稿：一〇月検討会時）についての報告を挙げている。

この編纂作業は、浅間焼けの研究について、萩原進らの研究者、関係市町村誌、加えて昭和五四年「浅間山埋没村落総合調査会」の鎌原の発掘調査による実態解明が進んでいた時期と重なっていることにも着目されるべきであろう。この県史編纂を手掛けたひとりである青木裕は、吾妻町岩井・伊能家文書（資料編11北毛地域1に採録）により「災害後の経過」に着目し、[38] 被害後の経過を明らかにしようとしていて、泥流被害直後の流域の被害状況や「綱くり」（対岸同士に綱を渡し書状のやりとりを行う）の支出、代官・幕府役人への慣例による接待の様子などが経過とともに読み取られている。また、同村の領主との対応、勘定吟味役根岸の見分記事などに着目している。一方、不明部分として、発掘調査が進められている鎌原村の被害と復興の関係、各村々の経過、復興工事内容と村人の問題、復興工事完了後の耕地の状況、食糧の供給問題等を指摘している。

また、「浅間山麓埋没村総合調査会」の代表を務めた児玉幸多（学習院大学教授当時）は、編纂（資料編11は昭和五五年刊行）にあたって参与として関わっており、鎌原村の学術発掘と並行して天明三年研究が進んでいたことが確認できる。これらの動きは、県内の自治体誌史編纂に際しての天明三年浅間災害に関連する記載や地域情報の取り上げの指南役になったことが確かめられる。例えば、昭和六二年に刊行された『子持村誌』には、「浅間山麓埋没村総合調査会」による発掘調査（昭和五四年）の記事や『群馬県史』（資料編11）からの引用を多用し、その記載に今日的な見解を述べている。ここでは「発掘調査がおこなわれ、…浅間押しは熱泥流といわれてきたが、高温のものではなく、水分をそれほど含まない」[39] という記述のように、それまで考えられてきた吾妻川や利根川を流れ下ったのは高温の溶岩や灼熱の流れという天明泥流のイメージの言い伝えや見方は、一部に高温の火石などを含む常温の流れという今日的な解釈の説明に移り変わらせた出来事であったことを確認しておく必要があるだろう。

以上のように、近年進められてきた発掘調査の成果とも結びつき、天明三年浅間災害研究の進展に寄与する文献史学的でもあり、自然科学的でもある内容の進展の礎となっていることを確認しておきたい。

第三節　自然科学からみた天明三年浅間山噴火

(1) 天明噴火から一〇〇年の頃

天明三年の年から一〇〇年節目の頃に、どのように天明三年浅間災害がとらえられていたかを見ておこう。

近代科学として火山学は、地震学に派生し、火山の噴火現象・噴出物・形態・構造・成因・分布・年代などを研究する自然科学として、一世紀余の時間の中で培われてきている。明治九(一八七六)年工部省工学寮教師に招かれて来日したジョン・ミルン(一八五〇〜一九一三)は、日本地震学の基礎をつくった明治時代のお雇い外国人として知られる。イギリス人鉱山技師で、近代科学としての日本火山学の先鞭をつけた人物である。大森房吉は、明治四五年に『東洋學藝雑誌』[40]の中で、

「ミルン」博士等一行ノ測定結果ヲ取リテ明治二十年ニ於ケル浅間噴孔ノ深サヲ二百二十四「メートル」ト仮定スレバ明治四十三年六月一日迄デ約二十三年間ニ孔底ハ百四「メートル」ヲ隆起セルコトトナル

と記し、浅間山の天明三年噴火からおよそ一〇〇年が経過した火口に登り、火口の様子を計測したミルンのデータを引用している。その方法は、

天明三年ヨリ百四年ヲ経タル明治二十年ニ浅間ニ登山セラレタル「ミルン」博士及ビ当時ノ駐日米国公使「ダン」氏ノ一行ハ始メテ噴孔ノ深サヲ測定セラレタルガ、其ノ方法ヲ聞クニ先ヅ孔口ヲ横ギリテ縄(長サ約五百ヤード)

ヲ緊張シ之ニ一個ノ滑車ヲ附シテ適宜ノ位置ニ在ラシメテ、更ニ同滑車ニ依リテ別ニ一個ノ縄ヲ孔底迄デ達セシムルニアリ、而シテ此ノ縄ノ下部約三十五呎ダケオ針金トシ共ニ端ニ特種ノ寒暖計及ビ各熱度ニテ溶解スベキ数種ノ金属等ヲ垂下シタリ、当日ハ孔内ガ瓦斯烟ニ充タサレシヲ以テ孔底ヲ見ル事ヲ得ザリシモ縄ヲ垂下シタルニ七百三十五呎（二百二十四メートル）ナル深サヲ計リタリ而シテ其下端ノ針金三十五呎ダケト前記ノ寒暖計類トハ悉皆焼失シタリト云う

といい、最初に浅間山火口の深さを測定した様子を伝えている。

また、大森は、同誌の中で「天明三年大噴火ノ概要」について記述している。

天明三年ノ噴火ハ七月八日（太陰暦）ニ最後ノ大変動ヲ生ジタルガ此ノ年月日ハ西暦千七百八十三年八月五日ニ当ル、即チ浅間ノ天明大破裂ハ彼ノ有名ナル伊太利カラブリヤ州ノ大地震（西暦千七百八十三年二月五日）ト同年ニアリ、浅間山大噴火ト伊国大地震トガ前後シテ発セルモノニシテ明治三十九年ニ伊太利国「ベスビュース」火山ノ大破裂ニ続キテ台湾嘉義ノ激震、米国桑港ノ大震が続発セルガ如キ、又タ寛永四年十月四日ノ本邦東海、南海、西南海ノ大地震ニ次ギテ同年十一月二十三日ニ富士山ノ大噴火アリタルガ如キモ同種現象ノ好例ナリトス

といって、浅間山を引き合いに火山噴火と地震の関連性についても指摘している。

次ニ記述スルハ主トシテ震災豫防調査會ノ大日本地震史料中ニ収メタル諸記録及び長野縣小學小学校編纂ノ「浅間山」等に依リテ摘要セル噴火ノ状況ノ一斑ナリ

といい『大日本地震史料』[41]や『浅間山』[42]といった、今日でも復刻され用いられる火山学分野での基本文献といえる著書について引用元を示している。

天明三年噴火から一〇〇年の時間が経過した頃は、近代科学が我が国に導入された時期と重なり、噴火後の火口の計測などがおこなわれた。併せて、既存史料の収集、文献調査も進められることになるのである。また、地元群馬では百回忌の動きもあり、県令楫取素彦撰文の供養碑も残されている。詳しくは、第三章に記述した。

（2）震災豫防調査會

一八九二～一九二五年に設置された文部省所轄の地震や震災に関する研究機関「震災豫防調査會」が大正七（一九一八）年に刊行した『震災豫防調査會報告』第八十六號（上編）、同第八十七號（下編）は、『日本噴火志』として知られている。[43]調査会の報告として、震災豫防調査會會長事務取扱大森房吉名で、文部大臣岡田良平宛提出され、「日本噴火志上編ヲ刊行シテ報告第八十六號トナシ謹テ進達ス　大正七年一月」（八十七號（下編）は大正七年八月付）と添えられた同報告書は、日本全国の火山について、過去の噴火状況を詳細に記述し、噴火に伴う地質変化や地震の発生、噴火の予知など、日本の火山の包括的な研究報告が行われている。その中でも「大正二年六月十七日浅間山噴火鳴響降灰区域図」中の第二一図には、天明噴火で県外でも噴火の鳴動が記録されている史料が多くあり、天明噴火の「外聴域」と重なると見られている研究とも関連していて注目できる。また、天明三年には、伊豆諸島の八丈島の先にある青ヶ島が噴火しており、それらを含めた関連性にも触れている「浅間山ガ豆南方面ト同時期ニ噴火セル例」、焼岳と浅間山の一方が連続活動する時期には他方が静謐《せいひつ》になることを述べた「焼岳及ビ浅間山噴火時期対照」、「噴孔底ノ隆起（浅間山天明以降ノ状況）」など、いくつかの浅間山噴火の研究視点が示されている。

「噴火諸表」第六表の浅間山噴火[44]から天明三年の噴火を以下に引用する。

大破裂　天明三年四月九日（太陽暦五月九日）ヨリ焼ケ初メタルガ最後ノ大変動ヲ生ジタル七月八日迄ハ八十八日ヲ算シタリ、五月二十五日（太陽暦六月二十四日）午前七時頃ヨリ山鳴アリ。翌二十六日午前十時頃ヨリ正午迄デ大ナル鳴動ト共ニ強キ爆発アリ、翌二十七日モ午後四時頃ヨリ六時頃迄鳴動セリ。此レヨリ二十日間ハ静穏ナリシガ六月十七日夜ニ至リテ大ニ鳴動シ翌十八日夜半過ギモ地響キ甚シカリキ。更ニ八日ヲ経テ二十六日ニ至リ午前八時頃ヨリ正午頃迄鳴動シタレドモ終日煙薄クシテ別條無カリキ、但シ天明噴火現象ノ終期活動ハ此ノ日ヲ以テ開始セルモノニシテ、爾後連日噴火ヲ絶タズ、二十九日（太陽暦七月二十八日）ヨリ火山活動ハ一段ノ勢力ヲ加ヘタリ、當日ハ晴天ナリシガ、正午頃ニ及ビ五月二十六日ヨリモ一層強キ大爆発アリテ煙灰ヲ東ヘ吹キ付ケタリ、此ノ頃ヨリ浅間噴火ノ影響ハ遠距離ニ及ビ、江戸ニテハ二十九日ニ降灰アリ家屋戸障子ハ振動セリ、噴火ハ次第ニ増大スルノミナリシガ、七月五日ヨリ愈々大噴火トナリ、午後六時ヨリ、夜半迄大ニ焼ケ黒煙ノ中ヨリ絶ヘズ電光ヲ発射シ、前掛山ヘ夥シク砂石ヲ吹キ出シ一圓ノ火トナレリ、六日朝ハ一度噴火ヲ止メシモ午後二時頃ヨリ夜十時頃ニ亙リテ大焼ケトナリ牙山モ大小火石ノ雨下スル所トナリ火ハ裾野ヘモ燃ヘ拡ガル、七日ハ晴天ナリシガ午後一時頃ヨリ四時迄ハ遠近トモ降砂灰甚シク、武蔵國深谷邊ニテモ暗夜ノ如クニナリ提灯ニテ往来セザルヲ得ザル程トナリ、震動雷鳴強クシテ戸障子外ルルニ至レリ。七月八日晴天ナリシガ、午前八時頃ヨリ十一時頃迄ハ噴火ノ勢最モ甚シク、江戸ニテモ午前十時頃ヨリ正午頃迄ハ薄暗クナリタリ、遂ニ此ノ日午前十時過ギニ至リテ非常ナル一大鳴響ト共ニ焼岩熱泥ノ大押シ出シ即チ噴火頽レト称スベキ一種ノ大泥流ノ奔下アリ、北上州方面に崩落シテ吾妻川ニ注ギ暫時之ヲ塞ぎ、續テ決壊シテ吾妻川ヨリ利根川ニ奔注シ沿岸ノ諸村落ヲ蘯盡セリ、総計死者千百五十一人、流失家屋千〇六十一戸ノ多キニ達シタルガ就中大熱泥流ノ衝撃ヲ直接ニ蒙リタル吾妻郡鎌原村ノ如キハ総人口五百九十七人ノ内四百六十六人ノ死者ヲ出ダシ全村土石ノ下ニ埋没スル所トナリタリ。浅間山ノ北麓六里ガ原ニ露出セル「鬼押出シ」ハ即チ此ノ噴火ノトキ噴火孔壁最低部ナル北側銚子口ヨリ流失セル鎔岩ナリ。七月六日ヨリ九日午前ノ間ニ於テハ遠ク江戸、銚子方面ニ迄デ砂灰、火山毛ノ降下アリ、高崎ノ如キハ降灰ノ屋上ニ積レルコト五六寸ニ及ビ為メニ市内ニ潰家五軒ヲ生ズルニ至レリ、又タ群馬県碓氷郡阪本ノ如キハ総戸数百七十二軒ノ内砂石ノ為ニ潰レタルモノ五十九軒、大破セルモノ百三軒アリ、軽井沢ノ如キハ石砂ノ積レルコト四五尺ニ達シ屋上ニ落下セル焼石ヨリ発火シテ総戸数百八十六軒ノ内五十一軒を焼失シタリ、降灰石ノ為ニ潰レタルハ七十軒ニシテ残余ノ六十五軒ハ大破トナレリ。（『震災豫防調査會報告』第七十三號）

すでに、一〇〇年前に史料による噴火の活動と被害状況に関して集約は、ここまで完成しているのである。これらの震災豫防調査会の資料調査の動きは、明治末から大正初期にかけての大森房吉の調査成果によるものである。

また地震学教室に所蔵された大森の資料調査成果を受け継いだのが東大地震研究所の水上武であり、水上の指導を受けたという系譜は萩原進の文章[45]にも掲載されている。

(3) 水上武の一五〇年後の等層厚線図

浅間山の天明三年噴火における、一連の噴火に関し、降下火砕物（軽石や火山灰）の分布について、水上武（一九〇九～一九八五）は観測事例等をもとに、一九四二年の論文でまとめており[46]「浮石の総体積」つまり降下物の総量を一・七×一〇の八乗㎥と見積もっている。この層厚線は、今日、天明泥流に埋もれた遺跡の発掘調査で確認できる一次堆積層の厚さを示していて、時間の経過と共に、降下した堆積物が消滅していく中で、確認しておくべき資料といえよう。現在の旧松井田町、安中市、富岡市、高崎市、藤岡市、玉村町、伊勢崎市などにかけての範囲を示している。

また、水上武・行田紀也による「天明大噴火の噴出物の分布」は、一九三四～四二年にかけて、天明噴火から

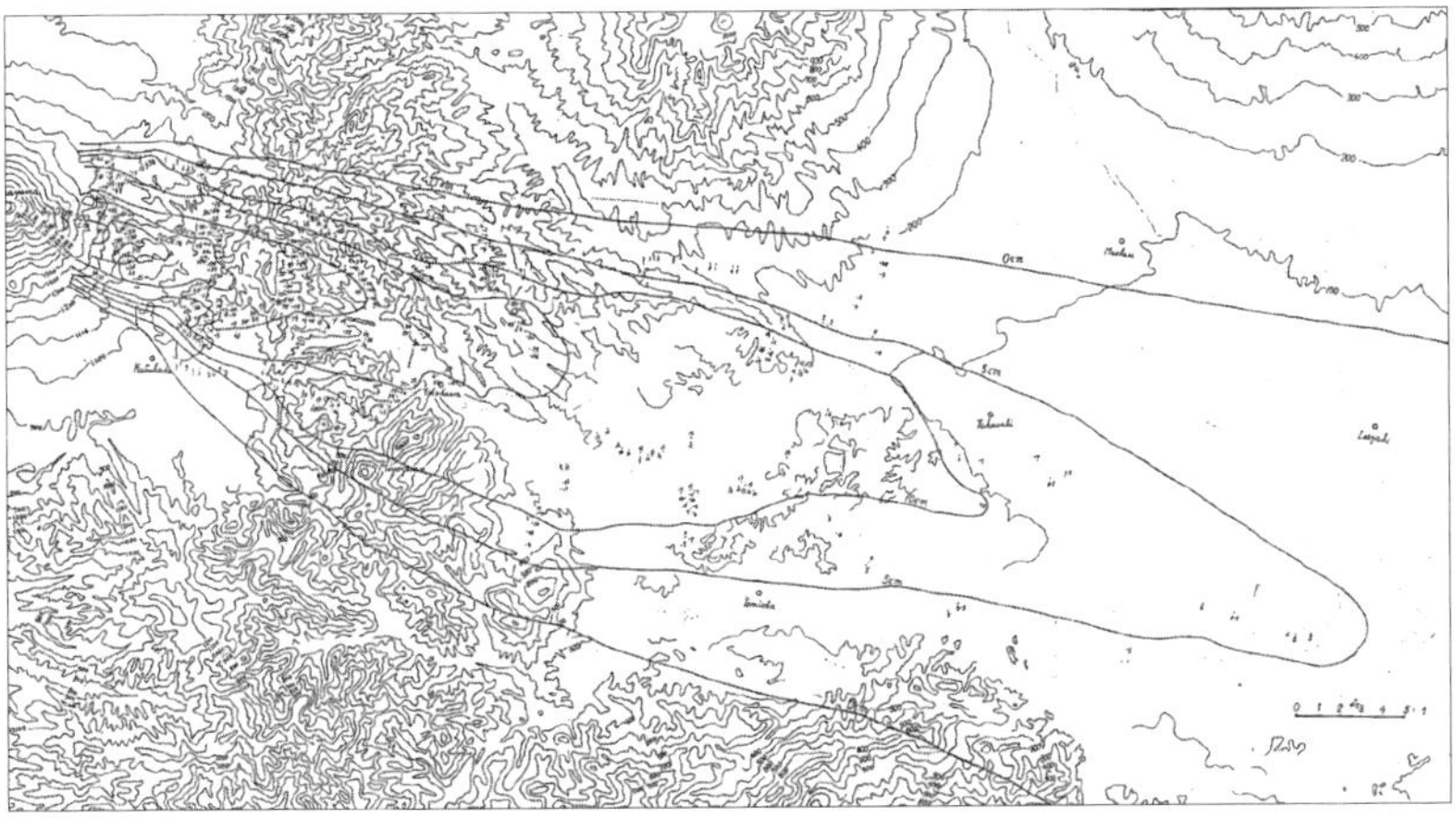

【図4】水上武の等層厚線図（註46）

一五〇年が経過した時点での降下軽石の堆積分布調査資料として、有効な研究資料といえる。

昭和九（一九三四）年から数年間にわたって、軽井沢及び群馬県に堆積した軽石層の厚さを詳細に測定した…図であきらかなように、浅間山から東南東の方向、つまり旧中山道の旧軽井沢－松井田を結ぶ国鉄の信越、高崎線の沿線方向を中心として、比較的狭い地域に現在でも厚く堆積している。しかし堆積調査を行った一九三四〜四〇年頃は国道すら舗装されていない時代であり、大小の道路の切り割り等で天明軽石とその下部の天仁（或は弘安）軽石が容易に観察され、測定できた。さらに一九七〇年代に入って数年にわたって再度群馬県松井田から高崎の同じ地域を調査したが、前回より四〇余年を経てはいるが天明軽石層の厚さ等の測定は、道路沿いでは殆ど不可能に近い程度に（小さい道路までも）コンクリートと石によって蔽われていた。松井田、安中、富岡等周辺の丘陵地帯では前回調査時には、天明噴火以来、人工の手が殆ど加えられることなく自然の状態を維持している所が多かったが、太平洋戦争中及び戦後の食料増産のために至るところが開墾され、更に近年の住宅地の開発によって、天明以来自然のままの状態を保持している所は極めて限定されていて、その変化の激しさに驚く外はない。[47]

と記述しており、四〇余年の中での軽石堆積状況や周辺環境の変化についても記している。さらに、天明軽石層の一五〇年経過した時点の実測値と古記録との数値を比較すると、およそ三分の一になっていることを示し「一五〇年余の間に起こった変化の歴史を含んでいる」と結んでいる。

火山学者が時間経過の中で、災害景観や降下堆積物が視界から消え失せていく姿を物案じている表現と受け取ることもでき、火山学的な研究視点から噴火現象を語り継ぎ、さらに被害をたどることのできる重要な研究資料といえる。

（4）火山学や砂防学からみた天明三年浅間山噴火

現在、天明浅間山噴火の推移とモデルを示している火山学研究のベースでもあり、天明三年浅間山にかかわる火山学と考古学を結びつける論考として、荒牧重雄の論述[48]がある。この中で、火山学的な天明噴火の規模やその理化学的な特性を示し、史料との対比を試みている。『火山灰考古学』二〇〇一年第四版発行に際してのメモの中で荒牧は、新たな学説の予説として、浅間園博物館付近の凹地（柳井沼）を起点とした岩屑なだれを釜山火口から発生した流れではないという仮説のモデルに着目している。

安井・小屋口・荒牧[49]（一九九七）は、史料と天明三年浅間山噴火の日付を追った二二層の降下堆積物の単位との対応を詳細に試みており、三ヶ月に及んだ噴火活動の復元に寄与している。萩原文献の記述を用い、詳細な地点情報とフォールユニットの対比を試みている。

近年、この成果をさらに進めているのは、津久井[50]（二〇一一）で、浅間山近傍の史料のみに留まらず、遠隔地の史料収集により天明噴火の降灰、鳴動・震動、臭気といった噴火の全体像の高い分解能での解明をはかっている。北は青森県から、南は京都府や和歌山県、三重県にまで及んだ県外史料一一五を集約し、降下日時の復元に取り組んでいる。

砂防学や土木災害史をもとに委託された国土交通省関東地方整備局利根川水系砂防事務所刊行の『天明三年浅間焼け』(二〇〇四)の内容を整理して、井上公夫は、自然科学的な観点から、天明の浅間焼け災害をまとめている[51]。また「土砂と水の流れ下った総量」を「約一億立米」と計算する試みは、山下伸太郎[52]ほか(二〇〇一)で「吾妻川へ流入したときにはすでに泥流化していたと考えるほうが自然であると考えられる」としている。

加えて、水理学的な分野からの検討では、井上公夫[53]ほか(一九九四)やその後の修正論文[54]でも、やはり萩原文献をもとに天明泥流の流下状況を整理する中で「現在計画されている八ッ場ダムと同程度の高さ一〇〇mの天然ダムが一時的に形成されて破壊するという事件がおこったもの」として「泥流のなかにある巨大な岩塊や流木の噛み合わせによって形成され」たと考え、長野原の市街地や川原畑などの集落をこの時の天然ダムの湛水区域としている。さらに、吾妻川と利根川の合流点での出来事として、天然ダムの形成を想定し、郷土史研究の資料をもとに検討を重ね「天明泥流の流速と流量」を河川の流量計算式を用いて算出し、当時の泥流の到達記録との整合性について述べているが、萩原の進めた史料研究を用いた延長線上の研究とも考えられる。また、最近の発掘調査や踏査の結果との照合等により、これらの検討された分野にもいくつかの検討事項を提示できる可能性があり、議論の予知を残している。

浅間山には、我が国で初の火山観測所が明治四四(一九一一)年八月二六日に開設されている。場所は、火口から見て西南西の山腹、通称「湯の平」であった。現在の群馬・長野の県境「峰の茶屋」にある浅間火山観測所は、一九三三年の開設で、二四時間体制の観測が行われている。

第四節　歴史学からみた「天明三年」

(1) 史料でみる天明三年浅間災害

「天明三年浅間災害」を「浅間山噴火災害」と「天明の飢饉」との災害としての両側面を概観する例として、『武江年表』[55]及び『後見草』[56]をあげることができる。

前者は、江戸の町名主で『江戸名所図会』の著者としても知られる考証家の斎藤月岑《さいとうげっしん》(一八〇四～七八)が記した江戸市中の基本資料を集約編纂したものである。徳川家康が江戸城に入った天正一八(一五九〇)年から明治六(一八七三)年までの出来事を編年体で記述し、天災や気象情報をはじめ、この間の時勢が網羅され、江戸・東京の歴史を知る上で欠かせない史料として知られている。

後者は、『解体新書』や『蘭学事始』を著した杉田玄白(一七三三～一八一七)が、明暦～天明期にかけての世相を編纂・記録した史料であり、上中下の三巻で構成される。『世界大百科事典』[57]によれば、

小浜藩用達の石屋亀岡宗山が記した明暦大火の記事を、その孫に見せられた玄白が，鴨長明の『方丈記』にならい、宗山の遺稿を上巻とし，中巻以下にその後の天変地異を書き継ぎ，天明七(一七八七)年松平定信の老中就任に万歳を唱える記事で終わる。鋭利な風刺のうちに滑稽と皮肉をもって世相を論評した書。明暦より天明にかけての、世相の実態を記録した価値を持つ

という。

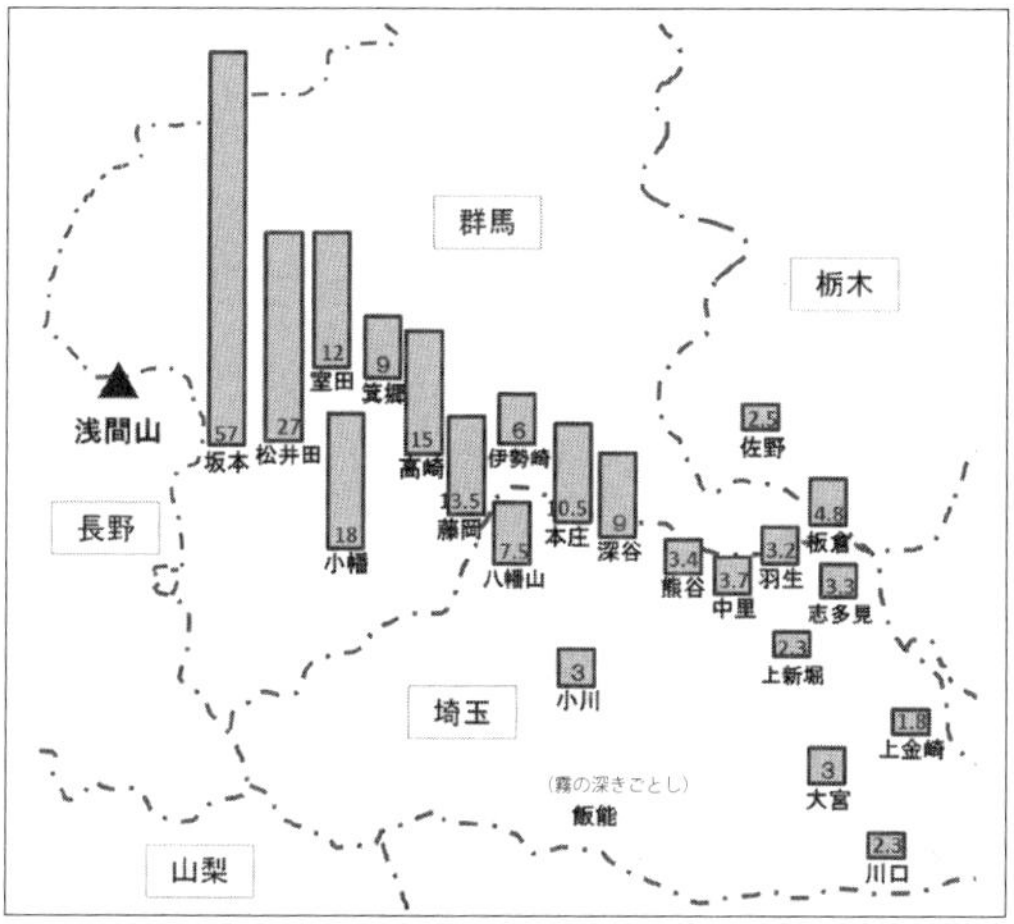

【図5】天明噴火の降砂量（単位：cm）（註58）

『武江年表』での記述は、

火坑大いに焼け、江戸にては七月六日夕七つ半より、西北の方鳴動し、翌七日なほ甚し。天暗く夜の如く、六日の夜より関東筋毛灰を降らす事おびただし。竹木の枝、積雪の如し。八日にいたり快晴となる。浅間山焼出せしは、春の頃より始まり、常に倍しけるが、別て強く焼出したるは、六月二十九日の頃にして、望月宿（中仙道）の辺より見るに、烟立ち雲の如く空一面に覆ひ、炎は稲光りの様に見えて恐しかりしが、七月四日頃より毎日雷の如く山鳴り次第に強く、六日夕方より青色の灰降り、夜中より翌七日の朝、大いに降り鳴る音強く、昼過ぎになり、掛目二十匁より四十匁位までの軽石の如き小石降り、さらに歩行ならず、七つ時頃より灰降り出し暫時闇夜の如く人の顔も見え分らず。内にては火を燈《とも》し、さりがたき用事あれば、米俵をいくつもかさねて頭にかぶり往来せり。然るに二時ばかり過ぎて空晴るると見えしが、また浅間のかたに空へ火の玉飛び上り、暫くありて小石降り鳴音強く、戸障子はづれ夜寝る事あたはず。雷強く鳴り、安中宿は三四ケ所へ落ちる。空へ向いて鉄砲を放ち、太鼓を打ちて雷除けをなす。八日朝四つ時は闇夜の如く、それより少し晴れ往来も見えし。藤岡辺にて灰八九寸位積り、高崎辺は一尺四五寸、富岡辺同断、吉井辺にて一坪的所量りしに二石あり。浅間近きに随ひ大石降砂も多し。松井田にて三尺ばかり、軽井沢、沓掛、追分、板鼻の辺まで、二抱へばかりの石降り、人家を潰したり。故に人思ひ思ひに家を捨て退き、遠くのがれて命を全うせしもあり、小田井、大笹辺は、猪、熊など出て人馬をくらへり。猟師、鉄砲にて追い退く。七日夕、我妻辺の山より大蛇も出たり。また九日巳の時、利根川の上流吾妻川、一時ばかりに水少しになりしが、暫時泥水山の如く押しかけ人家跡形なし。中瀬八丁河岸の辺りへ、樹木、家屋、人馬の死骸流れ寄ることおびただしく、その外の川々、焼石打込み水は熱湯の如く、上州一円の民も二三日昼夜途方にくれたり。信州より上州、熊谷辺まで遠近あれども、四五年の間作物ならず、この間の難にふれて死するもの凡そ三万五千余人といふ。小田井宿は格別の障りなし。西風強くして追分宿へ吹きかかりし事といへり。昔天治元年七月にもかくの如き事ありし由、『中右記』に見えたり。また元禄十六年十二月にもこの山焼けたれども、この年の如くにはあらざりしにや。江戸にても硫黄の香ある川水、中川より行徳へ通じ、伊豆の海辺まで悉く濁る。よって芝浦、築地、鉄砲洲の辺にては、今にも津浪起るとて大いに騒動し、佃島の男女まで残らず雑具を運びて、陸地に居ることおよそ二日なり。

とあり、三ヶ月に及んだ天明三年の浅間山の噴火では、火山災害としての人的な被害で見れば、岩屑なだれに埋まった鎌原村や芦生田村など北麓での被害、さらに天明泥流が流れ下った吾妻川と利根川沿岸での被害の二つが際立った災害となり、一五〇〇名以上の犠牲者を出し、火山噴火の現象としては、火山灰や軽石といった降下物と火砕流や溶岩の噴出があった。八月五日の噴火は、クライマックス噴火で「泥押し」「押出し」「土石流」「岩屑流」「土石なだれ」など多くの呼び名をもつ「岩屑なだれ」と呼ぶ土砂の移動が発生した。噴火活動の最終段階で発生した土砂移動は、群馬側の北麓へ抜け出し、吾妻郡を襲い、さらに「天明泥流」として、吾妻川、利根川を伝って被害を発生させていった。降灰は関東一帯から遠く常陸に及び、江戸でも一寸程に及んだというのである。

史料の七月六日は、新暦で八月三日にあたる。翌々日のクライマックス噴火に向かって噴火の勢いが増大していく変遷を記している。「関東筋毛灰を降らす」の記述が火口から東南東方向へ降下物をもたらした状況を伝え、降った灰は積もった雪のようで、空は「天暗く夜の如く」といい、江戸でも火山灰が堆積し、昼間でも暗くなっていたというのである。六月二九日（新暦七月二八日）の頃、近隣の中山道の望月宿の辺りから見ると、噴煙は空一面を覆い、その中には、火山学で「火山雷」と呼ぶ噴火に伴う稲光が観察されている。八月二日から火山雷を伴う噴火が毎日続き、三日の夕方より青色の火山灰が降ったという。翌日四日には二〇～四〇匁（一匁は三・七五g）の軽石が降り、暫く闇夜が続き、戸障子が外れるほどの鳴動があり、近隣では、パニック状態となる。「二抱へばかりの石降」とあるように、多くの降下物を降らせる。別史料には、軽井沢で降ってきた大石に当たって青年が落命する出来事も起きている。

四〇㎞ほど離れた高崎でも「一尺四五寸」の降灰を記している。「七日夕、我妻辺の山より大蛇も出たり」と記すのは、鎌原村を岩屑なだれが襲う大噴火の前日の八月四日に発生した吾妻火砕流の発生を記したものと思われる。また、運命の噴火が発生したのは、八月五日の午前であり、日付は一日ずれるが「九日巳の時、利根川の上流吾妻川、一時ばかりに水少しになりし」と記述され、利根川との合流点で起こったと考えられる一時的な天明泥流の停留現象を記述したものと考えられる。その後、泥水は「山の如く」利根川の沿岸の村々を襲ったのであった。群馬と埼玉の県境を流れる利根川で、埼玉側の中瀬、八丁河岸では、土砂や瓦礫、人馬の死骸がおびただしく堆積した。焼石は多くの史料で「火石」とも表現される本質岩塊で、その付近は熱湯となっていたという。天明泥流による被害は、一五〇〇人以上にも及ぶ。信州より上州、熊谷周辺までは、四、五年ほどは作物ができなかったといい、この関連で三・五万人が亡くなったとしている。軽井沢などと同じ、火口から一〇㎞程度の場所である小田井宿では、火口の南西にあたり、被害は「格別の障りなし」という。さらに「天治元（一一二四）年」にもこのような噴火があったことが、『中右記』に記録されている。また元禄一六（一七〇三）年にも噴火があったがこれほど被害はなかった、といっている。江戸へも硫黄の臭いのある川水が、中川より行徳へ通じ、伊豆の海辺まで濁ったという。江戸湊と呼ばれ、各地から大型船で運ばれてきた物資が小型船に積み替えられて常に大小の船で混雑していた芝浦、築地、鉄砲洲の辺では、今にも津浪が発生するといって大きな騒動になった。そして、佃島の人々まで残らず避難した、と江戸の人々の動きを記している。

天明の飢饉を扱う『後見草』では、次の様に記述している。

> この三四年気候あしく、五穀の実のりよからぬ上に、この秋の天変〔浅間山噴火〕にて、米価甚だ騰踊し、四民の困窮大方ならず、来る酉年の秋までには、雑穀までも尽き果て、人々飢えに及ぶべしと、浮説さまざまなりしにより、都下の四民怖れをなし、安き心はなかりしと也。今年も暮れ、同四年の春に至り、米価日毎に貴くなり、やがて払底し侍るべしと申し触れ侍りしにより、大小名の御家には、家中育むためなりとて、多く買ひ貯へ給ふにより、下賤の者は食に飢え、妻子を捨て逃げ去り、或は川淵へ身を沈め、あへなく死するも多かりし。後には鳥目百文に、米五合に足らず売りけるゆえ、こはいかになり果つるやと、道行く人も逢ふ時は、外の事は語りもせず、唯々この事を歎きし也。或は富豪にして慈悲深き者は、己が家にて食しねる常の食を半減せば、他に半日の命助るべしと、粥に作り粮《かて》を加へ、日毎に食ひしもあり。さはあれど、御府内は将軍家の御座まします処なれば、諸国より運び送る米は絶え間なし。されど又、これを費し食ふ人も多ければ、日毎に費え行き、富みたる者までも賎山がつの如くして、さまざまの物を食したり。この御代治りて後、開きも及ばぬ事なり。住み馳れし人々さへもかくあれば、まして遠国他国より入来る飢民共、如何ともせんすべなく、大道にさまよひ侍りしが、それにも行き足らざりしにや、辻々小路にて倒れ死せるその数を、時の奉行への訴へも万人に近しとなり。

天明の飢饉は、天明二（一七八二）～七（一七八七）年にかけ、奥羽～関東地方を襲った大飢饉である。疫病の流行も重なり、餓死病死者は全国で九〇万人を超すともされている。各地で、年貢減免の百姓一揆や都市部での打ちこわしの騒動が発生している。『後見草』は、浅間山噴火後に浮説が乱れ飛んで、天明四年の春には、米価は日毎に高騰し、各地で食糧不足が深刻になり、飢えた人達が江戸に入り込んでくるが行き倒れになる人の数も万の数になるくらいだと記している。江戸市中の被害の状況に加えて、飢饉の惨状は、各史料に記されているとおりである。

また、浅間山火口から直線距離で一一〇km以上離れた埼玉県蓮田市に残されている「降灰浚渫《しゅんせつ》願」[59]（江ヶ崎　石川家文書）には、天明三年の浅間山噴火の降灰によって排水路の土かさが増して排水が流せないため、浚渫の御普請を黒浜村ほか八ヶ村が願い出ている。「私共村々悪水落新堀之儀敷三尺長弐千七百拾八間并橋拾五ヶ所者…当卯年七月上旬浅間山焼砂降積り其上大水仕田畑一円亡所ニ相成…御見分之上焼砂浚板羽口橋共ニ御救御普請ニ被成下候様…」といい、降下した軽石による被害がおこっていたことを確認することができる。

埼玉県の北本市の荒井村（同距離一〇〇km）では、天明四年五月地頭牧野氏から発給された荒井村の年貢皆済目録[60]で、浅間山噴火による降灰とその後の大洪水により、年貢高一一七俵のところ八〇俵免除の三七俵（三一％）の納入となっている。また、皆済の実際の納期は「霜月（一一月）二十日限り」や「極月（一二月）二〇日限り」に皆済せよとあるのにかなり遅れていたことも指摘される。

（2）歴史災害としての天明三年

北原糸子は、自然災害を、天変地異のような「突発的災害」と飢饉のような「緩慢な災害」とに区分けしている。[61]災害の発生が突発的であったからといって、その影響が瞬時に完了してしまうことはなく、噴火後の降砂の堆積やそれらが原因となる河川の氾濫や洪水などが恒常化するが、緩慢に発生し恒常化していく災害とは明らかに異なっているとし、天変地異を対象とする災害史研究は、災害発生の地域的限定性のため普遍的研究方法を立てることは難しいとする。現状では、個別災害に関して各県史・市町村史レベルでの史料収集が最も進んでおり、注目すべき動向は、歴史学以外の分野での歴史災害への関心の高まりであるといって、地震・津波・噴火といった地球科学の分野での古文書収集の動きを注目している。その中でも、歴史学の災害史研究における学際的な成果として、天明の浅間噴火の埋没村鎌原村発掘をあげ、発掘調査報告書のほか、大石慎三郎の『天明三年浅間大噴火』(62)が学術研究の成果を読みやすく明らかにしていると評価している。

また、災害史研究においては、被害に遭遇した極限状態をいかに人々が克服したかという視点を民衆意識と捉え、災害による非日常から日常への回帰の過程を視点とすることや自然現象としての「災害現象」を「文化現象」にまで転化させる民衆意識にも着目している。その意味で、学際的な取り組みにより、天明三年浅間災害を見渡す視点を重視していくことは、そのように災害による現象を文化の現象に向かわせるものであり、多くの災害に直面している昨今に着目される視点と考えられるであろう。

(3) 文献史学からみる「天明三年からの復興」

被害を受けた各村々では、復興作業が始められる。壊滅的な被害を受けた北麓の鎌原村では、天明三年一〇月から救済事業を兼ねた田畑の復旧作業がはじまった。復興作業としての具体的な施工は、復興費用として、田地一畝につき人夫一〇人で作業にあたること、一人につき銭一七文が支給され、近隣の村々の人々が雇用され、その人々は、賃金により、その冬をしのぐことができたと『浅間大変覚書』(63)が伝えている。このように、近年の災害復旧にも通じるかの如くに被災者救済の意味合いも込め、一定の基準をもって復旧の工事が取り組まれていたことも、史料の記述から知ることができる。

渡辺尚志は、文献史学の立場から、①従来の研究が被害状況や被災直後の復旧過程にほぼ限られ一九世紀に至るまでの長期的な復興状況については考察されてこなかったこと、②被害の代表として鎌原村がクローズアップされるも、同じ様に大きな被害を被った他の村々の復興過程が取り上げられることが少なかったとの二点が不十分とし、鎌原・芦生田両区有文書を取り上げて復興の経過とそこにみられる特質を導き出そうとしている。特に、被害前後の土地所有関係を一端白紙にして、被害を免れた土地も荒れ地も均等分割しようとした鎌原村の例に対して、被害を免れた土地にはもとの所有関係が存続し、再開発された荒れ地に関しては均等分割するというように方向変換している芦生田村の対比を導き出している[64]。被災直後から一九世紀に至るまでの復興過程を分析し、埋まってしまった耕地の再配分の仕方を検討し、近世村落の性格の一部を明らかにしている。また、当時の噴火を記録し解釈しようとした史料を読み解こうとすると同時に、復興につとめた地域のリーダーあるいは、各藩における対応などを萩原文献を用いて、近世社会の特質を映し出そうとしている。

(4) 天明の飢饉

飢饉とは、災害や気候など自然的な要因、あるいは人為的な影響のために、広範な飢餓状態がもたらされ、多数の餓死者、病死者を発生させる社会現象で、食糧の不足が何らかの理由で発生しても、必ずしも飢饉となるわけではない。原因は食糧の配分、つまり餓死者が食糧を手に入れられない状況をつくり出す社会性にもある。いわば、要因は複合して引き起こされるものなのである。

火山噴火・地震・長雨・日照り・旱魃・霜や雹・虫害といった自然災害は凶作による飢饉をもたらすことも多い。自然的な要因をあげることができることから「浅間山の噴火によってもたらされた飢饉」というように、噴火が直接的な要因とされることがしばしばみられるが、これは厳密には誤りで、前年から気候不順や作柄不良は記録されている。天明三年の浅間山噴火の被害は、どこまで天明の飢饉に影響を与えているかの線引きは、困難とみられる。しかし、天明の飢饉は浅間山噴火によってもたらされたものではないにせよ、密接に係わり合っているのは確かである。ここでは、天明の飢饉と天明浅間山噴火の線引きをするのは容易くはないが、本論の立場からすると、敢えて区別をすることが目的ではなく、より関係する出来事を網羅することに終始していくべきと考える。

歴史災害を研究対象とした中では、史料の欠如が被害算定の課題となる中で、寺院の過去帳を用いて被災率を割り出す研究とした、菊地万雄の『日本の歴史災害[65]』があげられる。古文書解読を中心とする歴史地理学的研究に加え、自然環境からの究明という両分野の手法を巧みに組み合わせて、自然と人とのかかわり合いを研究目的としている。複雑多岐にわたる災害の中から「天明三年の浅間山爆発」「天明三～四年の冷害・飢饉」が取り上げられている。

また、民衆の飢饉体験として、菅江真澄や高山彦九郎など、旅人の見た天明の飢饉の記録をはじめ、飢饉の中心となった東北地方の事例を多用し、飢饉発生の近世社会のメカニズムや救荒・備荒のしくみなど、飢饉史として取り組まれた論考『飢饉から読む近世社会[66]』がある。

飢饉史を扱う論考の中では、浅間山噴火の経過を含めた史料を引用している場合が多く『飢饉の歴史[67]』では、「天明の飢饉史料」として『泰平年表』『後見草』『天明三年浅間山覚書并狂歌入』といった史料を収録していて、飢饉を扱う文献史学のみではなく、浅間山噴火がどのように社会で受け入れられていたかをも知ることができる。

異常気象の続発という説明で、天明二～七年まで気象異常、天明三年の浅間山噴火、天明三～四年の飢饉をとらえ、多面的な史料を重ねて天明の大飢饉を扱う『飢饉[68]』の中では、天明三年の夏、下野日光の夏三ヶ月の天気は、晴れ（夕立を含む）が二三日しかなく、曇りが一三日、雨が五三日（五七％）にのぼっている。梅雨のような冷たい雨が夏の間続いていたと分析している。

『夏が来なかった時代[69]』では、繰り返し冷夏が襲った一八～一九世紀の気候変動と歴史の関係を地球規模の史料から分析し、火山噴火と飢饉の関連で天明の大飢饉を扱い、科学者の読み解く気候変動が著されている。

第五節　考古学からみた天明三年浅間災害

（1）浅間山麓埋没村落総合調査会――岩屑なだれに埋もれた村の学術調査――

近世史学界において、発掘調査による出土遺物という実資料に大きく頼って歴史像の構築をはかる研究に対して、大石慎三郎は「歴史研究全体に拡がる考古学的手法[70]」の中で、発掘調査の予告として、「近世考古学の黎明期」という言葉を用いている[71]。また、著書『天明三年浅間大噴火』のなかでは、昭和五四～五七年にかけての発掘調査や観音堂石段の二体の遺体の収容などにまつわる苦心談に触れている。埋没した近世の村に総合的な学術調査のスポットライトがあてられた出来事である。

昭和五四（一九七九）年に始まる浅間山麓埋没村落総合調査会の発掘調査は、近世考古学の先駆的試みとして注目された。調査会の機会の発端を大石は、昭和三一年の星野温泉で行われた会合の席で「児玉幸多・松田智雄・水上武の三先生と、いつか機会があったら鎌原村を掘って天明の昔を探ってみましょう、という話になったのが、そもそも今日の発掘の発端である[72]」と懐古している。

調査会代表の児玉幸多は「調査会としては、これが正式な、かつ唯一の概報」とする『嬬恋・日本のポンペイ[73]』の中で、「これからどうするのか、一つは、文献等の調査を進めなくてはならない。これまでに収集し得たもののなかにも新資料もあって、それと発掘調査の結果とを結びつけるのも、大事な仕事になる」と学際的に実施された発掘調査の成果の更に進むべき方向を示している。

そもそも、この学術調査（浅間山山麓埋没村落総合調査会　会長児玉幸多）の契機は、昭和四八年、村老人会が鎌原観音堂の一五段の石段の下につづく一一段を掘り出したこと及び昭和五〇年三月、鎌原老人会有志が十日ノ窪を発掘し、水差し、硯、鎌、砥石などの遺物三〇点余り（鎌原観音堂に展示）を見つけたことであり[74]「土地の持ち主が、炭焼窯を作ろうとして地面を掘っていたところ、何か埋没した家屋材らしいものを発見した。これを足掛かりに、昭和五十年、鎌原地区老人会有志の人たちが試掘して、地表面から四～五ｍのところから家屋材と家具の一部を発見、後は埋め戻していた[75]」と記されている。

一年間の予備調査が行われたのち、昭和五四年（観音堂下石段と十日ノ窪）、昭和五五年（鎌原区の一〇ヶ所のトレンチ調査）、昭和五六年（十日ノ窪の掘りあげ）、昭和五七年（延命寺跡）という順序で行われた。調査の成果の概要は、前掲『嬬恋・日本のポンペイ』及び『延命寺跡発掘調査報告書[76]』『天明の浅間焼け[77]』などにまとめられ、今日それを知ることができる。

この発掘調査が、地域住民にどう受けとめられていたかを見返す一端として『天明の災にかがやく恩恵』に掲載される手記[78]を見ておきたい。

学習院大学児玉学長先生は、斯の様な堂々日本は勿より全国に知られる夫々分野第一線権威の諸先生を一堂に、文部省の科学研究費補助金を受け、また嬬恋村、日本アイ・ビー・エム株式会社、小学館、集英社、東京新聞社、ＮＨＫなどの協力を受けることができるようになったことから、一九七九（昭和五四年）から八二年にかけて、埋没鎌原村の発掘調査を中心とした浅間山噴火の総合調査のために嬬恋村に現れたのである。申すまでもなく現場鎌原村にとっては、発掘中止三年になって湧いたありがたき幸せであった。そして調査が開始されると、報道機関テレビ、ラジオ、新聞、人の往来等々、全く予想されない事態の連続であった。その上、五四年の八月には遂に皇太子殿下御一家皆様の御越しを頂く事態に感動を覚えたものでした。

行政的な手続きを踏まない発掘ではあったが、地域住民による自分たちの先祖の姿を少しでも見ておきたいという強い現れが、最初の発掘だった。しかし、その中止がこの学術調査へと繋がった流れがこのように受けとめられる。地元有志の手による発掘で出土した遺物は、現在も境内の十王堂や観音堂に手作りの展示ケースの中に展示されている。

（2）天明泥流下の発掘調査

天明泥流が東流した吾妻川と関東平野を潤す利根川は、渋川市で合流する。合流点から少し先の、渋川市中村では、昭和五七年、関越自動車道の渋川・伊香保インターチェンジ建設に伴う発掘調査で、利根川右岸旧中村の下流約四〇〇mの場所を発掘調査している。行政発掘による大規模な調査の草分けであったと言える。およそ、四mの厚さの天明泥流堆積物下の畑跡が調査されている。短時間の間に埋もれた発掘調査の例として、栽培作物の種類や生育状況、近世の畑の管理状況などを知ることができ、これまでに例を見ない発掘調査は「封印を解く」行為とも例えられている。中村遺跡の発掘調査は、発掘調査報告書の他に『江戸時代と災害』[79]などでも概説されている。

その後も、長野原町、東吾妻町、渋川市、吉岡町、前橋市、玉村町、伊勢崎市など各地域で、多くの天明泥流に埋没した遺跡の発掘調査が進められている。これらは、被害の中心となった北麓側の群馬県で行われている「地域における特徴的な発掘調査」となっている。とくに、天明泥流下の遺跡を広域的に発掘調査するという視点では、八ッ場ダム建設予定地で平成七年以降天明泥流下の発掘調査が進められてきていることに着目できるであろう。この地域以外にも群馬県内には、同時に被災した遺跡は広く分布しており、それらを含めて研究の進展が期待される。

（3）火山灰層下の「天明三年」

火山灰考古学では、広域に噴出したテフラ（広義の火山灰）を鍵層として扱う。特に群馬県下においては、考古学の発掘調査において、浅間山、榛名山、白根山などの代表的なテフラの特徴が整っていて、理化学的な特徴を含めて、その分布域も把握されている。そのことにより、明確な時間軸を決定できる尺度として、活用できる火山灰層研究が確立している。浅間山の噴火活動によってもたらされた火山灰は、上位層から「浅間A軽石」（記号：As-A・年代：一七八三）、「浅間Bテフラ」（As-B・一一〇八）、「浅間C軽石」（As-C・四世紀頃）、「浅間D軽石」（As-D・四～五〇〇〇年前）というように、捉えられている。(80)

しかし、浅間A軽石を降下させ、天明泥流を堆積させた天明三年浅間山噴火では、さらに狭義に事細かく、噴火による降下した日時まで史料が残されていることで、降下日時まで噴火イベントを復元させることにつながっている。

さらに、そのテフラの降下した方向性により、きめ細かく分類されている。水上武が作成した一五〇年経過時の天明噴火の噴出物の分布(81)とも重なり、群馬県内で進められる発掘調査では、検出される火山灰が発掘調査における指標ともなっている。それらが、天明三年浅間山噴火では、日付を追った鍵層として機能することで調査資料を解き明かすことにもつながっている。浅間山麓埋没村落総合調査会の発掘調査に端を発する天明三年浅間災害に関わる発掘調査の事例は、群馬県内で、岩屑なだれや天明泥流に埋没していたり、浅間A軽石が検出されるなどの場合を含めると、現在二四四以上の遺跡数を数えている。(82)

また、一七八三年の時の断面を記録した噴火災害の援用が考古学においてもたらされたと思えば、さらに、現在までの経過時間の中で荒廃した耕地の再開発「復旧の痕跡」さえも発掘調査の中で検出されてきている。これらは「復旧溝」「復旧土坑」「礫充填土坑」などとも呼称され、復興の足取りをたどることができる遺構とする新たな視点として、文献との対照とともに災害後の対応の姿を導きだすことにもつながろうとしている。

（4）掘り返される被害や復興の記憶――温川逆流と新井遺跡の発掘調査事例――

吾妻渓谷から一〇km下った郷原の対岸付近、吾妻川右岸に注ぐ温川（四戸川）で、「四戸川を上り巻寄まで流れる」（『浅間記[83]』）、あるいは「ぬる川と云えるは、五十町程泥さかのぼりしといえり」（『天明浅嶽砂降記[84]』）というように泥流の逆流現象が記録されている。ただし、『天明浅嶽砂降記』は、伊勢崎藩の常見一之によって記された県下における第一級史料とされているが、「マキヨセ」は吾妻川より直線で一km入った場所で、蛇行する温川に沿えば二kmほどはさかのぼったことになる。「五十町」（約五・五km）は誇張表現かもしれないが、被害の及んだ地点名を含め、人々の記憶が文字史料となり、今日発掘調査でその成果に結び付けられる結果となっている。先の東日本大震災では、北上川を津波が四九kmも大逆流した事実が判明している。天明泥流流下における大量の流下泥流と支流を逆流する出来事を災害現象として辿り、解析する資料にもつなげていくことが可能である。

また、上信自動車道建設に伴い発掘調査が進められている温川の起点になる位置にある新井遺跡東吾妻町厚田所在では、標高四〇〇m付近で、泥流畑や石垣などが見つかった。また、泥流堆積層から泥流畑を掘り抜くような特徴ある復旧土坑が見つかっている。地元史料で「原町田畑三尺より八九尺一丈程押入る御上様より開発金一畝に付永百十九文づつ下し置かれ候、一畝七人堀の積りに御座候、一二月中に大がい開発仕まひ石出しばかりに致正月は二日より初早速仕まい候、然れども上掘ばかりにて御金頂戴し奉り、後にてよく掘る所存に候」と記すのは、原町富沢家の『浅間記下[85]』で、幕府の復旧工事では、仕様に則り掘り返し表面の大小の礫を片付けた。しかし、実際の耕作者にとっては満足のいくものではなく「形ばかりの復旧工事」となっていたのである。その後、私財を投入して入念に耕土を復旧させる例が記されたのがこの史料である。被災後の「上掘」の後、これら焼土による生産性の乏しさに対して行われた行為は「二番開発」と呼ばれた。富沢久兵衛は、天明五年～八年春まで工事を行ったといい、『浅間山焼崩泥入畑開発帳[86]』として残されている。その成果は、一番開発後、壱塚[87]で大豆生産量は「五～六升」であったのが、「二斗五升」になったというから、実に五倍になったことを記録しているのである。天明八年には、岩下・矢倉・郷原・松尾・横谷・川原畑・林・三島の八ヶ村連名の嘆願書（矢倉渡軍平氏所蔵）が出されていて[88]、このような再開発行為を願い上げたものとみられる。平成二六年度に発掘された新井遺跡では、そういった、単に礫を土坑に掘り埋め込んだものと規則正しく長軸方向に長い断面箱型の土坑を掘りつつ元の耕作土を掘り上げた復旧土坑が、対比的に確認されている。[89] 先人の復興への取り組みの行為の痕跡の上に、今日の耕作地をはじめ我々の生活があることを掘り返し歴史の一断面を改めて確認することになる。そこには、先人の苦労の上に、幸多き今日の暮らしがあることへの感謝の念を思い浮かべる機能が存在するともいえる。この例の場合にも、史料との整合やどう解釈するかなど、考古学と文献資料との接点が大切になってくることはいうまでもない。

小結

災害からは二三〇余年が経過し、大きく時代は変化を遂げている。人々の記憶から消えようとしながらも、災害の現象の痕跡をたどることが多くの領域から可能なことをみてきた。人との関わりなど「災害」を核にしながらも多くの研究視点と各学問領域からのアプローチが存在していることがわかる。

「麦五合に米糠二升を混ぜ、これを炒って臼で挽き、干した大根の葉を混ぜて食べた四人で一日三食二日間もった」[90]というような被害に直面した当時の人々の生活の惨状を伝える窮余の一策がどれだけ、地元に伝わっているか、あるいは、次の代に伝えられようとしているのかを改めて問い合わせる必要を感じる。先人の困窮した体験が言葉として直接残されたり、あるいは、人々の災害の体験が形を変えて語り継がれていることを整理していくことが求められる。

このことは、天明三年浅間災害にかかわらずとも分析はされている。同じ江戸時代の枠組みでも、さらに時期的な考察が求められるところではあるが、気谷誠の『鯰絵新考』[91]の安政江戸地震後四ヶ月にわたって描かれ続けた多数の鯰絵の画像分析に対して、北原糸子[92]は「災害の非日常から日常への回帰の過程を跡づけつつ、同時に、自然現象としての災害を文化現象としての祝祭にまで転換させてしまう民衆の心意の深層を分析」できるといっている。この「災害を文化現象としての祝祭にまで転換させてしまう民衆の心意」こそは、災害を地域に語り継ぐ原動力にもなっているものと考えられる。

さて、天明三年浅間災害の研究史としてとらえると、膨大な史料を調査し、日記類、記録類、雑記その他（随筆・瓦版・訴状・金石文など）といった体系化された史料収集が萩原進によって集成されている。これは、天明三年浅間災害研究の嚆矢的な存在で、この史料は、文献史学の研究においても網羅的に用いられている。のみならず、自然科学の分野から、史料を集約し、噴火のエピソードを復元する研究にも発展している。さらに、博物館展示をみると、群馬県立歴史博物館の企画展「天明の浅間焼け」が一九九五年におこなわれ、史料文献に始まり、鎌原村の出土品、天明の飢饉にまで展示の領域を広げているところからして、すでに「学際的」な展開は始まっていたともいえる。

地方史・郷土誌の対象として、天明三年の浅間災害は地元で欠くことができないテーマであるのは周知であるが、災害研究の対象として総合的に探ろうという災害史を扱う学際的な取り組みの中で、他の多くの自然災害とともに問い直される機会を得ることができるのも事実である。①「歴史災害」として時間経過が伴いつつも語り継がれてきている、②過去の出来事を多くの融合領域からアプローチできる学術研究の対象として存在している、③今日の繰り返し見舞われている災害の爪痕を乗り越えるヒントを歴史災害という時間軸の中から漉しとることができる可能性を含んでいる、④さらに、文化や習慣といった地元の暮らしに連関する事柄をたどることで次の世代に語り継ごうとするときのヒントにもつながる、といった視点を得ることができる。だが、研究史としてみてきた本章を見る中でも、これまで領域間を横断してそれぞれの分野の成果を社会全体の可能性につなげていくといった枠組みをもった研究は、まだ萌芽しているとはいえない。その意味からも、これらの視点を僅かながらでも体系的にみていこうとすることが本論の展望であり、存在意義とするところである。

註

（1）国立歴史民俗博物館二〇〇三『ドキュメント災害史一七〇三―二〇〇三～地震・噴火・津波、そして復興～』展示図録八三～九四頁
（2）内閣府中央防災会議　災害教訓の継承に関する専門調査会二〇〇六『一七八三天明浅間山噴火報告書』
（3）関俊明二〇〇七「天明三年浅間災害　調査報告書『一七八三天明浅間山噴火』とフォーラム〝浅間山を知る〟の開催」『群馬文化』二八九　五六～六二頁
（4）子持村誌編さん委員会一九八七『子持村誌』上巻　七六四頁
（5）萩原進一九八五『浅間山天明噴火史料集成Ⅰ』群馬県文化事業振興会　二七〇頁
（6）萩原進一九八五『浅間山天明噴火史料集成Ⅰ』群馬県文化事業振興会　二九五頁
（7）萩原進一九八六『浅間山天明噴火史料集成Ⅱ』群馬県文化事業振興会　一二六頁
（8）同右。三二二頁
（9）震災豫防調査会一九〇四『大日本地震史料』三九七頁
（10）小西聖一二〇〇六『浅間山、歴史を飲みこむ』理論社　七～一二頁
（11）「最大の土砂ダム排水間近　決壊恐れ住民戦々恐々　四川省（http://www.asahi.com/special/08004/TKY200805310321.html）（二〇〇八年六月一日一時二七分配信）等による。山下伸太郎・安養寺信夫・小菅尉多・宮本邦明二〇〇一「一七八三年浅間山噴火により発生した火山泥流の吾妻川沿いでの流下特性に関する水理学的研究」『砂防学会誌』五四巻四号　四～一〇頁
（12）萩原進一九八六『浅間山天明噴火史料集成Ⅱ』群馬県文化事業振興会　二五五頁
（13）関俊明二〇〇三「天明三年泥流畑の耕作状況」『久々戸遺跡・中棚遺跡・下原遺跡・横壁中村遺跡』（財）群馬県埋蔵文化財発掘調査事業団調査報告書三一九集　三五六～三八〇頁
（14）三上岳彦二〇〇六「天明三年前後の気候」『一七八三天明浅間山噴火報告書』内閣府中央防災会議災害教訓の継承に

関する専門調査会　四二頁
(15) 北本市教育委員会一九九四『北本市史』通史編Ⅰ　七八〇〜七八九頁
(16) 子持村誌編さん委員会一九八七『子持村誌』上巻　七六五頁
(17) 扶桑社　平成一七年検定済『中学社会　新しい歴史教科書』一一七頁
(18) 三上岳彦二〇〇六「天明三年前後の気候」『一七八三天明浅間山噴火報告書』内閣府中央防災会議災害教訓の継承に関する専門調査会　三九〜四二頁
(19) 萩原進一九三八「天明三年浅間山大噴火と社会的影響」『上毛及上毛人』二五五号　四四頁
(20) 萩原進一九八五『浅間山天明噴火史料集成Ⅰ』群馬県文化事業振興会　三頁
(21) 萩原進一九八六『浅間山天明噴火史料集成Ⅱ』群馬県文化事業振興会　二〜三頁
(22) 上毛郷土史研究会一九三七『上毛及上毛人』二四八号　六二頁／同一九三八　二四九号　一〜八頁／萩原進一九八五『浅間山天明噴火史料集成Ⅰ』群馬県文化事業振興会　六頁
(23) 萩原進一九八六『浅間山天明噴火史料集成Ⅱ』群馬県文化事業振興会　三三頁
(24) 田村智栄子・早川由紀夫「史料解読による浅間山天明三年（一七八三）噴火推移の再構築」『地学雑誌』一〇四巻六号一九九五　八四三〜八六四頁
(25) 以下、萩原進の著した一九八五〜一九九五『浅間山天明噴火史料集成』Ⅰ〜Ⅴ（群馬県文化事業振興会）の全五冊を略称する。
(26) 萩原進一九六三『上毛人物めぐり』上毛警友編集部　五四頁
(27) 群馬県立図書館協会一九五八『上毛及上毛人記事索引』五頁
(28) 上毛郷土史研究会一九三九『上毛及上毛人』二六七号　六四頁
(29) 北原糸子一九九五「天変地異と民衆意識」『日本近世史研究事典』東京堂出版　一六四〜一六五頁
(30) 埼玉県一九八九『新編埼玉県史』通史編四　近世二　五八九〜五九九頁

(31) 埼玉県一九八三『新編埼玉県史』資料編一三近世四・治水　一〇一〇～一〇三三頁
(32) 嬬恋郷土資料館友の会は、『市町村誌にみる天明三年の浅間焼』として、平成二一年に県内と長野県北佐久郡の戦後発行市町村誌について編集作業をおこなった。
(33) Minakami 一九四二「On the distribution of volcanic ejecta.(Part II) The distribution of Mt.Asama pumice in 1783」『Bull. Earthq.Res.Inst.』二〇　九三～一〇六頁
(34) 館林市　一九六九『館林市史』二四六頁
(35) 「藁餅之仕様」として、「原田清右衛門手代」の文書伝達がおこなわれている中に残されている。「吾妻郡小雨村御触書留帳」萩原進一九九五『浅間山天明噴火史料集成V』群馬県文化事業振興会　二五九頁
(36) 群馬県一九八八『群馬県史』資料編一六　七五二～七五三頁
(37) 群馬県史編さん委員会一九八〇「部会報告」『群馬県史研究』第一二号　PP・八三～八五
(38) 青木裕一九八〇「岩井村における浅間焼け後の経過―吾妻郡吾妻町岩井伊能光雄家関係史料の紹介―」『群馬県史研究』第一二号群馬県史編さん委員会　四七～六〇頁
(39) 子持村誌編さん委員会一九八七『子持村誌』上巻　七六四頁
(40) 大森房吉一九一二「淺間山近時ノ活動ト天明ノ大噴火ニ就キテ」『東洋學藝雑誌』第二九巻第三六五號　五三頁
(41) 震災豫防調査会一九〇四『大日本地震史料』
(42) 小諸尋常高等小学校一九一〇『浅間山』
(43) 震災豫防調査会一九九一復刻『日本噴火志』有明書房
(44) 震災豫防調査会一九九一復刻『日本噴火志』有明書房　五六～五八頁
(45) 萩原進一九八六『浅間山天明噴火史料集成II』群馬県文化事業振興会　二五頁
(46) Minakami 一九四二「On the distribution of volcanic ejecta.(Part II) The distribution of Mt.Asama pumice in 1783」『Bull. Earthq.Res.Inst.』二〇　九三～一〇六頁

(47)水上武・行田紀也一九八二「火山学的考察―天明大噴火の噴出物の分布―」『天明三年（一七八三）浅間山噴火による埋没村落（鎌原村）の発掘調査』昭和五六年度科研費（総合研究A）研究代表児玉幸多　研究成果報告書　第一法規　一九～二三頁

(48)荒牧重雄一九九三「浅間天明の噴火の推移と問題点」『火山灰考古学』新井房夫編　古今書院　八三～一一〇頁

(49)安井真也・小屋口剛博・荒牧重雄一九九七「堆積物と古記録からみた浅間火山一七八三年のプリニー式噴火」『火山』四二巻四号　二八一～二九七頁

(50)津久井雅志二〇一一「浅間火山天明噴火：遠隔地の史料から明らかになった降灰分布と活動推移」『火山』五六　六五～八七頁

(51)井上公夫二〇〇九『噴火の土砂洪水災害―天明の浅間焼けと鎌原土石なだれ―』古今書院

(52)山下伸太郎・安養寺信夫・小菅尉多・宮本邦明二〇〇一「一七八三年浅間山噴火により発生した火山泥流の吾妻川沿いでの流下特性に関する水理学的研究」『砂防学会誌』五四巻四号　四～一〇頁

(53)井上公夫・石川芳治・山田孝・矢島重美・山川克己「浅間山天明噴火時の鎌原火砕流から泥流に変化した土砂移動の実態」『応用地質』三五巻一号一九九四　一二～三〇頁

(54)井上公夫一九九五「浅間山天明噴火時の鎌原火砕流から泥流に変化した土砂移動の実態」『こうえいフォーラム』No.4　二五～四六頁

(55)金子光晴校訂一九六八『増訂　武江年表一』東洋文庫一一六平凡社　二一〇～二一三頁

(56)稲垣史生一九六六『江戸編年事典』青蛙房　三九七～三九八頁

(57)片桐一男「後見草」『世界大百科事典』第二版　ウェブより（検索日：二〇一四年〇七月一四日）http://kotobank.jp/word/%E5%BE%8C%E8%A6%8B%E8%8D%89

(58)埼玉県『新編埼玉県史　図録』一七七頁をもとに作成。

(59)蓮田市文化財展示館「災害と蓮田」二〇一四年　企画展　蓮田市教育委員会　六頁

(60)北本市教育委員会一九九四『北本市史一』通史編一　七八〇～七八二頁
(61)北原糸子一九九五「天変地異と民衆意識」『日本近世史研究事典』東京堂出版　一六四～一六五頁
(62)大石慎三郎一九八六『天明三年浅間大噴火』角川選書
(63)萩原進一九八六『浅間山天明噴火史料集成Ⅱ』群馬県文化事業振興会　四七～五三頁
(64)渡辺尚志二〇〇三『浅間山大噴火』吉川弘文館　一七九～一八〇頁
(65)菊地万雄一九八〇『日本の歴史災害』古今書院
(66)菊地勇夫二〇〇三『飢饉から読む近世社会』校倉書房
(67)荒川秀俊一九六七『飢饉の歴史』至文堂
(68)荒川秀俊一九七九『飢饉』教育社　歴史新書　八二～一七六頁
(69)桜井邦朋二〇〇三『夏が来なかった時代』吉川弘文館
(70)『歴史読本』昭和五三年一二月号
(71)大石慎三郎一九八六『天明三年浅間大噴火』角川選書　一八三頁
(72)大石慎三郎一九八六『天明三年浅間大噴火』角川選書　四頁
(73)浅間山麓埋没村落総合調査会・東京新聞編集局特別報道部一九九四「埋没村落の発掘調査とその意義」『嬬恋・日本のポンペイ』東京新聞出版局　一二～一三頁
(74)嬬恋村役場観光商工課・嬬恋村観光協会『鎌原観音堂と天明の浅間大噴火』観光パンフレット
(75)大石慎三郎一九八六『天明三年浅間大噴火』角川選書　一五四頁
(76)嬬恋村教育委員会一九九四『延命寺跡発掘調査報告書』
(77)群馬県立歴史博物館一九九五『天明の浅間焼け』第五二回企画展展示図録
(78)鎌原観音堂奉仕会一九九二『天明の災にかがやく恩恵』六四頁
(79)江戸遺跡研究会二〇〇九『江戸時代と災害』吉川弘文館　九頁

(80)新井房夫一九九三『火山灰考古学』古今書院　四二頁
(81)水上武・行田紀也一九八二「火山学的考察―天明大噴火の噴出物の分布―」『天明三年（一七八三）浅間山噴火による埋没村落（鎌原村）の発掘調査』昭和五六年度科研費（総合研究A）研究成果報告書　研究代表　児玉幸多　第一法規
(82)関俊明二〇〇七「天明三年被災遺跡一覧」『江戸時代、浅間山大爆発。』かみつけの里博物館　第一六回特別展展示図録七七～七八頁、関俊明・小菅尉多・中島直樹・勢藤力二〇一六『一七八三天明泥流の記録　―天明三年浅間山噴火災害・泥流の到達範囲をたどる―』みやま文庫二二一
(83)萩原進一九八六『浅間山天明噴火史料集成Ⅱ』群馬県文化事業振興会　一二一～一五三頁
(84)萩原進一九八九『浅間山天明噴火史料集成Ⅲ』群馬県文化事業振興会　一一五～四八頁
(85)吾妻教育会一九三六『群馬県吾妻郡誌追録』四七九頁
(86)同上　四七九～四八三頁
(87)この地方で使われる畑作にかかわる単位で、作業量や面積、収量などの単位を「ツカ」としてあらわしている。
(88)原町誌編纂委員会『原町誌』一九八三原町誌編纂委員会　三〇六頁
(89)公益財団法人群馬県埋蔵文化財調査事業団二〇一五『公益財団法人群馬県埋蔵文化財調査事業団　年報三四』三七頁
(90)小西聖一二〇〇六『浅間山、歴史を飲みこむ』一二一頁
(91)気谷誠一九八四『鯰絵新考』筑波書林
(92)北原糸子一九九五「天変地異と民衆意識」『日本近世史研究事典』東京堂出版　一六五頁

第二章　天明三年浅間災害の語り継ぎの構成

論者は以前に、関東大震災（一九二三年）や阪神・淡路大震災（一九九五年）の発生時に群馬県のとった対応を示した[1]。それらは、前者では「震災を受けず、かつ震災地への交通が遮断されていない地域として、群馬県は消防団員と青年団員を中心とする民間の救護団を派遣していち早く対応した。そのことが震災救護に際立つ活躍をしたとして、九月三〇日摂政宮から褒詞を戴くことになったと推定される。こうした県は群馬県以外にはなかった[2]」という点である。また、後者は「震災時に群馬県からの多額の義援金について、その背景・根底には鎌原村の哀話や天明三年浅間災害時の助け合いの精神が県民意識へと繋がっているではないか」、あるいは「防災・減災の言葉が出てくるわけではないが、歴史の出来事や伝わっている文化を知ることを通して、人々の記憶が、防災・減災に向かう機能をもっている」というヒントやコメントである。そして、これらは、地元群馬における一七八三年に発生した「天明三年浅間災害」という歴史災害発生の経験と語り継ぎによってもたらされたものではないか、という出発点に立った。そして、その語り継ぎの時間軸を可能な限り忠実に復原し、その過程をとらえ直すことが必要なのではないかと考えた。

また、保存や活用を考えていく上で、語り継ぎの要素を明らかにすること、具体的な項目の整理をおこない、語り継がれている機能や系譜を明確にしていくことは、歴史研究に留まらず、減災文化の創造へつながる可能性を示すものである。ここでは、事例を取りあげて、その項目の整理と概要をおさえいく。

第一節　取り組みの意義

東日本大震災の例では、発生からの経過二年を前に、復興や検証と共に、震災の教訓を後世に伝え、防災・危機管理を含め、既存の制度の課題を検証し、来るべき次の巨大災害に備えておこうという「災害復興法学」が提唱されている。「震災でどのような法律問題が、どういう地域や時期に起きるのか。そしてどう対応するのか。それを考えておくことは、震災に備えるうえでの法律家の課題だ」という。

歴史災害発生後の復旧・復興過程における語り継ぎの事例を時間軸の上で眺め直していくことは、災害を避けて通れないわれわれにとって、今日的な出来事の上からも、その出来事限りでおわりにしない「何をどう語り継いでいくべきか」という、ある意味での「備え」として考えておくことができる。来るべき出来事に備え「復興」と「語り継ぎ」のかかわりを明らかにしておくこと、その過程をたどっておくことは、歴史災害を扱う者としての課題であり、歴史災害をテーマとする中で「教訓」につなげられる大きな意義にもなると考えている。災害の性格は異なり、時代の齟齬が存在するのは承知のうえでも、今日的な災害に目を向けつつ、歴史災害の避難・復旧・復興のフェイズにおける語り継ぎの課程を見直し、二三〇余年の語り継ぎを集約していくことは、新たな減災文化の創造につながっていくことを可能にする。心に訴えるだけでなく、正しい情報として「語り継ぎの時間軸」を取りまとめていく意義である。

天明三年浅間災害は、語り継ぎがきわめて良好におこなわれてきた歴史災害の事例でもあり、群馬の減災文化を培った出来事でもあったことを確認することができる。この先においては、そのことを進展させ、歴史の出来事を知ることを通して、人々の記憶が語り継がれ、世代を越えた防災・減災意識へとつながっていくという構図のなかで、時間経過や復旧・復興の過程における人々の記憶を掘り起こし、語り継ぎについての法則性を漉し出すことにもつなげていきたい。

第二節　天明三年浅間災害と伝える事物

天明三年浅間災害は、浅間山の新暦一七八三年八月五日に最大規模の噴火を起こし収束に向かう概ね三ヶ月の噴火活動で発生した歴史災害である。人的被害をもたらしたという点で最大の出来事が、八月五日の北麓への岩屑なだれと吾妻川〜利根川を伝う天明泥流の流下である。この時、北麓の鎌原村では、生存者は九三人のみで村人八五％が亡くなり、全員死亡の家六〇％という惨事に見舞われた。土砂は、吾妻川へ注ぎ天明泥流となって沿岸の人馬や田畑家屋敷を呑み込んでいき、吾妻川五〇km、利根川と合流し一八〇km、さらに、途中江戸川へ分岐し流下していった。この土砂の流下による犠牲者は、鎌原村では四七七人、全体で三七ヶ村一五〇〇人以上と記録されている。埼玉県や都内、千葉県などに残される供養碑からは、被害の広がりを知ることができ、天明泥流による被害は一四五ヶ村以上に及び、被害の中心は群馬県に集中している。

(1) 歴史の文脈の中の天明三年

萩原進は、天明年間とその前後の上州の世相について、吉田芝渓の表した『開荒須知』[3]の外題の中で次のような例をあげている。

前橋藩下公田村では、安永から文化年間にかけては総人口が、四五％も減じたという。安永六（一七七七）年の幕府からの通達「名主御用留」には「奉公稼に出候もの多く…」とあり、江戸中期の農業離れの現象がすでに進んでいたことがわかる。そこに、天明三年浅間災害と飢饉がもたらした耕地の潰滅・荒廃によって、農村の困窮による退転者「不斗出者《ふとでもの》」の続出に拍車がかかった。そのため耕作者のいない田畑・荒れ地である「厄介地」が増大することになり、また、農業から逃れた者たちの発生は「通り者」と呼ばれる博徒、遊民を生み、その検挙が詳細に記された天明期の史料も残されているという。

前橋藩は天明三年以降の財政の改革断行として、寛政二（一七九〇）年に家臣の窮乏を救うために「義用金制度」と備荒貯蓄の社倉の強化を実施しているが、その後文政年間には、前橋藩一二七村で厄介地が五五一町八反二畝二歩に達したという歴史の文脈の中に見る時代背景がある。

（2）天明三年語り継ぎの時間軸とキーワード

これまでに論者が「天明三年浅間災害語り継ぎの時間軸」としてとりまとめてきた天明三年浅間災害にかかわる語り継ぎの事例[4]は、時間軸の上で、多岐の領域に広がっている。犠牲者に向けて弔われた供養碑などの石造物、地域に語り継がれた行事のなかにも伝えられている。個人宅には、代を重ね伝えられている天明三年にまつわる伝承や事物などもあり、聞き知る限りそう絞りきれるものでもなさそうである。ここでは、それらの項目を試みとして、一覧し概観することからはじめていく。【天明三年浅間災害語り継ぎの時間軸年表】（巻末参照）では、事例分類のためのキーワードを付した。その内容は「降下物」「本質岩塊」「旧堆積物」「災害由来自然物（記念物）」「石造物」「史料」「遺跡」「語り継がれる行為」「災害の繋がり」「復旧・復興」「政策」「情勢」「供養」「人物」「謝恩・顕彰」「救済」「災害地形」「石碑」「展示」「口伝」「物語」「遺構」「遺物」「地名」「行事」というように領域の枠を越えた論者の任意の設定である。これらから見えてくる実態のいくつかを以下の項に集約する。

（3）「語り継がれる行為」

「語り継がれる行為」に関して、回忌供養が行われた記録は多々見られる。故人に対して行われる仏教上の追善供養は、長い修行の締めくくりとして、故人が菩薩の道に入り、先祖（守り神）となる三十三回忌をもって一般には弔い上げとなり、法事の締めくくりとなる。しかし、時間軸からは、五十回忌・百回忌・百五十回忌・百八十回忌・二百回忌といった節目に当たる周年行事の形で継続し、犠牲者への追善供養とともに、災害の記憶が継承されている特徴を確認することができる。

王政復古の大号令により江戸から明治へと時代が移り変わった時期、明治二年五月に浅間山が活動状態へ入った。山霊鎮祭して、静穏たらしむべき勅祭の執行として「天明の度の如き大惨害なきように、今国家多事多難の折、神助を垂れ給わん事」を祈った、という記録が残され、八五年経過の時期にこの災禍がどうとらえられていたかを示す史実の一つといえる。

また、天明三年浅間災害の供養に際して建立され、一端は焼失した埼玉県本庄児玉の成身院百体観音堂栄螺堂再建の主旨に、四七七人の犠牲者を出した明治二一（一八八八）年七月の磐梯山噴火が加わり、明治四三年の再建が実現した。一〇〇年余の時間経過が経ても、なおも記憶は新たな形で継承されていることがわかる。

大正三年の桜島噴火に際して、地震学者大森房吉は「天明三年浅間山噴火」を指標に講演を行っている事実からは、一方で一三〇年が経過しても歴史上に語り継がれる噴火災害として認知がなされていることが確認できる。

さらに、噴火と災害に由来する発見や出来事が、新たな語り継ぎを生み出していることも特徴ということができる。例えば、疫病封じの獅子舞は伝統行事として今日まで伝わり、語り継がれる行事として形を変えながらも継承されていることが確認できる。仏教の回忌供養とも重なる五〇年…といった節目の周年行事は少なくとも複数の地点で執り行われた事実が確認でき、被害の及んだ広域、或いは、関係する場所で災害の記憶が追悼の行為として継承された証という解釈にもなるだろう。また、発掘調査のように人々に着目される出来事についても同様で、見学者の増大・地元奉仕会の組織化などは資料館の建設と相まって、地域で災害の記憶が忘れられないようなシステムの構築がなされたという実態も確認される。

（4）「供養」

「供養」とは、死者の霊に供え物などをし、冥福を祈ることである。『日本大百科全書』によれば、「仏と法と僧（教団）の三宝や死者の霊などに、行動（身）とことば（口）と心（意）の三種の方法によって供物を捧げること」といい、「仏以外にも、仏と同様の性格を特定の対象に認めて、供養塔が設けられたり、さらには一般の死者に対しても塔婆供養などの回向をすることにも用いられたりするようになり、多くの仏教行事類を供養とよび、供養の意味は拡大」してきたのだという。

我が国の仏教文化においては、死者・祖先に対する追善供養のために定まった年に年忌法要が営まれる。横死者への「供養」が施される場合、派生して仏教と関係なく死者への対応という意味で広く供養と呼び、周年回忌として執り行われ、天明三年浅間災害に対してもこの事実がある。語り継がれ、このように派生した供養の行為として、継続した営みを確認することができる。

最近では、二百三十回忌供養祭が鎌原観音堂で営まれている。本災害に基づく実例では、継続して各所で執り行われていること、災害の及んだ範囲を含め、広域で執り行われているという特徴を確認することができる。浅間白根観光連盟主催により、上野寛永寺一行が天明三年浅間押百八十周年供養法会で来村する等の企画がなされていることも確認され、災害を仲立ちに人々の交流に派生する例も見られる。このことは、激甚被害地の鎌原村と伊勢崎戸谷塚区の人達、或いは、都内の寺院の檀徒との交流がおこなわれるなどの実例があげられる。長野県は、善光寺。埼玉県は、成身院、西光寺、長福寺。東京都は、善養寺、善照寺、回向院、題経寺。千葉県では、出洲水神社など。このように、今日においても広域にその足跡たどることができ、降灰や泥流の流下という広域災害の特質から、広範な地域での人々の繋がりや交流が産み出されることを歴史災害の経年の中に認めることができる。

また、後述するように、領地を離れ一五〇年が経過するも、続く飢饉にも百姓に見舞金を送り、回向料を送ったという旧総社藩で当時山形藩主の秋元但馬守永朝《つねとも》の例があり、供養にかかわる交流や広域性も改めて確認しておくべきである。「災害は、時代を写す鏡」であるともいわれることからすれば、懇ろな供養の在り方が現代との対比の中で浮かび上がってくるものとも言えるであろう。

このように、予測できない理不尽な出来事として発生する災害は、人命という何者にも代え難い存在を介して、人々の心を突き動かして営みが展開されていく。このことは、今日的な災害の場合と同じように存在していることを歴史の文脈を通して確認していくことができる。

(5)「口伝」

人々の口から口伝いに出来事が伝えられてきた例として「ケイホッ」「ダシッチ」と呼ばれる作業がある。被災した吾妻郡内の吾妻川沿岸で、最大二mほど堆積土を取り除く作業の跡で、今日、圃場整備などの耕作地の基盤整備事業で姿を消していく実態があるものの、地元で確認しうる災害にまつわり、語り継がれてきた作業である。

二三〇余年が経過し、先祖伝来の土地とのかかわりが希薄になったりする社会変化の中で、文字記録化がなされていない伝承は、消えていく傾向にあるのは当然のことである。しかしながら、学術の進展の名のもとに、人々の営みのなかで伝承されてきた事象や変遷を明らかにしようとする努力は、それを通じて生活文化を見直そうという方向へと向かう力をもっている。例えば、減災文化はそういった人々の根底にあるものによって形成されていくものである。よって、口伝の集成など新たな取り組みとしてここに集約する価値を認められべきものとなる。

他に、一つの例として、群馬県渋川市中村開田の父といわれる真下利藤太は県会議員として活躍し、石河原となり貧農部落となってしまったこの地を、開田によってよみがえらせようとした人物であり、昭和六年三月、三〇町歩の石河原が美田に生まれ変わったという史実が伝わっている。人々の語り草として伝わり、開田の功労碑といった形で今日業績を知ることになっている。伝承が、「この地域に伝わるものである」ということを再確認するシステムともいべき形の姿に変える例である。ここに住む自分達のアイデンティティとして認識される仕掛けは、祖先に感謝し次の世代に語り継いでいくための課題を解決するための具現であり、研究の枠を越えながらも、社会に還元される成果となるものと考えられる。

(6)「政策」や「情勢」

自然災害の発生は、幕府や領主の体制を揺るがしかねない出来事であったことに他ならない。時の政策については、正史として歴史研究の対象となり、深い議論研究が展開される性格のものである。全体像や大きな枠をとらえることは、歴史学の範疇となるが、断片的ではあるものの地元史料の中には多くの情報が含まれている。

幕藩体制下におけるこの災害に対し、激甚災害地では、発生直後支配役所から急ぎの継送りの先触れがあり、支配役所の原田清右衛門が出張して災害の報告書を各村役人に提出させた。そして、五〇日後の八月下旬には今日の復興担当に相当する御勘定吟味役根岸一行が江戸を出立し、被災地入りし各村を見分という対応が執られた。御救普請である復旧工事は、幕府直轄の救農工事方式がとられ、①田畑起返し②川浚い③道造り④橋造りが、まずもって実施された。その節々で、地域に残された史実を垣間見ることになる。私領においても各藩で特徴的な史実が残されている。

注目できる記録では、被害の惨事を聞いた、総社藩の旧領主秋元氏の当主である山形藩主秋元但馬守永朝《つねとも》が、菩提寺である前橋市総社町にある光厳寺に対して、被害状況を問い合わせてきたので、名主三雲源五右衛門は、被害状況をとりまとめ「天狗岩堰水口より三〇町に泥・火石が押し入り、用水普請の見積もりは、入用金一〇〇〇両・米九〇〇俵が必要」と報告すると、すぐに多額の金品が送られてきたという。(『浅間降砂一件日記』(5))続く飢饉にも百姓に見舞金を送り、回向料を送るという史実が伝えられている。この地を離れて一五〇年経過するも、ただの美談として取り上げるだけでなく、厚情をもった藩主・為政者の取り計らいを歴史の中で確認しておくことは現代社会につなげる教訓として大切にしておくべき視点は前項でも触れた通りである。

また、伊勢崎藩では、人民を助けるために伊与久新沼を掘る救済普請工事を行っている。今日、埋め立てられてしまってはいるが、地元に残されている情報と新旧地図からは、災害対応の痕跡をたどることができる。前橋藩では、財政難のため、家臣給与の三割を削減するという記録があり、官民一体とする政策がとられたことも確認できる。さらに、吾妻川杢ケ橋流失のため、以後渡し船となり、運営を北牧村一村で引き受けることで、北牧村の復興支援策とするなどの動きも確認できる。また、夥しい降灰の被害を受けた地域の一つ安中藩では、将軍家より拝領した先祖伝来の茶器を売って二万両を得て、領民の飢餓を救ったという史実が残されている。為政者の講じた善後策は、その時代の人民を救い末代への美挙として語り継がれる性格のものともいえる。

しかし、一方で、被災地を見聞する勘定吟味役根岸一行は、近隣に不穏な動きを感じ、一端江戸に戻るなどの行動に出ていることが確認でき、一〇余年後に、幕府は関東取締出役を設け、博徒や無宿などの取り締まりを強化することになる。この災害がどのように社会に派生していったかを知る断面でもあり、災害は時代を映し出す鏡であるといえるのはこのような事例から導き出されるエッセンスでもあろう。

尊王思想の先駆的な行動をとり全国を遊歴した現群馬県太田市出身の高山彦九郎は、「予がつくりたる浅間山火石泥の押したる絵図を伏原二位殿へ呈して、今上の御仁心下に及ぼさむ事を申す。」(『再京日記』[6])というように被害を光格天皇へと奏上しようとしたことが記録されている。東国の災禍・騒動に光格天皇の力を借りたいとするのである。大きな災害の渦を打破すべくとった思想家の行動であり、身を反幕藩体制側に置きながらの行動でもあった。天明三年浅間災害直後の暴徒の中に身を置いたり、一方で、伊勢崎藩の家老との交流の中で、その時の行動を案じたりする記録がある。また、彦九郎の数多く残された日記の中では、浅間災害の経過をたどれる部分は欠落しているが、被害と関わりながら幕府や社会に与えた影響を掘り下げていける情報が多く記されている。

富士見村横室に伝わる『歳代記』によれば、農村歌舞伎について、宝暦二（一七五二）年に「当村踊り此年より初る也」

といい、安永二（一七七三）～七（一七七八）年までは毎年実演、天明年間は飢饉や水害などで中止、寛政六（一七九四）年から再び盛んになったと記録され、民衆の複合的な災禍からの脱出を読み取ることもできる。災禍を忘れるはやさをこの時間経過に求めることができれば、復興に関わる一つの尺度と分析できる事実かもしれない。

第三節　事例と分類の試み

自然的要素	自然的事物	降下物		
		本質岩塊		
		旧堆積物		
		二次的形成地形		
		災害由来自然物（記念物）		
人文的要素	歴史的事物	石造物	供養塔	犠牲者
				馬頭観音
			墓標	個人墓標
				弔墓標
			記念碑	
		史料	古文書	
			瓦版	
			絵図	
			美術工芸建築	
		遺跡	遺構	
			出土遺物	
	社会的事物	語り継がれる行為	追善供養	
			伝承	
			年中行事	
			伝承地名	

【表1】事例分類の試み（註7）

事例分類の試み[7]として、【表1】を掲げる。天明三年浅間山噴火にかかわる学問領域には、多くの研究が存在している。それは、かかわる事物が多岐にわたることを意味し、また、時間経過のなかで、多くの関連事物が派生することに起因する。

最初に「噴火」と「災害」の区別をしておかなくてはならないかもしれない。「噴火」は火山の一つの現象であり、人間の一生のスケールを越えた地球のはるかに長大な尺度のなかで繰り返される現象である。その現象に、われわれ人間の活動が影響を受けるか否かで「災害」という言葉の発生にかかわってくる。つまり、噴火が発生してもそこに人が居なければ、災害とはならないのである。

「天明三年」を扱う学術研究の上で、自然のダイナミズムを取り上げる「火山学」、また、災害現象を工学的に扱う「砂防学」、史料の評価や検証からなされる「歴史学」、発掘調査で取り組む「考古学」をはじめ、「地理学」や「民俗学」など対象とする領域は多岐にわたる。ここでは、天明三年浅間山噴火に派生し、その噴火現象やそれをにともなって発生した複合的な災害としての「天明三年浅間災害」を一括りとして見渡していくことにする。

第四節　自然的要素

自然的要素にかかわる事物は、本来自然科学の領域の研究対象であるが、ここでは、いわば、展示物として注目でき、人々の語り継ぎの要素ともなっていることに着目したい。

(1) 降下物

火山学では、マグマ起源の本質的な噴出物を火山灰や軽石、火山弾などと呼び、区分している。したがって、ここでは「降下物」という言葉で包括しておくのが適切と思われる。天明三年噴火による降下物の分布は、概ね三方向である。細かくみていくと、北方向へは佐渡などで、北東方向へは遠く岩手県大槌町や北上市、宮城県仙台市などで記録されている(8)。今日、発掘調査などにより当時の降灰状況を厳密に伝えているのは、天明泥流に被災し被覆された北東方向、あるいは東南東方向のエリアということになる。それ以外の範囲では、時間経過のなかで堆積した降下物は消滅したりしている場合が多い。噴火でもたらされた、噴出物の総量のうちでも、噴火活動の最終盤の数日間に降下した東南東方向の降灰量が圧倒的に多かった。このエリアでは「灰塚」や「灰掻き山」などと呼ばれ、人の手により、不要な軽石が小山のように片付けられている例もみられるが、昨今、現況を留めるものは急減しつつある。

（2）本質岩塊

天明三年噴火で形成された岩塊が本質岩塊である。絵図や文字記録にも記録されている。例えば、大久保村の名主の記述による『歳中万日記』[9]には、「昼八ツ時出水の由申来候ニ付水門橋迄参見届ケ申候所水ハどろ水也。けむりの立事数ケ所也。火石ニ候や水門辺近ク見る所水にへかへり申候」といい、部分的に水煙をあげながら流下する天明泥流には、本質岩塊の「火石」が含まれていて、水が煮えくりかえっている描写が記録されている。『浅間山焼昇之記全』[10]の彩色絵図の「浅間山北之方草津温泉ヨリ伊香保温泉杢御関所迄通リ泥石等押出し村々流ル、図」や「吾妻川・杢の関所・泥流襲来の図」には、赤く着色された大石に注目することができ、押し出し後も一ヶ月間は水がかかると水煙が立ったという高温状態で流されてきた灼熱の「火石」が表現されている。

この類の石は今日、渋川市の「金島の浅間石」（群馬県指定天然記念物、長軸一五m）や中之条町の「石の塔の浅間石」（中之条町指定史跡）などとして実際に目にすることができる。これらに類似する礫では、磁気測定という自然化学分析により、天明三年当時の地球地軸測定でキュリー点以上の温度を保っていたことが確認[11]されていて、高温でこの地までたどり着き、その場所で冷却したことがわかっている。これらは、天明泥流にまつわる「浅間石」などとも総称される。噴火が残していった爪痕の一つであり「鎌原石」などと称される巨礫の「浅間石」は、県や市町村の文化遺産保護制度における「記念物」に指定されているものも多い。しかしながら、指定物件外は、近年庭石として持ち去られたり、開発により姿を消したりする傾向にもある。

（3）旧堆積物

天明泥流では、前述の本質岩塊だけでなく、土砂移動で既存の周辺の土砂を巻き込んで流下している。今日眼にすることのできる堆積物のうち巨礫の特徴には、多くの場合、天明の地表面の直上に残されていることはほとんどなく、つまり、旧地表面より浮いて堆積物中に残されていることが観察される。この様子は、「殿様が家来に担ぎ上げられている」のに喩えられ、泥流の本流本体により礫自身はただ流れに身を任せるようなイメージで流されてきたという説明がなされている。つまり、この類の巨礫は自分では営力を持たずに、まるで周りの土砂（従者）に担ぎ上げられているかのように流れ下っていく様が想像でき、これらの「ながれ岩」は、「殿様石」[12]などと表現されている。また、火口周辺ではじまった土砂移動は「岩なだれ」「岩屑なだれ」「岩屑流」「鎌原土石なだれ」「土石なだれ」など多くの呼び名が用いられるが、内閣府中央防災会議災害教訓の継承に関する専門調査会の報告書編集に際しては、「鎌原火砕流／岩屑なだれ」の呼称に統一をはかっている。発生した土砂の移動は、今日北麓の路頭においても、周辺の土砂を巻き込んで不整合に乱れて観察できる。つまり、これらの土砂のながれである「岩屑なだれ」が一部に本質岩塊を含みながら、北麓の鎌原村を襲ったのである。

また、現在の鎌原区には、岩屑なだれ中に取り残された巨礫で、農作業の合間に食べる「こじはん」を食べる場所という意味から派生して「こじはん石」の異名をもつ浅間石もある。

（4）二次的形成地形

流下した天明泥流は、長い年月にわたり、吾妻川や利根川の川底に堆積している。その結果、天明六年には大水害を発生させるなど、河川への影響も深刻であった。土砂は、二次的、三次的に大水害が起こる度に移動しながら河床に堆積し、利根川河岸などにも大きな影響を与えている。「利根川治水百年」の利根川改修事業も、天明泥流を起源とする堆積物が河床に影響を与え、その後の洪水を頻繁に発生させていたことが遠因となっているといわれ、本テーマに起因する問題点でもある。群馬県千代田町に建設された利根大堰の建設工事中などの情報でも、河床の三m以上下位から天明泥流の堆積物と思われる焼石を含んだ土砂が出てきたという情報もある。[13]明治四三年などの大水の際には、天明三年に流された寺の梵鐘が吾妻川の河床からみつかるなどの例もある。

(5) 災害由来自然物（記念物）

「人助けの榧《かや》の木」と呼ばれる現在の渋川市北牧にある市指定天然記念物は樹齢四〇〇年と伝わるカヤの大木で、地上一三mの高さで、現在も、天明三年浅間災害を伝える生き証人として国道三五三号脇にたたずんでいる。当時、北牧村では泥流によって五三名の死者が出たと記録され、その際この榧の木に登って数十人は難を逃れたと伝えられている。このカヤの木は、実の臭いから「人助けのへだまの木」との異名をもっている。「金島の浅間石」「石の塔の浅間石」といった噴火由来の自然物もこの分類にも含まれるものでもある。

第五節　人文的要素

人文的要素にかかわる事物は、それまで歴史研究の部分が天明三年浅間災害を扱っていたが、昭和五四（一九七九）年にはじまる埋没村落「鎌原村」の発掘は、たとえ史料が充実した近世にあっても考古学の領域から多くの事物をさらに明らかにすることができるという視点を確立させた。発掘調査に携わった松島榮治は「災害考古学の幕開け」との表現をしている。歴史地理学の分野では、絵図を用いた被害地域の解明にかかわっている。「歴史的事物」と「社会的事物」との線引きも求められるであろうが、その境界は明確ではない。

(1) 石造物

災害の供養や伝承を扱う石造物（石碑）には、防ぎきれない自然災害は当然起こることとして過去の人々がそこに舞い降りて語ってくれる力を秘めているようにも感じられる。人智によってはどうにもできない、自然の猛威によってもたらされた悲しみを風化させないように、不変を求めることができる石材に文字などを刻み込んだ人々の記憶を凝集させている。それには、個人の墓標も含まれるし、災害という不慮の出来事に対する弔いの気持ちを寄せた供養碑も存在する。また、弔いの対象をやや大きく広げたり、弔いというよりも、災害が起こったことを後世に伝えようとか、その対応に奔走した人物や行為を広く世間に知らせようとしたりする顕彰的な意味合いを含めた碑文も残されている。これらは、記念碑と呼ぶこともできる。噴火被害を後世に伝えようとし、その心構えなどを文章として刻んだものが存在する。被害地の近くで、災害に際して多大な貢献をした亡き父黒岩長左衛門[14]（長左衛門七代目）の三十三回忌にあたる文化一三（一八一六）年、当時高名な中央の文人蜀山人に撰文を依頼し、地元大笹宿問屋主人が建立した記念碑なども所在している。天明三年浅間災害を伝えるこれら石造物の分布は、群馬県下は勿論、長野県、埼玉県、東京都、千葉県などにも所在している。

天明三年災害に関する石造物は、現在、一一六基[15]以上が確認されている。我が国では、仏教思想にもとづき、定められた年に故人に対して営まれる法要（年忌法要）が追善供養の形として営まれ、供養碑はこれにあわせて建立されたものも多い。この災害に関して、いわゆる犠牲者複数や全体を弔う供養碑の他に、犠牲者個人の戒名や没年などが刻まれた墓標もあるが、流れ着いた男三一名、女八名の遺体を村人が合葬し、各々二文字ずつをあてがった戒名男女別を一柱の両側面に刻んだ弔いの墓標ともいうべき供養碑も存在する。また、個人の墓標に災禍のあらましを文章で刻んだものも残されている。

当時、馬は流通手段や農耕の担い手として重要な役割をもっていた。没年が刻まれた馬頭観音も建立されていて、犠牲となった愛馬を弔ったものと考えられ、天明泥流流下の「七月八日」の銘が確認される。被害にあった馬の頭数は、被害記録にも残されており、八九四頭[16]が数えあげられている。

渋川市北牧にある賑貸《しんたい》感恩《かんおん》碑は、災害の四六年後に建てられた顕彰碑である。当時の幕府から現地被害視察に派遣された勘定吟味役根岸九郎左衛門が、首尾良く救済復興に対処したという内容を、被害の甚大さとともに民衆の側から感謝の念を刻んで建立したものであり、記念碑に分類されるものである。噴火の記念碑は一〇〇年、二〇〇年といった周年の節目を記念して建立されている。回忌供養とも重なるが、直接災禍を体験した人々の記憶の中にある災害の苦難ではなく、すでに世代を超え語り継がれてきた過去の出来事や犠牲者を弔う気持ちを新たに思い起こすもので、個人あるいは同志、組織などにより建立されたものである。

(2) 史料

「史料」とは、古文書・絵図・瓦版・美術工芸といった歴史的な資料をさす。いわゆる文字資料を広義にここでは古文書とした。天明三年の浅間山噴火や浅間災害などを扱った類は、膨大な数にのぼる。関係する多くの史料が今日活字化されている。

天明噴火の記録を最初に体系づけて調査したのは、地震博士として知られる大森房吉で、明治末から大正初期にかけて県下の記録を集約した成果が、国内の他の系列の史料とともに『大日本地震史料』として集約されている。また、郷土史研究家として知られる萩原進により系統的にまとめられ、氏により出版された『浅間山天明噴火史料集成』のⅠ~Ⅴ巻は、関係領域の研究文献として大きな存在となっている。また、氏は「後から研究される人たちに二度と史料捜しの苦行をやらなくてすむようにしてあげるのが自分に課せられた責任と思い[17]」という文言を記している。

天明三年浅間噴火記録が膨大な数に上るのは、近世における庶民大衆の文化の高まりが背景にあるといわれ、「近世に入って群馬県に大被害を与えた寛保二年戌年の水害についても、現在に伝わっているのは一本しかない。ところがその四一年後の天明三年浅間山噴火については実に多くの記録が現在に伝えられている[18]」という現状がある。また、災害としての大きな事件性が、社会的な関心を集め世の中の語り草となったということで、原本だけではなく、写本が多く存在している。また、萩原は、天明三年浅間山噴火史料を【表2】のようにも区分している[19]。

公式ともいうべき藩日記の他に、個人の日記には、日付を追った情報が克明に残されている。諸々の記録として書き留められている内容は数多く、テーマ毎に記録を整理しつつ見ていく必要が求められる。随筆、詩文といった文学作品や当時の世相を書き留めたものも記されている。

時事の広報を担った瓦版は、天明三年浅間災害を摺物という手段で同時・大量に情報を発信していった。しかし、天明三年浅間災害を扱う瓦版の例では、絵入りで人目を引くような構図のものが存在しているが、被害の及んだ村名や内容に、実存しないものや無責任に状況を報じたものが多く、災害情報の面では記録的な価値は少ないと考えられる。口伝えの情報、不確かな情報をもとに発行に漕ぎついたものが多かったと思われる。しかし、情報伝播という意味で注目しておきたいのは、書翰においてであり、すでに当時飛脚の制度が整い情報の伝播という点で、災害情報の伝達がなされていた点である。飛脚屋の嶋屋は、当時高崎、藤岡などに出店していたといい、いわば支店から本店へやりとりされた情報と考えられるものが残されている。

日記類
有識者の手記
地域別記録
随筆・紀行・詩文
文書類
金石文
瓦版
絵図類

【表2】萩原進による
浅間山噴火史料の区分（註19）

絵図は現在確認されているものだけで、二三八点[20]以上にのぼり、着色されたものも多い。実見に基づいて描かれたものに対して、伝聞などの情報を集約したものがある。噴火や降灰あるいは泥流被害が描き留められたもので、山姿に噴煙が立ちのぼるといった絵図は南麓の長野県側に、天明泥流の流下を扱ったものは群馬県側に多く残されているという傾向がある。また、噴火後数十年が経過してから写されたりしたものも存在する。被害絵図は、吾妻川～利根川沿いの村々で描かれたものが中心で、今日、天明三年の景観と被災地形を判読復元するのにも役立っている。また、時間や空間を超えて災害が災害情報として伝わり、文字以上にイメージが伝えられるという機能を持っている。

また、美術工芸という項目では、「天明泥流で被災した先祖は、代々その記憶を忘れないようにと、新たな家の仏壇や扇子を潰れた家屋の部材を用いてつくり今日に伝えている」といった逸話が残されている例、噴火後の地鎮や除厄を込めて描かれたという神社仏閣の天井絵などがある。建築では、発掘調査でみつかる建物跡として確認されるのみならず、部材自体がみつかる事例も多数ある。その一方で、現存する天明三年の建造物をみていくと、宮城県石巻市北上町橋浦から東北歴史博物館へ移築されている今野家は、明和六（一七六九）年の建築で、浅間山の降下物が付近まで到達した可能性があり、建築後一四年目には浅間山の火山灰を被っていたかもしれない。東吾妻町五町田にある佐藤家では、被災時に移築された築三〇〇年の茅葺き屋根の民家を保っている。当家を守ってきた歌人佐藤正子は「天明の世の移築とふ茅屋《ぼうおく》に今を住み継ぐいろり焚きつつ」の句を残している。また、前橋市田口町には、天明三年被害後、翌年建てられた民家が、昭和四二（一九六七）年までの一八三年間住み継がれたといい、天明四年の民家は写真と描かれた絵画として残されている。災害の激甚地に近い嬬恋村大前でも、天明三年ないし四年建築の民家が確認される(21)。

（3）発掘調査

「浅間山麓埋没村落総合調査会」の発掘調査は、昭和五四～五七（一九七九～八二）年嬬恋村鎌原地区で行われた。きっかけは、一九七五年に埋没家屋の屋根材などが、地元民により掘り出されたことだった。一九七五年、歴史学・火山学・考古学をはじめとする研究者が調査会を組織し、発掘調査がおこなわれた。埋没民家からは、生活用品に加え、天明当時珍品だったガラス製の鏡・銅製の印鑑などが発見された。哀話の舞台となった鎌原観音堂の石段下からは、折り重なった二体の女性の遺体が見つかるなどした。このことが報道され、人々に広く知られることになり、観音堂には全国から多くの参拝者が訪れることになった。

その後、天明三年浅間災害で発生した泥流に埋もれていたり、降下軽石が確認されたりする遺跡の発掘調査は、吾妻川、利根川沿岸などでも進められ、二九二遺跡[22]が報告されていて、その数は今日さらに増加していく傾向にある。

岩屑なだれや天明泥流により、数m～数十cmという堆積物に埋まり、語り継がれてきた寺院や神社跡、被災当時の分限者の居宅跡や民家及び集落跡といった遺構、そして、それに伴う出土遺物の数々などは、発見がなされるごとに人々に注目される。またその他にも、当時の生活面全体が堆積物に覆われているという性格から、広域的に村落の構造を詳細にたどれるようになってきている。多くの畑跡や水田跡の発掘調査からも当時の季節性や農業構造の一端をうかがい知ることができるような調査事例もある。

（4）語り継がれる行為

被害の及んだ地域では、先祖が被った苦難や復興の足取りが、祖父母から両親、子から孫へと世代を超えて、生活や習慣・考え方の中に脈々と語り継がれてきた。例えば、激甚被害地であった嬬恋村鎌原地区では、女性たちが集まる講に先祖の弔いの念仏が取り入れられて、今日まで語り継がれている。また、春の彼岸に作られ各戸に配られる「身護団子」は、悲しみの村の再出発の祝言に起因した年中行事である。また、ここ鎌原ではその後の出来事として、百八十回忌といった節目の記念祭として行われた鎮魂の供養を契機に、被害の及んだ下流地区との交流が始まったりもしている。

さらに、人々に忘れかけられていた記憶が、新たな「掘り起こし」ともいうべき出来事や発見により話題に上ることで、再び人々に語り継がれる形へと進化していく事例がある。「浅間山麓埋没村落総合調査会」の発掘調査は、その一例である。二〇〇年前の江戸時代の村が甦ったことで、地元はもちろん全国から人々が見学、観音堂参拝に訪れることになった。そこで、地元の老人たちにより「観音堂奉仕会」が組織され、途絶えることのない参拝者に無休の接待がおこなわれるようになった。この活動は、今日なお継続している。「掘り起こし」が、記憶の語り継ぎの「リンク」ともなっているのである。

回忌供養は、追善供養として日本の仏事でおこなわれているものである。東吾妻町原町の善導寺は、流下距離で四三kmほどの地点にある。原町は当時の記録で、天明泥流により被害家屋二四戸と記録されてはいるものの、一人の犠牲者も出ていない。それにもかかわらず、山門には五基もの立派な供養塔が建立されている。六回忌（天明八（一七八八）年）・二十三回忌（文化二（一八〇五）年・三十三回忌（文化一二（一八一五）年）・五十回忌（天保三（一八三二）年）・百五十回忌（昭和七（一九三二）年）の供養碑である。

この災害の犠牲者の供養がこれだけの回数に及んだ理由については、定かではない。しかし、六・二十三・三十三回忌の塔には、矢島五郎兵衛なる人物が世話人として名を刻んでいる。五郎兵衛は、町の有力者として知られた人物であり、特に六回忌塔では、徳川将軍家の菩提寺増上寺の僧正の経文を刻み、地域の文人の筆による撰文を刻んで、災害の記憶と供養を後世に伝えている。現在でも、付近には、「泥町《どろちょう》」の呼び名が残り、この山門前で流れ着いた遺体の弔いが行われた伝承がある。世話人矢島五郎兵衛は、浅間災害を目にしたときは四〇歳。このときの出来事を供養碑として末代まで継承する仕事を為したのである。

この山門から西へ二〇〇ｍの新井地内で、昭和四〇年頃、道路部分の工事残土から二基の石塔が見つかった。この作業の様子を見ていた地元住民は農耕機を使って運び戻し、その近くの道脇に建立するという出来事があった。顔料が塗られた馬頭観音は朱色も明瞭な状態で建立されて間もないことが、また、宝暦一二（一七六二）年の年号が刻まれた庚申供養塔は被災する二一年前に建立されて天明三年に埋まったことがわかる。天明泥流中から掘り出されたことから、当時近くに建立されていたものと推定されるが、天明の浅間災害にいわれのある物として近隣住民が相談しておこなった作業行為である。地域住民の間に、このような行為がなされるには、二〇〇年の時間を語り継がれてきた「泥町」に通じる災害の記憶の伝承があったからだと考えられる。

古くから引き継がれてきた祭りや家庭での習慣は、自然への畏れや先祖の教えを思いださせてくれる貴重な機会でもあるが、核家族化や少子高齢化に伴う担い手の減少により、伝統行事は消えつつある。二〇〇八年の調査（群馬県教育委員会）では、祭りや行事は一割近く、民俗芸能は四分の一が廃絶を含む「継承の危機」を迎えているという（二〇一三年八月一六日付け上毛新聞）。また、群馬県教育文化事業団の二〇一三年度調査によれば、県内にある「祭り・行事」九八二件のうち六六件が〇八年から一三年の間に中断または廃絶したという（二〇一七年六月二一日付け上毛新聞）。

そのような地域に独特な風習や文化を伝える行事の存続が危ぶまれる中にあって、現在の鎌原地区で続けられている身護団子は、災害の激甚地鎌原村で、生き残った村人による家族の再構成という悲しみのスタートに起因する団子づくりである。年中行事に取り入れられて、村再興の護りとして地区の文化となり、伝えられている例である。安中市板鼻地区の例で七月におこなわれる祇園祭の起源は、浅間山噴火と大雨が飢饉と伝染病を呼び、悪疫退散を祈願し「大天王」と呼ばれる白木御輿がつくられたこととして伝わっている。また、同様の事例には、「関東一の堤燈祭り」を掲げる埼玉県久喜市の八雲神社例祭の提灯祭り「天王様」がある。天明噴火の影響で夏作物が全滅したことから立ち直ろうと、旧家から祭礼用の山車を借り出し、農民が町内を曳き回したのが始まりという。さらに、他の例で、太田市高林の高林神社でおこなわれる「焼き餅会」は、浅間山噴火で大飢饉を迎えたとき、地区内の川に流れ着いた木造の不動尊に供えた餅を食べた妊婦が元気な赤ちゃんを産んだ、という言い伝えにちなんだ行事という。大根葉とシャクシ菜を甘辛く炒めた餡を米粉で作った生地で包み、いろりで焼いてみんなで食べる「おやき」という。伝統行事とはいうものの、一時は途絶え、焼き餅会は一九七五年に再開された年中行事である。

また、現在高崎市豊岡地区周辺は縁起達磨の産地となっているが、浅間山噴火と飢饉であえぐ農民を救済しようと、少林山達磨寺の九代目東嶽和尚が張り子の達磨づくりを伝えたのが始まりといい、現在全国の七割を製造する地域の産業の起源と浅間災害のかかわりが伝えられている。

天明三年浅間災害により形成された地形で今日推察できる伝承地名をみておくと、火口から北東七kmほどの場所で、現在「押切場《おしぎっぱ》」の地名が残されていて、吾妻火砕流の先端地形をみることができる。天明三年のクライマックス噴火前日の八月四日に発生した「吾妻火砕流」は仰木形に押し広がった。幸いにも、集落には達していないため犠牲者は出ていない。史料の『浅間記』[23]では、「七日（新暦八月四日）ノ申ノ刻頃浅間より少シ押出シ、なぎの原えぬつと押ひろがり二リ四方斗り押ちらし止ル」と表現されている。これが、吾妻火砕流の姿である。また、明治八年の通達により内務省地理局に提出した郡村誌[24]の応桑村の項には「大押川ハ西ニ発シ小代川ヲ合シ北流ス」というので「大押川」は現在の小宿川をさすものと考えられる。また「大押原」は「本村西方ノ地、東西壱町南北二十五町」とあり「大押橋」は「本村ノ西北ニアリ、大押川ニ架シテ鎌原村ニ通ズ」と記述されている。現在、残念ながら後者三つの地名を確認することはできないが、天明三年の土砂移動により形成された地形に派生する地名として着目しておきたい。また、前述の東吾妻町原町の「泥町」も、地名として、天明三年浅間災害が伝えられる例である。

小結

「記憶」とは「過去の体験やできごとを記銘し、保持し、再生する働き、あるいは再生されたもの[25]」というので、「歴史」という概念に比べると、世の中全体ではなく、より地域的で出来事や物事に対して特化した内容が込められていて、それが、歴史に集約される前の、より身近にある個人や地域のなかにあるものという概念のようである。災害においては、被災時以来の第一次世代とその関係者がいなくなったとき、語り継がれるかどうかという大きな転機を迎え、場合によれば、途絶えることにもなる。したがって、地域に伝えられた資料や史料を要素として、起こった地域の「記憶」を未来に伝えるには、それらをどう位置づけるかを考えていく作業が求められるということになる。

本章では、天明三年浅間災害にかかわって、地元に残される間口の広い情報を項目として分類整理しようと試みた。

歴史災害の中では、情報手段が限られると思われる中であるが、多領域にわたる関連事項が存在することがわかる。今日、多くの視点でこの出来事を振り返ることができるという点を鍵にして、事例を概観することを取り掛かりの糸口としていきたい。さらに項目を付け加えつつ吟味すること、あるいは細分する機会に発展させていきたい。

また、歴史災害で残された個々の項目の性質に着目することに加えて、項目を巡る人と人との関係に注目する視点を加えていくことが望まれる。同時期に生きた人々の間における「災害の記憶」と時系列上の記憶の受け渡しなど、多くの要因を絡めていくことが検討されてよい。その上で、この天明三年浅間災害の事例を通して、歴史災害の語り継ぎの法則性を漉し出し、浮かび上がらせるというさらなる段階の課題に取り組んでいけるものと考えられる。

註

（1）関俊明二〇一二「天明三年浅間災害・語り継ぎの時間軸―災害史から減災文化への可能性―」『群馬県立女子大学第一期群馬学センターリサーチフェロー研究報告書』八八～九九頁

（2）北原糸子二〇一一『関東大震災の社会史』吉川弘文館　二四六頁

（3）萩原進一九七九「開荒須知（上野）吉田芝渓」『農業要集・草木撰種録・開荒須知・菜園温古録』農山漁村文化協会　日本農書全集第三巻　一九二～一九三頁

（4）関俊明二〇一二「天明三年浅間災害・語り継ぎの時間軸―災害史から減災文化への可能性―」『群馬県立女子大学第一期群馬学センターリサーチフェロー研究報告書』九二～九三頁：本書巻末には加除修正し、『天明三年浅間災害語り継ぎの時間軸年表』を掲載する。

（5）荻原進一九八五『浅間山天明噴火史料集成』Ⅰ　群馬県文化事業振興会　三一二～三一五頁

（6）同右　三五二頁

（7）印南敏秀二〇一二「文化財保護と博物館」『新時代の博物館学』芙蓉書房出版　四七～四八頁、静岡県世界遺産推進

課二〇一二『史跡「富士山」保存計画（静岡県版）』三二頁
(8) 関俊明二〇〇三「七月二七〜二九日降下As-A軽石「鍵層」としての位置付け」『研究紀要』21財団法人群馬県埋蔵文化財調査事業団　八七〜九六頁
(9) 萩原進一九八五『浅間山天明噴火史料集成』Ⅰ群馬県文化事業振興会　二九五頁
(10) 萩原進一九九三『浅間山天明噴火史料集成』Ⅳ群馬県文化事業振興会　八九〜一〇二頁
(11) 井上公夫・石川芳治・山田孝・矢島重美・山川克美一九九四「浅間山天明噴火時の鎌原火砕流から泥流に変化した土砂移動の実態」『応用地質』35　一二〜三〇頁
(12) 伊勢屋ふじこ二〇〇三「泥流の流動と逆級化構造の成因」『久々戸遺跡・中棚Ⅱ遺跡・下原遺跡・横壁中村遺跡』財団法人群馬県埋蔵文化財調査事業団　調査報告書第三一九集　三五三頁
(13) 関俊明・石田真「遺跡内の天明泥流の流下」『久々戸遺跡・中棚Ⅱ遺跡・下原遺跡・横壁中村遺跡』財団法人群馬県埋蔵文化財調査事業団調査報告書第三一九集　三四三頁
(14) 鎌原観音堂奉仕会一九九二『天明の災にかがやく恩恵』一五〜一六頁
(15) 内閣府中央防災会議　災害教訓の継承に関する専門調査会二〇〇六『一七八三天明浅間山噴火報告書』一六一頁
(16) 古澤勝幸一九九七「天明三年浅間山噴火による吾妻川・利根川流域の被害状況」『群馬県立歴史博物館紀要』一八号二六頁
(17) 萩原進一九八六『浅間山天明噴火史料集成』Ⅱ群馬県文化事業振興会　三三〜三四頁
(18) 同右　三九頁
(19) 萩原進一九八四『文書館だより』第二号　群馬県立文書館　一〜二頁
(20) 内閣府中央防災会議　災害教訓の継承に関する専門調査会二〇〇六『一七八三天明浅間山噴火報告書』一七〇〜一七五頁
(21) 群馬県教育委員会一九七三『嬬恋村の民俗』群馬県民俗調査報告書第一五集　三一二頁

(22) 関俊明・小菅尉多・中島直樹・勢藤力二〇一六『一七八三天明泥流の記録』みやま文庫　二〇二～二四〇頁
関俊明二〇〇七「天明三年被災遺跡一覧」『江戸時代、浅間山大噴火。』かみつけの里博物館　七七～七八頁では、一一二遺跡を収録していたので、この間の遺跡数の増加は著しい。
(23) 萩原進一九八六『浅間山天明噴火史料集成』Ⅱ群馬県文化事業振興会　一二三
(24) 萩原進一九八五『上野国郡村誌』一一吾妻郡群馬県文化事業振興会　三二三～三二九頁
(25)『世界大百科事典』第二版　株式会社日立ソリューションズ・ビジネス二〇一三

第三章　語り継ぎの継続

第一節　語り継ぎの所在と変化の実例

明治二年に「首宮明神」から「川戸神社」へと改称した群馬県東吾妻町の川戸神社起源に関係深い「立石《たついし》の岩」は、富沢久兵衛が「原町立石の事」として史料に次のように記している。(1)

立石ノ岩ト申テ河原ノ中程ニ高サ四丈余リ地元ニ十間廻リ之大岩石在リ往昔ハ川流レ川戸村ノきわヲ水流レル、大岩ノ廻リニ原町ノ立岩河原名所とて古畑林等有之、然所ニ川戸村ヨリ原町ト論争ニ成リ善導寺金蔵院其外ノ者立会取扱ニ済ス、此訳ハ下ノときわのふち出ばなヨリ大岩エ引キ平井戸《ひらいど》川ばたノ大石エ引キ河原半分ヅツニテ川戸原町さかいを定ル、大昔、岩櫃城主吾妻太郎行森落城之時、立石岩之上ニテ自御首ヲかき切リ河戸ノ岸エ投玉フ、是則首之宮大明神ト奉鎮ルなり、右大岩、四十二年前寛保二壬戌八月朔日関東大満水前代未聞ト申候所其節ニさえ無難ノ立石、此度浅間荒ニテ押払、何国エ参候哉不相知候、尤是ヲ記も無益なれども、名所ニハ有之候得共、立石トいふ事末世ニ至テ知ル間敷ト思ヒ委細記置

といい、天明泥流で消えてしまった地元名所の顛末を書き残している。天明の災禍により消えゆく地元伝承の語り継ぎは、筆者久兵衛が書き記したことにより、史料により求めることができる。災害を語り継ごうとする中でも、奇し

くもこのことで消えていく地元伝承を後世に伝えた先人がいたことをここに確認することができる。本章では、これまで語り継がれてきた事例、さらに諸領域の関連情報を掘り下げてみていくことにする。

また、自然災害としての火山噴火を民俗学から重ねると、恒常的な噴火による火山灰との闘いについて聞き書きされている例がある。(2) 桜島や阿蘇山の噴灰は、農産物への被害と対処、牛や人体への被害などで、火山灰を被った干し草を食べた牛は下痢をするとか、火山灰の影響を受けた人は、歯が変色するなどといった民間伝承であり、特定の噴火災害が継承された例として取り上げられる例ではない。また、桜島では天明三年浅間噴火と同期（安永八〜天明元年）の噴火活動が伝えられているが、供養碑やこの噴火を伝える伝統文化を見いだすことは出来ない。このような視点からすると、天明三年浅間災害の語り継ぎの継続性については、歴史災害の中から見いだすことの出来る「語り継ぎの事例」として着目できるものといえる。

（1）浅間山噴火和讃と回り念仏

打ちのめされそうになる貧しさや困窮の中で、たよるものは仏のみとなるといった生活感から、念仏や和讃は生活の中により深く根ざしたものになってくる。鎌原地区で現在も詠み継がれている「浅間山噴火和讃」は「末世に伝わる供養なり　慎み深く唱うべし」と結ばれていて、災害の記憶が現在も脈々と語り継がれている。和讃には、噴火の日付を追った経過・被害の実状・被災時の悲しみ・再生鎌原村と受難者の供養などが盛り込まれている。「明治初年滝沢対吉原作　鎌原司郎補正」と示されているので、少なくとも、一五〇年近くは詠い継がれていることになる。滝沢対吉は明治一二年〜明治二八年、鎌原司郎は大正二年〜昭和一二年嬬恋村村議会議員を務めた人物である。(3) この和讃について、作者や正確な経緯は現在のところ不明である。(4)

鎌原観音堂奉仕会により、頒布されている『浅間山噴火大和讃』(5) は参拝者でも手に入れることができる歌詞で、ルビも付されている。和讃のなかで、「浅間山」は「あさまさん」と詠んでいる。歌詞は「七日の念仏の由来をくわしく尋ねれば」と詠いだし、この念仏の起源を語る体からはじまる。

帰命頂礼《きみょうちょうらい》鎌原の　月の七日の念仏を　由来を委《くわ》しく尋ぬれば　天明三年卯の年の　四月初日となりせば　日本に名高き浅間山《あさまさん》静かに鳴動初まりて　七月二日は鳴り強く　夫れより日増に鳴りひびき　砂石をとばす恐ろしさ　ついに八日の巳の刻に　天地も崩るるばかりにて　噴火と共に押い出し　吾妻川辺銚子まで　三十二ケ村押通し　家数は五百三十余　人間一千三百余　村村あまたある中で　一のあわれは鎌原よ

噴火のはじまりからの経過が綴られ、噴火で土砂が押出して吾妻川を伝い銚子まで流れて、三三二の村を襲い一三〇〇余人の犠牲者を出す。その中で、最も哀れなのは鎌原村であり、村人四七七人が犠牲になり、残ったのは九三人、と続く。

人畜田畑家屋まで　皆泥海の下となり　牛馬の数を数うれば　一百六十五頭なり　人間数を数うれば　老若男女諸共に　四百七十七人が　十万億土へ誘われて　夫に別れ子に別れ　あやめもわからぬ死出《しで》の旅　残り人数九十三　悲しみさけぶあわれさよ　観音堂にと集まりて　七日七夜のその間　呑まず食わずに泣きあかす　南無や大悲《だいひ》の観世音《かんぜおん》助け給えと一心に　念じ上げたる甲斐ありて　結ぶ縁《えにし》もつき果てず　隣村有志の情けにて　妻なき人の妻となり　主なき人の主となり　細き煙を営なみて

悲しみの中、隣人の協力で、妻なき人の妻となり、主なき人の主となって、家族の再生がはかられた。

泣く泣く月日は送れども　夜毎夜毎の泣き声は　魂魄《こんぱく》この土に止《とど》まりて　子供は親を慕いしか　親は子故に迷い

しか　悲鳴の声の恐ろしさ

しかし、成仏できない死者の霊魂の悲鳴が続くという、超常現象をつたえる。

毎夜毎夜のことなれば　花のお江戸の御本山　東叡山に哀訴して　聖の来迎願いける　数多の僧侶を従えて　程なく聖も着き給い　施が鬼の段を設ければ　餓《のこ》りの人々集まりて　皆諸共に合掌し　六字の名号唱うれば　聖は数珠を爪《つま》ぐりて　御経読誦《おんきょうどくじゅ》を成し給う

江戸の御本山東叡山に願って施餓鬼の供養を施すことで、犠牲者の魂は浄土に導かれることができ泣き声も止んだというのである。

念仏施餓鬼の供養にて　魂魄無明の暗も晴れ　弥陀の浄土に導かれ　蓮《はちす》のうてなに招かれて　心のはちすも開かれて　泣き声止みしも不思議なり　哀れ忘れぬその為に　今ぞ七日の念仏は　末世に伝わる供養なり　慎み深く唱うべし　南無阿弥陀仏　南無阿弥陀仏

その哀しみを忘れてはしまわないように七日の月命日の念仏は、末の世に伝わる供養であるので慎み深く唱うものだ、と詠い継ぐことを指し示し、和讃は結ばれている。

この和讃は、鎌原地区の女性たちによって詠い継がれ、供養と語り継ぎの営みが代を重ねて続けられてきたのである。和讃は次のような場面で詠まれている。①三十三回忌の頃に始まったとされ、現在も年間二〇回ほどおこなわれている地区の回り念仏講、②命日に該当する新暦八月五日に観音堂でおこなわれる例供養祭、③十日夜にあたる旧暦十月十日（新暦一一月一〇日前後）、伊勢崎市戸谷塚でおこなわれる天明地蔵の慰霊祭及び伊勢崎市境中島を訪れる慰安旅行での供養の際、④春の彼岸の入りにおこなわれる彼岸の身護団子づくりなどである。昭和五四年の発掘調査の安全祈願祭にも参加している。[6]多くの場合、準備された壇に向かい右手上座に座った先達のリードで和讃は始められる。ぶら下げて鳴らす鉦を片手に、厳粛な雰囲気の中でおこなわれていくスタイルがとられている。

組織的な供養として取り組まれている回り念仏の活動は、鎌原地区で、鎌原区多目的センターを会場に、正月七日、農繁期の八月と九月の七日以外の毎月七日と一六日、年に二〇回がおこなわれている。かつては、村中の家々を会場として、関連仏具を持ち回りしておこなわれており、戦時中も続けられたという。ここで唱えられるのは、般若心経など多くの念仏である。[7]詠まれる念仏は、他にも「鎌原鎮魂賦」（鈴木比呂志作詩）、「供養像に題す」（都木訓心）、鎌原のおねんぶつ（昭和五五年鎌原忠司作）などがある。[8]

昭和五七年の二百回忌の年には、江戸川区東小岩の善養寺においても「小岩善養寺　浅間山焼け供養碑和讃」がつくられていて、[9]回り念仏の中にも取り入れられている。

（2）鎌原観音堂奉仕会

観音様への感謝と先祖の霊を慰めつつ観音堂を守り続ける鎌原地区の老人クラブの古老によれば、彼らは被災した先祖から六代目、七代目にあたるという。「助かった九三人の子孫」、「ご先祖がこの観音堂に逃げたお陰で、わしも今、こうしていられる」[10]といい、強い絆と意志で結ばれた組織的な活動により、天明三年の先祖の供養が重ねられているのが、鎌原観音堂奉仕会の活動である。[11]地域の人々が先祖の供養や噴火のことを人々に伝えようとする活動にもなっているのである。

一九七九年、発掘調査がおこなわれ、多くの参拝者が全国から訪れるようになった。村は地中に埋没するも観音堂に逃げ延びた人だけが助かったこと、発掘された遺体、哀話の舞台が再び地上で陽ざしを浴びることになったことなどが、繰り返し報道されたことが大きな理由である。「全国から参拝者が訪れるのだから、誰かが居なくてはいけない」と交代で湯茶の接待を続けることが発案された。当番表や申し送りの日誌ができて、この奉仕の会は「鎌原観音堂奉仕会」として組織されることになった。このことがはじまりで、一九九〇年代には、会則ができ、鎌原地区の六五歳以上の人たちにより組織され、今日まで交代で当番制により欠かさずに観音堂脇のお籠もり堂で続けられている[12]。

【図1】観音堂奉仕会での接待
（鎌原観音堂脇のお籠もり堂）

活動は、観音堂での参拝者への接待だけではない。旧暦七月八日にあたる八月五日の例供養祭の準備をはじめとする先祖への供養としての伝統行事・式典の参加活動、奉仕活動の慰安としておこなわれる一一月の旅行で伊勢崎市の戸谷塚や境中島など、他地域との供養を司る交流役をも担っている。

観音堂奉仕会の年中行事（平成四年度）は「正月　元旦詣り甘酒造り・新年総会、三月　彼岸身護団子づくり・唐辛子づくり・お籠もり、六月　花壇・植木・草花・慰安、八月　年忌法会、九月　慰安、一〇月　観光祭・すいとん千食会、霜月　漬物トラック一杯四斗一〇本・戸谷塚詣り、師走　忘年会・越年」という。

奉仕会の発足当初を認めた記録[13]には、次のようなものがある。

奉仕会の発足　とうかのくぼの試掘・奉仕会のはじまり　昭和四十九年春彼岸初めて観音堂の行事に参加して

一週間の御籠りを致しました。当時観音堂の行事として春の彼岸だけでありました。こんな時色々な話が出まして、浅間押しで百戸も家が埋まった跡を発掘してみたいという事になって、山崎喜太郎さんの土地で、炭がまを造る目的で地掘りしたらカヤぶきの屋根の一部が出たと聞いていたのでそこを掘ろうという事になり、持主の承諾も得て三月の末に着手しました。参加者は宮崎全平、山崎金次郎、山崎永次郎、橋爪裕治、横沢正雄、佐藤太一、土屋長十郎の七名でした。手押し一輪車を使って下から押し上げる作業は重労働でした。三日程掘り下げてその夕方頃やっと屋根カヤの固りが出始まりました。続いて鉄鍋のカケラも掘り出されて、疲れも忘れて元気付きました。それではブルトーザーか何か機械を頼もうという事になって土木の機械を頼んで一時間もしますと、手掘りの何十倍もの土が取り除けられて次々に貴重な遺品が出土しました。これは現に観音堂等に展示してあります。以上は全く無断の試掘でしたので嬬恋村教育委員会に申し出、県にも報告されまして、一時に新聞・テレビの報道機関が駆け付ける大騒ぎとなり、県教委では正式発掘まで中止する様申し渡されました。こんな騒ぎから俄かに観音堂への来客も多くなり、交替で湯茶の接待を考えつきました。差し当たり当番表を作って次の当番に申し送りする日誌もできて有志の会を奉仕会とする相談がまとまりました。昭和五十年代　奉仕会　会長　宮崎全平　副会長　宮崎袈裟善　会計　土屋長十郎　相談役　橋爪裕治　同　宮崎作次郎　同　山崎金次郎　他各組世話人　十五名を決め発足当初の会則もない、会の運営に当たりました。　土屋長十郎

(3) 記述・伝承の変化——「鞍」と「蔵」——

書き記される史料には、書き写されること、あるいは、時間経過と共に書き換えられてしまう例をあげておきたい。

幸手宿は浅間山火口からは、直線距離で一一〇㎞、流下距離で一五〇㎞の地点にある。

『浅間山焼昇之記』の記述で「信州上州一ツニ注進並ニ日光街道の宿々問屋年寄の注進まて其あらましを」災害の後年

記述	出典	掲載巻・頁	備考1	備荒2（「伊香保」に関する記述）
破候鞍ニ	信州上州騒動書附	Ⅴ．192	筆者埼玉熊谷周辺の人物？の書翰	川島村ハ湯治場伊香保・十里ほと
破箱に	信州浅間山焼附泥押村々并絵図	Ⅲ．130	那波郡連取村素封家（「浅間嶽焼記」系列の写）	川島村ハ伊香保湯・二里程
馬之鞍に	浅間山焼記録	Ⅱ．326	大西栄八郎の渋川上流近傍の踏査見聞録など貴重	川島村は湯治場伊賀（香）保弐拾里程
破れ鞍	信濃国浅間嶽焼荒記（浅間嶽焼記）	Ⅲ．263	碓氷郡中心の記述	川嶋村は伊香保より弐里程も
破候鞍ニ	浅間山焼記（浅間山焚記）	Ⅲ．369	大久保村元龍	川嶋村湯治場伊香保・廿里程
破鞍に	天明信上変異記	Ⅳ．24	佐久郡臼田町	伊香保湯より二里程
破鞍に	天明雑変記	Ⅳ．48	佐久郡香坂村　天明七年	伊香保湯・弐拾里程
破鞍ニ	天明三同七天保四帳（控）	Ⅳ．250	牧野小笠原帰城の記述	伊加保・□（虫）里程
破候鞍ニ	浅間山焼出記事（全）	Ⅳ．274	旧幕史料を該省でまとめたもの	川島村ハ湯治場伊香保ヨリ二十里程
破鞍に	甲子夜話	Ⅳ．300	松浦静山	川島村は湯治場伊香保より廿里程
破れ候鞍に	一話一言（抄）	Ⅳ．315	太田南畝（蜀山人）	川島村は湯治場伊香保より弐拾里程
破候鞍に	秋之友	Ⅳ．338	役人藩から幕府への届出を収める	川島村ハ湯治場伊香保・十里ほと

【表1】「鞍」に関わる記述。
（掲載巻・頁は、萩原進『浅間山天明噴火史料集成』Ⅰ～Ⅴによる）

に引用編集された。この史料は、①噴火と災害、②所々の注進書の写し、③被害情況絵図、④泥流被害書き上げ、⑤小諸藩内と藩主帰城途中の被害と対応、⑥風刺詩文で構成され、二つ折れ二七葉の綴本内に見開き八面の彩色絵図が挿入されている。このうち③被害情況絵図には、「吾妻川の泥流」、「渋川杢の関所」の赤着色の火石など注目される情報が盛り込まれていて、多くの資料研究に引用されている絵図である。そのうちの一枚「日光街道幸手宿中利根川人馬家土蔵流れ来ル図」と題する絵図には、土蔵（蔵）に「上州群馬郡川嶋村」と注書きされている。他の複数の文字史料【表1】では「馬之鞍」や「破鞍」に「上州川島村と書付」があると文字情報が書き写されているが、本史料の本文には「土蔵」と誤記され、誤りを根拠に絵図に描かれた部分があることが判る。[14] 同じように、史料を一覧し、同史料中の地名の記載に着目すると「川嶋村」と「伊香保」の距離関係の違いが出てくる。実際の現在の渋川市川島と渋川市伊香保は、七km程度の距離で「二里」程度が正確な数値であろう。「二〇里」の誤記は明らかに、誤りのまま書き写されたものと想定される。これを根拠とすれば、表中では『信州浅間山焼附泥押村々并絵図』『信濃国浅間嶽焼荒記（浅間嶽焼記）』『天明信上変異記』が、よりオリジナルの記述に近いものと判断される。ここでは、史料分析が目的ではないものの、近世の情報伝達や文字記録と災害情報の関わりとして、天明三年浅間災害史料の可能性に

【図２】『浅間山焼昇之記』　流される土蔵に「上州群馬郡川嶋村」と記されている。
（美斉津洋夫氏所蔵、部分）

着目しておきたい。

別史料の『浅間山大焼変水巳後日記』では「川島の者弐人行徳迄流助命して罷帰り」といい『浅間山焼に付見分覚書』はこの他に川嶋村の一九人が流され助け上げられたと記しているので、この絵図に描かれるように一五〇㎞離れた幸手宿付近で流されていく家の屋根の上で助けを求める人物が目撃されるという、稀に見るような出来事があっても良いかもしれない。

このように、多くの転写された史料が諸説入り交じりながら語り継がれ、書き継がれてきていることにも留意していく必要はある。数多くの史料が存在するために、多くの誤謬が含まれていることにも気を止めなくてはならない。文献批判の必要性と同時に、文献史学の史料分析にもつながることは、天明三年浅間災害の語り継ぎにおいても確認しておくべき点となるだろう。

（４）口伝による語り継ぎの変化――鎌原観音堂の段数――

観音堂の地表に残された現在の石段一五段は、今と当時を「災害」を介して繋いでいる唯一の手がかりが得られる場所だと考えられる、幅一mで観音堂の正面へと導かれている。一九七九〜八二年にかけて行われた発掘調査により、この石段は「鎌原村（現群馬県吾妻郡嬬恋村）観音堂

1910	明治 43		『浅間山』小諸小学校　120 段	『浅間山』小諸小学校 1981　p.90 『鎌原遺跡発掘調査概報　浅間山噴火による埋没村落の研究』1981　p.6、41
1931	昭和 6		「昭和六年が、天明三年から一四九年、犠牲者の供養からは一五〇回忌になるために、吾妻郡原町の善導寺で供碑を建てたり、各地で大法会の行われることが新聞に載った。…」	『浅間山天明噴火史料集成Ⅱ』萩原進 1986　p.2～3
1932	昭和 7		『天明三年浅間山大爆發　百五十年祭記念』内堀定市編　口絵 113 段の石段	『鎌原遺跡発掘調査概報　浅間山噴火による埋没村落の研究』1981　p.8、41
1942	昭和 17		「伝え話によると、全部で 120 余段あったそうで」	『浅間山風土記』萩原進 1984　p.20
1958	昭和 33	5 月	天下の奇勝として、一般に公開すべく、経営に当たっている国土計画興業の会長堤康次郎氏は、…昭和卅三年五月、大慈大悲の観音菩薩の浄土、浅間山観音堂を建立した。そして、東叡山寛永寺別院に配された。寛永寺と鬼押出しの因縁は古く、最大の被災地鎌原部落の西方丘上に、寛永寺を本山とする観音堂があり、村人の帰依する中心であった。	「東叡山寛永寺別院浅間山観音堂の建立」『浅間山と鬼押出し』遠藤一二 1957　光陽社　p.18
1963	昭和 38		「この観音堂の石段は百五十余あったのが、鬼押出し噴出の際の熔岩で埋没され、十五段しか残らなかった。」	「東叡山寛永寺別院浅間山観音堂の建立」『浅間山と鬼押出し』遠藤一二 1957　光陽社　p.18
1965	昭和 40		石段「百二十幾段」…昭和 40 年出版	『上毛野昔話』西毛編　相葉伸 1965　みやま文庫 18
1973	昭和 48		村老人会が鎌原観音堂の 15 段の石段の下につづく 11 段を掘り出す。	嬬恋村役場観光商工課・嬬恋村観光協会『鎌原観音堂と天明の浅間大噴火』（観光パンフレット）
1979	昭和 54	7 月 26 日～8 月 26 日	「浅間山麓埋没村総合調査会」（代表、児玉幸多学習院前学長）により第一次発掘調査が行われる。十日ノ窪からは埋没家屋が発見され、建材、調度品、台所用品、印籠、脇差し、銭差しに通した百数十枚の銅銭など、300 余点の遺品と成人 1 体分遺骨が出土。また鎌原観音堂石段の掘削では 50 段が確認され、その最下段で老婆の遺骨と、老婆を背負って熱泥流をのがれようとした若い女の遺骨が見つかる。	嬬恋村役場観光商工課・嬬恋村観光協会『鎌原観音堂と天明の浅間大噴火』（観光パンフレット）

【表 2】鎌原観音堂の石段　段数の語り継ぎの変化

の石段の下から女性の遺体発見」とマスコミに大きく扱われ、教科書にも取り上げられる実態[15]もある。

そして、郷土誌[16]のあとがきの中で、発掘調査による石段の段数の確認が、調査成果のひとつとして認識されている次のような記載がある。

まえに、月刊文化誌『上州路』（昭和五三年一一月号）で、「浅間押し二百年」という特集を組んだことがあった。その時はまだ鎌原発掘のことは公開されていなかった。が、それから一年足らず、すでに発掘が始まって、観音堂の石段の数がはっきりとわかり、その石段を登りきれずに、熱泥流の犠牲となった二体の遺体も収容された。（中略）多くの方に鎌原の歴史を知ってもらうために刊行したものである。

この石段の段数については、やや不確かな言い伝えがなされていたようで、一九七九年の発掘調査の「五〇段」が確定するまで、いくつかの説が出されていた。よって、鎌原観音堂の石段の段数についての語り継ぎを整理しておく必要がある。

まず、もっとも古い文献で確認できるものの一つは、明治四三（一九一〇）年に刊行された『浅間山』の「一二〇余段」で「吾人嘗て巡廻して此地に至るや、里人吾人に語って曰く、天明噴出の以前にありては堂宇は高く小丘の上にありて、階数実に百二十余級也[17]」と記述している。山崎直方の一九一一年の震災豫防調査会報告[18]にも、同数が記されている。

次に確認できる数字は、昭和七（一九三二）年、百五十回忌の供養祭が営まれ、その際、印刷された『天明三年浅間山大爆發　百五十年祭記念[19]』の「大森房吉博士写す」と注記された口絵キャプションには「一一三段の石段」と掲載されている。「一一三段」と記すのは外に、八木貞助の『浅間火山』（一九三六）、関谷溥の『火山観測[20]』（一九七六）などである。さらに、昭和一一（一九三六）年に刊行された『群馬県吾妻郡誌追録[21]』には「山崎博士は観音堂前の石段一段一段の高さから推算して伝説の総数を信ずべくんば此の辺では泥流の厚さ十三米（約七間）であると発表して居ります」と記述されている。

また、昭和一七（一九四二）年の郷土史家萩原進の著した『浅間山風土記』に「伝え話によると、全部で一二〇余段あったそうで[22]」と記されている。これは「百二十幾段」という昭和四〇（一九六五）年に出版された、『上毛野昔話[23]』の数字と一致している。一方で、萩原進により著された「村をのみこんだ泥流[24]」（一九七五）では、「一一二段」という記載もある。

その後、昭和四八年には「村老人会が鎌原観音堂の一五段の石段の下につづく一一段を掘り出す」という出来事があった[25]。これは、後の学術調査「浅間山麓埋没村総合調査会」（代表児玉幸多）につながる地元民による行動である。先祖から伝えられてきた石段の伝承の不確かさを実際に確かめようとする、子孫としたら鎌原村の先祖供養との気持ちが込められた当然行動に移したくなる具現ともいえる。行動の根底には、伝承されてきた伝説の「石段数」への解明という創意があったのである。

一九八〇年代に入っては「浅間山麓埋没村総合調査会」の発掘調査報告書概報『鎌原遺跡発掘調査概報　浅間山噴火による埋没村落の研究[26]』の中で「最近地元では一五〇段とも」と記されている。

その後、調査会による観音堂石段の発掘調査では、ついに五〇段であったことが確認されるとともに、その最下段で二体の遺体が見つかった。地元老人会によって一晩の通夜が営まれ、見つかった二人の遺体は観音堂に上げられ昭和五四（一九七九）年八月一三日九時から供養が行われた。石段の段数の判明は、押し寄せる土石から逃れ、観音堂を目指した二人にとっての「二百年目の悲願の達成[27]」でもあった。

この石段は『埋没村落鎌原村発掘調査概報（よみがえる延命寺[28]）』においては、

> 現在地表に露出する石段の最下段から南へ約一一m離れた位置を中心として、南北約一六m、東西一〇mの範囲を漏斗状に掘り下げ、現地表面から六・五mの地点で、石段の最下段とそれに接続する道路の一部を…

との調査の事実記載がなされている。観音堂につづく地表に残された一五石段の石段は、今日、二三〇余年の歳月を経て摩滅した踏面が時間の経過を連想させている。しかし、埋もれた鎌原村の集落と観音堂との高低差に対して、五〇段の石段だけであったのか、他にも石段が埋もれていて、あわせた数の石段数であった可能性もあるとの見方があり、この段階だけで石段の段数が、語り継ぎと一致するか否かの議論の終結には至らず、今後の伸展が望まれるとする意見も残されている。

段数をめぐっては、およそ文字でたどれる数字として「一二〇余段」「一一二段」「一一三段」「一五〇段」と諸説入り交じり、地表に残された「天めいの生死をわけた一五段[29]」は、「五〇段」の階段の地表部分であったことが発掘調査で確かめられた。大石慎三郎[30]は、「この石段も実際は五〇段ほどであったのが一二〇段あるはずだという口碑を生み、それがだんだん一五〇段あったという話に育っていった」とまとめている。また、発見された遺体は、昭和五八（一九八三）年秋に共同墓地の一画に建立された「天明三年浅間押し流死者菩提塔[31]」に葬られている。

哀話の舞台ともなった観音堂の石段。人々が代を重ね、どのような思いで石段の段数を語ってきたのかを辿ろうとするときに脳裏を過ぎるのは、救われた九四人の村人達がここを駈け上ったということをはじめ、様々な語り継ぎの伝承の舞台となった場所であるという事実であるだろう。文化一〇（一八一三）年に鎌原村から代官吉川栄左衛門に提出された『鎌原村復興絵図』には、屋敷割りとともに復興された二〇戸の家屋や観音堂の位置が示されてはいるが、埋もれた石段の段数までの詳細な情報は示されてはいない。史料に残されはしなかったが、「埋もれた石段の段数の記憶」は、代を重ね、途絶ようとしながらもそこに住む人々の間で、「埋もれた段数を確認したい」という気持ちを長期間にわたって人々に継続させた事実をうかがうことができる。そして、その気持ちは、「実物を確かめたい」という原動力に形を変え、発掘調査の実施へとつながったことにも着目しておく必要がある。語り継ぎの正確さだけではない、人々の思いを辿ることの意義に結びつけておくべき時事である。

（5）「後来のために」

災禍に見舞われ、子孫へと出来事を語り継ごうという動きは、口碑、文字記録、或いは石造物へと形を変えていく。幡羅《はたら》郡中奈良村（現埼玉県熊谷市中奈良）の名主野中彦兵衛暁昌《まさあき》（一七七四〜一八五九）が天明噴火を描いた『信州浅間山焼亡之麁絵図《しょうぼうのそえず》[32]』に寄せられた描画の趣旨を書いた一文は「後来のために記し置きおわんぬ」と結んでいる。降灰やその後の泥流による洪水の被害、人馬が流されてくるといった事態を目の辺りにした遥かに浅間山を望む地で記された文言である。

また、被災を免れた鎌原村の隣村大笹村の名主兼問屋の黒岩長左衛門大栄が、災が再びあることを子孫に戒めるた

【図3】（右）藤岡市にある千部供養塔／（左）『信州浅間山焼亡之麁絵図』
（左：埼玉県立文書館収蔵　野中家文書（註32）部分より転載）

め、蜀山人（大田南畝）に揮毫を依頼して、碑の建立を計画（大栄の十三回忌に子の長左衛門鄙侘澄が、大笹宿に建立）したという蜀山人の碑（噴火記念碑）に刻まれた文面は、十返舎一九（一七七五〜一八三一）が、文政四（一八二一）年出版の『諸国道中金草鞋』(33)（一三）に碑のスケッチと碑文を次の様に収録している。

> 大笹駅浅間碑　あさまのひは大ざゝのゑきくろいは氏のたてたるひ也。こうせい人のためにあさまやまのきなんをわすれまじとのことにて、前車のくつがへるを見て後車のいましめとするのまことなるべし。かゝる人のこころざしにしらせまほしくこのめいをうつしかへりしまゝこゝにしるす

緑埜村（現群馬県藤岡市）旗本の代官をしていた斎藤八十右衛門雅朝は、寛政四（一七九二）年に、浅間焼けの降灰状況を詳しく記した「千部供養塔」(34)を建立した。浅間焼けの影響を子孫へ申し伝える努力を取り上げている。刻字が不鮮明になり、昭和一二（一九三七）年に再刻されたものといい、三側面に金石文を刻み、「是只予至子孫為心得而巳記之、莫後人笑。…しるしおく凶事は末の吉事なれ親のしかるもかわゆさのまま」と記している。近隣の困窮者救済に助力した自分の行動を加え、後世の人に伝えるのが八十右衛門の切なる願いで、刻まれた文の最後にその真意が込められている。

浅間山からの流下距離で、九〇㎞ほどの地点にある玉村町五料にある常楽寺に、

かつて存在した野川家墓碑には、天明の被災状況と復興や供養の顛末が刻まれた漢文の碑文の存在が知られている。塔身には「…浅間山焼砂降事一尺余同未刻混漏出押埋事一丈余同暦辰三月掘尋求…」とある。あらためて、埋もれた先祖の墓石を掘り返そうとするも、発見しきれない先祖の墓石と合わせ供養することを後世に伝えようとした墓碑である。

災害を経験した世代が後世に出来事を伝えようと文字に記したこの類の記述は、子孫のために災禍を語り継ぎ末代までの幸福を願う意志を表現していて、極めて印象深いものであり、歴史災害の中から抽出できる「語り継ぎ」本来の大切な要素を多分に含んでいる。目的として、子孫繁栄を願い近親者を対象と考える場合、さらに、広く対象を社会全体に求めるとする姿もある。出来事を伝え、それぞれの立場で浅間災害を受けとめた先人からのメッセージは、我々にとって改めて受け取る工夫をしていく題材となるべきものである。

第二節　災害からの救済と復興

(1) 被災の時間経過の中でみる天明三年被害

林春男は、時間とともに変わる被災体験で、現代社会における応急対応期から復旧・復興期にいたる時間経過と被災後の被災者レベルの段階を整理している。[35]

「フェーズ0」の段階は、精神医学用語で「失見当識」といい「現在の時間・場所、周囲の人・状況などが正しく認識できなくなる状態」をさす。災害の発生で日常がこわれ、人々はどうしていいのか分からない状態を迎えている。阪神・淡路大震災の場合には、地震が起きてからの最初の一〇時間がこの時期にあたるという。

「フェーズ1」で、被災者にとっては何が起きたのかを理解できるようになり、震源はどこで震度はいくつといった地震情報やどの地域に被害が広がっているかという被害状況が、マスコミを通じて発せられる。災害対応活動は、

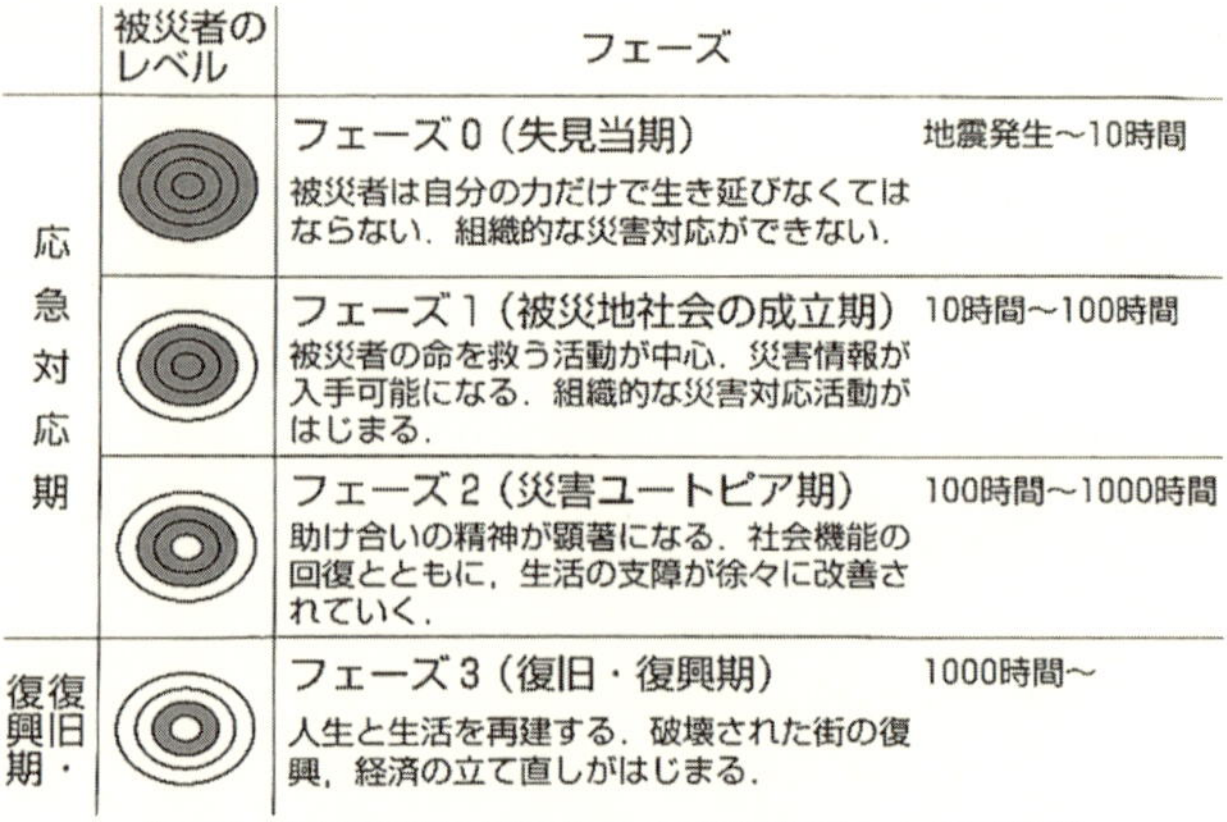

被災者のレベル
フェーズ
応急対応期
フェーズ0（失見当期）
地震発生～10時間
被災者は自分の力だけで生き延びなくてはならない．組織的な災害対応ができない．
フェーズ1（被災地社会の成立期）
10時間～100時間
被災者の命を救う活動が中心．災害情報が入手可能になる．組織的な災害対応活動がはじまる．
フェーズ2（災害ユートピア期）
100時間～1000時間
助け合いの精神が顕著になる．社会機能の回復とともに，生活の支障が徐々に改善されていく．
復旧・復興期
フェーズ3（復旧・復興期）
1000時間～
人生と生活を再建する．破壊された街の復興，経済の立て直しがはじまる．

【図4】「地震発生から復興までの時間経過」と心理状態
（『いのちを守る地震防災学』（註35）より転載）

被災者の命を救うことに集中し、火災鎮火や救命救助活動、安否確認など様々な事柄が同時進行する。そして「被災地社会」ともいうべき、新しい社会状況ができあがる。阪神・淡路大震災の場合には、発生から一〇〇時間後までにできたという。

「フェーズ2」では、被災地に善意が満ち、助け合いの精神が顕著化する時期で、被災地全体がこういう状態に置かれるため、皆があるものを融通しあい、耐乏生活を送らざるを得ない。一種の原始共産的な暮らしが生まれる。つまり、「通常の価値観とは異なる平等主義が被災地に広まった状態」で、「災害ユートピア」と呼び、大きな災害時には必ずみられる社会状態ともいう。阪神・淡路大震災においては、避難所を中心に、社会機能が回復するまでの一〇〇〇時間（約四〇日）の時期であり、停止した社会機能を回復させるまでの時間としている。

「フェーズ3」では、社会は落ち着きを取り戻すものの、被災者にとっては、大切な人や物を失うという大きな悲しみや辛さを背負って自分の生活再建に向けて歩んでいくことになる。被災地全体も社会基盤の復旧や経済を立て直す活動が進められるが、どこまで行ったら終わるのか行く先が見えないことがこの時期の特徴となっている。そして、地震によりものが壊れ、命が奪われることだけが震災ではなく、地震による被害から人々が立ち直っていく長くつらい道のりをも震災の一部とされる。

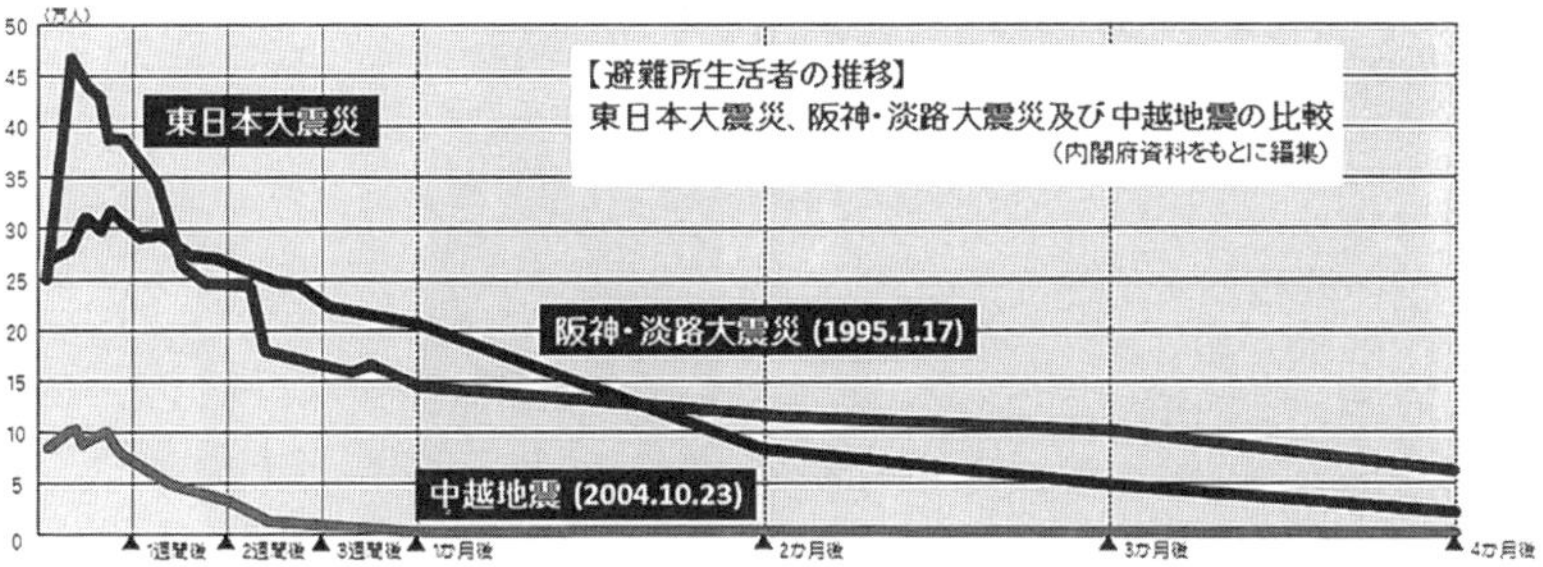

【図5】避難所生活者の推移（東日本大震災、阪神・淡路大震災及び中越地震の比較）

さて、阪神・淡路大震災、中越地震、東日本大震災の三つの災害発生後の避難所生活者数の推移をグラフで示すと、今日的な災害のどの場合でもほぼ同じような推移をたどることがわかる。避難所生活者数がピークを迎え、マイナスに転じるのは、被災後三～四日後ととらえられる。ここには、被災者を統計化する誤差も含まれるであろうが、林の示す「フェーズ0」を乗り越え、避難所に集まる避難者数の増大のピークと「フェーズ1」の「一〇〇時間」とは一致する。そして、最初の一～二週間、少なくとも一ヶ月の時間の中で、避難者生活者の数はひとまず半減している。そして、一～二ヶ月間の中では、避難所生活者数は横ばいとなり「フェーズ2」の「一〇〇〇時間」経過と一致している。

こうしてみると、帰宅を含む自立生活へ戻り「復旧」の過程へと推移する人々の動きがある反面で、避難生活が長期化する人々が固定化するという二分化が始まるのもこの時期であることがわかる。このことは、今日的に諸条件の差があるにせよ三つの震災の事例から読み取ることができる。このような現代災害での被災事情と、歴史災害を同一の尺度にあてはめることには、齟齬が生じ再考の余地はありそうだが、現在の防災学にあわせることで見えてくることもある。このような時間経過でみたときに、天明三年浅間災害下ではどう事態が進んでいったのか。その一例を、これまで、多くの研究文献で示されている激甚被害地の鎌原村を中心とした人々の動きで確認しておきたい。

「フェーズ0」の段階で、村人たちの失見当識の状態を見守ったのは、鎌原観音堂である。発掘調査でみつかった五〇段の石段に足をかけようとした瞬間に二人は、土砂に巻き込まれた。この地獄絵図ともいうべき風景を、残された一五段越しにその光景を見ていた村人がいたかも知れないが、このことは記録にも口碑でも残されてはいない。そして、この観音堂に避難できた村人だけが助かった。たまたま他所にでていた村人とあわせて九三人がこの場所で、「フェーズ0」の時期を迎えていた。

鎌原村での出来事は、午前一〇時頃発生したというのが通説である。被災者の避難救済の先頭に立ったのが近隣の村々の有力者だった。激甚被害地だった鎌原村近隣干俣村の干川小兵衛は、災害発生当日の七月八日夜、ある限りの鍋釜で炊き出しを行い、翌九日の早朝には、信州上田に行き米一二〇俵の買い付けを行ったという。「フェーズ1」段階での近村の分限者による振る舞いである。「鎌原より逃来る者五六十人かくまい」(『浅間大変覚書』)というように、鎌原村など五～六ヶ村の生存者[36]五〇～六〇人を養い、三間×一〇間で四ヶ所の囲炉裏をもつ小屋掛け(他に馬屋兼物置)を行ったという。大笹村の黒岩長左衛門は、三〇日間の炊き出しを施す。後日、一七〇両を近隣の村に貸与、三〇〇両の私財を投じた被災地対策の観光産業ともいうべき温泉開設への投資などをおこなった人物である。両村とも被害がなかったか、あるいは甚大な被害をうけなかった村の分限者である。他にも、多くの地元分限者達が惜しむことなく、非常な事態に力をつくした事実が語り残されている。まずもって「フェーズ2」において、地域のリーダーが先頭に立ち、私財を投じた困窮者の救済を、非常時の判断としての迅速な行動力を示したのであった。

三日後の一一日には、近隣の村々の然るべき立場の者たちがここ干俣村に集まり協議、羽根尾村浅右エ門と大前村五郎七が江戸へ注進に出かけた記録が残されている。「フェーズ1」から「フェーズ2」の段階に差し掛かるなかで、地域のリーダーたる面々による対応協議が打ち出された姿が見いだせる。一三日後の二一日には、役人衆が吾妻郡内にやって来て「救助米代[37]」を手当する。ここから、御上の救済が始まる。コミュニティの大切さがクローズアップされた阪神淡路「絆」がキーワードとなった東日本、天明三年でも為政者の対応策が施される前の旬日、混乱期の「避難」は、まずもって地域のつながりと地域のリーダーの行動が鍵になる。このことは、歴史災害の中でも見いだされる事実であった。

災害発生から一～二ヶ月後の「一〇〇〇時間」で「フェーズ2」の「災害ユートピア」と呼ぶ時期の動きに入る。災害発生一ヶ月が過ぎ、吾妻郡原町（現東吾妻町）では八月に「農具代を給し、開発の補助」を願い上げている。八月二五日には幕府が「御救普請」の実施を決め、復旧工事へ向けての一歩前進となった。幕府は勘定吟味役根岸九郎左衛門に「村々起返等見分目論見御用」を命じる。根岸一行は二八日江戸を出立（『浅間山焼に付見分覚書』[38]）し、九月一二日に原町村に入っている。この間に次の段階「復旧」に対する見分が進められたのである。

一方で「支配する吾妻・群馬郡内の三二か村、およそ石高三五〇〇石、五〇〇町歩、流家一〇〇〇軒、流死一〇〇〇人、飢人三〇〇〇人」の被害に対し、代官原田清右衛門自らが一行二〇人で支配地見分にやって来ている。発生後二ヶ月を前に、八月二五日岩井村～川原湯～狩宿～今井～林へと泊をとり、九月一日原町に来ている（『金次郎日記』[39]）。この間は役人が出入りし、三日、代官原田より「農具代」（流家に二朱）が渡されている。二ヶ月が経過する一〇日、代官一行が横堀村に向けて出立。一一日小野子村に宿泊する根岸に伺いを立てる。一二日は根岸が原町にやってくる。災害発生からちょうど二ヶ月後、現地で勘定吟味役と代官が、原町五郎兵衛宅を御旅宿として滞在する。[40] 興味を引くのは、「村々大変に付手当金不足に付」計九五両を現地原町の六兵衛から借用した記録が残っていて、代官原田並びにその出先役人が現地にて被災民救済のために臨機に応じた処置をとっている点である（『原町誌』[41]）。

郷土史家の間では、幕府・役人の「対応のスローぶり」とも揶揄されることもあるようだが、果たしてそうみるべきなのかどうか。ここでは、これ以上の議論には及ばないが、有事に際し政を為す側の執った現地対応の事実確認をすることに留めておきたい。

（2）激甚被害地近隣での個人の救済活動

『浅間記』を引用する『吾妻郡誌追録』[42]から「慈善家奇特者」の個人の活動を抽出すると、干又村彦五良（小兵衛）、大笹村長左衛門、大戸村安左衛門の三人の百姓があげられ、その奇特行為に対して幕府から苗字帯刀御免を許された記事を載せている。

干俣村の小兵衛は、三原周辺の村々で品物を扱う商人であった。八日の晩、村々の生存者が逃げ込んだ際に人々が家中で隙間がなく重なるほどになっても大いに悦び「其の方たちハ助りしか、ひもじかろう先食を喰せよ」とあたたかく迎え入れ、翌日、自分の財産がある限りは、皆に役立てるといい、信州へ出かけてできる限りたくさんの米を買い付けてきた。その後、米の値段が急騰するが、素早く米を仕入れたことで、多くの者を食いつなぐことができた。大笹村の長左衛門宅へは、二～三日過ぎてから被災者が泥の上を渡って来た。息絶え絶えに頼ってきた村人をあたたかく迎え、ひもじくなった被災者がやってくる度に三〇日ほどの間大きな釜で炊き出しを行った。大戸村の安左衛門は「我七十ニ成り候所、是迄奢ヲはなれ出情致候所、余分ノ金子ものび候」といい、襲名した倅安左衛門に、贅沢を慎み地道に貯えた金は人が生きるか死ぬかの時に使わなければ一生使うことはないと申し渡し、近隣の村々に自分の蓄えを分配したという。

また『浅間記』には他に、山田村の三右エ門、三島村の清兵衛、大柏木村の権右エ門、草津村の安兵衛、原町の六兵衛、五郎兵衛らも村人のために尽力し、江戸へ召被出されたと記録されている。山田村（現中之条町）の町田延陵も、天明三年の暮から翌年にかけて噴火後の飢民を救っている。これ以外にも多くの記録から、個人の奇特の行為を知ることになる。一方で、噴火被害や食糧の欠乏から焚き付けられ暴徒化する人々により天明の騒動が発生するが、そういった事態の発生をみない地域において、個人による顕著な救済支援の活動の足跡は、見逃すことは出来ない事実と言えるだろう。為政者の側の救済がどうなされたかという視点とは別に、奇特者の社会的活動には着目しておく必要がある。

（3）耕作地の復旧――開発――

日本の封建社会のもとでは、百姓は生まれた土地から離れてはならないという西欧中世の農奴に似た性格を含んでいる。当時の村というものは「生きて」いるもので、土地は何としても守らなくてはならないという価値をもっている[43]、という。現在においてもこの意味合いは受け継がれていることに違いはないが、近世の土地に対する執着心にはそれ以上の思いが込められている。天明泥流堆積物に覆われた耕作土の復旧作業には、石を取り除く「一番開発」、被災前の耕土を掘り出して新しい畑に敷いたり、客土する「二番開発」という、想像を越えるような大変な労力を注ぎ込んでいる事実が確認できる。

上野国吾妻郡原町の富沢久兵衛が著した『浅間山焼崩泥入畑開発帳[44]』には、自身の所有する四反弐畝弐歩の泥入畑の開発記録がある。「開発金壱畝ニ付永百拾九文ツ丶」「右ハ御上様より被下置候。是ハ壱畝七人掘り之御積り也」といい、一畝を人夫一人一七文七人手間の掘り返し手間の計算で開発費用（普請金）が幕府から支給された。これを「一番開発」と呼んでいる。一番開発では、作付けしても手間代にならないと記し「我妻（吾妻）中ニ二番開発致ス人ハ一向無之候へハ我思付ぜひ壱反も二番かいほつ致し候て…人々ノ手本ニも可成と存付巳（天明五年）ノ二月より初壱丈斗りヅ丶ニ五六間ツ丶間を置ほり候へハ人々立寄見物不致人ハ壱人も無之候」と、二番開発に着手した由を記し、作業は「くろ鍬」と記した越後の職人衆が請け負ったと記録している。荒土の上に壱尺ほどずつ掘り起こした元の耕作土を敷き、大豆をつくると宜しく、一番開発では一塚[45]あたり五～六升の収量が、二斗六升収穫できるようになったといい、その効果は五倍にもなったと示されている。現在でも、吾妻川沿いの地域では「ケイホツバ」などと呼ばれ、堆積した天明泥流堆積物を掘り返し吾妻川へ捨てたために、周囲よりも一段低くなった畑も残されている。また、発掘調査の現場では、掘り返された溝状の「復旧溝」や「復旧土坑」と呼ぶ泥流中の不要な礫が充填された溝状の土坑なども見つかることがある。この例は、吾妻川に面する例であるが、下流利根川流域でも同様の事例が確認されている。さらに、大量の軽石が降下した地域の発掘調査では、軽石を同様に敷き込んで、耕作地の復旧を図ったことも確認されることがある。

幕領の被害地には、一番開発では基準に示された普請金をもとに復旧がなされ、二番開発の例のように、個人の努力による復興策がとられていた事実が確かめられるのである。

(4)「砂山」――降下後九〇年経過の軽石集積場所――

『松井田八幡宮祭禮記』[46]によれば、同社で営まれていた一四一年分の祭禮の記録が残されていて、その中で天明三年の狂言は、「当七月七日、八日両日　狂言番　下町　南横町　信別（州？）浅間山焼き出し　関東砂降りに付、祭禮相休み申し候」というように噴火により中止となったという記録である。この砂降りにより、作物は収穫できなくなり、農民騒ぎも発生し、その後もこの地域を不安な情勢へと陥れていったのである。

「砂山」とは「降下軽石被害による耕地の復旧を目的とし、耕地の一部に軽石を集積し、そのほかの耕地を利用可能にする地上集積タイプの復旧方法[47]がとられた場所である。「戦前まであった砂塚・浅間塚[48]」のことである。

正確には、地名ではなく場所の呼び名で「砂塚」「浅間塚」「灰塚」「カキアゲ」など呼び名は様々であるが、降砂灰の被害の中心であった群馬県内の多くの地域で、戦前までは、降下した不要な軽石を塚状に集めて置いた場所をこう呼んでいる。いわば、火山灰の集積所である。しかしこれらの砂山も、昭和四〇年代に圃場整備がおこなわれ始めた頃から姿を消し始めている。

群馬県玉村町では『安永二年　名寄帳[49]（上樋越区有文書）』では、付箋に「辰十一月改　六反五畝廿八歩　砂引残り六反五畝廿二歩」、また、本帳に「前田　中田　壱反六畝拾五歩　平右衛門　改て　壱反十九歩也　内五セ廿歩　砂敷引」と記され「砂引」「砂敷引」の呼び名が用いられている。つまり、前者では「六歩」、後者で「四十六歩」の耕作の土地をいうのである。また、『寛政七年　名寄帳[50]（上樋越区有文書）』では、「五畝廿六歩　砂置場　八木平右衛門　畑方　九歩　砂置」と呼ばれ、屋敷や畑とは区別されていた。つまり、耕作地や屋敷地としての通常の課税対象地とは別の扱いを受けていたことになる。

「砂敷き」「砂引き」「砂置」などの地目は、『壬申地引絵図』（明治五（一八七二）年、明治政府による壬申地券の発券にともない付図として作成された絵図）にも記載されている場合があり、天明軽石が降下した範囲にあたる三九一ヶ村の地引絵図を調査し、一八ヶ村の絵図の中に軽石集積の痕跡が、降下後九〇年の地引絵図の中で確認されるといい、地引絵図で用いられている呼び名は多く「砂鋪」「砂置引き」「砂シキ」「砂置」「砂荒」「砂敷」「砂山」「砂畑」「砂置場荒地」などの呼び名が確認されている。[51]地引絵図では筆全体が軽石の置き場となっていたり、耕作地の際沿いに細長く、土手状に集積されたりしている区画となっている。

【図6】「浅間山（浅間塚）」（高崎市柴崎町）

現況では、荒蕪地となっている場合の外に、数一〇cm程度の高まりのある場所となって桑などが植えられたりするが、土地土地で扱いは不統一のようである。玉村町上樋越地区の文書により、噴火で降下した軽石を掻き集め、降灰被災の翌辰年ですでに「砂引」「砂敷引」という土地への呼び名があてがわれていたことが確認できることも着目しておくべき点である。「砂置場」・「砂置」という呼び名にしてみても、寛政七（一七九五）年の史料に用いられ、被災後間もなく行われた、復旧作業に派生することが確認されることになる。さらに明治五年の地券発行の際に用いられる土地の呼び名としても、同様に用いられている。[52]その用語としては、不統一ではあるが、目的は不要な軽石を集積しておくことで耕地の復旧をなした痕跡であることが確かめられる。

群馬県高崎市柴崎町の「浅間山《せんげんやま》」は、一見、古墳のように見えるが、天明三年の浅間山の噴火で降り積もった灰が集められてできたものである。灰を掻き集めた塚の上に祠を祀り、こう呼称されている。祭祀などに関する詳細な情報は不明ながらも、現存する砂山の良好な例である。

埼玉県本庄市においても同様な事例は確認され、降下し堆積した軽石は「今日でも開墾や土をとったときなどに地表から三〇㎝下に見られ、「浅間砂」と呼んでいる」[53]と記され、本庄市東富田付近で新幹線南際の東富田観音塚の西側に小高い砂山があり、同じように、明治九年の村絵図に「砂置場」をつくっていることがわかる。また、本庄の北堀村では、天明三年九月に降り積もった砂を片付けておく「砂置場」を一反につき三畝として免税とすることなどを、見聞役の根岸九郎左衛門宛に願い出た史料が残されている（庄田家文書）。

群馬県内に限らず、噴火で降り積もった降下物は、人々の手で処理された。その痕跡は、今日実物として目の辺りにすることも辛うじて可能であり、その土地その土地の人々によってさまざまな呼び名をもって語り継がれてきた。そして、特に九〇年後の明治政府による『壬申地引絵図』にも明瞭に記載され、復旧に取り組んだ行為や場所として記憶された、天明三年浅間災害の「足跡」であることを確認しておきたい。

（5）湯引き ―― 長左衛門の大笹温泉開設 ――

すでにみてきた個人奇特者の一人大笹村の黒岩長左衛門は、飢人の救済のための米穀の施し、金子貸与などといった、私財を投じ或いは地域の分限者としての知恵を働かせた足跡を遺している。そして、大笹宿の温泉開発事業という浅間押し被災者の救済を目論んだ引湯事業を展開した。長左衛門が書き残した『浅間山焼荒一件』[54]には、

一、去る七月中浅間山焼山津浪にて火石夥敷押出し、浅間腰御留山凡東西弐里半程南北壱里半程の間火石悉押重り、凡高弐丈程の岸壁に罷成候。右岩下より湯湧出申候所以今さめ不申候に付末々温泉にも相成候はば拙者共湯開き仕度奉存候。併前度水出候所へ火石押入湯に相成候哉、但し此度新たに湧出候哉得と相糺、温泉にも可相成様子にも御座候はば其節可申上候得共、先達て申上候間拙者共村方湯元に被仰付下置候様奉願上候。巳上　天明四年辰壬（閏）正月　上州吾妻郡大笹村　名主　黒岩長左衛門　年寄　九兵衛　百姓代　忠左衛門　原田清右衛門様　御役所　右書附壬（閏）正月十五日ばん　上野栄蔵殿へ上け申候

とあり、鬼押出し溶岩の押し際から温水が湧き出ている様子を報告し、大笹村を湯元として温泉を引くことの準備を願い出でている。『嬬恋村の民俗』(55)には、

天明三年七月八日に浅間山が大爆発をして火石泥流が流れ出した。その熔岩の熱で、大笹部落で使っていた鎌原用水が湯になって流れてきたので温泉が湧出したと思った。そのころ、避難民が大勢大笹に押しかけてきたので、本陣問屋の黒岩長左衛門が人々に食べものを与えて手当てしたが、いつまでという期限もないので大変だと思い、この避難民に協力してもらい大笹へ引湯することを考えた。避難民もこれに賛成し石樋をつくって引湯した距離は約二里もあり、蜀山人の碑のあったところへ湯溜をつくり、長左衛門の家で温泉宿をはじめた。その宿帳が天明七年から十三年まで残っているから、十年間は営業が続けられていたことがわかる。そのうちに、熔岩が冷えてきたのでだんだん湯の温度が低くなり営業ができなくなって廃業した。十八年位あたたかだったともいう。当時草津温泉に入湯してただれた体を沢渡温泉でなおすのがふつうであったが、大笹の湯がそれによいというので、大いに利用されたという。大笹温泉を作ったときに、大笹ではその資金を加部安から借り入れた。その

証文は、次のように記されている。（黒岩義晴家文書）借用申金子之事　一金百両也　右金子慥請取借用申処実正ニ御座候、長左衛門江戸表与利罷帰次第、御普請御入用金受取元利共急度返済可仕候、為後日仍如件大笹宿　天明三卯年十一月　黒岩傳四郎　印　大戸　加部安左衛門殿

と触れられている。この温泉の開設が、飢人救済を目的とする地域振興策であったことも見逃せない。さらに、供養と重ね運営が進められたことは、「一、毎年七月八日温泉祭いたし、志取集流死（人）之ため無量院におゐて晝時より施餓鬼可致執行事(56)」という記事から確かめられる。そして、この事業には近村からの援助支援が記されている。

御尋に付奉申上候　一、金拾両也　入山村　是は無利息にて貸申候　一、金拾弐両也　狩宿村　是は追々致返済筈に貸申候　三月二日迄　一、人足四千六拾三人　内男弐千八百七十三人　女千百九人（ママ）　是は先達て御訴申上候浅間山麓より温泉出申候に付、当村の飢人を凌度ゆえ村内へ引湯仕候積り、是迄相懸り候人足賃書面の通御座候　但男壱人に付鐚八拾文宛、女壱人に付鐚七拾弐文づつ相渡し申し候(57)

といい、近村の組内、田代村などの義援も加えられており、地域の協力体制が確立していたのである。この例では、地域の分限者が、困窮する避難者を救うために復興対策事業を立ち上げた。資金は財力のある者だけではなく、近隣の村、あるいは組内へとネットワークを確立し調達がなされている。助け合いと困難を切り抜けようとした地域の助け合いの精神は、被災者へ現金収入をもたらす構図を構築させた。その成果の一端は、

天明四年辰七月　当村の飢人飢を凌度、当村え引湯仕候積り。尤五人暮しのもの弐人は右賃銭受取雑穀を調、三

人は葛、わらび、ところを掘、雑穀の足しにいたし、四月よりは青ものをとり、右の通りにいたし飢を凌取続申候[58]

と記され、困窮する生活の中、生業の一部として銭稼が組み込まれていたことが記録されている。嬬恋村指定史跡（昭和五一年六月指定）「天明大笹温泉引湯道跡」は、総延長三二五〇間（約五・九㎞）に及ぶ膨大な工事の跡で、石製の樋などものこされている。

（6）武州に拡がる個人の救済活動

天変地異に対処しようとした個人の救済活動は、武州の地でも確認されている。

戸谷半兵衛は、本庄宿新田町（現在の本庄市宮本町と泉町の辺り）に店をかまえ、代々戸谷半兵衛を襲名してきた豪商である。店の名の「中屋」にちなんで中屋半兵衛ともいい「中半」と呼ばれる。中山道最大の宿場である本庄宿の豪商として江戸はもとより、京都・大阪まで全国的に名の通った商家であり、初代半兵衛の三右衛門光盛は、群馬と埼玉を流れる神流川や紀州高野山に通じる紀ノ川に、私費を投じて「無賃渡し」を行った奇特者として知られる人物であった。戸谷半兵衛家は代々豪商にして慈善家でもあった。天明の飢饉に際し、救援金の拠出に加え、自らの土蔵の建設を通して職人や手間賃稼ぎを困窮者への支援とする事業を打ち出したと伝えられている。三階建ての大きな蔵は、「天明の飢饉蔵」とか「お助け蔵」と呼ばれ、棟札には「千鶴万寿　天明八年戊申八月」とあり、棟梁・大工の銘が列記され、棟木には、一五ｍの栗の一本木が用いられていたといい、その土蔵は本庄の千代田一丁目四番地に残されていたが、平成二五年一一月に解体されている。

この飢饉の発生以降、本庄では飢饉に備え、御囲米、籾、麦等の貯蔵がはじまったと伝えられている[59]。天明の飢饉の惨状と困難を教訓にして江戸幕府は一つの政策を打ち出すが、これは寛政改革期の松平定信による社倉制度である。

飢饉などに備えて穀物などを積み立てておくもので、川越藩では寛政二（一七九〇）年に領内で実施している。

「戸谷半兵衛奇特差出控」[60]には「無賃渡し」の他に「天明三年、武州・上州の村々が飢饉に見舞われたのに際し、金千両を上納し、五ケ年年賦の約束で差し出し、麦百俵を差し出す」「天明三年の浅間山大噴火で作物が不作となり諸物価が上昇した。そして、（本庄）宿内の貧窮の人々を助けるために金六三両二分と鐚銭一一〇貫文を差し出した」と記されている。

また、『新編埼玉県史』[61]によれば、幸手宿の知久文左衛門は、天明三年の浅間山噴火による凶作時、宿内の困窮人に対し翌一月から三月まで食料を施して飢人を救済し、さらに四月から七月までの一五〇日間、宿内万福寺で施粥をおこなったという。[62]同じように、皿沼村（吉川町）の鈴木六兵衛も天明四年の飢饉の際、飢人手当として金二〇〇両を出金し代官を通じて困窮人に貸与したと述べ、さらに黒浜村（蓮田市）の与一右衛門も天明三年に際して窮民救助で褒賞された一人として数えあげている。

児玉郡本庄宿年寄弥三郎なる人物の奇特行為を子孫が伝えた記録は、

宿内并近村之困窮百姓之分壱人ニ付麦六升宛、水呑之分壱人ニ付麦四升宛合力いたし候尤右者自愛の儀ニ付其節申立等には不仕候共貧窮之もの救しとして施遣し候儀ニ御座候[63]（本庄町森田公彦氏所蔵）

といい、弥三郎は文化八年の甘楽・吾妻・利根・勢多・群馬各郡の凶作に際しても、多量の穀類等を施し、広い地域に交流をもち、救助の手を差し伸べた人物である。

さらに、大里郡奈良村の吉田家の二代目市右衛門宗敬は、天明三年の大変に際して、利根・吾妻地方に多大の施しと救援を為したといい、当地民はこれを感謝するために生祠として祀っていた、と伝えている（『武州児玉郡本庄宿年

寄弥三郎奇特筋書上」(64) 安政二卯年二月大笹郵便局所蔵）。

　このように、火口から南東軸方向にある中山道を直撃した天明噴火の降下物は、当時の商人の経済活動を混乱させると同時に、人々への施しの救済活動へと駆り立てたことが想起される。地元上州の地のみならず、武州や江戸など広い範囲に影響が及び多く人々の救済活動などが行われたことが確認できる。さらにその広がりが予想されるところである。

（7）少林山達磨寺

　福達磨発祥の地という黄檗宗少林山達磨寺は、高崎市鼻高町にある。上毛かるたでは、「縁起だるまの少林山」として読み上げられていて、群馬県民にはとりわけ福達磨・縁起達磨の発祥の地として知られている。ここにも、窮民救済の由来が残されている。

　少林山は、前橋藩主酒井忠挙《ただたか》が、前橋城の裏鬼門除けのために自ら開基となり、元禄一〇（一六九七）年中国僧心越禅師を迎え開寺した。享保一七（一七三二）年寺格は昇格し、少林山鳳台院達磨寺となり、その後明治になって黄檗宗への転派を経て、少林山達磨寺となって今日を迎えている。心越禅師は、中国から北極星信仰の護符「七十二符」の版木を伝え「北辰鎮宅霊符尊」が祀られ、これが同寺の一月六日から七日に行われる「七草大祭」が「星祭り」と呼ばれ、深夜、丑の刻近くに参拝するいわれという。また、師は達磨絵の名手であり、多くの絵を書き残している。達磨のお札の一筆書きは心越禅師によるものという。そして、この大祭で売られる福達磨は「縁起達磨」として有名である。

　しかしながら、当初から張り子の縁起達磨は存在したわけではなかった。この地域は、天明三年の浅間山噴火による火山灰の降灰被害が大きかった地域で、降灰で作物ができず、農民の生活は苦難を強いられた。時の少林山住職は、八代南嶺和尚であったが、老朽化した無尽法蔵という経堂（現観音堂）の解体工事が計画されていたというが、飢饉直後のことで事業の進捗は思うように進まない。そこで、本寺にあたる水戸の祇園寺の東嶽和尚が補佐役として、時々勧募（浄財を募る）活動を手伝っていた。観音堂は寛政四（一七九二）年に完成し、東嶽和尚は九代目を継承した。この経緯で、経済状況のよくない少林山周辺の農民救済のために、江戸で見た達磨を想い描き、開山心越禅師により描かれた「一筆だるま」の札[65]を手本に自ら木型を彫り、型抜きだるまの作り方を豊岡村の山縣朋五郎に伝授し、七草大祭の縁日に売らせたという。このことが、少林山の「縁起達磨」の始まりである。東嶽和尚は、勧募の折に自ら江戸で見聞していた達磨をヒントとし、地元振興として広めることに成功した訳である。

東嶽和尚と朋五郎の二人は、意匠のよりよいものを作ることに熱意を注いだ。江戸で流行った疱瘡除けや玩具としてのだるまを[66]、眉毛は鶴が向かい合う、鼻から口髭は亀が向かい合い、腹には大きく福入と書き、顔の脇には、養蚕倍成・蚕大当たり・五穀豊穣・家内安全と願いを書き込むなどといった願掛けの「縁起だるま」として進化させ、養蚕で休眠から覚め繭を作る時期を「オキアガル」と呼ぶことで「起き上がる」の験を担ぐ「縁起だるま」を発祥させた。農家の副業に張り子だるまを作らせ、七草大祭に売らせたところ評判となって、今の「縁起だるまの少林山」といわれる隆盛をみるに至ったという。最初は、一筆だるまのような「座禅だるま」、次第に繭の形に似た「繭型だるま」となり、次第に形の丸い現在の「縁起だるま」となり人々の間に広まり[67]、文化元（一八〇四）年に没した東嶽和尚は、寛政年間（一七八九〜一八〇一）にこの地に達磨作りを広めたと推定されている。

一〇月五日は達磨大師の縁日（命日）で、同寺では、毎年縁起達磨の発祥を祝う「達磨まつり」を開催している。達磨発祥の寺として、達磨忌（命日）の法要と生誕を祝う意味を込めて「達磨まつり」がはじめられたのだという。第二八回を迎えた二〇一四年一〇月五日に営まれた日程は、達磨忌法要・齋会（昼食）・音楽法要・放生会となっている。上越新幹線が開通した頃、高崎駅に「だるまの詩」と題した「払拭会」をテーマとした陶板壁画が製作され、そのことを機に、現在、達磨まつりの前日に払拭会をおこなうことも定着したという[68]。

天明三年の浅間山噴火による降灰被害の激甚地でもある地域で、天明の飢饉後に、疲弊した少林山周辺の救済策として、住職による殖産事業は成功を修めた。冬場の乾燥した農閑期にうってつけの副業としてこの地に定着した。昭和初期には、碓東達磨製造業組合（現在は群馬県達磨製造協同組合）が組織され、現在六九軒の生産家が、全国の八割、年間一七〇万個（二〇〇〇年）を生産しているといい(69)、現在正月六～七日に七草大祭（だるま市）が開かれ、三五万人の人出で賑わう。天明三年浅間災害を起源とし、救済者である僧侶が地域救済へ向け知恵を施し、地域の伝統産業として製造が続けられること自体が語り継ぎの一つのスタイルとなっている。伝統の縁起だるまには、家内安全、商売繁盛、学業成就と人々のさまざまな願いが込められている。

さて、凶作が続く白河藩を襲封した当時二六歳の松平定信は、飢餓に苦しむ藩内で備蓄米を放出し農村復興に成功している。最悪の藩政を引き継いだのは、天明三年の旧暦一〇月一六日。その後、殖産興業として「白河だるま市」を始めたといい、この達磨は、谷文晁の手によるデザインと伝えられる。白河だるまと少林山の縁起達磨との関連は、今のところ不明であるが、その起源にはどこかに脈絡をもつこともあり得るかもしれない。

（8）伊与久新沼

群馬県伊勢崎市伊与久にあった伊与久新沼は、地元での聞き取りによれば「困窮沼」と書いて「コンキンヌマ」と呼ばれていたという。伊与久沼は、「新沼」、「上沼」と「下沼」その東に「ヨシヌマ」と呼ばれる沼もあったという。かつては、鯉の養殖や茂ったガマが市場に出荷されたりしていたが、「新沼」は昭和四〇年代の前半に工業団地及び公園造成、野球場建設に伴い埋め立てられたといい、現在は伊与久沼公園として整備されている。

『境町の民俗』(70)によれば、雷電神社所有の伊与久沼は鯉の養殖で有名で、面積一一七九三坪、上沼下沼葭沼は元禄年中伊勢崎藩主酒井忠寛の掘ったもので、新沼は天明三年同忠温の徳を頌して部落のものが増設した、と記されている。

また「（伊与久）村には伊与久沼という大きな沼があって、潅漑用水に利用されたが、四つに分かれた沼のうち、上沼、

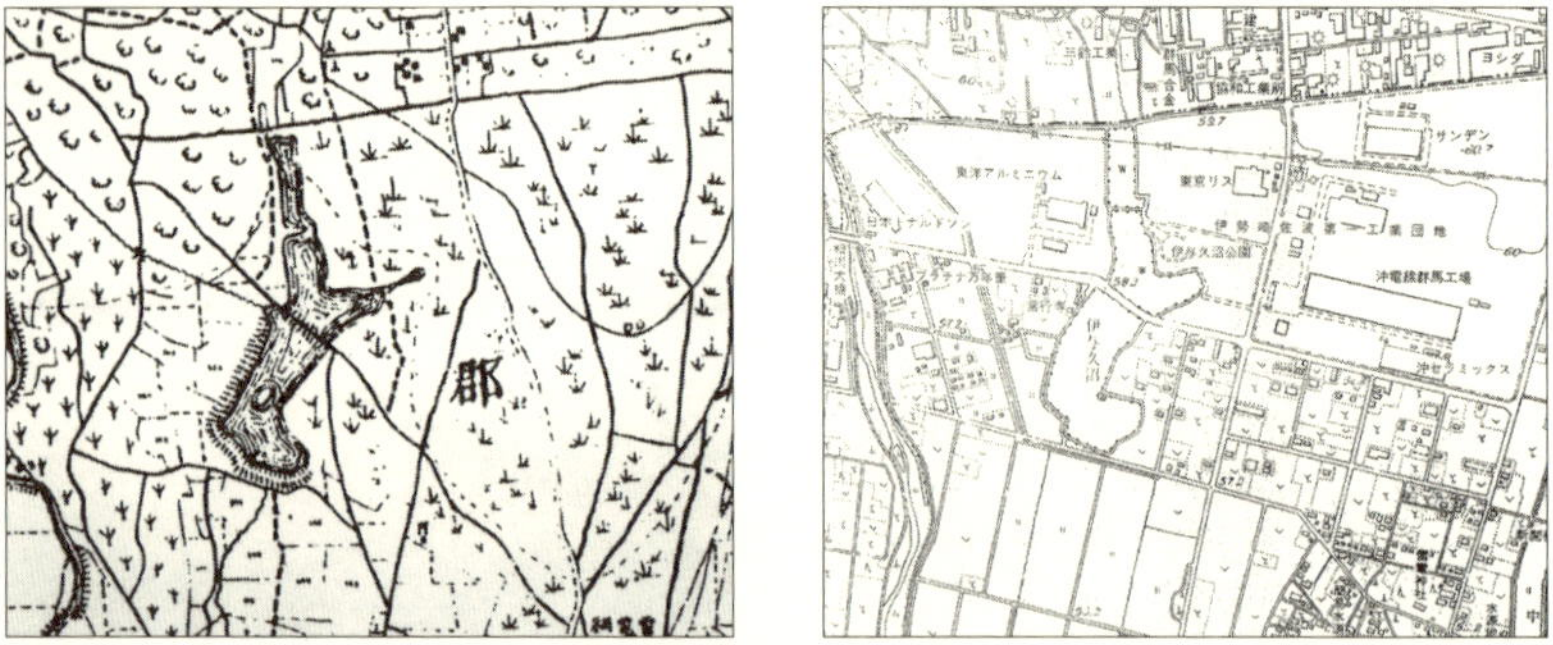

【図7】伊与久沼の変遷　（右）『境町全図』（境町役場 1984 年）（左）『境町』（迅速測図 1885 年）

下沼、葭沼は、元禄年間に、新沼は天明三年浅間大噴火のとき飢民救済のために掘られたものである」[71]とも記され、近世に藩の手で設けられ、窮民救済の目的で掘れた沼として、地域に伝わる記憶となっている。

明治一八（一八八五）年測量の参謀本部陸軍部測量局『境町』（二万分の一迅速測図）、境町役場昭和五九（一九八四）年二月発行の『境町全図』及び衛星写真等を比較してみると、伊与久沼公園の野球場に姿を変えてしまっている部分が確認できる。

利根川への泥流被害が伊勢崎領に及んで被害甚大になったとき、伊勢崎藩は、災害と天明の飢饉で米価の高騰に対処したり、各地に暴動の発生が認められたりする中でも伊勢崎藩の領内は事なきを得ている。伊与久新沼の開削という施策は、その理由を示すかのように善後策が講じられた藩内に残された遺跡であった。藩主への謝意が込められ語り継がれてきた事業は「被害を受けた民への救済」という形で地域に伝承された一つの例として取り上げることができる。伊与久新沼は、昭和四〇年代、天明の災禍から、一八〇余年の経過を経て姿を消してしまったが、藩の救済策と当時の人々の苦難、そして、困窮から先人が乗り越えた際に派生した記憶として、改めて語り継いでいくべき地域の情報といえる。

（9）北牧村の渡船事業

杢ケ橋は、吾妻川に架けられた橋で、室町時代には万里集九《ばんりしゅうく》の旅日記『梅花無尽蔵』に「目之橋」と記されている。江戸時代には三国街道の吾妻川に架かる橋として重要な刎橋であった。三国街道の北牧村と、関所のあった南牧を結ぶこの刎橋は何度となく流失する度に架け替えられてきた。

しかし、天明の災禍による流失の際は、別の手段がとられた。被害の大きかった北牧村への災害復興の一手段として、渡し舟を運行させその賃金を北牧村の収入とさせたのである。[72] 天明三年から、六〇年もの間渡舟が運航された。機能を喪失して休宿していた北牧村で、文化五（一八〇八）年三月「北牧宿再開答弁書」が出されたのは二五年後である。[73] 勘定吟味役根岸九郎左衛門の指導により、渡しの船賃を利用者から徴収して、災害復旧の財源に充てる策がとられた旨が、現渋川市北牧の興福寺入口に建つ「賑貸感恩碑」に刻まれている。[74] 災害復旧の財源のための手立てとして、復興担当を統括する任にあった根岸が激震地において処した策、そして、それにより村が復興を遂げた恩恵がこの碑文に刻まれ、顕彰の由を辿ることができるのである。自然災害に対する身の処し方、歴史災害からわれわれが学び取れる災害の記憶・教訓として受けとめられる事実である。

金井村の村役人が手伝大名細川宛に復旧の届出書「金井村浅間焼泥押後の関所渡船・田畑等復旧届」を出し、金蔵寺大門のところにある順悦店を仮関所にすること、杢の仮渡舟は北牧村で引きうけ、渡舟を始めた記録が残されている。[75] 浅間押し後、勘定吟味役根岸の見分が済み、御手当金が出されて、渡舟が通った。本来、刎橋にすべきところを、村の貧困を理由に賃渡船で、船打立金として、金九八両を拝借、これで大小二艘を打ち立てって運行し、船は両岸に手綱を渡して船頭がその綱を手繰ったというのである。[76]

その運行の姿は、天明六（一七八六）年五月、奈佐勝皐が江戸から渋川を経て、杢ヶ橋から北牧に渡って「十三日。（中略）関を越ゆけばあが妻川なり。水いみじうはやし。岸より岸に大綱をひきはりわたしして、渡守人て（手）ごとにたぐりわたす」と記録されている。一六年が経過した寛政一一（一七九九）年に、金井村から渡舟では不便なので仮橋を設置したいとの出願があったが、北牧村の復興が進んでいないとの理由で、中郷・村上・横堀・吹屋・白井・

上白井の六ヶ村からの反対があり、渡しが続けられた事情があった。五七年後の天保十一（一八四〇）年の雪解けなどの増水で渡舟が普通になったのを契機として、北牧・金井村の二ヶ村から仮橋の設置出願が出され二年後に落成し、無賃で人々は吾妻川を渡れるようになった。実に、天明三年から、六〇年もの間渡舟は続いたことになる。

顛末は、北牧村興福寺入口の天保二（一八三一）年建てられた「賑貸感恩碑」に触れられている。この碑は、明治八（一八七五）年四月一九日、原敬が新潟から三国街道を群馬に抜けたときにこの碑を見てひどく感激したという逸話が残されている（『原敬日記』[77]）。碑文は、杢ヶ橋が失われて以来、渡し船を設け、その資金も復旧の費用に充てられたとあり、救済事業と感恩の記憶が刻み込まれているのである。

(10) 復旧復興にかかわる救済行為

北牧村興福寺門前「賑貸感恩碑」は、津久田村の福増寺の僧金峰が中心となり、文政一一（一八二八）年頃から建碑の話が始まった。被災四五年後建立された安山岩の高さ二・三m、正面一m、厚さ四〇㎝の碑は、災禍から立ち直った教訓と賑貸に対する感恩を呼号して世人の戒めとして建立したというが[78]、漢文により刻まれ難解な碑文を萩原は、この大変がどれほどの程度であったかを記した上で、官より救援した事情を説きそれによって、吾々村民がこうして生きていられるのであるからこの恩は決して忘れてはならないと、僧金峰なる人物の発案により後人の為に教えを遺そうとした、と解している。

幕府の災害に対する救済に謝恩を碑文にしたことには、いささか複雑な裏表が潜んでいる場合があるかもしれないが、災害に見舞われた地域としては、中央集権の命令系統一点張りの制度化よりも、半自治的支配下であった私領の方が迅速かつ完全におこなわれた例を確認しておきたい。

伊勢崎藩は、「今度泥入砂降御難儀を被遊酒井駿河守様、秋作御年貢田畑共に御領分中不残皆無に被仰付、其上不

叶者には男に麦五合女四合子供に三合宛麦作出来致す迄被下し置候」（『慈悲太平記』）との策を講じ、天明打ち毀し騒動の発生時にも「若拯民、如伊勢崎侯則豈焉為亂耶：（もし民を助けるならば、伊勢崎藩主の如く、そうすれば乱れることがあろうか）」（『沙降記』）というように近隣の前橋藩の暴徒に言わせたほどであったといい、広瀬堰などの復旧対策工事にも、藩士浦野智周をして、幕吏に工事を強力に上請するなどして、現在でも大いなる恩恵をえている開発事業を成功させている[80]。先に記した伊与久新沼の例も然りである。

避難・復旧・復興という、災害被害からの再興を考えるときに、幕府支配地と私領の救護対策の成果に甲乙をつけるのみならず、幕領・私領の枠を越えた私人・個人の分限者のとった天明三年の大噴火に表れた個人の活動は、郷土愛と隣保共有の社会愛の為さしめたものと類別しておく必要がある。

歴史災害において、災害が発生したとき再生に向けて、どのような取り組みがなされ始めるかを史料でたどることができるのは、緊急の炊きだしなどの食糧確保と避難場所の確保のために努力を惜しまなかった被害地あるいは近隣地域の名主や村役人の動きと地域の分限者の奇特的な行為であった。

藩や代官所の役人が被害を視察に来たり、村や宿町からの被害報告が頻繁に役所に届けられたりする[81]。それらの史料情報の一例として鎌原村の場合では『鎌原村復興絵図』（佐藤次熙氏所蔵、文化一〇（一八一三）年鎌原村から代官吉川栄左衛門宛に出された絵図）で、災害から三〇年経っても、街道の両脇に短冊状の屋敷割がなされていても、家は二〇戸程しかなく、三〇年が経過しても、なお、復興が完全ではないことが確認できる[82]。

復旧のための御手伝普請は、熊本藩に命じられた。なぜ、熊本藩に割り当てられたのかは明確にはされていない。大石慎三郎[83]は、

幕閣がさてどこにお手伝いを命じようかと考えたとき、案外日本では浅間に並ぶ大活火山である阿蘇山を思いだ

したので、では熊本藩にということになったのではなかろうかと、熊本に行く飛行機が阿蘇山上空をとぶときふと思ってみたりした。

とも書き残している。

さて、萩原は、天明三年浅間災害の発生を「今迄失われた民衆の社会的地位を知りつつある時代」に発生した災禍と表現し、富豪が米倉を開いて飢人を救済したのは、農商のような実質的な地位をもった者がその役割を受けもつように転じていく姿が遂行されたから、としている。献身的な活動に対して「熱烈な郷土精神（郷土愛ともいふべき）に立ってゐるから」であり「絶対的な信頼は確に社会相転換期を説明してゐる」と述べている[84]。

このように郷土愛や隣人愛を根幹として救済の手立てが講じられてきたこと、災害という出来事から派生してきた事実を、改めて学ぶべき郷土の立場から語り継がれ、議論される必要性を今日的な視点からも唱えていくべきである。

第三節　人物伝に登場する「天明三年」

天明三年浅間災害がおこった時勢の歴史テーマを紐解くと、田沼の時代・花開く学問・文化・芸術の時期などが取り上げられる。杉田玄白と前野良沢の『解体新書』は、安永三（一七七四）年刊行されている。寛政一〇（一七九七）年六九歳にして『古事記伝』を三五年の時間を費やし大成させた本居宣長は、天明三年の一一～三月にかけて『古事記』を村井敬義蔵の古写本で校合し、新書斎「鈴屋」で歌会を催している。芭蕉や一茶と並び江戸俳諧中興の祖である与謝蕪村は天明三年の旧暦一二月に生涯を閉じ、近現代に続く京都画壇「円山派」の祖となる円山応挙はこの年に三井家三井高美の一周期に「水仙図」を手向けている。

このように当時の文人による文字記録や書き記された逸話、伝えられた物語には、天明三年浅間災害の時の断面を伝える情報が盛り込まれている。文人の足跡のみならず、江戸中期以降の文字記録の庶民層への普及は、より多くの情報を今日に伝えることに貢献し、この災害を語り継ぐ要因ともなっているとみてよい。

（1）明治維新を導いた人物高山彦九郎――救民の法――

「寛政の三奇人」の一人に数えられる尊皇思想家で、その旅日記が貴重な史料として知られる高山彦九郎は、群馬県の細谷村（現在太田市）に生まれた。庶民大衆の味方でもあったと伝えられる人物である。七月の噴火の際には京都に滞在していた。天明三年浅間山噴火の被害救済には、京都で義援金集めなどの活動をしている。(85)

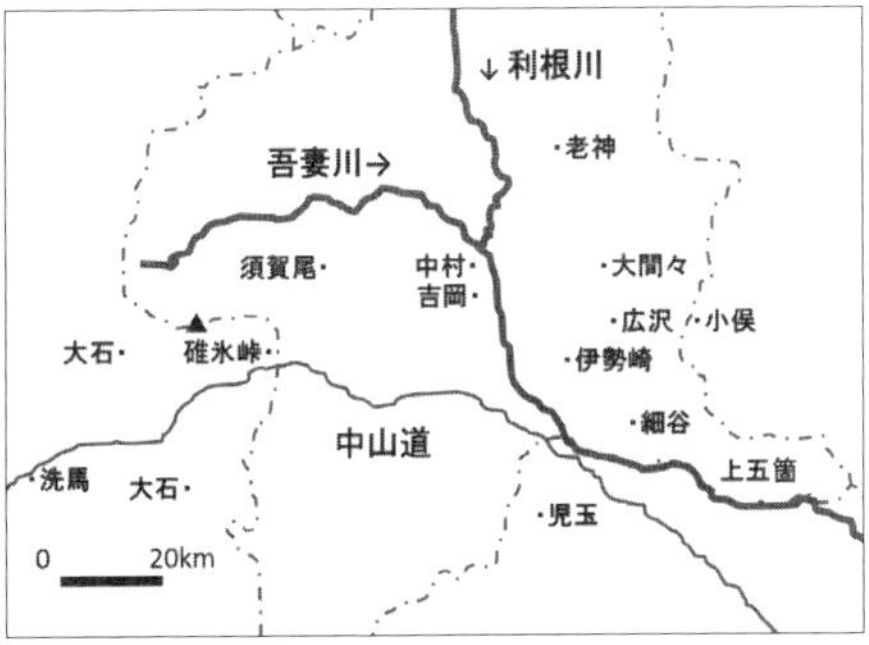

【図8】本節関係位置図

このような彦九郎を維新の志士の一人高杉晋作は「人は武士、気前は高山彦九郎、京の三条の橋の上、軒は傾き壁は落ち是が一天万乗の君のまします御所なるか、草奔の臣高山彦九郎、慷慨悲憤の至り、遥かに皇居を伏し拝み、落る涙は加茂の水」とサノサ節に詠っている。(86)

四〇にもおよぶ彦九郎の旅日記で天明三年浅間災害にかかわる時期に記された日記(87)をたどると『高山正之道中日記』（天明三年九月三日～一五日）で、江戸～名古屋～熱田神宮～伊勢内外宮の行程が記され『再京日記』（天明三年一〇月二三日～一一月二一日）では、京都での生活記事が記されている。また、天明の飢饉の最中の記事として知られる『北上旅中日記』（天明五年七月一三日～一八日）では、郷里～大間々～利根郡大原村～老神村～大間々～郷里が記されている。さらに『北行日記』（寛政二年六月七日～一一月三〇日）では、房総～出羽～津軽～中山道～京都までを綴り、

【図 9】三条大橋に建つ
高山彦九郎皇居望拝之像

天明の飢饉に際して、岩手の宮古南方二日ほどの「きりきり」というところでは人が屍を食べたという話などを記している。『吉岡村誌(88)』によると、中島家（大久保村名主中島宇右衛門家）所蔵の彦九郎の天明三年九月二六日の手紙があり、「こちらも砂降り、麦の中に氷（雹）降り水が入り、様々の難多く、百姓衆殊の外難儀し」と記されていて、浅間山の噴火と気候不順による情報のやりとりが綴られている。中島宇右衛門は、大久保村（現吉岡町）の名主である。彦九郎の県内ネットワークをうかがうと共に、浅間山噴火と被害に直面した当時を伝える情報を含んだ記録といえる。

打ちこわしや一揆が各地で多発する中、浅間山噴火が重なる。そういう時勢の中で彦九郎が救援活動の行動をとっていく。『再京日記(89)』によれば上京した彦九郎は、

二日（十一月京都小野蘭山宅にて）浅間の荒を語りてうるひの義に及びければ、紫額を江戸にてうるひといひ京にはぎぼうしといふなん語りし。（中略）

二十日曇りて少ク降る事あり。…伏原二位殿へ至りて帰国を告ぐ。予が作りたる浅間山火石流れ泥の押たる絵図を伏原二位殿へ呈して今上の御仁心下に及ばさむ事を申す。

と浅間押しの凶災を示し、彦九郎手製の被害絵図（現在所在は明かではない）を準備し、光格天皇への仁慈が人民に通

じるようにと願っている。彦九郎の尊王思想と郷土の救民の思いとが重なるのである。

二十一日朝曇る。（白木屋大村宅にて）予作りたる浅間大荒の図及び中院殿の染筆を以て大村氏へ留別の品とす

と記し、京を発つ旅支度を記録している。このように、彦九郎は、天明三年五月三日に京都から郷里に戻り、天明三年浅間災害を目の辺りにする。その後、九月三日～一五日の江戸～伊勢内外宮の記事を『高山正之道中日記』で確認することができる。九月、伊勢を経て京都に上った彦九郎は、凶年の救済活動に奔走する。『再京日記』によると、一〇月二二日～一一月二一日の京都滞在で、浅間災害を上申しようとしている。京都において、上州の浅間災害の救済と天明飢饉の社会不安について豪商白木屋大村彦太郎等と救済策について語り、公卿の伏原宣条に天皇の御耳に達すべく慈悲を願っている。一二月末までは、しきりに救済資金を集めたらしく、（一〇月）二六日の条には、竹屋忠兵衛に救民の事を話し頼んだところ、一二〇両を寄せるという確約を得たという[90]。

その後、彦九郎はいったん帰郷し、伊勢崎近隣の飢人の暴動の中に身を潜ませている[91]。前橋藩に発生した天明の暴動の際、大室村二子山に集まった暴徒集団の中に潜入したりもしている。伊勢崎藩では暴徒が伊勢崎町に入り込んだ場合に供えて、鉄砲隊を組織していた。その六～七千人の暴徒の中に彦九郎が潜んで見学していたのだといい、後に伊勢崎藩家老の関重嶷とその様について語り、関が「暴徒が町に入ればすぐに発砲する手立てになっていた」と語り、「ヤレ危ナカッタ」といった逸話が『高山芳躅誌』[92]にある。民衆の中に入り込み、世の出来事に機敏に反応していく彦九郎の姿を知ることができる。

浅間焼け後の天明の飢饉は、彦九郎の社会観を民衆の暮らしへと着目させ、尊皇論へと方向付けが与えられる要素となったという史実である[93]。その根底の天明凶災の実状を自分の目で確かめるという行動力に目を見張るものが感じ

られる。また、前述の『北上旅中日記』（天明五年）や『北行日記』（寛政二年）には飢饉の惨状が細かく描写されていて、七年経っても廃村同様の村、死に絶えた幽霊の村、人間の肉を食い合った話などが残されている。

この天明五年のエピソードとしては、下野の小股の阿夫利神社に参詣した時に、須賀尾村（群馬県東吾妻町）の医師の妻女から、天明三年の浅間押しについて詳しく聞き出し、鎌原村では新しく夫婦が二〇組できたという、近隣に伝わる史料以上の情報についてもこの時の日記に盛り込まれている。(94) また『嬬恋村史』(95) には、萩原が昭和三七年入手した逸話として、足利市小俣の阿夫利神社参詣の折、栃木県葉鹿の茶屋にて、須賀尾の医師の妻の話として、このことが記述されているが「三〇組」が新しい夫婦の契りを結んで新しい家を興したという話として紹介されている。(96)

京都市の三条大橋に高山彦九郎皇居望拝之像という銅像が建っている。最初の銅像は、昭和三年一一月に日向市の石塔寺住職により発願建立されたという。高さ一丈一尺余の台座に像の高さ五尺五寸、備前兼光の太刀、菊一文字の脇差し、台座の「高山彦九郎正之」の銘は東郷平八郎の揮毫という。しかしながら、昭和一九年一一月三日大東亜戦争の時、金属回収に供出されてしまう。続く現存の第二号の銅像は「高山彦九郎先生銅像再建同志会」が組織され、昭和三六年一一月二七日、再び三条大橋のたもとに彦九郎像が建てられたものである。(97) 祇園の北はずれ京阪三条駅前広場に三条大橋の東詰めにあり、ここは東海道から都の入口となっていた。

彦九郎が、初めて入洛したのは、明和元（一七六四）年、一八歳の時で、入洛した彦九郎は、先ず三条大橋に踞坐して「草奔の臣高山彦九郎」と大声で叫び御所を奉拝、この時御所の荒廃ぶりを嘆いたともいう。彦九郎は、一八・二八・三六・四四歳の時の計四度入洛(98)に加え『再京日記』が著された天明三年一〇月二二日〜一一月二一日、三七歳の記述をもって五回の入洛となる。尊王と天明の凶作や噴火災害に対する仁慈を乞う姿の銅像ということにもなる。

さて今日、この銅像は「土下座している」と勘違いさせられ「土下座像前」などと呼ばれ、人々の待ち合わせ場所にもなっているが、この像に二〇一二年一月二〇日、白いペンキがかけられるという事件も起きている。「維新を呼んだ旅の思想家」である高山彦九郎の、尊王と「救民の法」が結びつく契機が、天明三年浅間災害であったということを歴史の文脈から確認しておきたい。

（2）菅江真澄が記した天明の浅間山噴火――信州本洗馬での記述――

生涯を旅に生き、日本民俗学の先駆者として知られる菅江真澄（一七五四～一八二九）は、二〇〇冊以上の書物を書き残している。その多くは、日本各地の風俗・民俗を日記体で詳細に書き記したものである。三河に生まれ、国学者のもとで学び、岡崎で和歌・名古屋で絵画と本草学を身につけた後、天明三年三〇歳で長い旅に出る。信州、出羽、陸奥、そして蝦夷地へと旅をすすめた。丹念に綴られた彼の日記（『伊那の中路』）にも、天明三年浅間噴火が克明に写し取られていた[99]。

長野県の本洗馬の記述で、七月二日は新暦七月二八日にあたる。噴火の段階では、北東方向に軽石降下の軸をもつ噴火であった。以下、口語訳で、

【図10】　真澄の旅程
（『真澄紀行』（註100）をもとに作成）

二日　夕ぐれ近く、ものの音が大きく響いたので、書を読んでいたのもやめて、人々は、何ごとだろうか、また雷かといったが、それらしい空の様子もない。近隣の家の板敷で、臼でもひいているのだろうということに落ち着いた。また尋ねてきた人のいうには、今の音をききましたか、また鳴りました。これは、先日から浅間山が盛んに火をふきあげる音だと、いま通っていった旅人から聞きました、ということだった。

という。さらに、天明泥流が流下したクライマックス噴火が発生した（七月）八日は、新暦八月五日で、東南東方向に多量の軽石を降らせている。

八日　夜半から例の音が響くので、起きだしてそのほうを眺めやると、昨日よりもまして重なる山々を越え、夏雲の空高くわきあがるように煙がのぼり、描こうとしても筆も及ぶまいと、みな賞でて眺めたが、その付近には小石や大岩を空のかなたまでふきとばし、風につれて四方に降りそそぐので、これに打たれた家は、うつばりまでもこわされたり、埋められたり、逃げだす途中、命を失った人はどれほどか、数も知れないほどだと、やって来る人ごとに話しあった。浅間山の煙は富士とともに賞賛されるのが常だが、このたびの噴火は例のないことだとさわがれた。昼ごろから、いよいよ勢いを増して、雷のごとく、地震のゆさぶりのように山や谷に響きわたり、棚の徳利、小鉢などは揺れ落ち、壁は崩れ、戸障子もはずれて、家のかたむく村もあるという。このあたりは高い山里なので、鳴り響く音もひどくはないが、低いところほど、とくに音が高く響いたであろう。国々の役所から早馬で、この音のもとはどこかと、木曽の御坂のあたりまで、尋ねたずねて、日ごとにますます頻繁に使者がたったということだ。

と記している。降灰などの影響はなかったものの、火口から西南西の方向六〇㎞の位置にある洗馬から、博覧剛毅の民俗学者によって、浅間山噴火の鳴動や社会の動きが観察され、紀行文として記録されていたのである。

（3）一茶が記し、田善が描いた――碓氷峠からの風景――

碓氷峠は、群馬県安中市松井田町坂本と長野県北佐久郡軽井沢町との境界にあり、この旧峠には熊野神社があり、正応五（一二九二）年の鐘銘から、この頃までには大字峠の道が開設されていた。天明三年の浅間山噴火では、三尺以上の降灰で碓氷峠往還は八日間にわたって通行が不可能になっている。

二九歳の一茶が寛政三（一七九一）年三月江戸を出発し下総を巡って、四月郷里の信州柏原に至るまでの二〇余日間の紀行文『寛政三年紀行』(101)には、碓氷峠から軽井沢を通過する間に「先の出来事」として、天明三年浅間災害の情報を取りまとめている。

（三月）十六（五）日　碓井峠にかかる。きのふの疲に急ぎもせぬ程に…。此辺りは去し此とよ、浅間山の砂ふりて、人をなやめる盤石も跡かたなく埋り、牛を隠す大木もしらじらと枯て立り。十とせ近くなれど、其ほとぼりさめずして、囀る鳥もすくなく、走る獣も稀也けり。しかるに、生残りたる人の作りし里と見へて、新き家四ツ二ツ見ゆ。過し天明三年六月廿七日より、山はごろごろと鳴り、地はゆらゆらとうごきて、日をふれども止まず。人々は薄き氷をふむに等しく、嵐の梢に住がごとく、世や滅（滅）すらん、天〔や落〕ぬらんと、さらに活る心ちも□□、さればとて、退くべき所もなく、□□の朝日を希ひ、蜻蛉の夕〔べを〕待つ思ひして、最期の支度より外はなかりけり。然るに、七月八日申の刻ばかりに、一烟怒ツて人にまとひ、猛火天を焦し、大石民屋に落て、身をうごかすにたよりなく、熱湯大河となりて、石は燃えながら流、其湯上野吾妻郡にアフれ入て、里々村々、神社仏閣も是がために亡び、比目連理ちとせのちぎりも、ただ一時の淡と消え、朝夕神とあがめし主人も、累年杖と頼みし奴僕も、救ふによしなく、生きながら長の別れとなりぬ。或は虚しき乳房にとりつき流るるも有、あるは財布かかへて溺も有。人に馬に皆利根川の藻屑と漂ふ。殺（刹）利も首陀もかはらぬといふ奈落の底のありさま、目前にみんとは。稀稀生残りて□□も、終に孤となりてかなしむ。今物がたりに聞てさへ□、まして其時其身においてをや。軽井沢に舎る。

【図11】（左）「浅間山図屏風」（亜欧堂田善　6双・東京国立博物館所蔵）（右）絵葉書「見晴台」

と記し、噴火から八年が経過した景観が表現され、その場の情景と同時に語られている当時の災害情報を集約している。

　一茶は、噴火と泥流災害の様子については伝聞調で詳細に記述し、噴火から八年経ってもなお軽石に埋もれ荒涼とした風景を、「碓氷峠」を通過した紀行文で「大岩も跡かたなく埋り、牛を隠す位の大木も立枯れしている。ほとぼりも冷めず、囀る鳥や、獣も稀な風景」と描写し、文字表現で記録しているのである。

　さて、亜欧堂田善《あおうどうでんぜん》（一七四八～一八二二）は、江戸後期の洋風画家であり、銅版画家として知られる人物である。田善が描いた「浅間山図屏風」は、今日の風景との比較からも、旧中山道の群馬長野の県境に位置する熊野神社のある碓氷峠の見晴台付近からの風景をモチーフとして描かれたものと推察できる。このことからして、この荒涼とした風景を天明三年からそう時間が経過していない時期に田善がこの場所で描いたものだと考えられる。そして、一茶はその八年後の風景を文字で描写していた。田善の描いた風景は『浅間大変覚書』[102]で「峠熊野神社近所は五尺余り石にて大木打むき皆枯木となり」と記述されていた姿を想起させる。一茶が文字で記し、田善が屏風に描いた天明三年の噴火被害後の荒涼とした碓氷峠からの浅間山の山姿は、天明三年浅間山噴火を扱う二つの著名な作家のモチーフとが作品として見事に一致していることが判読できる。

（4）塙保己一の飾刀寄進 ―― 噴火鎮静の祈願 ――

現埼玉県本庄市の新田町に住む浅見佐吉が本庄宿の様子を書き記した手記は「八ツ半時より俄かに日暮れのごとく、次第に闇夜と也、家々にてはあんどんをとふし、市人旅人は提灯をつけて通路也、また七ツ過ぎに成りて、そら一面に赤くなりし事、惣木人々のかほ迄赤く…」と記している。また、参勤交代帰国の途にあった小笠原相模守は「砂、大石降り、往還通路ニ不相成」（『田村本陣日記』）と記し、予定を変更して田村本陣に宿泊している。中山道の最大の宿場として賑わったこの地の被害を知ることができる記録[103]である。

盲目の国学者として知られる塙保己一は、延享三（一七四六）年埼玉県の児玉郡保木野村（本庄市児玉町保木野）に生まれ、七歳で視力を失い、一五歳で江戸に出て修業を重ねた。盲目者の社会では、座頭・衆分・勾当・別当・検校など七〇余の階位がある。雨富検校に入門し、検校に登りつめたのが天明三年、三七歳の時である。保己一の検校昇進の封事状（告文、塙保己一記念館展示）には、「卯四月八日」と記され、偶然にもこの日は、浅間山天明噴火活動の始まった日でもある。

【図 12】塙保己一の銅像
温故学会会館（東京都渋谷区）

その年、保己一は、故郷の稲荷神社へ飾太刀を寄進している。『塙保己一遺物集[104]』には、保己一が検校に昇進した際に故郷の稲荷神社に太刀を寄進したと記されていて、編者の金鑽武城は「按ふに是天明三年三月に先生が検校に進みし年なれば奉賽の意ならむ」と添えている。

残念ながらこの太刀は、現存所在不明となっているが、同著には桐箱とともに写真が掲載され次の様に記している。

一飾御太刀　一振　此は先生が天明三年に生家の鎮守稲荷明神に寄進せられしものなり、太刀の長三尺五寸なり　装飾は柄は絹糸巻鍔は南蛮鉄にして鞘は青貝塗、鐺は赤銅、帯紐は紫色の絹糸にて二筋長四尺三寸あり　太刀は桐箱に納めあり　表に　御太刀　天明三卯年七月吉日　中に　奉納稲荷大明神御宝前　江戸土手四番町　願主塙検校　此太刀は現に村社稲荷神社の宝物として傳はり神職鈴木徹三氏の家に保管しあり。

さて、この太刀の寄進について、地元研究者（総検校塙保己一先生遺徳顕彰会）によれば、生家の西に遠く望まれる浅間山の噴火による故郷保木野近郊の田畑に降り積もった降灰の状況の様を、昇進の謝意に重ね合わせ、浅間山の鎮撫を兼ねた太刀の寄進となった、との見方がなされている。

大田南畝の著した『一話一言』(105)には、保己一の生い立ちや江戸に出てからの事情が書かれ、

…されども位なくてはその志とげがたしと、日々に心経十巻づつよみて、千日にみつるの翌日、計らざるに人のすすむるありて四分の階にいたる、時に宝暦十三年癸未（一七四四）八月廿六日なり。それより千日の願をたて日々に百巻づつ誦せしに、安永三年甲午（一七七四）十二月朔日辰の上刻にいたりて千日読誦の願みつる刻限、勾当の階にいたる。それより信心いやましにおこり、また百巻づつ二千日読誦せしに、天明三年癸卯（一七八三）三月七日に終る、をなじき廿五日申刻検校の階にいたる告文来たれり、日頃菅神にかたふきいのりもうせし事、…

との記事が見出せる。

弟子の中山信名が記した『温故堂塙先生伝』に「母をうしないてこひしのぶこと尋常ならず、是より漸く東都に出て、業を成すべき心起こされ」とあり、保己一は一五歳のときに「太平記読み」で暮らしている人の話を聞き、江戸で学問

をしたいという気持ちがいっそう募っていったという。「わずか四〇巻の本を暗記することで妻子を養えるなら、自分にも不可能なことではない」という逸話も残されている。江戸に出て、雨富須賀一検校に入門後、按摩・音曲は不得手だったが、一度聞くとすぐに覚える能力が師匠により見抜かれ、文字を音読して学問をするという方法がとられるようになった。それが、太平記の全四〇巻を六ヶ月で丸暗記するという、保己一の能力が開花するエピソードでもあった。

『太平記』には、新田義貞の鎌倉攻めの際切り通し三ヶ所の突破がならず、稲村ケ崎を進軍した。その際に、義貞が太刀を海に投じると龍神が潮を引かせたという逸話がある。したがって、保己一がこの太平記の場面を思い浮かべた上での太刀の寄進だったことも想像に容易い。この本庄の噴火被害の実態と日付とを重ね合わせていくと、荒ぶる浅間山の噴火の鎮撫を願い、故郷の安静を願う保己一の行為として、充分に納得できるものとされる。「太刀」は「断ち」に通じるといい、禍事、罪、穢れを断ち切ると言う意味があるとの説があり、浅間山鎮静祈願への保己一の心意を読み解くことも、天明三年浅間災害に纏わる一つのエピソードを含んでいる。

（5）寛政の五鬼・亀田鵬斉 ―― 蔵書を救済にあてがう ――

亀田鵬斉（一七五二〜一八二六）は、群馬県千代田町上五箇に生まれ、鵬斉が三歳の時一家を挙げて、江戸に出る。二三歳で私塾を開き経学や書などを教えた。幕府の昌平校で儒学を講義し、書をよくした人物である。寛政二（一七九〇）年、寛政の改革の一環として幕府が朱子学以外の学問の講義を禁止した寛政異学の禁で「寛政の五鬼」の一人に数えられ、千人以上いたという門下生のほとんどを失うことになる。その後、酒に溺れ貧困に窮しつつも、庶民から「金杉の酔先生」と親しまれた。蜀山人をはじめ多くの文人や粋人らと交流し、画家の谷文晁、酒井抱一とは、生涯の友となった。塾を閉じる五〇歳頃より各地を旅した。特に、出雲崎にて良寛和尚との運命的な出会いがあった。六〇歳で江戸に戻るとその書は大いに人気を博し、人々は競って揮毫を求めるようになったという。欧米収集家

【図13】亀田鵬斉誕生之地碑
（群馬県千代田町上五箇）

から「フライング・ダンス」と形容されるその後の鵬斉の書は、空中に飛翔するような独特な書法で、当時の「鵬斉は越後がえりで字がくねり」という川柳が残されている。

心根優しく気前のよい人柄と評される鵬斉は、天明三年三二歳の時、一家は小石川諏訪町に引っ越し、名を翼から長興に改めている。この年、浅間山の噴火が起こった。天明の飢饉の発生に際し、彼は大切な蔵書を売り払い、救恤金にあてた[106]という逸話が残され、鵬斉の救済行為が伝わる。[107]

文化六（一八〇九）年から足掛け三年にわたる長期の旅は、日光参詣の後、上信越地方への北遊である。鵬斉は、三月に江戸を出発、この旅行時の日記・紀行・詩文集は伝わっていない。『増訂亀田三先生伝実私記』により行程をたどると、日光参詣の後、鹿沼、栃木、佐野、足利、太田を経て、上野三碑を見た後、碓氷峠を越えて信州に入ったとされている。この途中で、武州本庄に立ち寄ったと推定され、その後、信州佐久に滞在した。ここに滞在した際の作品が「浅間山真景図」（第六章　第四節）であり、旅中の高揚感も加わってか、鵬斉作品の中では例外的に入念に仕上げた佳作とされる。[108]描かれたのは、天明三年からは二六年以上の年月が経過し、災害の犠牲者に対しては、二三回忌供養などが営まれている時節である。避難者救済のために蔵書を売り払う一件から四半世紀が経っている。改めて、浅間山を眺めた心境はいかがなものだったろうか。噴煙は強く、東にたなびく。同図は、群馬県立近代美術館に所蔵されている。

時の文人の「天明三年」にまつわる行為であるが、外にも多くの逸話が存在するはずである。亀田鵬斉は、今日地元群馬で郷土出身の偉人として、取り上げられる人物である。

（6）無双力士・雷電為右衛門 ―― 噴火が取り持った角界デビュー ――

無双力士といわれる雷電為右衛門（一七六七〜一八二五）は、信濃国小県郡大石村（現長野県東御市）出身の元大相撲力士。現役生活二一年、江戸本場所在籍三六場所中で、勝率〇・九六二で、大相撲史上未曾有の最強力士という。怪力の持ち主である太郎吉一七歳の時、天明噴火と飢饉に見舞われる。その最中、巡業中の江戸相撲浦風林右衛門一行は、興業不能となり、信州長瀬村庄屋の上原家に滞在する。この時庄屋のもとにいた太郎吉は、その体格と素養を見抜かれ、江戸相撲入りをすすめられた。翌天明四年に江戸相撲界に入り、以降、谷風梶之助の元に預けられ相撲の指導を受けた[109]。雷電の友である蜀山人は「百里をもおどろかすべき雷電の手形をもって通る関と里（関取）」と手形に添え書きしている。

天明浅間山噴火と飢饉に依る混乱が地方巡業の興業不能につながり、その縁により雷電は江戸相撲に人材発掘され、相撲界へ勧誘される機会を得ている。雷電資料館の展示によれば、寛政五（一七九三）年に噴火した普賢岳を享和二（一八〇二）年に雷電一行が訪れ、普賢岳に登り周囲の様子や噴火後の復興の様子を『雷電日記』に記している。自分の人生の転機を迎える時活発に活動していた故郷の山の記憶、故郷でみた噴煙を上げ荒ぶる浅間山との対比を以て日記は記されていたはずである。噴火活動は興業不能へと繋がり、それが契機となり未曾有の最強力士の角界入りへとつながった。天明三年浅間災害に纏わり、人物伝にかかわるエピソードのひとつである。

【図14】雷電為右衛門の銅像
（道の駅 雷電くるみの里）

（7）彦部家九代目当主彦部信有

群馬県桐生市広沢に所在する「彦部家」は、昭和五一（一九七六）年屋敷が群馬県史跡指定され、平成四（一九九二）年には、屋敷約二万㎡と主屋・長屋門・冬住み・穀倉・文庫倉五棟が国重要文化財に指定された。中世の武士居館としての屋敷構えを残しつつ、今日まで当家を守る現当主は、高市皇子《たけちのみこ》（天武天皇の長男）から数えて四九代目にあたる系譜をもつといい、信勝にはじまる広沢彦部氏の九代目の信有（一七六五〜一八三二）は、安永年間（一七七〇〜八〇）に家督を継ぎ、五兵衛のち数馬と名乗った。農業を生業としつつその傍ら、清水浜臣、橘守部らに師事し国学や和歌を学んだという人物である。

家督を子の知行に託し出府して、医学・本草学を学び、丸薬を製造し、医療に従事したとされる。その販売網は、江戸をはじめ前橋・高崎におかれたといい、天明の飢饉に際しては貧民救済に一〇両の薬代を支出、病気治療を無料で施すなどの奇特行為が伝えられている[110]。

桐生市は、浅間山の降灰が甚大に及んだ範囲ではない。また、天明の飢饉の実況はいくつもの著書を記した信有の記録の中からは、まだ読み解かれてはいない。しかしながら、この災害に直面し、機敏に人心をもって対応した人物がこの地にも伝えられることを確認しておきたい。信有は家伝の瘡毒奇薬「真珠九寶丹」などを調剤したといい、公開されている同家の展示コーナーには、信有の使用した調合器具や効用を記す版木などの道具類も展示されている。

（8）中村開田の父・真下利藤太　――荒地を開田して――

群馬県渋川市中村は、既に見てきたように、天明泥流が流下した吾妻川と利根川の合流点から少し下流にあり、昭和五七年関越自動車道の渋川・伊香保インターチェンジ建設に伴う発掘調査が行われた地点である。

中村に生まれた真下利藤太は「中村開田の父」といわれる。中村河原は天明泥流で三〇町が荒廃し石河原の貧農部落となっていた。被害の跡地を耕さねばならぬ様は、当時「中村に嫁に行くなら裸でバラ背負った方がいい」といわれたほどだった。真下は、県会議員として活躍する中、貧困な村を開田によってよみがえらせようと、中村耕地整理組合を設立し、土地の払い下げ手続き、資金調達など、村の有志を動員し悲願達成に邁進した。氏の努力が稔り、昭和六（一九三一）年三月、三〇町歩の石河原がついに美田に生まれ変わった。植えつけが終わった時、人々は手を握り合い、涙を流して喜んだ、と語り草になっていたと伝え、真下利藤太開田の功労碑は田園の真中に建てられているという[11]。

史料に残される耕地復旧の「二番開発」は、被災直後の江戸時代からおこなわれてきたことが確認できる。各地に残される土地改良の竣工記念碑などにも、昭和・平成の時代にまで引き継がれる天明三年浅間災害による荒廃被害からの脱却が顕彰され、各地に残されている記念碑などにはその事例が挙げられる。天明泥流による耕地の荒廃が後の時代にまでどれだけ影響を与えたかは計り知れないが、いま私たちが忘れかけようとしている被害と荒廃の実像に迫ることができるのは、この類の小伝の恩恵にも依るところが大きいことをここでも確認しておきたい。

第四節　供養碑

（1）石造物の建立と近世歴史災害

かつて人々に襲いかかった自然災害に対し、吾々が畏怖・畏敬の念を持ち続けることは、出来事を忘れずに再び訪れる災禍に備える意識を啓発する上で極めて肝要なことである。「記憶」は、文献で残されるだけでなく、実見できる存在があれば、人々により大きく訴える力をもつことは明らかである。造立者の慰霊や供養といった造立の目的に加え、先祖が残してくれた文化遺産としての石造物は、防ぎきれない自然災害は当然やってくるものとして、過去の人々が舞い降りてきて、語りかけてくれるかのような力をもち、災禍に備え未来創造への橋渡しの機能をもっているといえる。人々が、被災直後の生活一辺倒の時期から抜け出しはじめると、犠牲者の慰霊の気持ちを込め、災害を風化させないために災禍の「記憶」が石に刻まれはじめる。暮らしに根付いた身近な信仰対象物といえる石造物を通して、私たちは人々が災害にどう向きあってきたかを知ることができるのである。

主に寺院との結びつきが造立目的とされる中世から、近世以降は趣が異なり「石仏開眼」といわれるように文字や像容を刻んだ多様な石造物が造立される。社会情勢、人々の暮らしの状況、村の発展や生活のゆとり、あるいは社会不安などが石造物造立の背景となっているのである。新潟県内で確認された一六〇〇年以降の紀年銘をもつ九九七五件の石仏をもとに、一〇年単位で集計された「江戸時代中期以降の年次別石造物造立数」を見ていくと、近世に石仏の造立された年代の増減が確認できる[113]【図15】。地蔵と石造道祖神が双璧をなし「庚申塔」がそれに次いで多く存在するといい、庚申塔は寛政一二(一八〇〇)年から安政六(一八五九)年にかけて五四九基が確認されているという。歴史的な背景がその要因となっているものと見られるが、神奈川県内の分布の事例等とも比較し、年代ごとの全国的な造立の増減割合の傾向は一致するものだという[114]。

また、同じ近世の歴史災害として、寛政四(一七九二)年、一万五千人の犠牲者を出した「島原大変肥後迷惑」と呼ばれる島原雲仙岳の火山活動と山体崩壊による土砂流入で、有明海対岸の熊本を襲った津波災害でも建立された石造物が一覧され【表3】、個人を弔う墓碑に迫る数の供養塔の存在が取り上げられている。

(2) 慰霊のための石造物

先祖代々暮らしてきた村で被害に遭遇し、無念の思いで死んでいった人々に、生きのびた人々から向けられた行為が「慰霊」であり、亡骸を葬り追善行為が執られる。また、その証として石造物は造立される。

著書『飢饉』の中で荒川秀俊は、天明の飢饉の記念物は全国いたるところにあるといい、例えば『宮城県史』(22・災害編)には、供養碑の総数一八三基を採録し、そのうち飢饉銘文のあるもの九二基を確認しているという[115]。これらの金石文が、飢人の埋葬地に関係しない普通一般の供養碑として、①仏の菩提のため餓死者の供養を行った碑、②飢饉の惨状を刻した碑、③村の死亡者数を刻した碑、④暴騰した米価を刻した碑などがあり、餓死者の埋葬地に造立したものとして、①叢塚《ソウチョウ・クサムラヅカ》と呼ぶ死体をあつめて埋葬した塚、②飢饉のときに御救小屋のあった粥小屋の場所に造られた叢埋塚（多数の死体を集めて一つの坑に投棄したもの）、③町や村の入口などに散在していた白骨を収集して塚につきこめた骨塚などを類別している。供養塔については、餓死者の出た一周忌、三回忌、七回忌、十三回忌、十七回忌、二十回忌、二十三回忌、二十七回忌、三十回忌、三十三回忌、三十七回忌、五十回忌などに造立され、碑銘には物故者の名号碑のほかに、三界万霊塔、無縁塚、叢塚、経塚などと刻んでおり、碑の形式は、板石塔婆と表面削磨の自然石が最も多く、石塔型、芋割石、方尖塔などをあげ、「供養碑」について整理・集約している。

供養碑は、災害直後に建てられるものの他に、七回忌や十三回忌、二十三回忌、五十回忌などという遠忌に建てられる場合が多く、元禄津波（一七〇三）の例では三百回忌の碑さえもが建てられた例もある。(116)

一方、天明三年にかかわる石造物については、内閣府中央防災会議「災害教訓の継承に関する専門調査会」で、二六基を報

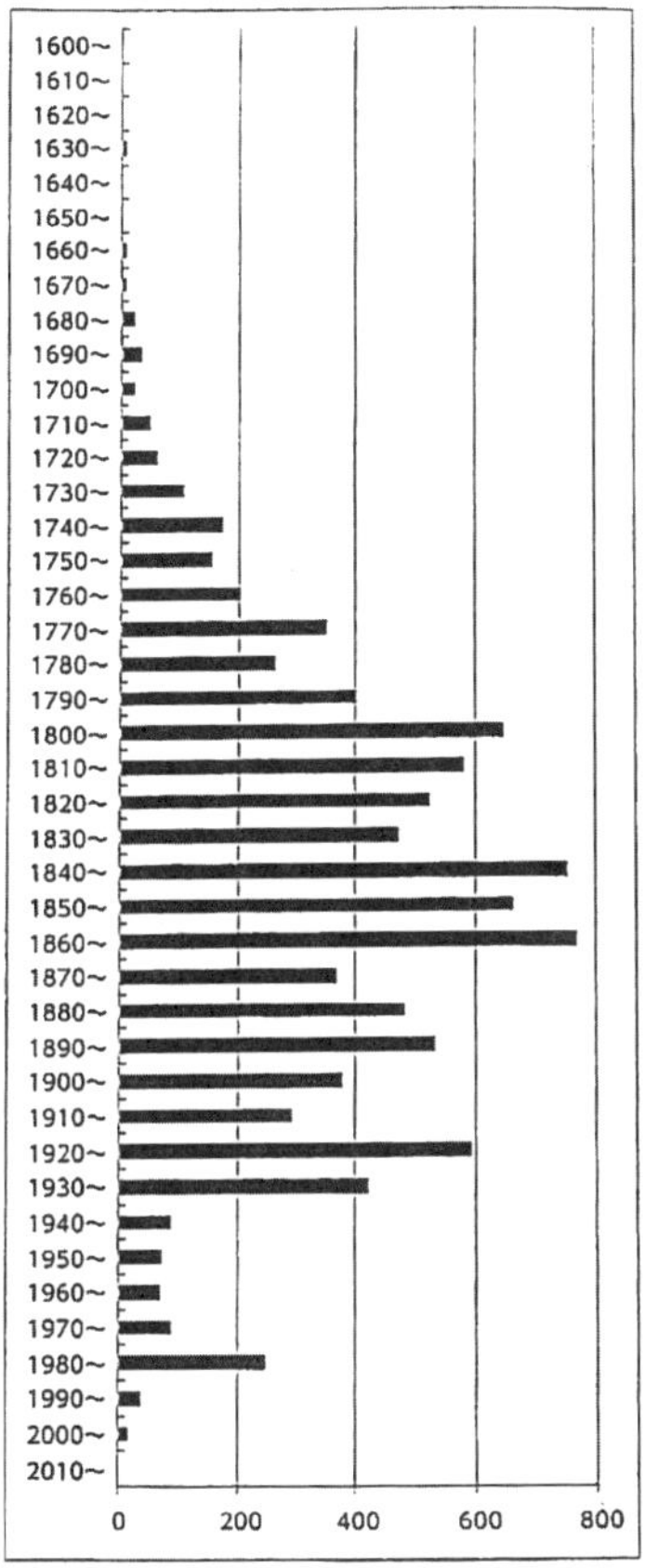

【図 15】江戸時代中期以降の
年次別石造物造立数
（『石仏の力』（註 113）より引用）

	長崎県	熊本県	計
供養塔	41	43	84
津波境石	0	5	5
墓碑	90	16	106
記念碑	0	1	1
その他	3	9	12
合計	134	74	208

【表 3】島原大変肥後迷惑に関する
石造物一覧（註 112）

告している。[117] 井上公夫[118]は、「天明災害供養碑一覧」としていくつかの文献を引用して一二九基を一覧している。本論ではそれをもとに、多少の補足修正をおこない、若干の付け加えをした【表4】を掲げる。これらは、厳密には供養碑だけではなく、個人墓標、愛馬を弔う馬頭観音、顕彰碑や被害の及んだ地域の開墾の記念碑などを含んだものであり、個人墓標等については、さらに数が増えることが確認できる。また【天明三年浅間災害語り継ぎの時間軸年表】（巻末参照）で示したものと重なるものがある。

天明三年浅間災害にかかわる語り継ぎの背景には、一つの要素として、石造物があるが、①近世の石造物が盛んに建てられる時期と重なり語り継がれてきた、②追善供養として個人墓標だけではなく年忌供養祭などと合わせて建立されてきた、③顕彰碑や被害の及んだ地域の開墾の記念碑など直接の被害者の慰霊だけではなく、被害に派生した復興や功績といった由を明らかにし、後世に伝えようと刻んだものも多く見受けられる、といった特徴が挙げられる。

（3）流域の供養碑

天明泥流が流れ下ったのは、吾妻川と利根川、さらに江戸川筋の沿岸である。吾妻川が関東平野を貫く利根川と渋川で落合い、次第に川幅を広げ前橋市街を縦貫しながら前橋市と高崎市の市境を流れ、群馬県西毛域を流域とする烏川と合流し流れを東へ向け、伊勢崎市八斗島以降は、利根川の中流域となる。その流域に点在する供養碑は流れ着いた犠牲者を弔ったもので、他にも降下した軽石や派生する天明飢饉の惨状を刻んだり、語り継ぎや教訓を記念碑として刻んだりした石碑が存在している。前項で示した天明三年関連石造物には、吾妻川～利根川、さらに旧利根川の河岸に伝えられた供養碑は、東京都や千葉県下に及んでいる。

元景寺は利根川右岸の群馬県前橋市総社に所在する。そこにある供養塔は「多数の惨死者が流れてきたので、それを厚く植野字勝山地内に合葬し、翌年改めて元景寺住職に托し禮を厚うして、その魂を祀り、墓上に一の供養塔を立つると云ふ」（『總社町郷土誌』）といい、押し流されてきた惨死者を総社町の町民は引き上げ、元景寺北利根川岸の勝

	建立年代	所在地（市町村名は平成の大合併前）	碑銘
1	文化 13（1816）	長野原町鬼押出し園	太田蜀山人浅間山噴火記念碑
2	昭和 42（1967）	長野原町鬼押出し園	厄除観世音
3	昭和 42（1967）	長野原町鬼押出し園	浅間観世音横死者総霊塔
4	昭和	嬬恋村鎌原・観音堂	浅間地蔵尊
5	天明 3（1783）	嬬恋村鎌原・観音堂	地蔵観世音
6	天明 3（1783）	嬬恋村鎌原・観音堂	死馬供養碑
7	天明 3（1783）	嬬恋村鎌原・観音堂	馬頭大士
8	天明 3（1783）	嬬恋村鎌原・観音堂	墓碑①
9	天明 3（1783）	嬬恋村鎌原・観音堂	墓碑②
10	天明 3（1783）	嬬恋村鎌原・観音堂	墓碑③
11	天明 3（1783）	嬬恋村鎌原・観音堂	墓碑④
12	天明 3（1783）	嬬恋村鎌原・観音堂	墓碑⑤
13	天明 3（1783）	嬬恋村鎌原・観音堂	墓碑⑥
14	文化 12（1815）	嬬恋村鎌原・観音堂	三十三回忌供養塔
15	昭和 41（1966）	嬬恋村鎌原・観音堂	万霊魂祭塔
16	昭和 41（1966）	嬬恋村鎌原・観音堂	万霊魂祭塔の碑
17	昭和 57（1982）	嬬恋村鎌原・観音堂	二百回忌供養観音
18	昭和 57（1982）	嬬恋村鎌原・観音堂	二百回忌供養観音造立碑
19	昭和 57（1982）	嬬恋村鎌原・観音堂	石燈籠一対
20	昭和 60（1985）	嬬恋村鎌原・観音堂	浅間山噴火大和讃
21	昭和 61（1987）	嬬恋村鎌原・観音堂	念仏供養碑・善光寺別当大勧進現住
22	平成 4（1992）	嬬恋村鎌原・観音堂	謝恩碑
23	平成 4（1992）	嬬恋村鎌原・観音堂聖観音脇	五輪塔
24	平成 4（1992）	嬬恋村鎌原・観音堂	浅間和碑
25	平成 4（1992）	嬬恋村鎌原・観音堂	天めいの生死を分けた十五だん
26	平成 4（1992）	嬬恋村鎌原・観音堂	県指定史跡の碑
27	天明 3（1783）	嬬恋村鎌原・観音堂庭	地蔵像（為流死馬百六十五疋菩薩）
28	不明	嬬恋村鎌原・観音堂	延命寺門石
29	天明 3 年（1783）以降転用	嬬恋村鎌原	道標（延命寺門石片）
30	昭和 58（1983）	嬬恋村鎌原・墓地入口	天明三年浅間押し流死者菩提塔
31	昭和 58（1983）	嬬恋村鎌原・墓地入口	文字塔・有縁無縁三界萬霊
32	昭和 45（1970）	嬬恋村芦生田	昭和 45 頃修復 吾妻線トンネル工事中出土像
33	天明 3（1783）	嬬恋村今井	墓碑
34	天明 3（1783）	嬬恋村大笹・無量院墓地	墓碑
35	天明 3（1783）	長野原町応桑字小宿	馬頭観音
36	文化 8（1811）	長野原町応桑字小宿	先住流失者墓碑
37	昭和 58（1983）	長野原町応桑・常林寺	天明浅間押し二百年記念碑
38	昭和 58（1983）	長野原町応桑・常林寺	穴谷観音像
39	天明 3（1783）	長野原町与喜屋・字新井	墓碑
40	寛政 5（1793）	長野原町大津字坪井	地蔵菩薩
41	天明 3（1783）	長野原町作道・国道端	馬頭観音
42	文化 10（1813）	長野原町長野原・雲林寺	地蔵菩薩
43	平成 16（2004）	長野原町長野原・雲林寺	供養碑
44	享和 3（1803）	長野原町長野原・群馬銀行脇	燈籠
45	天明 4（1784）	長野原町林・上原トヤ	馬頭観音
46	天明 4（1784）	長野原町林・御塚	聖観音
47	天明 4（1784）	長野原町林・御塚	馬頭観音
48	天明 3（1783）	長野原町川原畑・三ツ堂（移設）	馬頭観音
49	天明 5（1785）	長野原町川原畑・三ツ堂（移設）	馬頭観音
50	天明年間	長野原町川原湯・中原（移設）	万霊供養碑
51	文化 11（1814）	吾妻町大戸・大運寺	加部喜翁暮表
52	文化 11（1814）	吾妻町大戸・大運寺	加部一法翁昭先碑
53	天明 4（1784）	吾妻町原町・善導寺	正観音立像

【表 4】天明三年関連石造物一覧

	建立年代	所在地（市町村名は平成の大合併前）	碑銘
54	天明 8（1788）	吾妻町原町・善導寺	六回忌供養碑
55	文化 2（1805）	吾妻町原町・善導寺	二十三回忌供養塔
56	文化 12（1815）	吾妻町原町・善導寺	三十三回忌供養塔
57	天保 3（1832）	吾妻町原町・善導寺	五十回忌供養塔
58	昭和 7（1932）	吾妻町原町・善導寺	百五十回忌供養塔
59	天明 6（1786）	吾妻町原町・顕徳寺（もと吾妻川畔）	供養多宝塔
60	天明 4（1784）	吾妻町吾妻川	地蔵菩薩
61	不明	東吾妻町松谷	受難者供養塔
62	天明 4（1784）	河畔	三界万霊塔
63	明治 15（1882）	中之条町伊勢町・林昌寺	災民修法碑
64	昭和 58（1983）	中之条町伊勢町・林昌寺	災変受難供養碑
65	昭和 57（1982）	中之条町青山・浅間石上	天明浅間大爆発二百周年記念碑
66	昭和 57（1982）	沼田市下川田	三界万霊無縁法界平塔
67	天明 3（1783）	小野上村小野子木ノ間	流死萬霊塔
68	天明 3（1783）	子持村横堀字幸才	墓碑
69	文政 12（1829）	子持村北牧・興福寺入口	賑貸感恩碑
70	昭和 33（1958）	子持村北牧・国道沿い	人助け榧の碑（北牧青年義会）
71	天明 3（1783）	子持村北牧字後黒井	墓碑
72	不明	子持村北牧・万日会館隣接墓地	墓碑
73	天明 3（1783）	子持村北牧・黒井観音堂	馬頭観世音菩薩
74	天明 3（1783）	子持村北牧・黒井観音堂	墓碑
75	明治 38（1905）	子持村北牧字後黒井	供養石祠
76	天明 3（1783）	子持村中郷・雙林寺	寺島伝兵衛家水没者石碑
77	天明 4（1784）	子持村白井字落合	供養石祠
78	天明 3（1783）	渋川市祖母島	馬頭観音
79	天明 3（1783）	渋川市川島上川島	甲波宿祢神社（跡）記念碑
80	天明 3（1783）	渋川市川島中川島	馬頭観音
81	天明 3（1783）	渋川市川島下川島	浅間押出流死者供養石仏
82	天明 3（1783）	渋川市川島下川島	馬頭観音
83	天明 3（1783）	渋川市川島久保田（再建福性寺の廃寺跡）	福性寺第十四世住職「寂源」の墓標
84	天明 3（1783）	渋川市川島久保田（再建福性寺の廃寺跡）	馬頭観音
85	天明 3（1783）	渋川市川島久保田（再建福性寺の廃寺跡）	馬頭観音
86	天明 3（1783）	渋川市川島久保田（再建福性寺の廃寺跡）	馬頭観音
87	天明 3（1783）	渋川市金井字鳥頭	供養塚
88	天明 3（1783）	渋川市金井南町	流死墓
89	天明 3（1783）	渋川市並木町・真光寺	流死萬霊墓
90	天明 3（1783）	渋川市半田・龍傳寺	馬頭観音
91	不明	渋川市半田・龍傳寺	由来碑
92	天明 3（1783）	渋川市中村・延命寺	墓標
93	天明 3（1783）	渋川市有馬字神戸	馬頭観音
94	天明 4（1784）	前橋市元景寺	奉書写大仏頂万行首楞厳神呪供養塔
95	天明 4（1784）	玉村町五料・常楽寺墓地（撤去）	天明山焼記念塔
96	天明 4（1784）	伊勢崎市戸谷塚・観音堂	天明地蔵
97	昭和 37（1962）	伊勢崎市戸谷塚・観音堂	天明地蔵尊之碑
98	昭和 37（1962）	伊勢崎市戸谷塚・観音堂	高松宮殿下御来臨の記
99	昭和 57（1982）	伊勢崎市戸谷塚・観音堂	鎌原地蔵
100	昭和 57（1982）	伊勢崎市戸谷塚・観音堂	天明浅間押二百回忌供養碑
101	天明 3（1783）	伊勢崎市八斗島町共同墓地	為河流各霊菩提
102	天明 3（1783）	伊勢崎市長沼町・本郷築山	為河流各　霊提也
103	天明 3（1783）	同長沼町・墓地	為河流各霊菩提也
104	天明 3（1783）	伊勢崎市伊与久・龍昌院	馬場の砂山観音
105	天明 3（1783）	境町中島・薬師堂墓地	流死霊魂位
106	天明 3（1783）	千代田町舞木・円福寺	為水死男女菩提也
107	天明 3（1783）	倉渕村三ノ倉字暖	浅間山噴火記念碑

	建立年代	所在地（市町村名は平成の大合併前）	碑銘
108	文政 5（1822）	松井田町坂本字水谷山口	水神砂除供養塔
109	寛政 4（1792）	藤岡市緑埜・墓地	千部供養塔
110	昭和 7 （1932） ?	軽井沢町峰の茶屋	〔150 回忌記念？〕供養碑
111	文化 8（1811）	長野市川中島町今里・墓地	村沢高包碑
112	天保 11（1840）	児玉町小平・成身院（明治の火災後不明）	（百観音拗主元映師墓志銘） 台座
113	平成 22（2010）	児玉町小平・成身院（再刻）	百観音拗主元映師墓志銘
114	文化 3（1806）	本庄市都島・正観寺	織茂氏墓碑
115	昭和 51（1976）	秩父市・西光寺	四国八十八仏回廊堂大修復の由来碑
116	大正 7（1918）	深谷市高畑・鷲宮神社	金鶴堂金井翁之碑
117	天保 4（1833）	熊谷市八木田・口縁	備前渠再興記
118	平成 6（1994）	熊谷市八木田・口縁	備前渠再興記
119	昭和 55（1980）	熊谷市妻沼台	男沼門樋改良碑
120	文政 2（1819）	熊谷市下奈良・集福寺	吉田宗敬墓碑
121	大正 5（1916）	行田市須加公園	撤見沼渠増圦碑
122	寛政 3（1791）	加須市水深・育毛堀川畔	砂降降水碑
123	大正 9（1920）	加須市不動岡・図書館前	田村庄太郎君彰功碑
124	明治 30（1897）	大利根町北下新井	修繕記念碑
125	大正 13（1924）	大利根町北下新井・八幡神社	川邊領耕地整理碑
126	天明 4（1784）	幸手市北・正福寺	義賑窮餓之碑
127	明治 10（1877）	幸手市権現堂・堤上	行幸堤之碑
128	昭和 8（1933）	幸手市権現堂・堤上	紡錘記念碑
129	天保 4（1833）	越谷市瓦曽根・照蓮寺	宣秋雲兒自休居士墓
130	天明 4（1784）	越谷市増林・林泉寺	利剣名号塔
131	明治 11（1878）	荒川堤防	荒川築堤碑
132	天明 3（1783）	葛飾区柴又・題経寺	浅間山噴火川流死者供養塚碑
133	寛政 7（1795）	江戸川区東小岩・善養寺	天明三年浅間山噴火横死者供養碑
134	昭和 57（1982）	江戸川区東小岩・善養寺	浅間山焼け供養碑和讃碑
135	天保 13（1842）	江戸川区東小松川・善照寺	石造六地蔵塔
136	天明 5（1785）	墨田区両国・回向院	信州上州地変横死之諸霊魂等碑
137	寛政 1（1789）	墨田区両国・回向院	浅間嶽大火震死者供養の碑
138	寛政 1（1789）	野田市木間ケ瀬出洲	水神社・兜巾型角柱の碑
139	天明 3（1783）	東庄町夏目・禅定院	角柱・万霊塔
140	文政 6（1823）	銚子市高神町	庄川杢左衛門頌徳碑

<出典>
1. 萩原進　(1996)『浅間山天明噴火史料集成Ⅴ』群馬県文化事業振興会　p.159-180
2. 群馬県立歴史博物館　(1995) 第 52 回企画展『天明の浅間焼け』
3. 国土交通省利根川水系砂防事務所　(2004)『天明三年浅間焼け』
4. 高瀬正　(1996)『埼玉県の近代災害碑』ヤマトヤ出版
5. 中央防災会議・災害教訓の継承に関する専門委員会（2006）
『1783 天明浅間山噴火報告書』大浦瑞代作成：表 3. 21　1783 浅間山噴火災害関連石造物一覧表

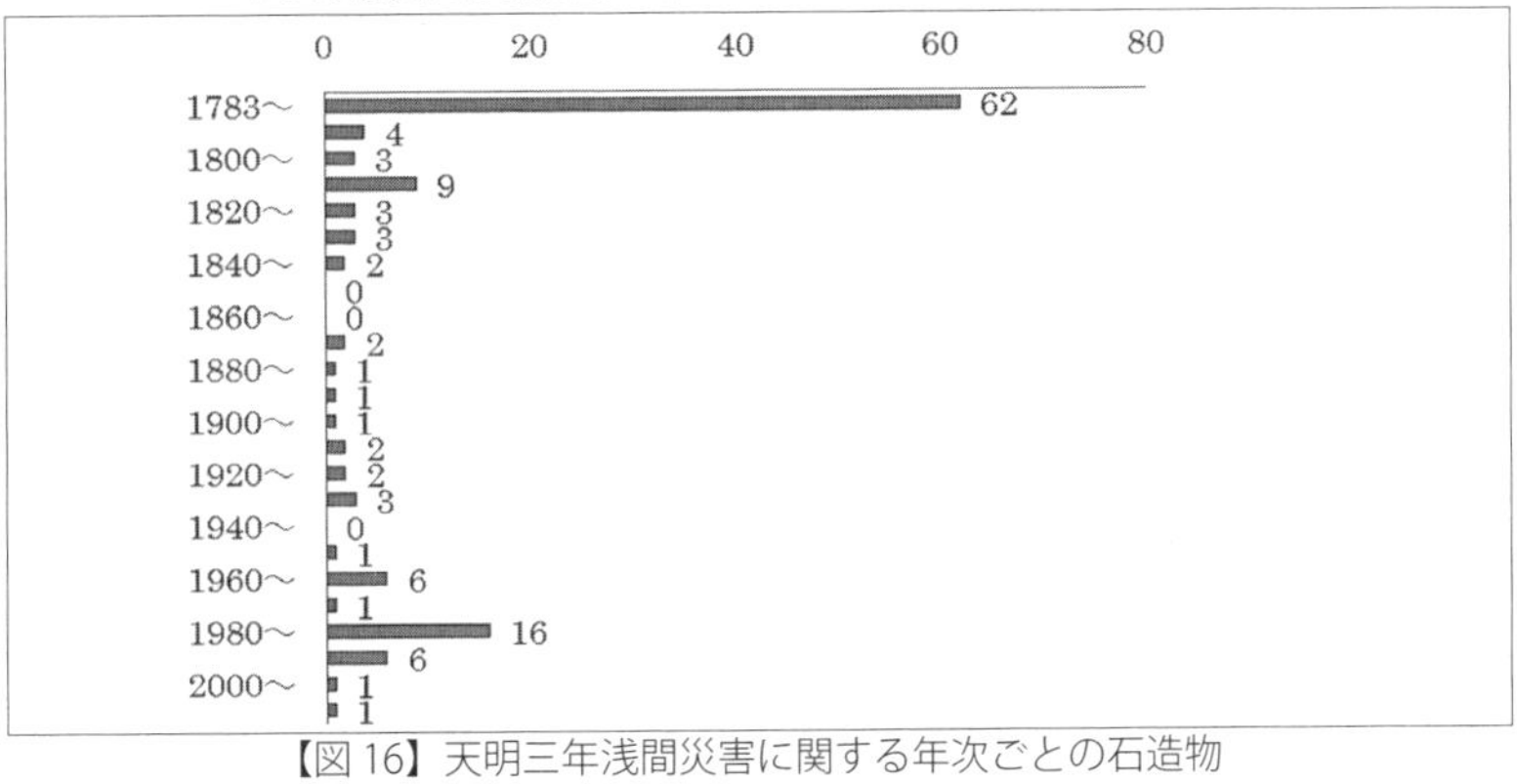

【図 16】天明三年浅間災害に関する年次ごとの石造物

山地内に合葬し、元景寺住職に託して一周忌に供養塔を建て法要したものという。後年、利根川畔欠潰のため、現在の元景寺の場所に移設されたものである。境内の供養碑裏面には元景寺一二世住職の碑銘が、

（表）天明四甲辰歳　奉書寫大佛頂萬行慣得首楞厳神呪供養塔　七月初八日（裏）天明癸卯七月初八明火山浅間百倍千尋常石火激発如烽且泥沙沸騰似烟而天色漸晴向午時爾河暴発泥水漲数丈許怒濤狂奔而一時両中流人畜魚竈蕩然如洗浮屍蔽河而下溺死豈鉅萬己哉嗚呼炎々火坑之状獄苦誰加之也使我触目傷心転憶変池入流之大士矣故書写首楞厳王以伸供養仰冀浴項相湧出放光以出此業海汗泥速生彼千葉宝蓮中云爾　元景十二世倫大道叟識焉[119]

と刻み、碑文を解読しながら、萩原進は、

無縁仏を懇ろに葬るという菩提心こそ仏教の慈悲であり、本源である。天明泥流の惨事を目の辺りにした里人に仏心が動き、共に寺院階層も本然の相に立ちかえり、めざましい活動をなした。[120]

と述べている。この供養碑は、建立された後も地盤の崩壊の危機などを切り抜け、現在の場所に安置されたもので、現在、同寺で運営する幼稚園の園児に見守れながら、地域でかつての災禍を語り継ぎ、同時に穏やかな今日の暮らしを確認していく材料にもなっている。

天明泥流により、江戸の大川には、首や手足のない人間の死体がいくつも流れ着き、悪臭を放つようにさえなったという。これは、利根川を流れ下ってきた遺体で、浅間山の噴火による犠牲者だった。また、江戸の町にも一寸以上の火山灰が積もったともいい、旧江戸川や中川に沿った遠く離れた江戸の地域にも供養碑が残されている。善養寺「天

明三年浅間山横死者供養碑」（東京都江戸川区東小岩二丁目）にある供養碑は、下小岩の村人が横死者の一三回忌にあたる寛政七（一七九五）年墓所に建てたもので、東京都の指定文化財となっている。江戸川に流れ込んだ天明泥流により、市川の番所の手前の中洲（毘沙門洲）に人馬の遺体が打ち上げられたといい、喜田有順が「以前浅間焼候節、この洲わずかかの洲にこれ有り候ところ、人馬ことごとく流れ来てこの洲に掛り、かくのごとく大なる洲と相成り申し候」（『親子草』）と目撃談を記している。[121] 吾妻川から利根川に合流し、なおも人馬の遺体は江戸川に流れ下ったのである。

(4) 確かな信仰 ―― 原町善導寺の供養塔 ――

「確かな信仰」とは、宗教者の立場からの論考[122]による表現である。回忌供養は、追善供養として日本の仏事でおこなわれているものである。

東吾妻町原町は当時の記録で、天明泥流により被害家屋二四戸と記録されてはいるものの犠牲者は一人も出ていない。にもかかわらず、原町の善導寺の山門脇には五基（対）もの立派な供養塔が建立され、さらに、天明四年の正観音立像がのこされている。

一周忌（天明四（一七八四）年）七月吉日、六回忌（天明八（一七八八）年）七月八日「施主原町中」、二十三回忌（文化二（一八〇五）年）七月八日「二十三回追冥塔　施主原町中」、三十三回忌（文化一二（一八一五）年）七月八日「南無阿弥陀仏為浅間山焼流死霊卅三回供養塔　施主　惣檀中」、五十回忌（天保三（一八三二）年）仲夏「施主原町中郡中村々」、百五十回忌（昭和七（一九三二）年）七月八日「百五十回忌供養塔　善導寺念仏講中」の各供養碑である。

この災害の犠牲者の供養がこれだけ手厚く及んだ理由については、定かではない。施主も必ずしも一致しているわけではない。しかし、六・二三・三十三回忌の塔には、矢島五郎兵衛なる人物が世話人として名を刻んでいる。五郎兵衛は、町の有力者として知られた人物であり、災害直後に、道橋用水路改修救済工事で原町に三六〇両余[123]が支払われた際、細川二二万両の「御手伝」が行われ、郷原村から平村までの一二ヶ村へ普請金総額五千両が支払われた際などに、「原町五郎兵衛所に御置き」と記されている。いわば、御普請時の吾妻工事事務所本部の出納の任を司っていた人物と表現してもよい人物である。特に天明八年の供養塔では、徳川将軍家の菩提寺増上寺の僧正の経文を、地域の文人の筆による撰文を刻み、災害と供養の記憶を後世に伝えている。現在でも、付近には、「泥町《どろちょう》」の呼び名が残り、この山門前で流れ着いた遺体の弔いが行われた伝承がある。世話人矢島五郎兵衛は、浅間災害を目にしたときは四〇歳。このときの出来事を供養碑として末代まで継承する仕事を為したことにもなる。

供養に際して、仏教寺院が独自の意味を持ちつつ菩提の為に尽くしたが、その一面には、私人の背景を認めるべきだという考えが出されている。(124)「天明十八年の十五回忌」としているが「天明八年」に正して、萩原の論考から引く。

表面の「水溺横死　離苦得楽　南無阿弥陀仏　増上寺大僧正　現譽」は明らかに善導寺としての記録であるが、裏面の

…亡魂のために弥陀の尊号を石にゑりて造立し、其の陰をかりて、おほむねを記す。…一遍の仏号を唱事を得ば
希は無上菩提の一因縁ならむかし。天明八午歳在七月八日建　施主　原町中　世話人　五郎兵エ

の撰文は個人の活動が基底をなしているとしている。このことに刺激された善導寺では、後の五十回忌にあたり供養碑が建てられ、いかにも仏教寺院としての宗教意識が顕れて、明らかに私人が寺院を動かしたとみられると共に、天明三年の大被害と宗教的な雰囲気への影響として非常に興味がある、としている。さらに、五十回忌の碑は次の様に刻んでいる。

…今年は其災にかゝりて死せし人民有情の五十回忌に當りぬとて、其亡魂得脱のため、誦経念仏の則時追福を勧修し、有縁無縁法界万霊を回向し、苦界沈倫の衆生を極楽浄土に、超生せしめむと、現住寂譽、心問いともねもころにはかり、且

遠く余にもとめて来り、名干及び其由緒の碑文を乞ふ…因て何れはいなむべくもあらず、其需に応ず。庶幾は今の昔を思ふが如く、五十年の後もこれに習ひて、百年の回向を営修し玉はむ事を深くこひ願ふことになむ　天保三年壬辰仲夏

その後、百回忌の供養塔は確認できず、昭和七年の善導寺念仏講による百五十回忌供養碑が残されていて、世話人浅田徳太郎と寄進者厚田一場武平（以下六八名）の連名により「観音山頂上百番観音供養塔モ建立ス」と刻まれている。[125]

このように、他に類を見ることができない善導寺の五度の回忌にもわたる供養塔や観音立像の存在は、災禍に直面し関係した要職の任を務めた個人の活動となる背景により、災害の記憶と供養を後世に伝え、寺院としてもその行為に応じて、出来事を供養碑として末代まで継承する役割を為していることを確認しておきたい。そこには、現在も地域に残されたいくつもの関連する伝承や事物としての記憶が残されているのである。

（5）蜀山人の碑（噴火記念碑）

【図17】蜀山人の碑
（鬼押出し園）

大笹村は鎌原村の隣村であるが被災を免れた。蜀山人の碑は、大笹村の名主兼問屋の黒岩長左衛門大栄が、災が再びあることを子孫に戒めるため、蜀山人（大田南畝）に揮毫を依頼して、碑の建立を計画したものである。しかしながら、大栄は建立を果たすことなく没した。その十三回忌に子の長左衛門鄙侘澄が、大笹宿中ほどの東裏山に建立したものである。戦後、土地と共に人手に渡り、現在碑は鬼押出し園に移されている。[126]

一八代目長左衛門による個人談では、当家には「四国の蜀山人の所まで行って、揮毫文を取りに行った」「米一三俵半の炊き出しで、人足

により吾妻川の川原から碑に使う石を上げた」と伝わっていて「刻みの文字に一代、石を上げるのに一代」が携わって成された記念碑の建立であったという。[127]

十返舎一九（一七七五〜一八三一）は、全国各地の道中記を書いており、全国的な旅行ブームに一役買っていた。善光寺参詣草津道中で、仁礼宿から鳥居峠を通り、田代〜大笹〜中居〜草津の旅程をとった際、黒岩長左衛門のところに泊まり、この記念碑を目の辺りにし、文政四（一八二一）年出版の『諸国道中金草鞋（十三）[128]』にこの碑の絵と碑文を収録し、

大笹駅浅間碑　あさまのひは大ざゝの氣きくろいは氏のたてたるひ也。こうせい人のためにあさまやまのきなんをわすれまじとのことにて、前車のくつがへるを見て後車のいましめとするのまことなるべし。かゝる人のこころざしにしらせまほしくこのめいをうつしかへりしまゝこゝにしるす

と記し、碑銘には、

富士の根のけふりはたたずなりぬれど　あさまの山ぞとことはに見ゆ　文化十三年丙子秋九月　蜀山人書　黒岩大栄建　亡父大栄居士この碑をおもひ立しに、ほどなく身まかり給ひて十とせあまりの星霜空くおくりしを予是をつとめてことし十三回の忌の手向となしぬ。　きのふけふとおもふ月日はいつしかに十三年の秋ぞたちぬる　我妻山人　侘澄

と付記されている。[129]

鎌原村の困窮する人々に手厚く施しを成し、救済事業として温泉宿を設けるなどして、災禍に手腕をふるった隣村大笹村の名主家に伝わる語りつがれる記録と記憶である。

（6）馬頭観音

【図18】光背に「天明三年七月八日」を刻む
馬頭観音龍傳寺（渋川市半田）

『文月浅間記』(130)で羽鳥一紅は、泥流被害の描写を「人馬ともに泥中より頭はかりさし出し、いまた死せさるままあれともたすくることかなはし」と表現している。当時馬がどれだけ大切に扱われていたかは、民家の土間に「馬屋」が設けられていたり、路傍の行倒れの愛馬を供養する馬頭観音が各所に存在することから理解できる。家族同様に大切に扱われた馬は、時には厳しい山村の経済を大きく支えてきた。鎌原村延命寺の発掘調査においては、庭先で馬の遺体が見つかっていて、明治以降日本に入ってきたヨーロッパ系の馬種とは異なり、小型の在来馬の特徴を示していた。このことは、嬬恋郷土資料館の展示にも詳しい。

また、天明三年の被害書上には、犠牲者の他に犠牲となった馬の頭数が記録されている。『信州浅間山焼附泥押村々并絵図』によれば八五六頭が数え上げられている。鎌原村二〇〇頭、芦生田村一六〇頭、長野原町五六頭、古森村五〇頭、羽根尾村四〇頭、川嶋村三〇頭と続いている。流死者の多く出た村々の犠牲者数と流馬の数は同様な傾向があるようだが、鎌原村の当時の馬の頭数が殊のほか多かったことにも着目が及んでいる。また、北牧村（現渋川市北牧）では「組頭清左衛門飼置候馬壱疋、川丈七八里下利根川の内酒井駿河守領分中嶋村ニて取上ケ、夫々え相送候由村役人共申之候」というように、北牧村から現在の高崎市中島町まで、およそ三〇㎞流されて助命された馬も記録されている。また、『浅間山焼昇之記全』の彩色絵図の一枚「日光街道幸手宿中利根川人馬家土蔵流れ来ル図」【図2（一〇三頁参照）】には、既述の「鞍」についての記述情報や「人馬家土蔵」の標記の通り、と注がつけられ、流されていく馬の姿も図中に表現されている。

近世以降の流通経済の発達により、馬が移動や荷運びの手段として使われることが増加した。馬頭観音はこういった背景のもと、馬が急死した路傍や馬捨場などに祀られ、供養塔としての意味合いを強くしている。このことは中馬街道などで多く見られる傾向ともいい、「天明三年七月八日」を刻み天明三年の災禍で犠牲になった由をもつ愛馬への追善供養として語り継がれ続ける例である。

（7）再建された記憶　――　守り通される信仰　――

長野原町林の吾妻川の段丘上位にある「林お塚」の丸彫座像「聖観音像」には「天明三卯七月八日　浅間山焼崩　火石押出　此□観音堂尊像共流失　依信心発願　今般天明四辰三月此像造立者也」といい、観音堂と尊像を共に流失したが、翌年信心によりこの聖観音を造立したことを記し、経文を刻んでいる例がある。[134]

【図19】　層塔の庚申供養塔（渋川市横堀）

また、旧子持村（現渋川市）にある「横堀小原　庚申塚（層塔庚申）」は、国道三五三号線の北群馬橋十字路から五〇〇mほど中之条方面に向かった蓬の沢橋と九連橋の中間の段上に移設されている。元々は九連橋のたもとにあった庚申供養塔は、庚申信仰と浅間押しの供養の両方を祀った珍しいもので、浅間押しから一七年後に建立されたもので、子持地区で最大の層塔庚申塔で、明暦三（一六五七）年建立のものが天明泥流で流失、その残跡に再建されたのが寛政一二（一八〇〇）年の建立という。[135]五層塔で、塔身には「明暦三年丁酉建之塔天明三年浅間山流失之残此度供養之寄嶋中　維時寛政十二年庚申十一月吉祥日」と刻んでおり、[136]近年道路拡張によりさらに高台に移転されて、後になお地域で大切に扱われている。

また、前述の群馬県前橋市総社の元景寺の「天明四甲辰歳　奉書寫大佛頂萬行懍得首楞厳神呪供養塔」もこのように、地域の特別の思いがあるが故に移築され語り継がれているはずである。同じく、一章で取り上げた、群馬県東吾妻町原町の善導寺近くの新井地内の道路工事で見つかった二基の石塔を地元住民がどう扱ってきたかという事実も、天明の被災の苦難に際してもなお、信仰や信心を守り通そうとし、伝えてきた人々の思いを確認することができる。同時に塔身の存在は、それらが語り継がれてきたことが地域でどう伝わっているかを説明しているかのようにも映し出されているのである。

（8）戒名に刻まれた天明泥流

浅間山の北麓、激甚被害地となった鎌原村の『鎌原村流死人戒名帳[137]』のなかの百姓七之助家の記された戒名をみてみると、当主をはじめ同家の一〇人が犠牲になり、戒名には押し流されたきた土砂の流下現象である「川」「流」などが用いられる戒名となっていることが注目される。それは、

倒川寛動禅定門（百姓七之助）、如川智了禅定尼（同妻ろく）、漢流禅童子（同倅七三郎）、満川童女（同娘あき）、濁川禅定尼（同娘なべ）、此川童女（同娘きく）、徂流童女（同娘まき）、流讃禅定門（同 兄友右衛門）、宜川禅定尼（同兄嫁しも）、川応禅定門（同甥円次郎）

である。「天明三年癸卯七月八日浅間山噴火流死人戒名帳」には、「天明五年巳年常林寺様より写之被下者也と記しあり　明治十六年四月廿五日百年ニ相当し山崎平太夫当時儀平太殿宅ニ於テ百回忌之供養相営候」と記されているので、鎌原村に初めて四七七人の戒名が施されたのは、供養碑が建立された三十三回忌供養塔よりもかなり早い天明五年の

【図 20】「逆水寛浣信女」と刻まれた墓標
（長野原町与喜屋）

段階であることが確認でき、また、百回忌供養が鎌原で執り行われたことも確認できる。この四七七名の戒名には、多くに「川」、「流」が用いられ、「海」が用いられたものまである[138]。数え上げてみると、この戒名帳の中では、「川」は一四六人、「流」は一六六人、「海」が三二人に用いられている。他にも「泉」「渓」「水」「池」「泡」といった岩屑なだれや泥流の被害に遭遇した犠牲者であることを戒名に刻んでいるのである。

ほかにも、下流の長野原町の熊川を逆流した泥流によって埋まったという新井村は、もとは戸数六軒の小さな村であったが、その家屋や耕地はことごとく流されてしまい、被災後も存続したが、明治八年に廃村となり人々の記憶から新井村は消えていった。現在の長野原町総合グラウンド付近に位置したという小さな村であった。その場所を伝えるかのように、現在も、高台に三三基ほどの墓標がある旧村の小さな共同墓地が残されていて、「逆水寛浣信女」と戒名の刻まれた墓標が所在している。本流へ注ぐ支流の天明泥流による逆流現象で犠牲になった者にあてがわれた「逆水」など、流下現象までもが戒名に刻み込まれている。また、小代村の墓地にも、「逆水流転禅定門」の戒名が刻まれた墓標がある。

また、一〇〇km近く下った伊勢崎・玉村付近には多くの遺体が流れついたと伝えられる。伊勢崎市八斗島には、利根川沿いの八斗島共同墓地入口に、頂部が四角錐、高さ七六cmの四角柱の供養塔が佇んでいる。左右両側面にそれぞれ男女別に「道」「妙」をあてがい戒名とした連名の個人墓に準ずる墓標でもある。「道岳　道米　道浄…」、「妙静　妙薄　妙岸…」というように二文字の戒名は、男性三一、女性八の三九人を刻んでいる。流れ着いた遺体を合葬し、村人が一様に戒名を付したものと現在に伝わり、隣人愛に胸がつまる思いのする供養碑の存在が知られている。

第五節　鎮撫・慰霊と奉納

(1) 噴火に対する人々の振る舞い ―― 宗教的な視点 ――

飢饉や天災で多くの人々の命が失われた時代に、僧侶達は供養の意味と大切さを民衆に説いて布教し、率先してそのような活動をおこなってきた。浅間山の噴火活動に対して、人々はどう振る舞ったのか、という宗教観としての研究がある。白石凌海は「人々が災害に見舞われた際、仏教の果たした役割」について考察を試みようとしていて、三つの場面を設定し人々の行動を取りあげている。[139] Ⅰ異常な火山活動に対してとった人々の振る舞い、Ⅱ人々がこうむった惨事の受けとめ方、Ⅲ被災後の対処、についてである。Ⅰについては事例①～⑦、Ⅱは事例①～⑦、Ⅲは事例①～⑭までの二八項目が示されている。ここでは、ⅠとⅡについて、この項目にしたがって仏教との関わりについて抜粋し、噴火と災害に関わる周辺内容に若干の付け加えをおこない記していく。白石論考は、宗教に携わる研究としての立場から史料全般を概観していて、その分析内容は明瞭である。噴火活動と被害の状況を織り交ぜる意味合いから、さらに見出しを踏襲して付し、一部の項目を割愛して見ていきたい。(割愛後も項目は通番にしたがっている)

【図21】本節の関係位置図

論考では「二百数十年が過ぎ去った今日なお連綿として相続されている、生者と死者の深い結びつきがある。ここにわが国における仏教思想の展開・功用がみられ、仏教者に課せられたつとめがある」とまとめていて、災害の記憶として語り継ぎが今日継続していることと同様に、宗教観に即した視点においても二三〇余年の中での継続性を見出している。

残されている当時の噴火を伝える「一枚摺」と呼ぶ瓦版には、情報を寄せ集めた

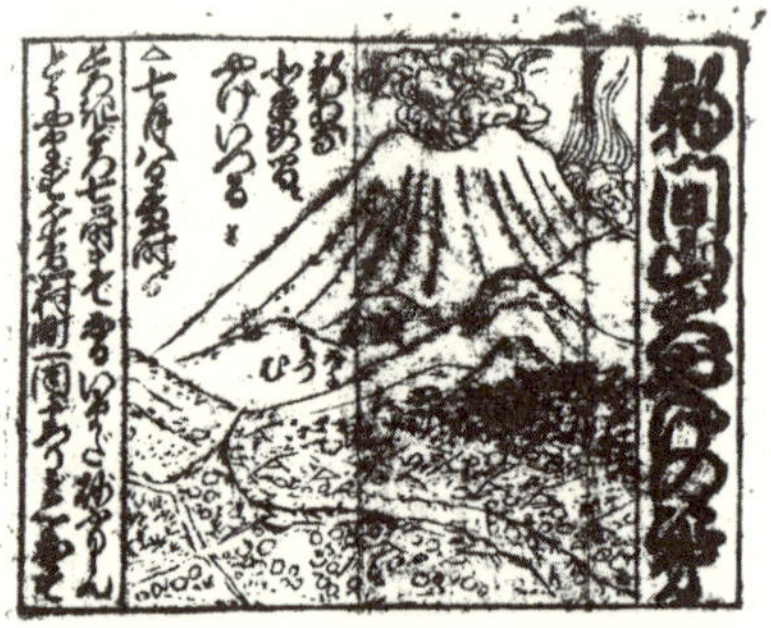

【図22】江戸で発行された瓦版
（小野コレクション、東京大学大学院情報学環所蔵）

誤謬も含まれてはいると思われるが「新穴北東の間に焼けいづる、七月八日昼時より黒き泥七つ時まで降る、いまだ砂降り震動やまず、近辺村町一同祭り事をなす[140]」というように、各地で神仏の加護を願おうとする祈祷が行われたことを伝えている。

（２）降灰と鳴動に対してとった人々の行動

■事例１――①高崎（火口から四五㎞）周辺の人々

「お江戸みたけりゃ高崎田町」と高崎の当時の賑わいが伝えられている。高崎田町の絹問屋に嫁いだ女流俳人の羽鳥一紅は、『文月浅間記[141]』を著している。高崎は、火口から見て新暦八月一～五日にかけての噴出物降下の主軸方向に位置している。噴火で花火のように炎が飛び散るのが観察されたとも記述され、噴火により、大通りを歩く人が松明をともして行くような「常闇」の状態が続いたともいっている。『文月浅間記』の現代訳[142]によれば、

二ｍくらいある伊勢神宮のお札や三・六ｍほどもある幣束をまねて作り、石尊権現の大きな太刀を肩に担いで連れ立っています。高張提灯や火消しの纏《まとい》をこしらえて、法螺貝の笛を吹き、鐘や鼓を鳴らして、〈鬼を縛るぞ〉〈浅間山の焚き婆を捕まえろ〉などという声がやかましく聞こえてくるのです。…稲妻が光るのも恐れずに、一晩中大声で叫び騒いでおります。

と訳され、この表現は白石によれば「まじない」の行為とみられている。噴火による変異へ、加護を求めてとった当時の人々の宗教的な行動の具体を知ることができる。

■事例Ⅰ―②高崎（火口から四五km）俳人羽鳥本人
ただ恐ろしくて、両手を合わせて額に当てて〈神様仏様お助けください〉と、お経を読み念仏を唱えて夜が明けるのを待ち、ようやく八日を迎えたのでした。

と記している。八日はクライマックス噴火が発生した日である。岩屑なだれや天明泥流の発生する数時間前の羽鳥の行動であった。「お経を読み念仏を唱える」こと、これもまた「まじない」であるという。

■事例Ⅰ―③総社町（現前橋市総社町）の名主
「千こり」あるいは「千ごり」とは「千垢離」と書き、文字通り、千度川に入って垢を取り、身を清めることである。つい先頃まで行われていたことが、戦後行われた群馬県下の民俗調査で、確認されているという[143]。利根川右岸の総社町の名主三雲源五右エ門の記した『浅間焼砂一件日記』[144]の記述では、天明泥流の流下する当日、「千こり取りきよめ」とあり、立石橋で名主が先立って身を清め、百姓を引き連れ、鐘や太鼓を打ち、信心して天を拝し、土砂の降ることを除き天災を払い郷村を安穏になさしめ給えと天地を拝しこれを祈り、寺院では大般若等の祈祷をおこなった、という。天狗岩用水に架設される現在の立石橋には、総社城下の西の木戸跡として長さ六間の板橋であったことを知らせる案内板が設置されている。惣社町は、降下物降下範囲の縁辺部であり降下物の被害はないが、噴火の鳴動に名主が百姓らを引き連れ「郷村を安穏になさしめ給え」と祈祷した。しかし、その数時間後に天明泥流が付近の利根川を襲うのであった。そして、千垢離がおこなわれた立石橋付近まで、天狗岩用水を伝わり天明泥流が流れ込み、用水を埋没させる被害を出している。

【図23】　現在の立石橋付近（前橋市総社町）

■事例I―④足利学校痒主

足利（現栃木県足利市）の足利学校は、火口からみて、前述の総社町の三〇㎞程延長した地点である。したがって、降下物の被害は等層厚線の境となっているので、分布の中心と比較すれば、さほどではなかった。足利学校の校長格をいう痒主が書き記した『足利学校痒主日記（抄）』[145]には、七月に入って、山は鳴り響き砂が降ると伝えている。板屋根には雨音の如くに砂が降ったといい、七日には、井戸に蓋をすると記していて、終日砂が降り注いだという。「天災除の為祈祷諸寺院にて祈祷。宝珠院にて護摩執行、渡瀬川にて千ごり又ははだしまいり等致す也」とあり、先の総社町と同じく「千こり取り」を渡良瀬川でおこなっている。白石は「同じことを、足利の地では渡良瀬川で行っている」といっているが、「天災除」の祈祷が記されるのは、総社町よりも一五日間遅れて記載されている出来事である。噴火のステージで言うと、天明泥流の流下被害発生後、終息に向かう最中、足利で記述された内容であった。このことは、これまで、噴火ステージでみると、降灰が小康状態に向かう時期にも、宗教的には周辺地域で同じような実態があったことが確認できることになる。また、前述した塙保己一の太刀寄進の伝承の舞台となった児玉（現埼玉県本庄市）では、火口からの距離は足利とさほど違わなくとも等層厚線の中心となる地域であったこととして確認しておきたい情報である。

■事例I―⑤碓氷郡磯部村の名主

磯部村（現群馬県安中市）は、中山道沿いにあり、浅間山火口からみて南東方向にある。「降灰被害が中山道を直撃した」という表現がなされるが、まさにその最も甚大な降灰被害を被った地域である。『浅間山焼砂石大変地方御用日記』[146]は、激しい鳴動と灰砂石に見舞われたことを伝え、七日の記述に、川に行って「千こり行」をして、無難を諸神に祈っている。ここでは、総社村の前日に行われたことが記されている。総社村の「千こり」は、予見することなく天明泥流流下の直前に行われていた。したがって、連日この降灰と鳴動の及んだ人々の居住範囲で同じような振る舞いが行われていたことになる。

(3) 激甚被害直後にとった宗教者の行動

ここでは、激甚被害地で直後から翌年にかけて行われた宗教に関わる人々のとった行動をみていく。激甚被害とは、浅間山北麓で発生した「岩屑なだれ」「天明泥流」により、家族や住居を失うなどした、いわば現代社会での大災害に直面したときの「避難」状態におかれた時期の人達の振る舞いを想定している。

■事例Ⅱ―①嬬恋村大笹村無量院住職

大笹村は、信州上田街道の宿場としても栄えた場所の一つである。前述の通り北麓の激甚被害をうけた鎌原村の隣村という地理的な条件にある。鎌原村などの避難民を手厚く救援した人物の一人、黒岩長左衛門の居住した村でもある。そこにある無量院の住職による手記が『浅間大変覚書』である。この中で、岩屑なだれが襲った直後の八日昼時は、

> 近所村々逃来り其騒ぐ事狂乱の如し。物をかふやらもろふやらかりるやら、食《めし》よ茶よとなきさけひ逃迷ひ七転八倒の有様は山ニ登り銘々かり屋をかけ二三日居たり念仏の外他事なし[147]。

といい、避難時の食糧や物資の確保などの混乱状況を記録している。二、三日は山に入って仮小屋を作ってそこにいたが、念仏を唱える以外に為す術はなかったと住職は記載している。

■事例Ⅱ―②片蓋通り途中常林寺龍道僧

『浅間大変覚書』の「常林寺龍道僧大変に逢助ル事」の章には、

> 七月七日…其夜は田代村に一宿致し翌日大笹無量院に立寄、夫より直路にかかり片蓋通り途中にて大変にあい、前後動事不叶、已に可流処に不思儀や松の木壱本流れ材木横たへ打かけ其下に居。せんかたなく只一心ふらんに

くわん世おんの経をよみ居候所に、大石泥砂わきへ流れ落漸漸本心附はい出、…大前むかふ馬ふん土の原に二夜宿す。夜はまつの木に登り昼は畑にてかふらをとり命を続き、十日の晩かた丸はたかにて新田に出、能谷に暫く休足し江戸へ罷帰り候。これ一重に観音の御かけ有難事共なり。[147]

という記事がある。岩屑なだれにより、前にも進めず戻ることもできず孤立してしまった。そこで、横木を掛け、その木の陰でひたすら観音経を唱えると、大石や泥砂はそこを避けて流れたというのである。僧が助かったのは観音様のお陰としている。

現在、嬬恋村大字大前に「馬踏道」と書いて「まふんどう」と呼ばれている地名があり、場所は嬬恋村役場庁舎の南方向で吾妻川右岸の葛籠折れの坂道を上りきった平坦な畑地が広がっている場所である。JR大前駅から「馬踏道」へ至る坂道を「馬踏道坂」と書いて「まふんどうざか」とも呼ぶ。「馬踏道」は土地登記簿に存在する正式な小字名で、「大前の馬ふん土の原」は、これに該当するとみられる。大笹から片蓋川に向かう通りは、現在も主要なルートとなっており、被災後も元のルートを踏襲していたと考えられる。

浅間山北麓の火山堆積物の分布で、[148]岩屑なだれが高台を避けて堆積している場所があり、記述とあてはまる場所がある。それは、現在の大笹から南東に沿う青山の地点である。現在も道路は直線になっており、当時の「直路」の記述とも一致する。観音様のお陰ともしているが、幸運にも地形の変換点でその時を迎えた偶然が幸いしたことにもなる。記録に残された地点情報が現在でも確認できる事例でもある。どういった目的で外出していたかは不明ながらも、岩屑なだれの発生を予測できず翻弄されつつも助命した宗教者がいたのである。

■事例Ⅱ―③天明四年三月、困窮に苦しむ人々と善光寺（長野県長野市）の施し

天明三年浅間災害と重なって襲ってくる天明飢饉の中での様子を『浅間大変覚書』では「近辺村々も餓死の者多し。依之急に道心に成もあり亦は観音まいりあるいは善光寺参りと申諸方へひらき出る事無限[147]」といい、飢饉の困窮に際

して仏門にすがろうという世の中の動きがあったことが分かる。現長野県長野市の善光寺では、このような中で、翌天明四年七月朔日からに本堂において追善供養が行われている。黒岩長左衛門が仲立ちとなり、犠牲者供養として吾妻川の上流から右岸渋川迄、左岸北牧迄の村々へリレー方式で「廻文、仏帳面壱冊添え（『浅間山焼荒一件』[147]）」て経木の廻し送りを行っている。この記事については、後述する（第八節）。

■事例II―④御代田町の普賢寺の住職

長野県御代田町塩野に山号を「浅間山」ともち、浅間山の鎮静を祈願するために建立されたという二つの寺院、普賢寺と真楽寺がある。その普賢寺では噴火の最盛期を迎えた時期に行われエピソードが記録されている。『浅間山大変実記[149]』で、「七月七日八年々黄檗派の施餓鬼也ける故一派の長老家（衆カ）大勢集りけるが頭上にて響き渡れる事百千万の雷の如し」という状況下に、一人の僧がこれではどうにもできないので何れへでも避難してくださいい。我々も暇をいただき帰ります、といいだす。ところが、住職は動じることなく、「人の命は天に有、逃るとて難に逢時ハ逢、人々の申んには兎角遁ぬ命ならバ寺に有て死るこそ本望なれ。…」といい座禅して、御経を読み続けたという。「不思議も有りけるハ垣外の砂石夥しく降りけれども垣の内にハ壱ツも降ず災ひを免れ玉（給）ふぞありがたき。」といい、火山灰降下や火山雷、鳴動の凄まじい中で、住職のとった行動が不思議にも、垣根の内側は被害を免れたという話に伸展している。この日、噴火は北麓へ吾妻火砕流を発生させ、幸いにも人家がなかったために人的な被害を出してはいないが、仰木型に押し広がり、熱く溶結した堆積物を残している。この記録は、その噴火活動による火口の南麓側での被害状況の中での出来事であった。しかし、東南東方向で等層厚線の主軸に近くで、噴石などの凄まじい被害を被った軽井沢宿や追分宿などとは、いささか状況が違っていたと思われる。降灰分布が読み解かれる今日からすれば、周辺の被害地の出来事ということになる。激甚というべき被害地ではなかったために書き綴られた逸話ということにもなるのかもしれない。

■事例Ⅱ—⑤浅間山に登り祈祷した延命寺和尚達

北麓の延命寺の僧侶においては、南麓の普賢寺の住職の前日の出来事とは、対照的な出来事となってしまった。

「鎌原村ゑんめい寺御祈祷いたし候故か鎌原灰ふり不中候ト一説有り。八日ノ朝和尚村方百姓ヲ連浅間山へ登り御祈祷仕とて半途まで登ル。山追出和尚モ百姓も流失、跡より登り候百姓はたすかり候ト云（『天明浅間山焼見分覚書』[150]）」

というので祈祷の先頭に立った延命寺の和尚は岩屑なだれの発生に巻き込まれてしまったことになる。この延命寺は、嬬恋村鎌原の鎌原観音堂の北にあったとされ、正確な場所や性格が定かではなくなっていた「幻の」寺院であり、昭和五四・五六年度に行われた「浅間山麓埋没村落（鎌原村）総合調査会」の発掘調査を引き継ぐ発掘調査で、昭和六〇（一八八五）年度から始まった嬬恋村教育委員会による発掘調査で確認された寺院である。別の情報で、

又吹屋と云所に泥の中に大き成片足片々ふみ出して有り。人間の足とは格別相違皆々…たとへ鬼にもせよ死たるに相違なし我疾と見とどけんと泥のいまだかたまらざる事なれば板を敷き並べ其上を渡て近寄見れば実に大成足也、何にもせよ堀（掘）て見よと人々鍬を持て堀（掘）り出しければ神（鎌）原延命院の仁王像にてぞ有ける

といい、延命寺の仁王像がみつかったことが記録されている（『浅間山大変実記[151]』）が、現在その仁王像がどうなっているかは定かではない。また「吹屋」は現在の渋川市吹屋と思われるので、延命寺からの流下距離は五〇㎞を超える場所である。また「別当浅間山延命寺」を刻む鎌原村の延命寺の門石は明治四三（一九一〇）年「関東大水害」の年に吾妻川下流二五㎞の現在の東吾妻町矢倉地内で見つかり、その後、観音堂境内に里帰りしている。さらに「別当」の一部文字が刻まれた部分は門石の欠損部分で、割れて鎌原地内に残され、現在も道標として辻に置かれ「右すがお左ぬま田みち」と刻んでいて、天明三年の出来事を地元で語り継ぐ機能と役目を果たしている。

一九八〇年の確認調査により、「幻の延命寺」とされていた同寺の所在が確認され、続く一九八二年の発掘調査で延命寺の存在を明らかにする遺物の数々が出土している。延命寺の和尚は、大噴火の発生で職責を果たそうとして命を失った。また、土砂の押し寄せる「押し際」、村の縁辺にありながら、ぎりぎりの場所で、北麓を流れ下った岩屑なだれに呑み込まれてしまい、寺の本堂もろとも人々の前から消え伏せてしまったのである。人々の記憶や語り継ぎは、曖昧になり「幻の延命寺」と形容されながらも、その後も途絶えることなく、見つかる遺物や謂われのある品々が人々の記憶を新たにしてきたのである。

（4）赤城神社の旧一之鳥居

【図 24】　小暮神社境内の旧一之鳥居
（前橋市三夜沢町）

現在の高さ一一m笠木幅一八mの「赤城山大鳥居」は「赤城山登山口の道標」とともに、群馬県の県道前橋大胡線の小暮交差点に建っている。かつて、ここには、天明三年の翌年に地元小暮地区の人々が赤城山の鎮撫を祈念し、地区内から移築した別の鳥居があったという。しかし、昭和四〇（一九六五）年の有料道路建設に伴い撤去され、赤城大沼湖畔にあった旧大洞赤城神社に移築された（現在の大鳥居はその後建てられたもの）。さらに、この鳥居は、平成六（一九九四）年、損傷が進み補修復元され、大洞から小暮神社境内に移され、「旧一之鳥居」として補修復元された。[152]天明四年は、赤城神社の社家数や総人口が減少する時期でもあり、[153]天明四年一〇月の『勢多郡三夜沢村赤城神社社人金子借用証文』には、社人六名が連名、六筆をもって、一四両ほどを借り入れしている。一八世紀半ばにおける商品経済の急速な展開により、没落・退転をたどる時期であった。[154]神社としての経営が窮地を迎える中で、この時期に天明四年に鳥居が建てられた実体には、また別の意味合いが含まれると考えられる。

伝えられる伝承では「赤城山」に対する鎮撫と表現されているが、赤城山の火山活動は『吾妻鏡』の「建長三（一二五一）年赤木嶽焼」が比定される向きもあるが、定説とはなっておらず、特に近世期の活動は全く知られていない。噴出物が確定できるのは、三万年前の噴火活動である。少なくとも、鳥居の造立は前年の浅間山噴火天明の飢饉が進行する趨勢の中での行為であり、前年の出来事が地区の人たちにどう受けとめられ、火山災害に対する鎮撫を目的としたかを推測することにつながる。この鳥居は、現在小暮神社境内に移されており、実物を目のあたりにすることができる。「願主小暮邑中」と刻まれる礎石に建立されている。

（5）成身院（埼玉県本庄市）

【図 25】明治 43 年再建の成身院百体観音堂
（埼玉県本庄市児玉町）

平等山宝金剛寺成身院（埼玉県本庄市児玉町小平五九七、足利持氏開基、禅密兼学元昭上人開山、児玉三三霊場一番札所）の住職元眞は、利根川の畔、現在の坂東大橋付近に壇を築き、末寺の僧徒を集め七日七夜にわたり法華経を読誦し、天明三年噴火による犠牲者の回向につとめた。さらに、天明五年、犠牲者の菩提を弔うために百体観音堂の設置を発願するが、生前に果たすことは叶わず、弟子の元映上人が志を継いだ。近郷をはじめ、江戸を廻って、寄進を仰いだという。多くの人たちの仏心を寄せ、吉原の遊女達も進んで喜捨に応じたといい、寛政七（一七九五）年悲願の成身院百体観音堂、螺旋式の栄螺堂が落成した。百体観音堂は高さ約二〇m。外観は二層堂、内部は三層の回廊造りで右回りに三匝《そう》する。百体観一層が秩父三四、二層が坂東三三、三層が西国三十三観音を納め、合わせて百体観音を祀る。三層中央に本尊白衣観音を祀る。明治二一年に焼失するも、明治四四年に再建された。百体観音堂例祭は、毎年一一月二三日（勤労感謝の日）に厳修《ごんしゅう》され、午前一一時からの檀信徒先祖代々精霊供養・霊園永代供養の護摩が、午後一時から天明三年の浅間山大噴火以来の災害や事故で亡くなられた人達への追善供養と参詣者への所願成就の護摩が焚かれる。江戸時代の成身院は百箇寺の末寺をもつ談林（僧侶の学問所）であった。現在は、真言宗豊山派に属し、児玉三十三霊場の第一番札所となっている。

七月八日、吾妻川から利根川を伝った天明泥流が本庄に及んだ記録は、地元史料『浅見佐吉手記』の記録で、

八日昼過ぎに、利根川の瀬鳴る事夥しく、程なく出水す、…石砂泥火石大岩材木人馬共に皆一同に流れきたり、火石よりけふり立ち四五日やまず、大岩は四五間又は六七間程の岩なり、小岩は俵又は桶程有る岩也。此の外小岩皆焼石也、此の泥火石故か、ぶつぶつにえるがごとし、其の高さ二丈斗り高く流されて、利根川筋残らず泥入りとなる[155]

といい、また、近隣の本庄市都島の正観寺の織茂家墓碑（文化三年）にも、

文化三丙寅年　六月廿七日　□万福院昌誉覚本居士　霊位　天明三壬（ママ）卯七月五日夜ヨリ信州浅間山焼初
天地心働致、三日三夜砂降、同八日四時ナリ止、同日八時利根川流火石焼石如山押来、五料御関所東ヨリ三分川
押切烏川押留、同九日夜川ヨリ八丁川原西東ヨリ烏川水
押来、驚家明小嶋本庄万年寺家中引越、盆中十五日迄借宅致シ、漸々水引立吸申候　織茂氏　勘解由　佐右門
門左右門　兵右門　忠左右門　俗名兄左右門方　弟左平次笑右門　忠蔵

と刻まれていて、流れは三分川を押切り、烏川の水を停留させたと解釈できる。夜半には水が押し寄せてきたといい、水が引くまでの七日間の避難生活を送った記録として、この地の人々に記憶されている。噴火で発生した天明泥流は、一〇〇km以上を流下した後も村々に大きな被害を与えていた。「三分川」と「七分川」は群馬県の玉村と伊勢崎分で、利根川の洪水発生の紛争となっていた地点で、享保七（一七二二）年の裁定で、三分を八丁河原の烏川筋に分流することで折り合っていた。七分を埋めつくした泥流は、三分川筋を奔流して、烏川を押し切って都島村を襲った。そして、村人は本庄台地に避難したというのである。

『武江年表』(156)にも、付近の利根川の水が山の如くに押し掛け、人家が跡形もなくなったとあり、中瀬、八丁河原の辺りへ樹木、家屋人馬の死骸が流れよること夥しい、と記されている。利根川河原は、人馬の死体をはじめ累々とした光景であったのである。川辺には、夜ともなれば亡者のうめき声が聞こえ、流れ飛ぶ蛍の光がさまよえる亡霊の魂のようにも見えていたとさえいう(157)。また、『浅見佐吉手記』(158)では、「当宿諸寺院其の外、所々寺々にて流施餓鬼、光明真言百万遍等これ有り、右は川流れ死者菩提の為也」といい、この光景に、諸寺宗派を問わず供養に努めた事実が記録されている。また、『武江年表』(159)の記事は、この事実を次のように伝えている。

天明八年〔戊申〕被災者の合同葬　十二月寺院に命じ給ひ、浅間山焼、奥州飢餓、疫病、関東出水、京都大火の焼死、溺死等、この災に罹りし者のために施餓鬼を修せしめらる。江戸は本所回向院、小松川仲台院なり。京都大災といふは、今年正月晦日、洛東団栗辻より出火して、洛中洛外、大内まで御災上あり。〔略〕この頃、修行者の木魚をたたき、光明真言を唱へ歩くもの多し。これは上州天災〔浅間噴火〕の節、死せるもののために、唐銅の百観音を建立するためとなり。

成身院は、各地にある浅間山天明噴火犠牲者供養の構造物として、最も大きく荘厳なものであったというが、明治二一（一八八八）年の火災で焼失する。さらに、百体観音堂建立の元映上人の頌徳碑「百観音剏主元映師墓志銘」は、天保一一（一八四〇）年に建てられたものであるが、火災後行方不明となった。しかし、百体観音堂再建一〇〇年を祈念し、残されていた拓本を元に再刻されている。次の様に刻む天明三年浅間災害の供養と栄螺堂の建立に係わる悲願の成身院百体観音堂の落成を語り継ぐ碑文である。

…天明癸卯七月七日信（州）之浅間山焚エ、震動雷激シク熱泥暴騰ス。焦石三百里内ニ流レ、沙土五百里外ニ雨（ふ）ル。刀（利根川）鳥（川）ノ二川ニ人民流死スル者、其ノ麗（かず）憶（はかりしれ）ズ。師、為ニ壇ヲ川上（川のほとり）ニ造リ、僧徒ヲ集メテ法華萬部（法華経一万遍）ヲ誦読（じゅどく）ス。又東部ノ劵（眷）縁（江戸の縁故のある寺院僧侶）ニ趣キ、日ヲ積ミ百（体）ノ圓通（観音菩薩）ノ銅像ヲ鋳作ス。南陵（南の丘）ニ宏楼ヲ削（さく）成（せい）シテ落慶シ、百像ヲ安置ス。又僧侶ヲ招キテ開龕（塔の開眼）ヲ為シ、以テ川二川溺死之霊ヲ弔ウ。其ノ功徳亦大ナラズ乎…（送り仮名、ルビ、（　）は今井青史氏による）[160]

明治二一（一八八八）年三月に、お籠り堂からでた火災により、この観音堂は全焼する。しかし、時の第七八世伊藤宗盛は、その年一〇月に「平等山再興事務所」を開設し「噴火死亡追弔百体観世音再興募縁疏」を作成する。以下は、その一部である。[161]

観世音尊像も堂宇と共に焼失して同し煙と消えたれば、彼の悲しき人々の跡とふ道の絶たるを常に嘆はしく思ふ折から、又今度の磐梯山にて非業の最後を遂げたる人多しと聞て、今を悲むの心は昔を忍ぶの情をさしめ愈々悲嘆に堪へされば、更に十万壇信の力に依りて彼の百体観世音を再興し、平等山の名に背かす浅間磐梯もろともに業障深き幽魂を度脱し、同く普門円通の法沢を蒙らしめんと欲す。

天明浅間災害罹災者供養悲願の成身院百体観音堂は、一端は焼失するも、噴火つながりともいうべき別の火山噴火災害がこの記憶を甦らせることにもなった。明治二一（一八八八）年七月の磐梯山の噴火は、四七七人の犠牲者を出し、災害史の上では、近代日本を襲った最初の大規模な自然災害であり、明治政府は国をあげて調査、救済、復旧活動を実施した。このため、自然災害についての防災対策のあり方を国家として取り組む契機となった出来事の一つともいわれる。日本赤十字社の最初の「平時救護」として災害救護活動がおこなわれた災害としても知られる噴火災害である。そして、天明浅間山噴火と磐梯山噴火の犠牲者の慰霊という意味も込められた、「観音堂再建」という人々の記憶の再構成の契機ともなっていたのだった。

前掲の白石論考で述べられるように、[160]「各地にある浅間山噴火犠牲者供養の建造物の中で、最も大きくて最も荘厳なもの」に違いないが、それにも増して特筆すべきは、百体観音像および百体観音堂建立の願いが世代を経て引き継がれ、完成した経緯である。しかもその後、災禍に見舞われ、すべてを焼失したにもかかわらず再建され、今日なお、人々の慈悲心と祈りの伝統が連綿として受け継がれている。天明三年浅間災害に派生する事例である。

また、明治初めには作られた「浅間山噴火大和讃[162]」には、鎌原で江戸の東叡山に哀訴して施餓鬼供養を営んだことが明記されている。このようないわば、大々的な施餓鬼、慰霊の施しといった供養の執り行われた事実があるのは、浅間山の麓の激甚地のみではなかったことには着目しておくべきであり、被害とそれに纏わる供養の広域性とその語り継ぎを確認することにもなる。

（6）西光寺（秩父市）四国八十八仏回廊堂

秩父にある秩父札所第一六番無量山西光寺の本堂奥の「四国八十八仏回廊」の棟札には「寛政七年卯十一月吉日法諄顕性代」「小平唐銅百観音并当山八十八仏ハ天明三卯浅間砂降り変死為夭縁精灵《むえんしょうりょう》□志願也　顕性」「施主金三十両武州小平成身院　元映　同五両…」とあり、寛政七（一七九五）年成身院から、宗派さえも異なる寺に、浅間災害による犠牲者の供養という同じ目的で、寄進が成されている。(161) 天明三年浅間災害という出来事に向かい合い、供養の手向けを施した宗教者の記録と読み取ることもできる。

同寺の案内板には、

【図26】　無量山西光寺
（埼玉県秩父市中村町）

関東八十八ヶ所特別霊場　天明三年浅間山の大噴火は人々に甚大な被害を与える　それより十年の歳月　世情不安を鎮めむと　寛政七年この準四国八十八仏回廊堂は完成した　以来二百年余　平成に至り関東にも　大師八十八ヶ所霊場が開設されるに当り　その由緒により　特別霊場に指定された

と記している。また、「弘法大師ご生誕千二百記念　四國八十八佛廻廊堂大修復の由来」の石碑は、次の様に記している。

天明三年浅間山大噴火は　秩父地方にも約十糎の降灰を齎らし　人畜農作物共に大被害を受けた上　天明の大飢饉と重なり　多数の餓死者が出ました　時の当山住職法諄和尚は　その供養の為　八十八佛廻廊堂の建立を発願し　本寺の成身院住職元映和尚の合力を得て　護

摩札八千余枚をたき　観音経千余巻をあげ　広く浄財を募り　十年の歳月を費やして当堂を完成し　無縁の精霊を慰め　五穀豊穣と天下泰平を祈願しました　このような廻廊堂が地方の一寺院に建立されているという事は極めて稀で　爾来巡拝者で賑わっております　建立以来約二百年を経た今日に至る迄の間に　二度の小修理が施されてはいますが　数十年に亘る無住の時代に加え　維新と敗戦という二度の混乱期に遭遇したため　本堂は勿論庫裡　廻廊堂の荒廃はその極に達し　これを憂えた当山第十六世住職量全和尚代の昭和四十六年に弘法大師ご生誕千弐百年を記念して　当山の復元を発願しました　直ちに住職以下檀信徒は一丸となって浄財を募り　本堂　納札堂の修理　庫裡の再建や寺域の整備を行いましたが　廻廊堂修復については創建の故事に倣い　広く浄財を募り　市　巡礼の会をはじめ多数の崇敬者の協力を得て着手しました　そして五年の歳月をかけ大修理は完成し　当山は名実ともに往時の姿を復元した次第であります　昭和五十一年十一月七日　　廻廊堂建設委員会　　十七世橋本浩一代

と刻んでいて、寺院の再建において、天明の災禍に対する志を継承するかのように「多数の崇敬者の協力を得」る形で着手されたとして、一宗派や寺院によるものだけではない、宗派を越えた無縁の精霊に対する慰霊行為の継続性を見いだすことができるのである。

(7) 児玉三十三霊場再興の由来

児玉三十三霊場の発足は、一説に、天明三年の浅間山大噴火の犠牲者を弔うために開創されたと伝えられている。『児玉の民話と伝説』[163]によれば、線外と名乗った宮崎政次郎は、以前に関わっていた寺に協力を願い出て、昭和三年五月、願望を達成し、新西国三十三番児玉札所を再興したという。

宮崎は、夢枕にあらわれた不空絹索観音の功徳に施され夢の最後に出て来た寺が、まさしく児玉法養寺であったことに驚く。時の法養寺住職から、児玉三十三霊場について住職が先代から聞いていた次の話を示されたという。

まったく御奇特なことですね。実は児玉には天明の昔、浅間山大爆発の折、山麓の村々や吾妻、甘楽にまで及んだ大勢の犠牲者を供養する事に併せ、この辺りまで降り積った浅間砂の取り片付けに種々の御経を唱えながら、昼は田や畑仕事、夜は三十三ケ寺詣りをしたものだそうです。それがいつしか児玉地方の三十三霊場として、廻る道もきまっていたようですが、ご承知のように仏教にも種々の宗派があって、江戸末期になると、食べるために信仰も型が変わっていつしか立ち消えになって…

この話をもとに、一端は衰退した霊場の再興を自分が成さなくてはならない仕事として努力を重ね、新西国三十三番児玉札所が再興されることになったのだという。

宮崎政次郎（線外）は、文久二（一八六二）年児玉に生まれた人物で、上京して一女をもうけるが二四歳で妻を失い、貸本屋、書画骨董、地方新聞記者などを経て、文人奇人政界人との交友をもった人物で、常人を逸する人生観から線外と名付けられたともいう。「南無の一声」を支えとして昭和三年に新四国三十三霊場札所整備の大願を成就したことが、法養寺にある「児玉三十三霊場　奉賛会（昭和五七年一〇月二五日）」による碑と「宮崎線外翁顕彰碑」に刻まれている。

【図27】「児玉三十三霊場」案内看板（本庄市児玉町）

現在の法養寺は、真言宗白雉山法養寺豊山派、薬師如来を本尊とし、本庄市児玉町児玉に所在し、児玉三十三霊場の三番札所となる。札所寺院は埼玉県本庄市、美里町、上里町、神川町の一市三町に所在している。

（8）成仏できない死者の霊魂の超常現象

先の東日本大震災において、震災後被災地各地でタクシードライバーが幽霊を乗せるという特異な体験が聞き取られている。このことを金菱清[164]は「生ける死者」と位置づけ、災害による非業の死を遂げた「曖昧な喪失」としての死を迎えた、失われた人々（霊魂）の存在を取り上げている。「死者忌避論」に基づいて、死者は忘却の彼方へ追いやられる状況がある中で「本来災害は、それまで普段あまり意識することもなかった死に対して振り返る機会を与えてくれる[165]」といい「生者でも死者でもない、その中間領域でしか成り立たない〝生ける死者〟」の存在と扱いについて考察している。

また、社会学者今井信雄が阪神・淡路大震災の調査成果[166]をもとに慰霊碑を①「追悼」型と②「教訓」型の慰霊碑に分類したことを押し進め、「記憶」型の慰霊碑をさらに導き出している。これは、先の東日本大震災で犠牲になった自分たちの子供が生きていた証として「社会の記憶」に留めておこうとする第三のタイプとして③「記憶」型の慰霊碑の位置づけをおこない、「現在進行形で親子の記憶を疑似体験」するかのごとく、「わが子を忘れてほしくない」という願いと「今だ生きている子供たちの記憶」の狭間にある遺族の想いに形を与えたものがこのタイプの慰霊碑であるとの位置づけをする。

「被災地、タクシーに乗る幽霊　東北学院大生が卒論に」「幽霊おって　震災の死者思う[167]」の見出しで報じられるのが、先の東日本大震災から五年を前に、宮城県の石巻地域で一〇〇人以上のタクシードライバーたちが体験した「幽霊現象」の取材を通して得られた、「密やかに幽霊現象をリアルに体験している事実」や「霊現象に対して畏敬の念をもって接し、彼らの心にしまっている姿」を卒論の対象テーマとする取り組みである。「幽霊現象」という、超常的な現象であり、震災と霊性に関わる視点として、天明三年浅間災害において「成仏できない死者の霊魂の悲鳴が続く」というように記憶された超常現象を確認しておきたい。

その例として、①「浅間山噴火和讃」にみる鎌原村と寛永寺、②吾妻川沿いの村々での記述、③戸谷塚の夜泣き地蔵、④利根川右岸埼玉県側と成身院の例の四例を取り上げることができる。

「浅間山噴火和讃」（①）のなかで「泣く泣く月日は送れども　夜毎夜毎の泣き声は　魂魄《こんぱく》この土に止《とど》まりて　子供は親を慕いしか　親は子故に迷いしか　悲鳴の声の恐ろしさ」といい、成仏できない死者の霊魂の悲鳴が続くというように、超常現象を伝える。そして、「毎夜毎夜のことなれば　花のお江戸の御本山　東叡山に哀訴して　聖の来迎願いける　数多の僧侶を従えて　程なく聖も着き給い　施が鬼の段を設ければ　餓《のこ》りの人々集まりて　皆諸共に合掌し　六字の名号唱うれば　聖は数珠を爪《つま》ぐりて　御経読誦《おんきょうどくじゅ》を成し給う」といい、東叡山の僧侶による施餓鬼供養が施されたことで、魂魄は浄土に導かれることができ、毎夜毎夜の泣き声も止んだ、というのである。事実の確認には至らないにしても、大災害後の特異な体験の顛末と記憶の語り継ぎは和讃に盛り込まれているのである。

吾妻川沿いの村々（②）では、打ち続く困難の中で施餓鬼供養が、流死者に対する弔い、奇特な行動として執り行われる。しかし、災害発生に伴う犠牲者の多くの魂が成仏できないという表現が文字記録の中でも、多々残されている。「あわれなるかな吾妻川附村々、流死人魂魄残り、毎夜毎夜出て川筋沢辺にて啼き声有り、毎夜毎夜の事なれば所々寺々に於て、飲食浄水をそそぎ、我鬼道を供養し、木塔追善有り。其後なく声聞えずとなり。（『浅間焼出し大変記』(168)）」というように、場所や寺院の特定は出来ないが「流死人魂魄残り、毎夜毎夜出て川筋沢辺にて啼き声有り」という史料の中の記録が、多くの寺で供養が執り行われた事実を伝える。ここでの文字表現は、前述の「浅間山噴火和讃」の文言と重なる部分が多く、明治初年には存在していたとされる和讃との出典関係の可能性は含まれる。

戸谷塚の夜泣き地蔵（③）は天明四年に戸谷塚村中の手で建立され、群馬県伊勢崎市戸谷塚町にある子安観音堂境内に建立されている。大正二（一九一三）年の耕地整理により、埋もれた七分川の字絹園地内から三五〇m離れた現在地に移された。天明泥流によって、戸谷塚付近の利根川岸には、手足バラバラの七〇〇を超す遺体が漂着したという。そして、夜ごとに泣き声が聞こえるという超常現象が伝えられ、霊を供養するために三〇数戸の村人が浄財を出し合って地蔵を造立したという。この建立により、泣き声は聞かれなくなったのだという。そのために、この地蔵は供養碑でもあるが「夜泣き地蔵」の別名をもっている。今日、地蔵の掛けている前掛けを夜泣きする子に掛けてやると、夜泣きがなおると信じられ、信仰を集めている。地蔵尊には「天明四辰年十一月四日」「施主　戸谷塚村中」と刻まれている。

　中瀬は、現在の群馬県の伊勢崎市と太田市の境界付近の利根川対岸で埼玉県深谷市に位置する。また、埼玉県上里町にある八丁河原は利根川と烏川の合流点の埼玉県側にあたる場所である。『武江年表[169]』に「中瀬、八丁河原の辺りへ樹木、家屋人馬の死骸が流れよること夥しい」と記されているように、利根川右岸の埼玉県側（④）の河原は、人馬の死体をはじめ累々とした光景であったのは事実であろう。川辺には、夜ともなれば亡者のうめき声が聞こえ、流れ飛ぶ蛍の光がさまよえる亡霊の魂のようにも見えていたとさえいう光景[170]もまた真実からそれた言明とは思えない。『浅見佐吉手記[171]』では「当宿諸寺院其の外、所々寺々にて流施餓鬼、光明真言百万遍等これ有り、右は川流れ死者菩提の為也」といい、諸寺宗派を問わず供養に勤めたことが記されている。さらに、小平（埼玉県本庄市児玉町）にある成身院の住職元眞は、利根川の畔、現在の坂東大橋付近[172]に壇を築き、末寺の僧徒を集め七日七夜にわたり法華経を読誦し、回向につとめた。既述のように、その後天明五年、犠牲者の菩提を弔うために一〇〇体の観音堂の設置を発願し、弟子の元映上人が志を継ぎ、寛政七（一七九五）年悲願の成身院百体観音堂、螺旋式の栄螺堂が落成したのである。

　このように、成仏できない非業の死を迎えた人の魂が、宗教の行為により魂を鎮められたという記載や言い伝えをもって、歴史災害の中からの抽出例としておきたい。また、大災害において、人々の魂が超常現象として出現すること、さらに、人々の宗教観にかかわる対応がどう働いたかをここでは提起しておきたい。

第六節　信仰や地域文化への特化

（1）信仰の特化

【図 28】本節の関係位置図

先祖が苦難を乗り越えてきてくれたからこそ現在の自分たちがあるということを、感謝の念を込め再認識できるのは、語り継がれてきた伝統や文化に接する時であろう。災禍に出会しそれによって生じた様々な事柄や人々の気持ちが形を変え、世代を越えて営まれてきている例を本論では抽出しようとしている。こういった経験は、天明三年浅間災害から派生して、現在の多くの信仰や伝統行事、伝統芸能といった文化につながっている。

ある場合には先人の供養を例祭といった地域の行事・文化へと形に変えたり、人々の暮らしの節目に位置づけたり、語らずには居られない功徳を利益のあるものへと進展させたりするなど、信仰が特化していく過程にはいくつかの姿が読み取れる。そして、それは行事の起源としては認識されなくとも、現在へと脈々と受け継がれている場合がある。文字や記憶から消えてしまったとしても、人々の間で形を変え受け継がれるということにも注意を注いで見ていきたい。

そういった一つひとつの人から人への記憶の受け渡しが、語り継ぎという行為であり、特化されていく姿にも着目する必要がある。

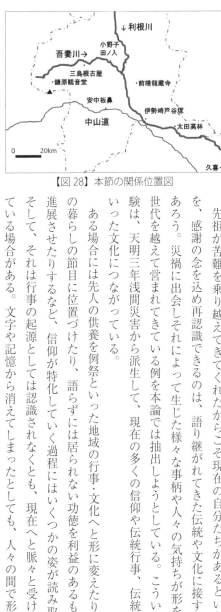

(2) 鎌原観音堂の厄除け

群馬県吾妻郡嬬恋村の鎌原地区は、吾妻川に注ぐ支流河川によって谷地形が形成された南北に長く開けた窪地の一つで、西側が小高い丘になっている。その一画に鎌原観音堂がある。浅間押しの際には、観音堂に逃げ上がった者だけが助かったといい伝えられている。「浅間山噴火大和讃」の「残り人数九十三　悲しみさけぶあわれさよ　観音堂にと集まり

て　七日七夜のその間　呑まず食わずに泣きあかす」という歌詞のとおり、避難、そして、村の再スタートの舞台となった場所である。観音堂は正徳三（一七一三）年に建立された間口二間三尺五寸、奥行二間三尺の小さな堂宇で、境内の広さは、四二坪ほどある。[173] 口碑では、建てられたのは平安時代ともいい、本尊は十一面観音観音の坐像で、鎌原の名主市左衛門の棟札があり、武運長久が祈願されたという由緒も伝えられていて、以下、昭和五六年四月一〇日の鼎談から引く。[174]

いま、観音堂で、老人クラブが交代で留守番をしておりますが、これはもう七年ほどになりましょうか、発掘以前から続いているんです。で、老人クラブがあそこで留守番をはじめた動機というのは、ＮＨＫなどの報道に取り上げられたのが契機となって、そのころからぼつぼつ参詣客が見えようになったんですね。それで、人が来てくれるのだから誰か居なければ、ということになって、それからずっとおてんまがつづけられております。

この記載にしたがえば、昭和四九年から、観音堂の留守番ははじめられていたことになる。「おてんま」とは、この地方で、地区であてがわれる当番のことをいう。メディアに取り上げられたことで、全国の人たちが注目することになり、このことで、天明三年浅間押しの和讃とか、年配者による念仏会とか、彼岸の供養といった語り継がれてきた題材が世に出ることになった。それらが、協力的な地域の社会組織において、いくつかの要因の絡まりのなかで土地の人々の願いが先祖をふりかえるゆとり、あるいは、住民が客観的に見返る気運の広まりによって、結びついた語り継ぎ活動と表現できるだろう。

地元観音堂奉仕会が、訪れる人々にお茶をふるまい、温かく迎えてくれる。その活動の裏には「先祖が助けられた観音堂は、わたしたち子孫が守る」という、先祖や観音堂に対する強い感謝の念、地域の力が宿っているのである。このような想いの積み重なりは、今日、難を逃れた村人を救い見守ってきた鎌原観音堂が「厄除け観音」として信仰されつつ、多くの参拝客や観光客を迎えていることへとつながっていくのである。

（3）根古屋の念仏講

鎌原村でおこなわれてきた念仏講は、三十三回忌の頃に始まったとされ、今でも年間二〇回ほどの講がおこなわれている。これは、組織的な供養として各地で行われる念仏講[175]の起源と天明三年浅間災害の激震被災地での年中行事が融合した継続性を示している。

これに対して、鎌原から二〇㎞ほど下流の現在の東吾妻町三島の根古屋の念仏講も、天明三年の災害供養を直接起源として現在まで伝わっている例である。『岩島村誌[176]』によれば、同誌が編纂された当時の記載で、一〇人ほどの念仏講が農繁期を除く各月一六日夜に、回り番で宿を決めて集まり「天明三年七月」と記された十三仏像をかかげて拝み、直径二mほどの輪を百遍廻しながら、念仏や般若心経、和讃を唱えて仏の冥福を祈り、日々の穏静を祈願する行事となっている。

根古屋の念仏講は、水出きぬ氏の先祖にあたる水出与右衛門八代目代蔵という人物が、天明の浅間山噴火の頃に西国巡礼に出かけていたが、噴火が発生し多くの犠牲者が出たことを播磨の国で聞き、急いで帰り死者の供養に念仏をしたのが始まりと伝えられている。その際に、十三仏像（掛け軸）と数珠玉が一二〇〇もある大数珠を持って帰り、念仏講を催したという。また、その際に高野山から持ち帰ったという、現在胴回り一七〇cm余の菩提樹が根古屋の大日如来堂の前の同家墓地に植えられているという。しかしながら、代蔵という人物は、文久年間（一八六一〜六四）頃の人ともいい、不確かな部分もある[177]。

現在、同地区を訪ねても詳細を知ることは叶わず、近年になって、忘れ去られようとしている記憶ともいえるのかもしれない。

（4）元三大師厄除けの起源（青柳大師・龍蔵寺）

通称「青柳大師」として知られる群馬県前橋市龍蔵寺町の龍蔵寺は前橋市の西部に位置する。町名の由来は、文字通り所在する青柳山龍蔵寺からきている。寺は延暦二（七八三）年、現在の隣接する青柳町に堂が建てられたのが始まりといい、現在の地に移されたのは、南北朝時代の一三〇〇年代という。現在の境内は、旧利根川の河道で、龍が潜むほどの深い場所だったので「龍ケ渕」と呼ばれ、そこから龍蔵寺の名がついたともいう。毎年一月三日は寺に祀られる元三《がんさん》大師の「ご開帳」が行われ、家内安全や無病息災を願う参拝者で賑わうが、この元三大師には、浅間押しに際して次の様な伝説が残されている。

【図29】元三大師堂の扁額
（青柳山龍蔵寺）

大師堂はもともと東向きに建てられており、中に安置された元三大師も東を向いていた。天明三年に浅間山が噴火したとき、利根川の堤防工事をしていた人夫が災害の危機にさらされた。この時どこから来たのか黒衣をまとった僧があらわれ、一心に読経をあげ、多くの人夫を救ってくれた。不思議に思った信者たちは、この僧はきっと大師様に違いないということで、当時の住職に願い出て大師の厨子を開けてみると、東を向いていたはずの大師様の向きが変わっていた。さらに、この大師様の仏像が全身汗をかいて生きているようであった。以来、この元三大師は厄除大師といわれるようになった。[178]

元三大師は、天台宗比叡山の中興の祖と仰がれる良源（九一二～九八五）のことで、正月三日に亡くなったことで「元三大師」とも呼ばれ、他にも慈恵大師・豆大師・角大師など多くの名称で呼ばれ、それぞれに由来をもち様々な伝説に彩られて、各地に厚い信仰が今も生きている。大津市歴史博物館企画展によれば、[179]良源の超人的な活躍は、権化の人・応化仏（仏や菩薩が衆生救済のため相手に応じていろいろな身体を現すこと）とも考えられ、観音菩薩の権化と捉えられている。その一方で仏法擁護のため魔界の棟梁となったとか、平清盛は良源の生まれ変わりだとも言われ、人々を救い、仏法を助ける強烈な霊力を持った存在に映ったという説もある。近世には「観音籤」と呼ばれるおみくじが盛んになるが、元三大師信仰と一体となって広まったという由緒をもっている。

元三大師が祀られる龍蔵寺では、天明三年浅間災害に際し、元三大師が権化して利根川で堤防工事に携わる人々を救済するという伝説として語り継がれてきている。そして、そのことが「厄除大師」として、厚い信仰をえる形で今につながっているのである。今日「関東の三大師」として元三大師を祀る寺院で知られる厄除け大師が、天明三年浅間災害に纏わり権化となっていたのであった。厄除け大師として毎年一月三日には「お大師様縁日」として、厨子が開帳され、二日夜半から多くの参詣者が厄除大師をお参りし様々なお札を求めるようになっている。(180)

（5）戸谷塚地蔵尊　夜泣き地蔵

伊勢崎市戸谷塚町付近の利根川岸には、七〇〇を超す遺体が漂着したと伝えられ、夜ごとに泣き声が聞こえたことから、犠牲者の霊の成仏を願って、三〇数戸の村人が浄財を出し合い翌年に地蔵様を建立したところ、泣き声はしなくなったとの功徳を伝える地蔵尊である。

それからというもの、地蔵の掛けている赤い前掛けを借りて夜泣きする赤ん坊に掛けてやると、夜泣きが治ると信仰され「夜泣き地蔵」と呼ばれるようになった。百八十回忌の供養祭以降、毎年、観音の縁日である旧暦一〇月九日にあわせて供養祭が続けられている。それは、災禍のあった八月五日ではなく、地蔵尊のある観音堂の縁日によるためという。

被害の記憶が「夜泣き」へと特化し語り継がれているのが「戸谷塚地蔵尊」にまつわる言い伝えであるが、全国各地に伝わる赤ん坊の夜泣きにまつわる話は「その子の夜泣きをなおしたければ、わしのお堂の前の橋の板をけずって、ぼうやのまくらの下にしきなされ」とか「子どもが夜泣きをして困っていたお母さんが、地蔵様の足元に落ちていた小石

【図30】戸谷塚地蔵尊の供養祭
（伊勢崎市戸谷塚町）

をひろって帰って、夜子どものまくらの下に石を入れたら、ぴたっと泣くのがとまった」というように、いわば「夜泣き止め地蔵」の話が聞かれる。また「馬の背に乗せられて運ばれてしまった地蔵が馬子の枕元に現れ、もと居た場所が恋しい、と涙を流す。運んだ馬子が元の場所に連れ帰る」話などもある。

萩原進は、戸谷塚地蔵尊を里人がこれを憐んで地蔵を建て懇ろに亡き霊を待っていることに対して「大衆の胸に焼きついた宗教的感情の萌芽として注目すべき[181]」としている。

天明四年に戸谷塚村中の手で建立された供養地蔵は、左足立膝の丸彫り地蔵菩薩坐像で、大正二（一九一三）年におこなわれた耕地整理により、字絹園地内から三五〇m離れた現在地に移転した。像高六五cm、正面に「供養塔」、右側面に「天明四辰年十一月四日」、左側面に「施主　戸谷塚村中」と刻む地蔵尊は、現在、伊勢崎市戸谷塚の子安観音堂境内に建立されている。

噴火百八十回忌の年昭和三七年一一月三〇日、浄財により地蔵尊の由来を刻み込んだ記念碑が地蔵尊脇に建てられてからは、鎌原の住民が供養に訪れるようになった[182]。約九〇〇字の説明が記され、嬬恋村、長野原村、戸谷塚町の有志によって建てられた「天明地蔵尊之碑」と「天明浅間押二百回忌供養碑」が並んで建てられ、毎年区民の手で被災供養の念仏和讃も詠われている。

（6）太田高林の焼き餅行事

太田市高林地区の「焼き餅会」は、一端は途絶え、再び続けられるようになった行事である。周辺では、天明三年の浅間山噴火による降灰やそれに次ぐ長雨に起因する河川氾濫などにより、家屋、田畑は大きな被害を被った。伝わるところに依れば、天明の飢饉をむかえる中で高林の人々は、石田川辺りの不動が渕を流れてきた木造の不動尊を祀り、飢饉の中で残された僅かな米や粟、稗などを粉にし、菜っ葉や大根葉などを油で炒め餡にして入れた餅を焼いて供え、妊婦の「安産」を祈った。そして「不動尊に供えた餅を食べた妊婦が元気な赤ちゃんを無事に産んだ」という。そのいわれがその始まりで、この地域に「貴重な食料」としての焼き餅が伝えられてきた。以来「高林地区の焼き餅不動尊」は近隣地域に知られることとなり、焼き餅会は地域の行事として語り継がれ現在に至っている。高林南町の不動地区では、嫁や結婚した娘には一月二八日と八月二八日を不動尊の祭りとして、安産を祈り、焼き餅をつくって食べさせる風習が各家に伝えられている。

【図31】焙烙で焼かれる餅

現在の焼き餅会では、集会場の囲炉裏にかけた焙烙の上で焼く「おやき」に似た形の焼き餅約六〇〇個が神社や不動尊に供えられるほか、地区役員や老人会の会員らが味わい、この一年の豊穣や健康を祈願するという。戦後から一時期途絶えていたが、昭和五〇（一九七五）年老人会などを中心に復活し、会は高林神社の祈願祭に合わせて再開されている。時代を耐え抜いた先人の苦行を振り返り地域の絆を強め、この地域に伝わってきた風俗習慣を次の世代に語り継ごうという主旨で、高林南・西・北の三地区合同、近年二月二二日風祭りの日に高林神社で焼き餅会を開催するに至っている。平成一四年度幹事となった区長談話では「昔は災害があると、子供の出生率が悪くなるので、妊婦たちには、無理してもたくさん食べさせた。そこで、今では安産祈願として、この餅が喜ばれている[183]」という。天明三年の浅間山噴火で大飢饉を迎えた言い伝えに因んだ地域の伝統行事であり、地域の文化として根付き継承されているである。

木造の不動尊が流れ着いた不動が渕は、現在の石田川岸であるが、利根川の旧河道とみられる。現在地図で見ると、群馬県太田市分と埼玉県妻沼市分の県境部分と利根川岸が入れ替わっている。つまり、木像が流れ着いたといわれる現在の石田川付近は天明泥流の影響をうけている場所と思われる。しかし、この不動尊が天明泥流流下に起因するかどうかについては、現在纏わる伝承や史料の記事記述を知ることはできない。

【図32】焼き餅会（太田市高林、平成27年2月）

（7）身護団子―再興鎌原村の出発の記憶―

現在の鎌原地区には、春の彼岸に全戸から茶碗一杯の米を集めて「身護団子」を作り観音堂に飾り、先祖を供養する風習がある。現在も観音堂奉仕会の手により少しずつ形を変え継続されている。

壊滅的な被害にあった鎌原村のスタートは、生き残ったもの同士が、元の家族が眠る上に新たな夫婦や家族を再生するといった極めて特異でかつ哀しみに満ちたスタートだった。五七〇人の村人のうち、四七七人（八四％）の人を失った村。残された九三人による家族の編成が村の復興の第一歩であった。一説には、黒岩長左衛門の「この九三人は一族だと思ってくれ」の言葉ではじまったともいう。「家族」とは、血縁を絆にした組織・集団で、この上ない最高の組織・集団である。災害に見舞われた鎌原村の家族は血縁によって結ばれたのではなく、災害の後に、どうやって生きていこうかという思いを絆に込めた家族だったのである。

天明三年の岩屑なだれに埋めつくされた村では、観音堂で難を逃れた九三人が食うや食わずで七日七夜泣き明かし、何とか周辺の人々の救援によって掛けられた二棟の小屋に住み「大変」に遭遇し生き残った者は氏素性は異なっても骨肉の一族と思うべきとして「親族」との契りを結んだ。夫を亡くした女には妻を亡くした男を取り合わせ、子を失った者には親を亡くした子を取り合わせて、新たな家族の編成がおこなわれた。生き残った、九三人を組み合わせ、土地山林も屋敷割も過去の所有を御破算にして、所有関係をも均等割とした。これが、鎌原村復興のスタートであった[184]。一〇月二四日の最初の祝言で七組が結ばれ、暮れの一二月二三日には二度目の祝言が挙げられ、年内にあわせて一〇組の新しい夫婦ができた。こうして新しい家を作り、さらに家と家が協力して村を再建した。『浅間山焼荒一件[185]』には「祝儀進上もの」として「一、肴有合壱通り。菊次郎」との記述がある。その際に起因するのがこの身護団子であり『嬬恋村の民俗[186]』には、次のように聞き取られている。

【図 33】身護団子づくり
（嬬恋村鎌原　観音堂　2014 年 3 月）

ミゴダンゴ　春の彼岸のおこもりのときにつくるミゴダンゴは、和讃にあるような「妻なき人の妻になり、主なき人の主になり……」というカタメをするとき、何もないのでトリザカナとしてミソをつけたダンゴをもってきてやり、これが村人たちの身を守ってくれたというので、「身を護るダンゴ」というようになった。

現在の身護団子は、春の彼岸の入りに鎌原の年寄りが集まってつくる。ミゴ（カヤ）に差して麦藁の束にゆわえて供え、彼岸の明け口に村中（鎌原地区）に配る。原料は正月のオサゴが

主体で足りない分は村中から集め、水車でひいた米の粉を使う粉ダンゴである。(187)

二〇一四年の身護団子づくりは、三月一八日におこなわれた。丸い玉六個が一串で、六本の串を萱の束に縛り一束、その上位に串二本の十字の交点と両端に丸形が三個、頂上に宝珠形の玉一個が付けられ、十字の串が萱の束の頂上に付き、人型をイメージさせる。あわせて四〇個のダンゴで一単位となる。鎌原観音堂入口には幟が掲げられ、朝八時三〇分に作業開始、一一時には観音堂に供えられた。その後、女衆は念仏と和讃、男衆は道具類の片付けへと移行する。その後、観音堂脇のおこもり堂での昼食となった。現在は、観音堂奉仕会（平成二五年度は、四五名、六五歳以上）の手で営まれているという。当日は、一五の束がつくられ、観音堂に奉納された。

平成二五年までは、供えられた団子は、鎌原地区各戸に七個ずつ配られてきたが、二六年度からはそれがおこなわれず、参拝者に配られる方針に変わったという。地区でも家によっては、身護団子の意味合いが理解されなくなってきたともいうのである。このように、再生鎌原村のシンボル的な年中行事として二三〇余年にわたり語り継がれてきた「家族の契り・鎌原村復興の証」にも新たな意味合いが発生しつつあるのも事実である。

（8）安中板鼻の八坂神社祇園祭

「日本の歴史災害略年表」(188)を参照すると「天禄元（一九七〇）年初めて祇園御霊会を行う」と記述されている。一一〇〇年来の伝統を有する京都八坂神社の祭礼は、古くは祇園御霊会と呼ばれ、貞観一一（八六九）年に京の都をはじめ日本各地に疫病が流行した時に、平安京の広大な庭園神泉苑に当時の国数六六ヶ国にちなんだ六六本の鉾を建てて、祇園の神を祀り神輿をおくって災厄を追い払ったことがはじまりといい、現在の七月一日の「吉符入り」にはじまり、三一日の境内摂社の「疫神社夏越祭」で幕を閉じるまでの一ヶ月にわたって各種の神事・行事がくり広げられる。また、神輿の起源は、朝廷が九州南部で起こった隼人の乱を鎮圧するために、八幡神の神霊を乗せる神輿をつくらせたことによると今日に伝わる。祭りは、神輿に乗った神の神威を増すために行われ、担ぎ手が神輿を乱暴に扱えば扱うほど神は喜び、たとえ神輿が壊れようとも荒ぶる神が喜びめでたいこととされる。そして、祭りが荒れるほど神は活発になり、人々を幸せにしてくれるものと信じられてきている。乱暴に扱われるほど神の霊力は強くなるというのである。

群馬県安中市板鼻地区の「板鼻八坂神社祇園祭」の記事を東京新聞（二〇一三年七月一六日）「安中　板鼻祇園祭にぎわう」の見出しでみると、京都東山・八坂神社に由来する「板鼻祇園祭」があり、夏越《なごし》のはらいの茅の輪くぐりや御輿渡御《みこしとぎょ》が行われ、住民らで終日にぎわった、と報じられる。[189] 起源は、江戸時代、浅間山噴火による降灰と大雨による碓氷川の氾濫と飢饉により疫病が流行し、同地区で病をつかさどるスサノオノミコトを祭神にまつる祇園信仰が盛んに行われたことによるといい、神輿の渡御により無病息災を願う行事として現在も続けられている。

【図34】八坂神社祇園祭
（安中市板鼻 小枝橋悦子氏提供）

現在の旧中山道、板鼻二丁目にあった八坂神社の神官伊藤豊前が、悪疫退散の祈願を込め宮大工に命じ白木みこしを完成させ、旧暦の六月一四日に神輿振りをしたのが始まりという。午後一時頃から四つの子供神輿が出され、夕方には成人の男神輿と女神輿が約三時間かけて旧道を練り歩く。市内の咲前神社の神官が同行し、無病息災が祈られる。[190]

『安中市史』に記載された伝承によれば、[191] 飢饉や浅間焼けなどで疲弊し、疫病が流行した時、宿の金持ちが境町の世良田の神輿をモデルにつくらせたといい、特別な塗りは施されない白木造りで約九〇貫という。暴れ神輿という名の通り、現在は屋根の上の飾りもないほど傷んでいるという。板鼻関口にあった八坂神社は琴平神社に合併し、現在の児童公園奥の小祠に姿をかえ、白木の天王様の神輿収納庫がある。旧六月十四日（新暦で七月一四日前後）に牛頭天王の掛け軸を掛けて供え物をし、担がれる神輿は、その前で休息し、振る舞いの酒がもたらされる、と聞き取られている。また「勇壮に担ぐ祭り」で「暴れ神輿として有名(192)」と伝えられている。

平成三年には、七月三〇日の「茅の輪の行事」をこの日に合わせて、一緒にやって盛り上げようということになり、現在に至っているという。現地を訪ねてみると「茅の輪をくぐって一切の『厄』を祓い、身も心も健やかにこの夏を乗り切りましょう」という張り紙が出されている。「茅の輪」の起源は、正月から六月までの半年間の罪穢を祓う夏越しの大祓《おおはらえ》に使用され、それをくぐることにより、疫病や罪穢が祓われるといい「水無月の夏越しの祓する人はちとせの命のぶというなり」という古歌にのっとっているといい、あとの半年を新たな気持ちで迎えることになるという。茅の輪の起源は、蘇民将来が武塔神《むとうのかみ》（スサノオノミコト）から「もしも疫病が流行したら、茅の輪を腰につけると免れる」といわれ、その通りにしたところ、疫病から免れることができたという故事からきている。

このように、八坂神社の神官、あるいは宿住の財力者による発案により、起源を浅間災害による疫病の流行とし、近代になり「茅の輪くぐり」の疫病祓いと意味合いが重ねられ、今日の祭典につながっていることを確認する。

ここ安中藩では前橋藩同様に、災害が天明飢饉に追い打ちをかけ、農民暴動が発生するむきがあった。降灰被害の凄まじかった地域では、八月頃から農民の不穏な動きもあった。「安中藩主板倉勝暁《かつとき》は、伝来の器物（先祖が将軍家より拝領した茶器という）を売って二万両を得（平時なら米二万四千石が買える。飢饉で六倍の値として四千石）、領民の飢餓を救う(193)」という話が茶道の世界に伝わっている。二万両の茶器を想像することは難しいが、『信州浅間山焼附泥押村々并絵図(194)』には、安中藩主板倉がその年の年貢を免じ、

安中の城主板倉伊勢守晴暁領地は…御持屋敷或は名器等迄為払給ひ百姓を御恵有故にに百姓等殊の外出精し、田

畑起返し程もあらす富に栄り。此頃何人か、百姓も両手をつひておかむべし実に是か伊勢のかみさま

といっているので、事実と考えてよい。また『武江年表[195]』には、

筠庭云ふ、上野安中駅泥土に埋み破滅せしかば、領主板倉侯重代の器物を沽却し国中を治められる。其の器物の価、二万両と伝ふ。今より見れば廉価なるべし。

との記載がある。ここ安中には、天明の災禍に起因する悪疫退散の祈願として伝えられる祇園祭に加え、藩主のとった機敏な対応が、美挙として加えられている。

（9）久喜の久喜提燈祭り

安中市板鼻の例と同じように、祇園信仰と結びつく、埼玉県久喜市の「久喜の提燈祭り・天王様」は毎年、曜日に関係なく七月一二～一八日[196]の七日間にわたり実施される。一般に「天王様」というだけで祭りを意味している。八雲神社の祭礼、久喜の夏祭りとして行われており「久喜の天王様」「久喜提燈祭り」または「けんか祭」などとも言われ、この八雲神社の祭礼は神輿が中心となり、各町内からは山車が出て華やかさをそえる。現在では祭礼が「提灯祭り」として有名になり、久喜市内でも最大の祭りで「関東一の提灯祭り」としても知られるようになってきている。久喜市観光協会ホームページ[197]（埼玉県久喜市／久喜市祭典委員会）によれば、昼間は人形山車、夜は提燈山車で、同じ山車が昼夜別々の顔を持つ。提燈まつりでは、約五〇〇個の提灯を飾り付けた山車が夏の夜空を彩り、見る人を幻想的な世界へと誘う、といっている。旧町内の本壱、本二、本三、仲町、新一、新二、東一の各町内から7台の山車が繰り

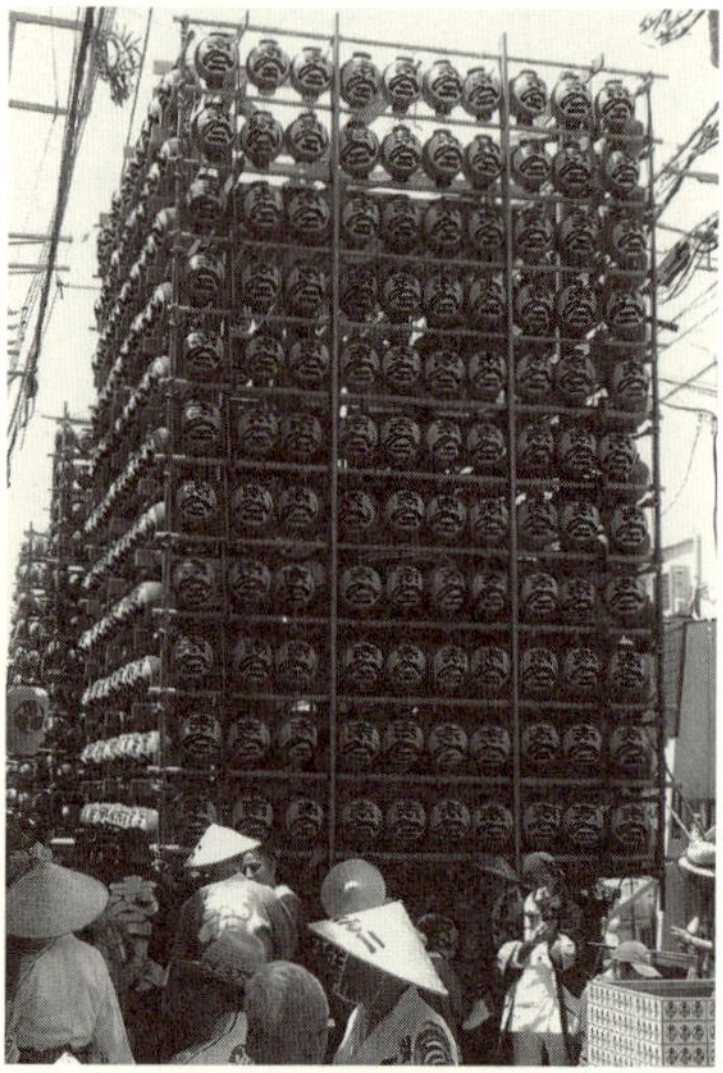
【図35】久喜の提燈祭り
（埼玉県久喜市）

出され、昼間は神話などから題材をとった人形を山車の上に飾り立て、町内を曳き廻し、夜は人形を取り外し、山車の四面に提灯が飾られ市内を巡行する。

久喜提燈まつり「天王様」は、旧久喜町の鎮守であり「天王さま」と呼ばれる八雲神社の祭礼で、天明三年浅間山大噴火により、桑をはじめ夏作物が全滅し、年貢の半減、米作りの奨励があり「これから立ち直ろう」[198]という気概が起源といい、生活苦、社会不安などを取り除くため、豊作を祈願し山車を曳き廻したのが始まりと伝えられ、二三〇余年の歴史と伝統を誇る祭りである。また、宮本家の愛宕様を解体した際、山車の貸出しの件が書かれた史料が見つかっていて、同家の氏神である愛宕様の祭礼用の山車を借りて、町内を引き回したことが始まりと確認されている。[199]

一二日と一八日に曳き廻される山車は「関東一の提灯祭り」を唱う提灯が全面に飾っており、ライトアップされた巨大な山車が笛や鐘の音とともに登場し、大勢の担ぎ手により回転する様は圧巻でもある。民俗事例の掘り起こしともいえる祭りの由来は、久喜の提燈祭りは天明三年の浅間山大噴火による厄災と社会不安を取り除くための祭礼であった。毎年、曜日に関係なく祭りは7日間も行われるところにも、地域の伝統をより賑やかに執りおこない、誇りや伝統を受け継ごうという意気込みが感じられる、旧町七地域の久喜市祭典委員会の組織で守られる行事となっているのである。

(10) 鎌原獅子舞

嬬恋村重要無形文化財の鎌原獅子舞は、春祭四月三〇日、秋祭九月九日、鎌原神社の宵祭りの際に奉納される。当日は、保存会などの手によって周到に準備され、夕刻を期し、拝殿前で神前奉納が行なわれる。その後は、神社を出て区内六ヶ所において舞がおこなわれていく。鎌原の獅子は、獅子頭に一人、後かぶり一人で舞う「三人立一匹獅子」とされるもので、北陸、中部地方にみられるものという。囃子方は、一人で打つ太鼓・締太鼓、数人によって奏でる笛によって構成され、これらの囃子方によって進行される。舞の構成は「片拍子」とされる入場の場面に始まり、「ヨーイ」の掛け声で「序の舞」に移る。「シメタラコキアゲロ」の掛け声で「鈴の舞」となり、気合の掛かった舞と、静かな舞を交互に繰り返す。舞はその後、「御幣の舞」へと移り、いよいよ「厄払いの舞」となる。地に這うように身構えた獅子が徐々に立ち上がり、激しく誰彼となく噛みつく動作を繰り返す。周囲は騒然となり、まさにクライマックスの状態に達する。これら獅子の舞う一連の動作は、約一五分と比較的短いものであるが、そこには、かつて未曾有の災害を受けた地に住む区民の、神を鎮め五穀豊穣と除災招福の願いが込められている[200]。

被災後、生き残った人々に追い打ちをかけるように悪疫が流行した。そこで、氏神の本社長野県諏訪地方から厄払い獅子舞を請願して演じたのが始まりともいい、また異説には、越後から伝承したともいわれる伝統芸能[201]は、天明三年の災害後、疫病の流行に厄払いとして始まった。そして、現在、鎌原地区の春祭りで奉納され、各家庭をまわり厄払いを行う獅子舞となっている。

⑾　田ノ入のお地蔵さま

渋川市小野子にある田ノ入の地蔵尊は、安永九（一七八〇）年に建立されたといい、総高一三〇㎝という石仏で、旧小野上村内では最大級のもので「田ノ入のお地蔵さま」の愛称で親しみを込めて呼ばれている。建立者は付近の十六夜念仏講二七人女講中と刻まれ、子どもたちの健やかな成長など諸々の願いを込めて守られてきたという。天明泥流が堆積した押し際、吾妻川の河岸段丘から山道のはじまる辻に地蔵尊は建てられ、一三〇余年の間、この辻に守

【図36】田ノ入の地蔵尊祭典
（写真中央付近が天明泥流の押し際）

り人々の願いを聞いてきた。

現在、地蔵尊の祭典は、四二戸ほどの田ノ入地区の人々の手により三月の最終日曜日におこなわれている。紅白の布や傘鉾に飾られた地蔵では、大願成就の札やくじ引きの準備、煮物やお茶の振る舞いがなされて、近隣の参拝者が集う素朴な祭典である。正式には、彼岸開けの三月二四日がお地蔵様の祭日という。一時途絶えた行事も、二〇一五年は再開されて一九回目を迎えるといい、代々、春分の日に僧侶に読経してもらい餅を搗いてお供えをしてきた[202]という山村地域の伝統行事の一つである。

付近を流れる吾妻川はこの氾濫で田ノ入地蔵尊のすぐ下まで埋まってしまっている。しかし、この災害の三年前に建立された地蔵は辛くもこの被害から免れたのである。直接天明泥流にいわれを持つことはないが、天明泥流の被害により集落の多くが被害を受ける中「地蔵尊は浅間押しの三年前に建てられ、被害を免れ、守られてきた」と人々に語られている。地蔵尊の祭典にあわせて、天明三年浅間災害の地元被害が人々の記憶の中に残され語られているのである。

第七節　災害地名

（1）災害地名としての意義――「泥町」・「荒れ場」――

前章ですでにみてきたように、流下距離四三㎞の地点にある東吾妻町原町の善導寺周辺に「泥町《どろちょう》」の呼び名が残され、山門前で流れ着いた遺体の弔いが行われた伝承がある。また付近の道路工事残土から発見された二基の石塔が地元住民の手により回収され、路傍に建立され、天明の浅間災害に由来をもつ物として今日まで大切に扱われている地点情報がある。このような行為がなされることは、被災の記憶がどう扱われ、語り継がれてきたかを端的に示している紛れもない事実である。そして、災害的事象が意味深く込められた「地名」として、語り継がれ記憶されてきた伝承が存在することにもよると判断できる。

また一方で「泥町」の呼び名が残されている原町の吾妻川対岸の川戸を扱った記載で、

> 田辺橋を川戸村にわたりますと昨年切り開いた新道の崖に一米以上の厚さに堆積して居る美しい断面を見せて居り、付近に泥流の浮かして来て置きざりにした巨大な熔岩塊があります。この附近一帯を「荒れ場」と申して居ります。(203)

という今から八〇年余も前の記事をたどることができる。しかしながら、道路の整備がさらに進んだ今日、「荒れ場」という地名のみならず、着目されているような岩塊すら、現在地元で目にすることも、聞くこともできなくなっていて、文字記録だけが頼りとなっている実態もある。

さて、災害の地名伝承が役割を演じた例として、先の東日本大震災の事例が報告されている。(204)その一例として、津波の記憶が地名として残される南三陸町戸倉にある「波伝谷《はでんや》」は、「波が伝わる谷」と示される。この土地では、津波がくると戸倉神社のある丘を波が取り囲むと言い伝えられ、今回の津波でも神社のある

【図 37】本節の関係位置図

【図38】新井の馬頭観音と庚申供養塔
（東吾妻町原町）

丘を残して周囲は海と化し、この地名伝承は波伝谷における戸倉神社の役割を示す確かな記憶であったことが明らかにされた。このように、災害地名に着目してその景観的特徴を知っておくことの必要性、特に防災的な視点も昨今注目されるところになっている。災害の記憶を継承する意味と合わせ、天明三年浅間災害にかかわる地名に着目し、その周辺事情を明らかにしておくことの意義も重ねておきたい。

（2）「鬼」にまつわる地名　――「鬼押出し」――

「鬼押出し溶岩」は、群馬県吾妻郡嬬恋村のある浅間山北斜面に分布する溶岩原で、標高約一二〇〇m以上の位置で、東西一～二km幅、南北は五km程の広がりをみせる。天明三年の噴火で流出した溶岩流が凝固したもので、巨礫や奇石が重なり合う奇怪な風景が開けている。岩質は複輝石安山岩である。[205] 上信越高原国立公園（昭和二四（一九四九）年指定）内に含まれるとともに、観光開発が進められ、岩窟ホール、狂歌師蜀山人撰文の噴火記念碑などを目玉にした鬼押出し園が一九六三年に、一九六七年には長野原町営浅間火山博物館が開設された。

「鬼押出し」は、浅間山火口から噴出した黒い溶岩の荒野で、その由来は「火口で鬼が暴れ、溶岩を押し出した」というように噴火の様子から命名されたとか、流れ下った溶岩の不気味な岩塊の流れを目にした村人が「鬼」を連想したものだと伝えられる。また、地名で用いられる「鬼」に対するイメージには、人智を越える自然現象に対する畏れが込められていると考えられる。火山の噴火活動によってもたらされた巨岩や形成された溶岩原などは、鬼がなした仕業として地名に用いられたものとの想像がつく。

浅間山と「鬼」との関連には、修験との関連に着目し「修験者山伏」や「天狗」とのかかわりが述べられている。(206) これに、着目すれば「鬼」は天明三年の噴火に際して出現したのではなく、すでに地元では「鬼」が地名にはあてがわれていたと考えておいてよい。享保八（一七二八）年の『上州浅間嶽虚空菩薩略延起』によれば、長暦三（一〇三九）年、鎌原の里に棲む怪力無双の清和天皇末裔源幸重《ゆきしげ》が浅間登山した時、釜山近くの洞窟に鬼形の類が現われて、「日本を覆そうとしたところ、この山の主に深く封じ込められた。助けてもらえたなら善鬼となって浅間山をお護りしましょう（要約）」といった。こうして幸重に洞窟から出された鬼は山の守護神となり、以来里人に「鬼神」として畏怖畏敬の念をもって崇められ、鬼神堂《きしんどう》が建てられ、山の守護神として拝まれるほどの存在になったというのである。(207)

『元禄国絵図』（群馬県立文書館　高野清氏寄託）は、天明噴火の以前に描かれた姿として浅間山火口から鎌原村にむかう北麓の絵地図が確認できる史料として知られる。そこには「三つおねみち」「地蔵川」「浅間大明神」「御巣鷹場」に加え、「鬼の泉水」が記されている。この一帯は、天明噴火で鬼押出し溶岩・吾妻火砕流・鎌原火砕流／岩屑なだれなどが噴出流下した場所と捉えられる。現在、地質図でみてみると、一一〇八年の追分火砕流の堆積物を覆う形で鬼押出し溶岩が流れていったことがわかる。

したがって「鬼」は天明三年の噴火以前から、周辺の地名にはあてがわれていた。天明三年噴火で初出したのではなく、近隣の人達は「鬼」がかかわる山として、それ以前から浅間山を眺めていたのである。およそ近世以降、

【図39】鬼押出し園
（嬬恋村鎌原）

浅間山の噴火は、慶長元（一五九六）年「四月噴石で死者多数」、慶安元（一六四八）年「閏一月融雪洪水」、享保六（一七二一）年「五月死者一五」などが記録され、[208] 噴火が当時の人々の間においても「鬼」が災禍をもたらす、あるいは、守護神としての意味合いを地名に込めていたことを確認しておく。

（3）吾妻火砕流にまつわる地名　――「押しぎっぱ」と「押切場」――

嬬恋村鎌原地区の「田の石仏」（芦生田道・ぬまた道の田圃の脇に立つ、頭部を欠損した石仏。天明三年の岩屑なだれで村中から流された石仏と伝わる）から、コウジアナに向かう右手は浅間押し（岩屑なだれ）の押し止まりがあり、土質の違いが明確に確認できる。ここを地元では、現在でも「押しぎっぱ」と呼んでいる。[221]

【図40】押切場の地名
（嬬恋村鎌原地内の釣り堀看板）

澤口宏[222]によれば「オシギッパ」は「火山噴出物が押し出した最先端、押し際という意味」という。また、地元では、断崖に近いほうの畑をアラクと呼び、台地北東部の一段低いところをオシギッパと呼んでいて「アラク」は流れ下った岩屑なだれ（アサマオシ）の土砂を除去して再開発したオシバ（押し場）の畑をいい「押しぎっぱ」の畑の土は真っ黒の「クロノボウ」でアサマオシはなく、境目にある段差がアサマオシとの境だという。また集落北部の水田地帯はケーホツバともいうとのことで、東の小熊沢からカベツチ（ロームの粘質土）を運び上げて、浅間石を除けたオシバへ敷きつめて水田をつくった新規の開発場という。アラク、オシギッパ、ケーホツバは、鎌原でも高齢者の間でしか知られなくなった、災害の記憶としての古地名の情報が集約されている。

同じくオシギッパと呼び「押切場」と漢字があてがわれる地名がある。天明三年の噴火活動により、吾妻火砕流は、岩屑なだれの流れ下る前日の八月四日に火口から仰木型に押し広がり流れ出た。その北東端の地点に現在「押切場」がある。国道一四六号を長野県境に向かう場所で「パルコール村」や「白樺の丘」というバス停留所がある付近である。浅間山火口からは、水平距離で七㎞の地点である。澤口は「押切場は土地台帳に記載されない大字鎌原の小名にすぎない。その起源を知る史料も伝承もないそうだが、吾妻火砕流の分布との一致から、浅間焼けによる新地名と判断できる」としている。

いずれも、岩屑なだれや吾妻火砕流という、浅間山天明噴火の地質図と対応する地名であり、天明三年噴火に際しての災害地名として、挙げることができる明確な例である。

(4) 岩屑なだれ・「押し」にまつわる地名 —— 応桑村（吾妻郡長野原町）——

「オシ（押）」の用いられる地名は、①地すべり地、②洪水時の堤防の決壊地などをさすといい[209]、富山県富山市北押川や山梨県大月市猿橋町小篠（オシノ）などがその例とされている。

『上野国郡村誌』[210]に記載された「上野国吾妻郡応桑村」の記述の中には、

> 大押川ハ西ニ発シ小代川ヲ合シ北流ス　大押原　本村西方ノ地、東西壱町南北二十五町　大押橋　本村の西北ニアリ、大押川に架シテ鎌原村ニ通ズ、橋下水深キ処三尺浅き処壱尺、広キ処九間狭キ処七間、圯橋、長十間巾八尺、修繕は本村ノ民費ニ充ツ

という三件の天明の浅間押しに起因すると思われる地名が引用でき、いずれも北麓を新暦八月五日流れ下った、岩屑なだれの被害の舞台となった場所である。

『砂降候以後之記録[211]』には、

夫より泥三筋ニ分レ北西ノ方へ西窪ヲ押抜ケ是より逆水ニテ大前高ウシ両村ヲ押抜ケ中ノ筋ハ羽尾村へ押かけ、北東ノ方ハ小宿村ヲ推抜ク。羽尾小宿の間にて芦生田抜ル。高ウシハ七八軒抜ル由

と記述され、北麓から吾妻川に岩屑なだれが注ぎ込む様子が記録されている[212]。つまり、三つの筋は上流側から、①西窪（逆水で大前と高ウシ）②赤羽根（小熊沢に沿って芦生田〜赤羽根）③小宿（小宿川に沿って）へと押し抜け吾妻川に流入した、と解釈でき、その一筋である③を流れた地形に残された地名である。

『上野国郡村誌』は、明治八年六月五日通達の太政官「皇国地誌編輯例則」により、内務省地理局へ提出された控えであり、明治初年には存在していた地名であろうと推定される。他に、

池塚ノ沼　本村ノ西南字大押原ニアリ、東西廿五間南北九八間、周囲四町五十間、浅間噴出之時火石泥流谿間ヲ閉塞シテヨリ、其資源ヲ絶チ自ラ池トナル

という記載があり、天明三年の土砂移動で形成された湖沼といっている。明治一四年の『地理雑件　小字調書[213]』には「池ノ塚」と記され「イケノヅカ」とルビが振られている。また、田通《タトウシ》には「押出シ」（オンダシ）という小字が記されているが、これは、同じ浅間山の噴火で発生した一一〇八年の火砕流、あるいは、二万年以上前の浅間山の山体崩壊の痕跡が残された地点に残された地名である。山麓の地質図[214]などを参照することで、同じ「押」が宛がわれた災害地名でも、その相違が確認される。

（5）天明泥流にまつわる地名――寄島と大泥――

天明泥流流下に由来する地名として渋川市（旧子持村）横堀の「寄島」と前橋市川原町川原島新田の「大泥《おおどろ》」があげられ、いずれも、小字名となっている。

『群馬県小字名索引』を引用した澤口によれば「砂押」九、「砂押原」一、「砂原」四など計一四個の砂地名があるが、吾妻川・利根川沿岸には皆無であった(215)という。また、

川原島新田（現・前橋市川原町）に「大泥《おおどろ》」という小字がある。現在の敷島公園のオエン岩付近である。川原島新田は利根川の中州を開発した村で、厚さ一メートル前後の天明泥流堆積物に覆われている。地元では浅間石があるところをアサマジ（浅間地）と呼んでいた。オエン岩は天明泥流が運んだ浅間石の巨礫と思われる。記録はないが、大泥の起源は天明泥流とみてよい。嬬恋村から伊勢崎市南部まで約九〇キロ、大泥一個しか見付からない。一過性の災害は地名化しにくいのだろうか。

と述べている。

〝お艶《えん》が岩〟は、前橋市敷島町の敷島公園内の野球場の向かいの池のほとりに石碑が建っていて、この岩がなぜ「お艶が岩」とよばれるのか、その由来が記されている。解説文によれば、お艶とは、「淀君」であったといい、秀吉の側室は、慶長二〇年大坂夏の陣に際し、わが子秀頼とともに大坂城の天守閣で炎の中、自刃したと伝えられている。ところが、対岸にある元景寺（前橋市総社町）に伝わる話によれば、淀君は大坂夏の陣に出陣した総社城主秋本長朝の陣に助けを求めてきており、長朝は淀君を篭に乗せ木曽路を通り、総社に戻った。当時、淀君をかくまったとあっては、たいへんなことなので、「大橋の局御縁」と呼んでいた。その後、この城で何不自由なく過ごしていた淀君だが、過去の

悲哀に耐えきれず、遂には世をはかなんで、この岩の上から利根の激流に身を投じたという。この縁が語り継がれていくうちにいつしか「お艶」にかわり、この岩を〝お艶が岩〟というようになったという。

この岩にまつわる、淀君と天明三年とは、時代が錯誤する。したがって、浅間山起源の岩であったとしても、天明泥流によって運ばれたかは疑問となる。川原島新田は、江戸から明治二二年の村名で、その後大正六年までは、南橘村の大字名となり、大正六年、川原と改称。昭和二九年には、一部が前橋市敷島町になり、前橋市川原町となっている。明治一四年の『地理雑件　小字調書』(217)の「川原嶋新田」には、「大泥《おうどろ》（ヲエン岩）」、「押切嶋」、「村東（黒岩）」、「赤石」の小字名が見られる。(218)二万年前の浅間山山体崩壊にともない発生した前橋泥流と天明泥流の区別と整理の必要が求められるであろう。

渋川市の「横堀」の小字名の「寄島」について、

天明の浅間押しの際、土砂が淀寄《ていき》して台形を成し、島のような状態になったので、寄島というようになったと、古い話にある。吾妻河畔と周辺では、北の段丘から迫り出した地形を天明泥流が均すかのように堆積している様に考えられている。(219)

と記載されている。付近の下水道管の埋設現場では、二m近い天明泥流の堆積を確認することができた。また、周辺では埋まった蔵が屋根だけ残っていたという伝承もある。天明泥流の襲来によって形成された地形が地名となった例と考えられる。子持山側から流れ出ている火砕堆積物が吾妻川左岸側で確認でき、北群馬橋下の固結した堆積物は、子持火山からの火砕流堆積物ではないかと考えられていて、吾妻川に交差するように突入していると想定すると、そこに衝突するように流れ込んだ天明泥流が形成した地形が、地名として語り継がれてきたものかも知れない。付近の、天明泥流堆積物は、場所により層の堆積状況にバラつきがあるようにも観察され、地点によって堆積層厚の違いも極端に異なっていることも想起され、この言い伝えを説明することができるようにも受け取れる。

吾妻川左岸の横堀字寄島は、中之条方面に向かって国道三五三号の右側の集落で段丘面上にあり、天明泥流が堆積した区域となっていて、天明泥流で集落は被災したと考えられる。明治一四年の『地理雑件　小字調書(220)』の「上野西群馬郡北牧村」には、「寄島」、「西寄島」の小字名が見られる。

【図41】安中市松井田町人見灰俵付近から浅間山を望む

（6）火山灰処理の記憶にまつわる地名　―「灰俵《ハイダワラ》」―

平成大合併で安中市に合併した松井田町は、群馬県西部に所在し碓氷峠があり、江戸時代の中山道の松井田宿・坂本宿の二つの宿場があった。天明三年の軽石の降下軸のほぼ中心に位置していた場所でもある。現在の安中市松井田町大字人見《ひとみ》に知られる字地名で、「灰俵」がある。灰＝「火山灰、軽石」、俵＝「運搬・保存用の袋、収納」という意味合いから、この地に大量に降下した火山灰を片付け、処理した意味合いから派生したものと考えられている。碓氷川に沿って大量に降下した軽石（火山灰）は、この地域を苦しめた。いわば、災害復旧に対応した人々の営みが記憶された地名といえる。

地元の郷土誌で、天明噴火後「降砂排除作業」として次の様に書き留められている。

砂除けに際し、人見村組頭彦兵衛が、浅間砂を俵につめた村人達に、猫沢川の大水を利用し流した所であり、現在の松井田町人見高野谷戸

地内、元西横野保育園東方、猫沢川に面した場所で、附近に五、六軒程の人家がある。たまたま多量の浅間砂を流したため、下流の上磯部村及新寺地区の田畑が押し流され、すぐさま抗議苦情多く出て取り止めになったが、既に処理が終わったあとであった。当時、多くの村人が生死の瀬戸際に立ち、先ず砂除け、麦を仕付ける早急の処理方法として行った場所が地名として残っているのである。呼名として正確には、大字人見字灰俵《はいだわら》、俗称で「へえだら」とも呼ばれている。(223)

このように今日、合併後の安中市松井田町人見高野谷戸地内、JR信越本線南に残されている地名であることが確認できる。(224)南に展開する段丘上の猫沢川との関係が不明確であるものの、(225)近世に派生した災害地名として、今日地元に記憶されている。

また、一説に、地元では「廃田原」が語源ともいう。「田」は田畑を示すので、「降灰に因って耕作地が廃絶した原」で、「ハイタバラ」が「ハイダワラ」に変化したというのである。碓氷川に向かう段丘に位置する中位段丘に東流する柳瀬川を降灰（軽石）が埋め、さらに、人為的に二次・三次堆積と埋めつくされたという地域の記憶が地名に残されたのである。

周辺人見地内には、かつて多くの不要な火山灰を丘のように集めておいた「灰掻き山」があったという聞き取りがなされる。また、古墳と見間違えるほどの大きさの灰掻き山もこの地区には存在していたという情報もある。戦後には、この軽石を砂利の代用として、各家々で塚を崩して用いたという話が聞かれ、苦難を伝える軽石の集積場所も、近年の圃場整備等によりその多くが消失し、現在姿を消しているといった実態がある。

第八節　年忌と供養

（1）幕命をもった施餓鬼の修行

『武江年表[226]』の記述によれば、

天明八年戊申　〇十二月、寺院に命じ給ひ、浅間山焼け、奥州飢饉、疫癘、関東出水、京都大火焼死溺死等、此の禍に罹りしもの丶為に施餓鬼を修せしめられる（江戸は本所回向院、小松川台院なり）

とあり、浅間山噴火から天明の飢饉、天明六年の関東地方大風水害による利根川大洪水、京都の大火などによる横死者等の供養として、幕命をもって施餓鬼を修めさせた記事である。回忌供養に類する宗教的な感情の表れは、上州とその周辺の甚大な被害にかかわった地域におけるものだけではなかったのである。

明暦三（一六五七）年の振袖火事と呼ばれる大火は、江戸六百余町が灰燼となり、一〇万もの死者を出した。時の将軍家綱は、芝増上寺遵誉大僧正にはかり、死屍を合葬し、江戸市民と共にその冥福を祈るようになったのが、現墨田区両国にある諸宗山無縁寺回向院の由来である。また、仏教に説かれている「回向」とは、仏事法要などを営みその功徳により亡き人々の彼岸における安穏を祈ることとされる。その「回向」が寺院名に用いられたのである。この回向院には「天明三年癸卯七月七日八日　信州上州地変横死之諸霊魂等」「天明三年浅間山噴火殃死者石塔」の浅間山噴火災害にかかわる二基の供養塔が建立されている。

「天明三年癸卯七月七日八日　信州上州地変横死之諸霊魂等」は、『文政寺社書上[227]』によると「上ニ銅仏安置の石」と記され、石塔の頂部には銅濡仏が安置されていると記している。天明五（一七八五）年七月に、朝参講（朝の念仏講）の人々により造立された由が石身裏に刻まれている。

他方の供養塔は、天明八年の翌年寛政元（一七八九）年七月建立で、「天明三年浅間山噴火殃死者石塔[228]」と正面に刻まれる。

【図42】回向院（墨田区両国）
天明五年と寛政元年の２基の供養塔がある

天明八年の末からこの年のはじめにかけて江戸の大小の寺院が集まって一三日間の別時念仏の法要がおこなわれたことが、石塔の銘文からわかる。また、天明年間の奥州飢饉横死者などの群霊を供養することも込められていることがわかり、左側面には次の様に刻まれている。

天明八歳竜次戊申臘念九日　県官令大常亀山侯下台命於増上寺其教日
京師東都及奥羽上毛名刹六処各当修於仏事回向横死亡霊且以祈大稔矣
於錫日銀若于於各寺以為法要貲東郡本庄回向院其一也凡起寛政改元二
月十一日迄十三日謹就道場勒修施食法会及別時念仏東部大小寺院咸雲
集以助法会既竣処磨青石以勒祭文永垂将来祭文曰

このなかで、「京師東都及奥羽上毛名刹六処」とある記述と、現群馬県東吾妻町原町の善導寺の六回忌とされる供養塔に刻まれた法要とのかかわりに着目しておきたい。善導寺「天明八年六回忌供養碑」には次の様に刻まれている。(229)

（碑身表）水溺横死　南無阿弥陀仏　離苦得楽　増上寺大僧正　現誉　（碑身裏）天明三年癸卯の四月より浅間のたけ焼いたし、けぶり常よりも甚し。日々にいやましとゝろく声雷のごとく、いさごをふらすこと雨のごとくなり。終に七月八日泥水ほのほとともに高ねよりあふれ、ことに山ついえて吾妻川に落入り岩石を漂して平地も深事数丈山をかね、陵にのぼりちかき辺は皆埋没漂流し、猶刀根川にいたるまで村々多少の田宅を失ふ。凡此災にかゝりて死るものは千をもて数ふべし。人々たゞいさごのふる事をおそれて川には心つかず、百とせのいのち忽水の泡ときへし事ふかくあわれみいたむに堪へたり。此時からうして恙なきものも父子相失ひ夫婦相わかれて悲歎の声野にみち、家をうづみ宝を流してこゝへたりとさけびうえたりとよばふ。然るに国家のおん仁恵難を水火のうちに救賜て各安堵の思をなしぬ。今亡魂のために弥陀の尊号を石にゑりて造立し、其の陰をかりておほむねを記す。これ唯児女山賎もよみやすきを本意とするがゆへに俚言かなかきにしてこと葉のあや有る事を用す。見る人おのおの一遍の仏号を唱る事を得は希は無上菩提の一因縁ならむかし。　一場宗三省吾記　（右側面）天明八午歳在七月八日建　（台石裏）施主　原町村中　世話人五郎兵衛　（左側面）当寺二十四世台誉代

この件に加えて、大目付への達し文（「天明九酉年正月」『天保集成』(230)）には、

先に浅間山焼奥羽飢饉疫疾関東出水京都火災等にて下々失亡致候者不少旨相聞ニ付、向寄之寺院におゐて此度施餓鬼修行可致旨被仰付候。私領等に而も是に類し候儀有之候はゞ右の心得を以申付有之、可然儀に候間向々江寄々可被達候。

とある。「天明九年」は、一月に改元し「寛政」となる。記述は、幕府の関心が天明三年浅間災害に強く寄せられていたことが確認でき、天災・地災に非業の死を遂げてしまった諸霊に対する、幕令による宗教的な行為として整理される必要がある。これらの史料の照合により、群馬県東吾妻町原町に所在する善導寺は、回向院の供養塔に刻まれた「京師東都及奥羽上毛名刹六処」のうちの「上毛名刹」にあてはまると考えられ、上州の被害地の寺院で単に営まれた「六回忌」というよりも、「天明九酉年正月」に「向寄之寺院におゐて此度施餓鬼修行可致旨被仰付」られたという記録に則った法要の記憶と読み解くことができるのである。(231)

（2）善光寺の追善大法要―来迎の聖等順、夜毎の泣き声を止める―

天明四（一七八四）年には、現長野県長野市の善光寺本堂において天明三年罹災者の追善大法要が執り行われている。

鎌原観音堂境内にある「北信善光寺別当大勧進現住」を刻む念仏供養塔（南無阿弥陀仏、昭和六一年鎌原区建立）には、噴火被害翌年の天明四年七月朔日からの追善供養の記事[232]が刻まれていて、善光寺の大僧正性谷等順は、天明三年の噴火に際して被災者の救済活動と犠牲者の鎮魂供養を行ったとされる人物で『浅間噴火大和讃』に詠まれる夜毎の泣き声を止めた『来迎の聖』とは等順と推定される。

また、このことは史料にも残されていて、黒岩長左衛門の著した『浅間山焼荒一件[54]』に記録されている。

【図43】経木が廻し送られた村々関係位置図

> 鎌原村始り川東下筋村々迄、大前村始り川西下筋村々迄善光寺大勧進様為流死人御施餓鬼施行御経木左の村々え被下候。一、天明四年辰年七月六日出立、伝四郎、母同道にて善光寺へ参り、八日に大勧進様被仰聞候は、浅間山焼流死人のため、朔日より十一日迄施餓鬼をいたし候御経木遣し度間不洩様相届け呉候様御申立被成候由、右経木廿九日迄に相届候。高四千五拾七枚此訳弐千五拾七枚鎌原より渋川、川原嶋迄、廻文、仏帳面壱冊添る。弐千枚大前村より北牧迄右同断辰七月晦日、大笹より大前、鎌原へ出す。

つまり、浅間山噴火犠牲者の為に長野市の善光寺本堂において七月朔日から一〇日間にわたり追善の大法要が執り行われた。長左衛門が仲立ちをして、吾妻川沿岸の村々の遺族のもとへ、経木が届けられたのである。

手順として、吾妻川の右岸、左岸の各村々を二系統で経木を廻し送り、右岸側の鎌原村～半田村「右拾九ケ村合流死人九百九拾六人」、左岸側の大前村～北牧村で「拾九ケ村合四百九拾四人」、「弐口合千四百九拾人」と合計一四九〇枚が数えあげられている。当時の被害の統計的な数字が限られる中で、犠牲者数を系統立て記録していることも、この善光寺の施餓鬼の施しに依るところである。なお、犠牲者数については、さらに下流域分が含まれるため、この数以上に及ぶことになる。

(3) 追善供養のなかの「三十三回忌」

「供養」とは、恭敬尊尚《きょうけいそんしょう》の念をもって、香華、燈明、飲食、財物等を三宝へ供えること、あるいは祖先、亡者の精霊に対して財物、善根、読経等を追進する行為をいう。「年忌」とは、故人の亡後一定年度においてその死去の月日に追善供養の法要を行うことで、満一年後に一周忌、二年目に三回忌、七年目に七回忌、このように十三、十七、二十三、二十七、三十三、三十七、五十、百年目にその回忌を営み、百年以後は五〇年毎に定められている。(233) そして、宗派により若干の相違があるが、その起源は儒教の風習によるものという。柳田國男は『先祖の話』(234)の中で、こう記している。

【図44】三十三回忌供養碑
（鎌原観音堂境内、群馬県指定史跡）

> 人が亡くなって、通例は『三十三年』まれには『四十九年』『五十年』の忌辰《きしん》（命日）に『とぶらい上げ』または『問いきり』と称して、最終の法事を営む。その日をもって人は『先祖になる』というのである。（中略）北九州のある島などは、『三十三年』の法事がすむと「人は神になる」という者もある。

また「『三十三年』の法事がすむと『位牌』を川に流すという習わしも、東北にはあった」とか「沖縄の本島においては『三十三年忌』を境にして『霊が御神《おかみ》になる』と信じられている」「喜界島（鹿児島）では、『三十三年』を終えれば一纏《ひとまと》めにした供物をするに反して、それまでの間は、一人ひとりごとに『一前《いちぜん》』の食物を供えるようにしている」、あるいは「三河（愛知）北設楽郡の山村などには『ほとけは三十三年で体を洗い神になる』といって、川から『枕石』を一つ拾って来て『氏神様』の傍らに並べる風習もある」といい、離島を含めた全国の各地の例を示し、人が亡くなってから「三十三年目」の供養の習わしについて記している。そして、まだ「立証し得ないが」としながらも「一定の年月を過ぎると『祖霊は個性を棄てて融合して一体になるもの』と認め」さらに、「『三十三年』は、こちら（固有信仰）でも大きな区切りであった」とまとめている。

法要や回忌供養という行為の社会的、宗教的な知恵として、次の様にもいわれる。

> 宗教的な儀礼や「祈る」といった慣習的な追悼や慰霊には、時間をかけて、その矛盾を解決していくための仕組みが備わっているといわれる。追悼や慰霊は時期や期間を決めて行われるが、そのたびに死者個人の記憶が呼び起こされる。それをくり返し、年忌を重ねることで、やがて死者は「ご先祖様」や「犠牲者」という死者総体として記憶されていく[235]。

このように、回忌とは現世に生きる人々と死者との関係について段階を追って繋がりを整理していく機能をもっている。このように、回忌供養がおこなわれる背景を概観しつつ、天明の災禍から「三十三回忌」につながる、鎌原村で供養塔が最初に建てられたとされる「文化十二（一八一五）年」の供養塔の存在から確認していく。

命からがら助かったとしても、当事者には、厳しい日々との闘いが待ち受け、死者への供養や思いを断ち切るかのような生活が続く。記録や口碑、石造物が残されていないのは、そういったやむを得ない状況があるのではないかと想像される場合もある。回忌供養や、後に行われる慰霊の行為には、回忌という仏事による供養の意味合いにあわせて、いくつかの絡みのある事項が確認できる。

（4）三十三回忌への動向 ―― 供養と災禍の思い起こし ――

寛政七（一七九五）年、江戸川区東小岩にある善養寺に、十三回忌にあたるこの年に、「浅間山噴火横死者供養碑」が建立されている。[236]被害の中心となった群馬から遠く離れた地でも回忌供養に横死者の供養碑を建立し、永く菩提を弔っている。

さらにここでは、回忌にあわせた情報をみていく。一般には、三十三回忌もしくは五十回（遠）忌を最後の年忌にするのが一般的であり、それを「弔い上げ」、あるいは「問切り」と呼んでいる。死者を知る人がなくなったときが弔い上げのときともいう。よって、この回忌供養には、天明三年浅間災害の犠牲者のことを直接知る縁者にとって執り行われる最後の回忌という意味が込められ、以後の供養祭や慰霊祭と呼ぶ、災害に関わる犠牲者萬霊に対する追善行為とは、時間軸のなかでは多少のニュアンスが異なることにも着目しておくべきであろう。

鎌原村で犠牲となった四七七名の戒名は、常林寺により授けられている。[237]「三十三回忌供養碑」は、高遠の石工の手により刻まれ、四角柱の塔身四面にその犠牲者の法名が刻まれている。[238]激甚被害地の鎌原村で、最初に供養塔が建てられたのが、文化一二（一八一五）年で、それまで回忌供養を伝える碑銘が残されていないことから、一説に、三十三回忌を迎えるにあたって、ようやく鎌原の人たちに亡き先祖や家族を供養する余裕が生まれはじめたという意味合いが込められているとも考えられる。供養塔建立の施主には、近村の有力者八人の寄進者名が添えられている。時間経過とともに、関係者が犠牲者に向き合うことができるようになったという語り継ぎの真意を含んで、盛大に執り行われた供養祭をこの供養碑は語り継いでいると解釈することができる。

さて、蜀山人（大田南畝、一七四九～一八二三、御家人であり、天明期を代表する文人・狂歌師）は『半日閑話』に、フィクションと考えられる話を記述している(239)。

ある夏、浅間山麓の一農夫が井戸を掘ろうとした。いっこうに水は出ず、家の屋根らしいものが現れた。下は空洞で、何かがうごいた。松明で照らしてみると老人が二人…。浅間噴火のみぎり、われわれ一家六人は土蔵に隠れたが、埋められてしまった。四人はとうとう死んだ。残る二人、蔵の米と酒で生命をつないできた。私共二人は、蔵にあった米三千俵、酒三千樽を飲み食いし、天命を全うしようと考えていたが、今日、こうして再会できたのは生涯の大きな喜びですと答えた。驚いた農夫は浅間山噴火から数えてみたらちょうど三十三年前だとわかった(240)。

と続き、「文化一二（一八一五）年頃聞いた話」とする。蜀山人は、一級の狂歌師としてのセンスをもって、天明の浅間山の大噴火で地中に閉じこめられてしまった人たちが三三年後に救出されたという話をあたかも実話のように創作したのである。奇跡物語につくりあげた一つの史料といえる。三十三回忌という供養の節目に結びあわせて、このようなストーリーを書き残したのは、世に起こった災禍を自身のフィルターを通して表現した、さすがの狂言師といえるだろうし、文人としての蜀山人なりの三十三回忌の供養の念といっても過言にはならないだろう。先述したように、大笹の黒岩長左衛門の十三回忌にあわせて、完成した噴火記念碑の染筆の役を負った蜀山人のなした業である。

この時期、三十三回忌を迎える頃になって、趣の異なる絵図が新たに描かれるという変わった視点の動きにも着目できる。福重旨乃(241)は、掛け絵として描かれている冊子で、展開可能な形状を呈する絵図『天明三年浅間山大焼絵図』(242)を取り上げて、浅間焼け絵図から空間把握をおこなう論考をまとめている。この中で、折り畳まれた絵図は、三つ折りになっていることに着目し「携帯の便をはかる」ためとしている。この携帯性の機能が想定された絵図は、年代が記されていない。しかし、寛政五（一七九三）年に建立された芭蕉句碑や、文化九（一八一二）年追分宿に建てられた石祠が描かれていることから読み解き、絵図作成の意図を「天明三年の噴火から三〇年以上たった文化期頃、地域の中で多くの人に噴火の様子を伝えるために作成」といい「移動させながら地域内部の多くの人に閲覧させるという目的で作成された」特異な絵図であると推定している。このことには、まさに、三十三回忌が迎えられる時期に、時間経過の中で忘れられていく噴火のあらましを説明し語り直そうという、思い起こしがなされていた人々の動向を示す史料といえるものである。

また、史料として同様に記録文学作品の出版という出来事について着目することができる。前述した通り、高崎の田町に住む羽鳥一紅により記述された記録文学作品として価値の高い『文月浅間記』は、浅間押しのおよそ三ヶ月後に執筆されたものであるが、寛政七（一八九五）年、七二歳で彼女が没して二〇年後の文化一二（一八一五）年に版本として刊行されている。[243]この時間差は、前述の絵図と同様に三十三回忌の年に向け、天明三年浅間災害が人々の間で関心が再びもたれるようになったという気運の証として、語り継ぎがなされてきた時間軸上での大きな視点といえる。一紅の名が全国に知れ渡ったのは「天明三年水無月の末の九日小雨降りてやみたれど」と書き出される『文月浅間記』の刊行によってであった。この流麗な文章が、歌人の冷泉為村、狂歌の大田南畝等の江戸の文人達の目にとまった。[244]言い方を変えれば、人々の間での語り継がれようとする願いが求められたからこそ記録文学は摺り物となったのであり、それが文人達の目に触れたということになるのである。天明三年浅間災害を語り継ぐ価値を含んでいたが故に、没後に彼女の文学的才覚はさらに名を上げたと解釈することさえもできるのである。

さらに、数学者会田安明（一七四七〜一八一七）の『諸約算題集』（巻一第三二）には、天明三年浅間山の砂降により堆積した積石数についての算題を記している。「浅間山が焼けたと云ふ事件が数学者をも刺激して、之を問題作成の動機とした点が、注意しておくべきであろう」との指摘もある。[245]この噴火に伴う災害は、社会に大きく取り上げられる出来

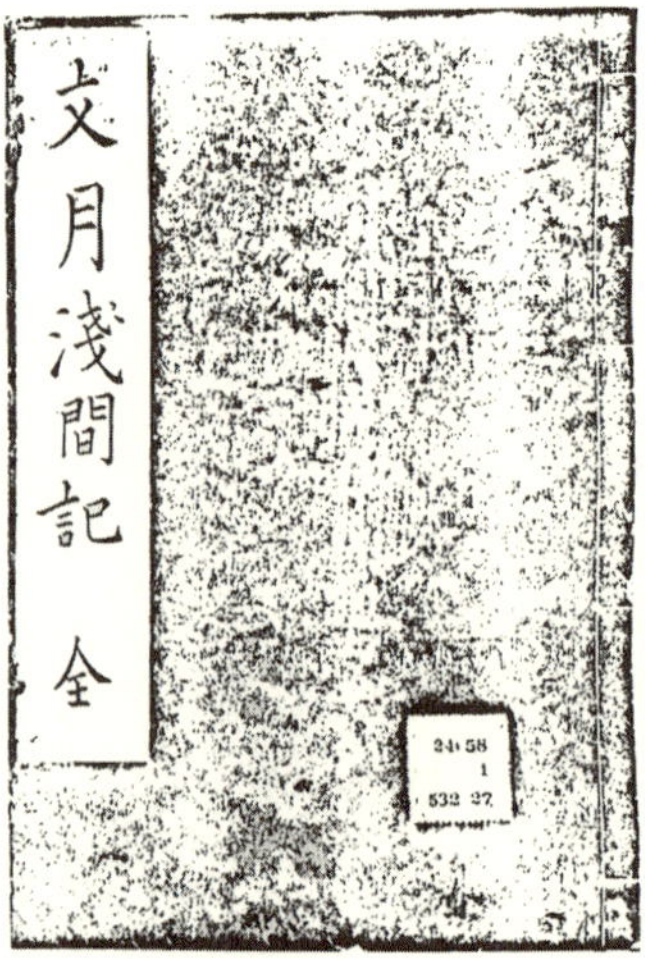
【図45】文化12（1815）年に版本として刊行された『文月浅間記』（静嘉堂文庫所蔵）

事であり、話題性を示す出来事であったことをこのことは意味し、さらにはこの背景として、三十三回忌という、我が国の宗教に基づく周年行事という文化が、この災害の語り継ぎを新たにしていることをここに確認することができるのである。

　このように、諸領域の事例の中から、天明三年浅間災害の語り継ぎが三十三回忌の時期を契機とし、新たな語り継ぎが呼び起こされたことを検証することができるのである。この弔い上げという三十三回忌の頃を迎えるにあたって、社会の中に天明三年浅間災害が再び注目される気運が認められる。供養と災禍の思い起こしが、為されたのである。このことは、我が国固有の宗教観と行為に結びついていることを理由とし、災害の語り継ぎの経過の中から特徴として漉し出される一つの事象となるのである。

（5）百回忌の頃

『天明三年癸卯七月八日浅間山噴火流死人戒名帳』に「明治十六年四月廿五日百年ニ相当し山崎平太夫当時儀平太殿宅ニ於テ百回忌之供養相営候[246]」とあり、鎌原区の住民宅において百回忌の供養がおこなわれたことが確認できる。しかしながら、供養碑などの存在は知られておらず、鎌原村での供養が営まれた様子について、記事以外に詳細は不明である。「天明以来の名主区長表[247]」によれば、鎌原区では、明治一六（一八八三）年「浅間押し百年儀平太宅にて供養す」の記録以降、昭和七（一九三二）年「七月公会堂前にて百五十回忌供養す」、昭和二七（一九五二）年「観音堂前にて百七十回忌供養」、昭和三二（一九五七）年「九月観音堂前にて一七五回忌供養す」、昭和五七（一九八二）年「二百年忌供養祭聖観音建立」、平成四（一九九二）年「二一〇回忌供養謝恩碑建立」というように、節目をもって供養あるいは供養祭といった祭典法要が営まれた事実が記載されている。

群馬県中之条町伊勢町の林昌寺門前の供養碑は、災害後一〇〇年の供養碑である。天明三年に係わる一一六基（中央防災会議）の石造物の内でも唯一である。群馬県令の楫取素彦が撰文し「余任を本県に辱《かたじけな》くするを以て其事を書すを請く」[248]（明治一五年三月）と結んでいる。山口県に生まれ、江戸・京都・防長の間を東奔西走し、明治九（一八七六）年熊谷県改変に伴って新設された群馬県の県令となった楫取が、林昌寺で執り行われた天明三年犠牲者の法要に名を残している。楫取は県内小学校開校式には、必ず自ら出席し祝辞を述べ、校名額を揮毫したという。教育・文化の振興と産業の発展を推し進め、伝統文化が軽視されがちな時代に、文化財の調査や保護・保存に努めたことも功績として知られ、中二子古墳や将軍塚古墳などの保存事業や上野三碑の所在地の買い上げなどに努めた人物であったと語られている。

【図 46】百回忌供養碑
（中之条町林昌寺）

そのような彼の為人が、松方デフレ～群馬事件に繋がる混乱の時代のつながりの中であっても、埋もれ始めた「天明三年災害」の災禍を県外者の視線から見つめ、着目したという語り継ぎの情報と言えるかも知れない。この背景を判然とすることが、今は叶わないが、あるいは、一八八二年八月六日、周囲を立ち枯れさせたという白根山噴火により、天明三年の災禍に対して世論が集まった時でもあったかもしれない。楫取は、翌明治一六（一八八三）年五月二九日には、県令の辞表を提出している。

（6）百五十回忌

【図47】「長野 浅間山 峰の茶屋と小浅間」と題された絵葉書

次の一文は、吾妻郡長野原町出身の萩原進が、群馬県師範学校（現群馬大学）四年生在学時に一五〇回忌を迎えることに触発され浅間山研究をスタートさせたことを回顧させる一文である。

昭和六年が、天明三年から百四十九年、犠牲者の供養からは百五十回忌になるために、吾妻郡原町の善導寺で供養碑を建てたり、各地で大法会の行われることが新聞に載った(249)。

氏の処女論文として昭和七年度の終わりに刊行された校友会誌に「天明三年浅間山噴火古記録に就いて」を掲載している。その後、氏は代表的な史料の紹介をおこない、天明三年浅間災害に関する膨大な史料研究に携わり、多くの業績をあげていくことになる。

この記事にある、善導寺の百五十回忌の供養碑には、

正面：浅間山焼流死霊百五十回忌供養塔　当山
側面：昭和七年七月八日　善導寺念仏講中建之
裏面：左記連名ニテ観音山頂上百番観音供養塔モ建立ス。寄附者　厚田一場武平（以下68名略）世話人　浅田徳太郎　石工　新井富之助(250)

と刻まれている。

他にもこの時期の情報として、北信毎日新聞[251]で「天明罹災者の大供養　浅間山頂で盛大に執行」の見出しにより、百五十回忌の追善供養がおこなわれたと報じている。天明罹災者の大供養として、変災以来一五〇年惨死者及びその後の遭難者、自殺者の霊を慰めるための追悼大施餓鬼会が、九月五日午後一時より、峰の茶屋前広場で行われた。

> 会場たる東方広場はこれ等数千の英霊をまつる供養塔がスッキリと建てられ、参列者二百余名、荘厳のうちに軽井沢山岳会長平田彦七氏の開会の辞、参列者長野原、軽井沢、小諸を始め数名の弔辞があり、地元宝性寺住職川島深周氏の読経鎌原部落老婆三十余名の念ずる天明大惨禍当時を追憶し涙新たならしめたる浅間和讃の唱道に移り、遭難遺族数十名の挨拶を終り、嬬恋村々会議員鎌原司郎氏の閉会の辞があって午後五時解散した。

と報じている。文中の「山頂」は峰の茶屋のことをさしているものと思われるが、この時の記念会誌『天明三年浅間山大爆發　百五十年祭記念』が、発起人で峰の茶屋主人の内堀定市の手によって編集されている[252]。この頃と推定される峰の茶屋の姿を絵葉書に求めることができる[253]。

『天明の災にかがやく恩恵』でたどると、鎌原では、昭和七（一九三二）年「七月公会堂前にて百五十回忌供養す」（区長安済儀平）と記されている。発起人には、内堀定市の他に、鎌原司郎、安斉儀平の名が記されている[254]。

このように、原町の善導寺、激甚被害地の鎌原村、長野側との県境の少なくとも三ヶ所で盛大な供養祭が執り行われていたことがわかる。一五〇年が経過して、なおも着目される出来事であり、人々の深々たる供養の気持ちは消え失することはなかったのである。

（7）百八十回忌～二百十回忌の頃

【図48】二百十回忌
観音堂奉仕会造立の謝恩碑

百八十回忌の法要の記録が『嬬恋村誌』[255]に掲載されている。国土計画の経営になる「鬼押出し園」には、上野寛永寺別院があり、隣接した岩窟ホールと呼ばれる食堂兼休憩所の前で執り行われている「浅間押一八〇年供養の法要」の写真が掲載されている。また、上野寛永寺一行がこの供養法会に訪れた写真も掲載されている。浅間白根観光連盟主催による「一八〇周年供養法会」と記されていることから、刊行と供養との接点をここにみることができる。

伊勢崎市の戸谷塚地区の観音堂境内には、天明四年の銘がある天明地蔵がある。大正元（一九一二）年の耕地整理によって現在の観音堂境内へ移されたものである。この地蔵尊は、当初、死者が打ち上げられた河原に造立されたという。また、天明地蔵尊之碑には、天明地蔵を造立し弔った由来が記される。現在この場所には、他に百八十回忌の昭和三七（一九六二）年と二百回忌の昭和五七（一九八二）年に造立された石造物がある。

供養祭は、百八十回忌の天明地蔵尊之碑の造立とともに計画されたものであったと思われる。嬬恋村と長野原町、そして戸谷塚地区に住む有志の寄付で碑が造立されたといい、現在も祭典の折には、祭壇の両脇に嬬恋村と長野原町の提灯が吊るされ、鎌原区の住民や奉仕会の人達が参会する。また、碑の除幕式には高松宮が出席し松の植樹も行われたため、それを記念した石造物の高松宮殿下御来臨の記も造立されている。供養祭はそれ以降、毎年、観音の縁日でもある旧暦一〇月九日にあわせて行われている。それは、供養祭の行われる地蔵尊のある観音堂の縁日によるためとも、天明地蔵尊建立が天明四年の「一一月四日」だったのでその日に因んでいるともいう。

ここ戸谷塚では、二百回忌の年には、新たに天明地蔵の隣に鎌原地蔵が造立された。この地蔵に刻まれた願主の福田市郎は、天明地蔵尊之碑の造立に奔走した人物で、台石に「先人の偉大な事績・美徳を後世に伝えるために造立した」と記されている。また、供養祭とともに、天明浅間押二百回忌供養碑が造立された。これは戸谷塚地区の区民一同の志によるもので、地区全体で先人の美挙を伝えている。このように戸谷塚地区では、天明四（一七八四）年に造立された天明地蔵がよりどころになり、それと並ぶように新たに石造物が造立され、現在も供養祭が執り行われているのである。

一方、上流の嬬恋村の鎌原では「浅間山麓埋没村落総合調査会」の発掘調査によって、地元はもちろん全国から人々が見学し、観音堂参拝に訪れることになった。そこで、地元の老人たちにより「観音堂奉仕会」が組織され、途絶えることのない参拝者に無休の接待がおこなわれるようになった。昭和五七（一九八二）年に二百回忌を迎えるにあたり、天明浅間押二百年記念事業実行委員会が組織された。供養のための供養観音（聖観音）が造立され、命日の八月五日には観音の開眼と供養法要の式典[256]が執り行われた。観音造立碑には、観音堂に避難した者など九三人が生き残り、焦土の村を再興したことや、流された遺体が下流の村人によって手厚く葬られたことなどが刻まれている。この二百回忌を契機に、鎌原区では毎年八月五日に観音像前で供養祭が行われるようになった。[257]この供養祭には、鎌原地区や嬬恋村近隣の人々だけでなく、群馬県伊勢崎市の戸谷塚地区と境中島地区からも出席者があり、それぞれの区長が焼香をする。供養祭の場で、吾妻川上流部と利根川沿いの地区の交流を見ることができるのである。[258]百八十回忌といった節目の記念祭として行われた鎮魂の供養を契機に、甚大被害の及んだ鎌原区と下流戸谷塚地区、さらに境中島地区との交流が始まるという新たなつながりができているのである。

また、二百回忌の年、遥か下流に所在する江戸川区東小岩の善養寺でも二百年供養祭がおこなわれた。その際、住職の手により善養寺の和讃「浅間山焼け供養碑和讃」（昭和五七年四月）がつくられ、供養碑が造立されている。[259]また、鎌原区の供養祭においては、善養寺からの関係者との交流もあるのだという。

さらに、翌昭和五八（一九八三）年、鎌原村の檀家寺となっている長野原町小宿の常林寺では、天明の災禍に遭った穴谷観音の再興の開眼法要を挙行し、諸精霊の供養として、天明浅間押し二百年記念碑の建立がなされている。

その後、二百十回忌の平成四（一九九二）年には、観音堂奉仕会によって謝恩碑が造立されている。碑には、鎌原村を救った篤志家として黒岩長左衛門や干川小兵衛、加部安左衛門、他七人の施主名の名前が挙げられ、善意の励ましをおこなった勘定吟味役の根岸九郎左衛門の名前も連ねられ、彼等の功績が記されている。また、歴代鎌原村名主区長の苦心も忘れられないとして、初代組頭と百姓代の名前を挙げ、鎌原村の復興の謝恩と由を刻んでいる。

小結

本章では、天明三年浅間災害に纏わり起因する出来事や行事及びエピソードなど、各地に残された語り継ぎについて項目区分けをおこないながら概観してきた。

さて、歴史災害を含む「過去の災害」にはどのような共通点があるのか。この問いに「社会が弱っていても人は強い」と題して、北原糸子は次の様にまとめている[260]。①社会が変化しているので、被害や救済のかたちが異なるのは、災害が時代を映す鏡になっているからである、②官僚たちも頑張った、強いやりがいを感じていたはずである、③災害からの救済は社会のあり方によっている、時々の社会条件を踏まえ対応するしかない、④社会がどうあれ、人の本質は変わらない、⑤災害で困った人がいれば、みんなで助け合う、⑥自分の力を越えた災害に見舞われても、それを克服しようと努力する人が必ず出てくる、という。

火山災害としての歴史災害の代表格とされる天明三年浅間災害の経過は、今日的な災害を見比べる中でも対比に値する点が見出せる。経過した時間の流れをみてくると、発生した二三〇余年前の当時の人々の多大な関心を集め、救助や復旧支援の気運が高まっていたことを見い出すことができる。それは、為政者側からの「普請」としての取り組みの外に、民からの「施し」である。それらは史料として文字に記録、石造物に刻まれ、美挙や苦難を乗り越えた証として伝統行事や言い伝えとなって語り継がれてきたことがわかる。我が国には、災害の支援に対して多くの人々が率先して応ずる社会的伝統がある。こういった災害に対する国民性についても歴史災害の語り継ぎの中から改めて確認でき、天明三年浅間災害の語り継ぎの継続性の中からも強く評価が得られる点であるだろう。近世の歴史災害として、災害に対する社会条件として、立場が異なりつつも、地域の有力者は率先して救済活動を行った。近世社会が円熟していたことを意味しているとも言い換えることが出来るが、民衆の中から既に官民一体となって被害に対処しようとする動きや救済のかたちができていたことが十分に確認される。

歴史災害として天明三年浅間災害の発生や飢饉がもたらした耕地の荒廃は農村の困窮を剥き出しにし、博徒、遊民を生み、社会の混乱へと拍車をかけた。しかし、天明の飢饉に瀕しても米沢藩が餓死者を出さなかったというように、天明三年浅間災害発生後の動きのなかにあっても、幕藩体制は民を見捨てるようなことはなかった。伊勢崎藩下の伊与久新沼の例のように「困窮沼」を窮民対策としたり、安中藩主板倉勝暁が伝来の器物を売払い領民の飢餓を救うなどの地元に伝わるエピソードからは[262]、災害に対して被害や救済などの時代を超え、尚も語られる事実があり、領民にとって美挙として映し出され語り継がれていることが確認される。伊勢崎藩は泥流及び軽石降下の被害に対して、田畑共に領分の年貢を皆無とし、麦が出来るまで男に麦五合、女四合、子供に三合を給する策を講じ、天明打ち毀し騒動の発生時にも「もし民を助けるならば、伊勢崎藩主の如く、そうすれば（藩が）乱れることがあろうか」（『沙降記』）というように近隣前橋（川越）藩の暴徒に言わせたといい、広瀬堰などの復旧対策工事にも藩士浦野智周をして、幕吏に工事を強力に押し進めるよう計った記録もある[261]。

災害発生時の幕僚たちにとっても、強い思いを抱きながら災害対応にあたったはずである。被災地に派遣された復興担当役人の勘定吟味役根岸九郎左衛門（一七三六～一八一五）は、復命の公式報告書ともいうべき記録『浅間山焼に付見聞覚書』[263]を丹念に書き残している。その中には、災害の現象や被害状況を今日に伝える興味深い情報を含んでいて、多くの知見を得ることができる。江戸を出立する記載からはじまる記述では、実際の見聞に基づく臨場感が伝わる。村々の被害石高・流死者・被害家屋等の被害数のデータとともにその村の災害関連事項の具体を書き留めている。例えば、「火石」について聴取された記述は、村々の古老が火石は水煙とともに水に浮きながら流れたり、沢を逆流したりしたとの情報を伝える。流された村人が助けられた記述では、個人名をあげ助けられた由が記され、鮮明な描写で他の史料や他者の情報を集約しただけでは記述出来ない表現とみることができる。つまり、他の転写された史料においては見出すことの出来ない内容の情報と判断される。このことは、系統立てられて編集された萩原文献を通読することにより確かめられる。丹念に書き留められた記録に触れると、幕僚として職責を全うしようとする姿や見分を災害情報の記録として誠意を込めて書き残そうとした意図が伝わってくるようにも思える。また、根岸はこの外にも、自序の随筆集『耳袋』[264]で、この災害について鎌原村などの関係記事を綴っている。さらに、復興を統括する任にあった根岸が、三国街道杢の関所の架橋に替えて渡し船開設による復興事業の策を施したことなどの顕彰記事が碑文に刻まれ、自然災害に対する身の処し方、歴史災害から我々が学び取れる災害の記憶・教訓として受けとめられる事実を確認することが出来るのである。

鎌原観音堂の二百回忌の謝恩之碑のような救済者に対する謝意を表した石造物は、一見それまで存在せず近年になって造立されたものしかないとも考えがちだが、北牧村の興福寺には、幕藩体制下にあって甚大な被害に直面した幕府の災害時の救済に対する謝恩が読み取れる碑が残されている。社会情勢は今日とは大きく異なるが、歴史災害の中で官僚の動きはさほど等閑であったとも思えない。このことは、官民を挙げて、災害に取り組むという社会の力強さを歴史災害から学んでいくべき視点と考えてよいのではないだろうか。

歴史災害における鎮魂の意識についても、若干の視点を見ておくことができ「葬儀や慰霊祭のような宗教的儀式は彼岸の側に立った鎮魂」であり「仏教的功徳を死者に廻施して救済を擁護する供養と、仏法の力によって死者を善導・教化して鎮める調伏である。浮かばれない死者などを追善供養などの儀式で魂を成仏させる鎮魂方法[265]」であることを改めて認識しておくべきであろう。

被害発生直後から、罹災者への救援、犠牲者への弔いが施された。直後に行われた宗教者による弔いのいくつかの例からも非業の死を迎えた人々への鎮魂が込められた行為を確認することが出来る。また、幕命をもって施餓鬼の執り行われた江戸両国の回向院の供養碑の例もあり、回忌供養に類する宗教的な感情の表れは、群馬や甚大な被害とかかわった地域におけるものだけではなかったのである。さらに、我が国の宗教的な行為として回忌供養が上げられるが、それに伴い供養が施された多くの事実を確認することが出来る。

このこととも関わるが、三十三回忌の動きと重なる時期に、世の中に天明三年浅間災害を再び語り直そうという動きがあることの事実の確証が得られはじめてきた。蜀山人のＳＦめいた奇談は「文化十二（一八一五）年頃聞いた話」といい、天明の浅間山の大噴火で地中に閉じこめられてしまった人たちが、三三年後に救出されたという話に仕立てられている。絵図作成の意図を「天明三年の噴火から三〇年以上たった文化期頃、地域の中で多くの人に噴火の様子を伝えるために作成」「移動させながら地域内部の多くの人に閲覧させるという目的で作成された」と考えられるような特異な絵図についても着目できる。また、没後の羽鳥一紅の作品の版本が世に出るという動きは三十三回忌という時間軸に連動する。鎌原観音堂の「三十三回忌供養碑」は、激甚被害地の鎌原村で最初に建てられたとされる供養塔だが、やはり文化一二（一八一五）年のことである。三十三回忌の例としてみたが、亡き先祖や家族を供養するだけではなく、社会全体の中で回忌供養に対する宗教観が多くの動きを生み出していたのだという提起を示すことができる。このことは、時間経過とともに社会全体で災害の犠牲者に向き合うことができるようになるという語り継ぎの真意を含んでいる。

回忌供養を断片的に辿ってみても、その後、語り継ぎの規模の差はあれ、年忌供養や五年や一〇年といった年数単位の節目など、時間経過に対する「節目」を目途に人々の供養の気持ちを集約していこうとする動きが、供養祭なり石造物の造立という形にまとめられ、今日、我々に語り継ぎの念を新たにさせてくれるのである。

発生した近世期においても、災害で困れば、皆で助け合おうとする人としての本質は変わることはない。被災した村々へ、山村の小さな村々から寄せられた寄付金や生活用品などその「些少さ」をみると、逆にいかに助け合う気持ちの強かったかが現れていると推定できるようにさえ思える。また、財力を貯えた分限者は、率先して救援の手を差しのべている。鎌原村の再生のスタートともいうべき祝言には、近隣の村から僅かばかりの金品が贈られ、祝言の席があつらえられている記事がある（『浅間山焼荒一件』[266]）。その中には「祝儀進上」として、敢えて「古皿五つ」などというように「使い古し」を意味する記述がなされてもいて、身を寄せ合いながら生活してきた村々の姿とともに近隣の村々の強い援助の気持ちを感じ取ることができる。取肴として贈られた米粉でつくられた団子は、現在でも鎌原の地に「身護団子」という年中行事として伝わっていて、この伝統文化はこれらの事実を語り継ぐには格好の事例となっている。

時間の経過とともに、伝えられた事実は書き換えられたり、取り違えられたりする。その例として、文書記載の転写もその一因となる。史料の「鞍」と「蔵」の記載の例を見てきたが、延命寺の標石や常林寺の梵鐘が吾妻川河床から見つかった年代取違の事例など、今日的な混乱さえも存在している。しかし逆に、この不確かさが「自分たちの先祖の暮らしを確認したい」とするアイデンティティが人々の行動への原動力となって鎌原村の学術発掘調査の前段となる地元民の手でおこなわれた発掘へとつながった側面も、忘れてはならない「語り継ぎの力」といえる。そして、さらに発掘調査の成果が、地元の「先祖を想う気持ち」の増長につながり、奉仕会の組織、多くの参拝者に対する活動など、災害を語り継ぐことを仲立ちとする地域活動のよい意味での鎖ができたという事例となっている。

地元に住む者が語り継がれてきた自分たちの先祖の苦難を知ろうという自然な気持ち、全国の人々が哀しみを乗り越えてきた地域の歴史に注目したこと、この両者が結びついて鎌原の人々に先祖のことや土地のことを真剣にふりかえる機運が高まり奉仕会が組織される。それだけではなく、他地域との交流、地域の祭典や伝統行事へのかかわりという一層の連関が参拝者の接待、資料館への来館など、多くの効果へと波及していく。よい意味でのリンクが集積していくのである。季節折々の行事が祈りの心に通じ、思いを届けようとする絆に導かれることにつながる。鎌原区住民に対する研究調査[267]では、再三にわたって「先祖を助けてくれた観音堂への感謝や敬意」「発掘調査に携わるなどしたことによる供養や供養をしたいという強い気持ち」「鎌原の地に生まれ、育ち、結婚するということで芽生える土地に対する執着心や団結力」「家の制度が伝統として当たり前に残され、先祖への供養の気持ちが親から子へと当たり前に受け継がれる世代を超える力」が聞き取られている。しかしながら、課題がないわけではなく、観音堂奉仕会の賛同者人数の減少をみても明らかに、継続への懸念は残されている。参拝者数の減少にしてみても、社会スタイルや時勢の移り変わりが影響を与えてはいるはずである。鎌原区の人々が先祖の供養や噴火のことを人々に伝えようと組織的に行っている鎌原観音堂奉仕会の活動にも、新たな意識の刷新が求められるのかも知れない。

災害に見舞われ避難生活に追いやられたときの人々の欲求の変化は、身を守る不安や衣食住の確保などの「生理的欲求」、家族や知人の安否といった「社会的欲求」、避難生活の中での人間関係やプライバシー確保といった「心理的欲求」へと推移するという。

そのような避難の段階で鎌原村の例をみると、災害直後の非常時の隣人の温情極まる施しは、隣村・地元郡内の有力者の手に依るものだった。思いも依らぬ災害に遭遇し、放心状態に陥った鎌原村の被災者を全財産を投じてでも救うべきだという強い決心をして、大笹村長左衛門、干俣村小兵衛、大戸村安左衛門がそれぞれの村に生き残った鎌原の村人を引き取り、その後、埋没した村の上に小屋掛けをして新たな村をスタートさせた。家族の再生という世にも稀とされる鎌原村再建には、尽力した人物の存在があったことを歴史災害の中から改めて確認することができる。避難生活時の人々の欲求の変化に対し、必要なものを確保し、不要なものを拭う施しがなされたことを確認した。

萩原進は、多野郡平井村緑野の斉藤家墓地の「千部供養塔」に関して、天明三年の大噴火後の飢饉に際し、斉藤八十右衛門なる人物が代官の松平忠左衛門と総高数千石の穀倉をひらき救済の手を施したことを記し、

> 平素の準備の不完全さと天明三年の災害時に救済者の必要なことを取り上げている。当時の時代風潮が個人主義・利己主義であった中で、このような救済者の出たことは社会愛の発露であり、生きた実践道である。浅間山の大噴火がこうした方面に影響を与えた影響を思うときに、真に感慨深いものがある。[268]

といっている。碑文では、寛政四年に「隣郷迄助情。是只予至子孫為心得而已。記之莫後人笑」と結んでいる。

災害という「非常な時」は、人々に隣人愛、社会愛といった平時に忘れかける大切なものを思い返させる行動がとられる。碑文には、これが語り継がれることを戒めとして刻み伝えようとしている。今日の社会変化のなかで忘れかけられている、身をおさめ、然るべき身の処し方、そういったものまで天明三年浅間災害の語り継ぎのなかで系統立てていくべきかもしれない。

原町の富沢久兵衛は、幕府の救済策（普請金）であった「開発金一畝に付永百十九文、一畝七人堀」の積りでは、形ばかりの復旧工事で生産性を回復させることは出来ないとし、土木工事を実行していた。被災後の「上掘」の工事の後、天明五年～同八年春にかけて私財を投入して入念に耕土を復旧させる工事「二番開発」を行った。久兵衛は、その成果を実に五倍になったと記録し「人々ノ手本ニも可成」とも記している。近年進められている発掘調査からも、不要な礫を充填した溝と元の耕作土を掘り上げた痕跡のある溝が対比的に確認される例があり、苦難を克服しようとした先人の足跡を天明三年の発掘調査からつぶさにたどることさえある。災害に見舞われてもそれを克服しようと努

め、強く逞しく時代を駆け抜けた人物の一人であろう。このような先人の労苦を地域の歴史の中から掘り起こし、後世へと伝えていくべき内容でもあるといえる。

飢饉や天災で多くの人々の命が失われた時代に、僧侶達は供養の意味と大切さを民衆に説いて布教してきた。また、率先して民衆を救う活動をおこなってきた。今日、社会の記憶の中で語り継がれている寺院の活動の中に天明三年浅間災害の災禍に対する供養行為の足跡や、例えば磐梯山噴火の犠牲者供養と併せて新たな供養や鎮撫の取り組みがおこなわれた例を成身院観音堂再建にみることができる。歴史災害として取り扱われる時代、年長者や分限者、宗教者の知恵や発言、権限は重い。多くの事例が、そういった社会の中で率先して避難者を助け、犠牲者を弔い追善供養する動きが起こされてきた。今の時代とは、大きく異なる社会システムがあったとする見方もできる。しかし、だからといって、個人が他者を蔑ろにしたというわけではないことも同時に確認できる。このような確認のもとに、災害の発生と地域のなかで語り継がれてきた事実の掘り起こし、関心のもたれ方の変遷をたどることとの必要性がある。

「周年行事」には人びとの関心を高め出来事を捉え直す契機となる機能があり、伝統芸能としての記念日には、縁日的な空間が準備されることになり、追悼や人びとの記憶の継続に重要な意味合いを持つようになる。そのような繰り返しと時間の経過により、想起と忘却を繰り返しながら、災害に対する記憶は変容している。いわば、人びとの間に自然と出来事を思い返すことができるようになる機能が組み込まれていることにもなる。このことは、「社会的知恵」と呼ぶことができる。その中で、次の段階として、天明三年浅間災害の「何処に」視点を定めるかという歴史意識を問い直すことも求められるようになるであろう。

註

（1）原町誌編纂委員会一九八三『原町誌』九七頁
（2）野本寛一二〇一三『自然災害と民俗』森話社）六三〜七五頁
（3）鎌原観音堂奉仕会一九九二『天明の災にかがやく恩恵』五七頁
（4）鎌原家の現当主郷司（さとし）氏によれば、先々代の司郎（じろう）氏は、地区の人に字を教え、好きな酒を飲んで、議会活動にも精力を注いだ人物という。同家の墓は、入口に一体の地蔵さんが立って、これは地区の人が、字を教えてもらったお礼に追善供養として建てられたものと伝わっているという。
（5）三枝・早川によれば三枝恭代・早川由紀夫二〇〇一「嬬恋村鎌原における天明三（一七八三）年浅間山噴火犠牲者供養の現状と住民の心理」『歴史地震』一七　三九〜四七頁、念仏をきちんとした形で残したいという思いから、念仏と和讃を集めた冊子を作成した、と聞き取られている。「鎌原観音堂御詠歌」、「回向」、「懺悔文」、「摩訶般若波羅蜜多心経」、「水子地蔵御和讃」が共に掲載されている。
（6）浅間山麓埋没村落総合調査会・東京新聞編集局特別報道部一九九四『嬬恋・日本のポンペイ』東京新聞出版局）七九頁
（7）二〇〇〇年の回り念仏のプログラムでは、一七の念仏が、途中に昼食や休憩をはさみ、一〇時から一四時半のなかで詠まれている。三枝恭代・早川由紀夫二〇〇一「嬬恋村鎌原における天明三（一七八三）年浅間山噴火犠牲者供養の現状と住民の心理」『歴史地震』一七）三九〜四七頁
（8）鎌原観音堂奉仕会一九九二『天明の災にかがやく恩恵』三六〜四八頁
（9）大石慎三郎一九八六『天明三年浅間大噴火』角川選書）六七頁
（10）浅間山麓埋没村落総合調査会・東京新聞編集局特別報道部一九九四「埋没村落の発掘調査とその意義」『嬬恋・日本のポンペイ』東京新聞出版局）二四頁
（11）三枝恭代・早川由紀夫二〇〇一「嬬恋村鎌原における天明三（一七八三）年浅間山噴火犠牲者供養の現状と住民の心理」『歴史地震』一七　三九〜四七頁

(12) 平成二六（二〇一四）年には、年中無休から二月は無人とするように変わったという。二〇〇〇年の賛同者九九名の会員は、平成二五年度は四五人にまで減ってきている。脈々と語り継ぎが続けられると考えられている場にもまた、新たな課題が生まれていることも事実である。

(13) 鎌原観音堂奉仕会一九九二『天明の災にかがやく恩恵』 五三頁

(14) 関俊明二〇〇七「『浅間山焼昇之記』―信州上州天明三（一七八三）年浅間山噴火―」日本損害保険協会『予防時報』二三一 二二頁

(15) 学習院女子大学東日本大震災ＶＳＴつながる〝わ〟リレー講義：東日本の復興と学術公開ｗｅｂより（検索日：二〇一三年四月一二日）
http://tunagaru-wa.jimdo.com/%E6%B4%BB%E5%8B%95%E5%A0%B1%E5%91%8A/%E6%9D%BE%E5%B0%BE%E7%BE%8E%E6%81%B5%E5%AD%90%E6%95%99%E6%8E%88-%E6%97%A5%E6%9C%AC%E5%8F%B2%E8%AB%96iii-%E8%BF%91%E4%B8%96-%E6%8E%88%E6%A5%AD%E5%A0%B1%E5%91%8A/%E5%A4%A9%E6%98%8E%E3%81%AE%E6%B5%85%E9%96%93%E5%B1%B1%E5%99%B4%E7%81%AB/

(16) 関口ふさの一九七九『緑よみがえった鎌原』月刊上州路別冊あさを社 七六頁

(17) 小諸尋常高等小学校一九一〇『浅間山』 九〇頁

(18) 菊池万雄一九八一『日本の歴史災害』古今書院 九〇頁

(19) 内堀定市一九三二『天明三年浅間山大爆發）百五十年祭記念』 口絵

(20) 菊池万雄一九八一『日本の歴史災害』古今書院 九〇頁

(21) 『群馬県吾妻郡誌追録』吾妻教育会一九三六 四七三頁

(22) 萩原進一九八四『浅間山風土記』）二〇頁

(23) 相葉伸一九六五『上毛野昔話』西毛編みやま文庫一八

(24) 菊池万雄一九八一『日本の歴史災害』古今書院 九〇頁

(25) 嬬恋村役場観光商工課・嬬恋村観光協会「鎌原観音堂と天明の浅間大噴火」（観光パンフレット）
(26) 嬬恋村教育委員会一九八一『鎌原遺跡発掘調査概報　浅間山噴火による埋没村落の研究』八、四一頁
(27) 関口ふさの『緑よみがえった鎌原』月刊上州路別冊あさを社　七頁
(28) 嬬恋村教育委員会一九九四『埋没村落鎌原村発掘調査概報（よみがえる延命寺）』四九頁
(29) 浅間山麓埋没村落総合調査会・東京新聞編集局特別報道部一九九四「埋没村落の発掘調査とその意義」『嬬恋・日本のポンペイ』東京新聞出版局　二九頁に写真在り。
(30) 大石慎三郎一九八六『天明三年浅間大噴火』角川選書）一二八頁
(31) 納骨されているのは、昭和五〇年発見の横町横沢寛氏造成地の男性二体（一体小児）、昭和五四年観音堂石段五m下の女性二体、昭和五四年一〇日窪の女性一体、昭和六二年延命寺庫裏の男性一体、昭和六三年延命寺跡馬一頭、という。（鎌原観音堂奉仕会一九九二『天明の災にかがやく恩恵』）五二、七九～八〇頁
(32) 埼玉県史編纂室一九九三『新編埼玉県史』図録』一七七頁、埼玉県立文書館　野中家文書八二三三一
(33) 萩原進一九八九『諸国道中金草鞋』（十三）みやま文庫一一三　七一頁
(34) 藤岡市教育委員会一九九六『藤岡市史』（通史編）二〇四頁
(35) 林春男二〇〇四『いのちを守る地震防災学』岩波書店　六〇～六五頁
(36) 萩原進一九八六『浅間山天明噴火史料集成Ⅱ』群馬県文化事業振興会　五一頁
(37) 一五～六〇才の男には玄米二合、それ以外の者へは玄米一合六〇日分が分配された。
(38) 萩原進一九八六『浅間山天明噴火史料集成Ⅱ』群馬県文化事業振興会　三三二頁
(39) 原町誌編纂委員会一九八三『原町誌』二九〇～二九四頁
(40) 萩原進一九八六『浅間山天明噴火史料集成Ⅱ』群馬県文化事業振興会　一二九、三三九頁
(41) 原町誌編纂委員会一九八三『原町誌』二九九～三〇〇頁
(42) 吾妻教育会一九三六『吾妻郡誌追録第一輯』）四八六～四八七頁

(43) 浅間山麓埋没村落総合調査会・東京新聞編集局特別報道部一九九四『嬬恋・日本のポンペイ』東京新聞出版局　二三二頁
(44) 萩原進一九九五『浅間山天明噴火史料集成Ⅴ』群馬県文化事業振興会　二七一～二七七頁
(45)「塚」とは、群馬県の北毛から長野県の東信地方にかけて使われる単位収量や施肥、収穫量などと絡んだ私的な土地単位。当地では三〇～六〇坪位の面積の幅がある。
加藤隆志一九九七「畑作と「ツカ」―相模原台地の事例を中心に―」『神奈川県立博物館研究報告（人文科学）』第二三号　二七～三五頁
関俊明二〇〇五「天明三年浅間泥流で埋もれた畑の発掘調査―群馬県山間部の畑地景観・「ツカ」とその構造―」『交流の地域史』雄山閣　一七七～二〇四頁
(46) 小林二三雄二〇一五『松井田八幡宮祭禮記』みやま文庫二一八号　二二頁
(47) 青木利文・大谷正芳二〇一一「浅間軽石の砂山について」『東国史論』第二五号　七五頁
(48) 群馬県一九九二『群馬県史』通史編六　八六二頁
(49) 安永二（一七七二）年から寛政六年（一七九四）まで使用。名主の文書箱に残され現在まで引き継がれた文書。在住の郷土史研究家八木一章氏の教示。
(50) 畑屋敷の部。寛政七（一七九五）年から天保一三（一八四二）年まで使用。
(51) 青木利文・大谷正芳二〇一一「浅間軽石の砂山について」『東国史論』第二五号　七七頁
(52) 同右
(53) 本庄市一九八九『本庄市史』通史編二　七四五頁
(54) 萩原進一九八六『浅間山天明噴火史料集成Ⅱ』群馬県文化事業振興会　九一頁
(55) 群馬県教育委員会一九七三『嬬恋村の民俗』群馬県民俗調査報告書第一五集　一〇七頁
(56) 萩原進一九三九「天明三年浅間山噴火と社会的影響（六）」『上毛及上毛人』二六二号　五一頁
(57) 萩原進一九八六『浅間山天明噴火史料集成Ⅱ』群馬県文化事業振興会　九二頁

(58) 同右　九八頁
(59) 柴崎起三雄二〇一〇『本庄のむかし』　一二五頁
(60) 本庄市一九八九『本庄市史』通史編二）　七〇三〜七〇六頁。
さらに、根岸九郎左衛門は著『耳袋』の中で「本庄宿鳥谷三右衛門が事」として、中屋を立て直し近在に鳥谷三右衛門といえば知らぬものはないほどになったとも記している。
(61) 埼玉県一九八九『新編埼玉県史』通史編四近世二　五九一頁
(62) 『新編武蔵風土記稿』は、「當所久喜町を開きし帯刀の子孫なり。名主及宿の問屋を勤む。天明三年信州淺間山焼のとき此邊おしなべて其餘灰に埋り窮民多かりければ近郷の富家に謀り飢人に食物を施すこと翌正月より三月に至り夫より七月までは宿内萬福寺境内にて粥を施すこと百五十日。依て村民餓死を免れり」と記している。
(63) 萩原進一九三九「天明三年浅間山噴火と社会的影響（六）」『上毛及上毛人』二六二号　五二頁
(64) 上毛郷土史研究会一九三八『上毛及上毛人』二四九号　六頁
(65) 一年の悪事災難を除き、福運を招く正月の配り札として信者に授与している開山心越禅師が一筆書きで描いたという達磨札。
(66) 佐藤勉氏によれば、三〇〇年前に江戸で流行した疱瘡（天然痘）は、自然治癒を待ち迷信にすがるしかなかった。疱瘡の神様は赤い色を好むと信じられ、赤絵に頼る「紅療法」や「赤もの」、「赤べこ」などがもてはやされた。ほかになす術がなかった疱瘡除けのまじないよけとして「江戸だるま」は流行した。その後、一八五八年種痘所ができるとこの赤い色をした江戸だるまの使命は終わったという。（二〇一四年八月一八日付け上毛新聞）
(67) 廣瀬正史二〇〇〇『よくわかるだるまさん』チクマ秀版社　七〇〜七一頁
(68) 廣瀬正史二〇一六「第二八回達磨まつりの報告」寺報『福ＦＵＫＵ』一五〇号少林山
(69) 少林山達磨寺『縁起だるまと少林山』同寺配布解説パンフレット
(70) 群馬県教育委員会一九六四『境町の民俗』　一六頁

(71) しの木弘明一九六九『境風土記』境町地方史研究会　七五頁
(72) 子持村誌編さん委員会一九八七『子持村誌』上巻　九九七、一〇一四頁
(73) 同右　一〇一五頁
(74) 濱口富士雄二〇一二『群馬の漢文碑（續）』東豊書店　三二〜三四頁
(75) 渋川市一九九三『渋川市誌』第二巻　七一一頁
(76) 子持村誌編さん委員会一九八七『子持村誌』上巻　九九七、一〇一四頁
(77) 群馬県『群馬県史』一九九二資料編六　八九八頁
(78) 同右
(79) 萩原進一九三九「天明三年浅間山噴火と社会的影響（七）」『上毛及上毛人』二六五号　四一頁
(80) 萩原進一九三八「天明三年浅間山噴火と社会的影響（三）」『上毛及上毛人』二五八号　三六〜三七頁
(81) 国立歴史民俗博物館二〇〇三『ドキュメント災害史一七〇三—二〇〇三〜地震・噴火・津波、そして復興〜』展示図録　一三二頁
(82) 同右　九二頁
(83) 大石慎三郎一九八六『天明三年浅間大噴火』角川選書　一八八頁
(84) 萩原進一九三九「天明三年浅間山噴火と社会的影響（六）」『上毛及上毛人』二六二号　四八〜四九頁
(85) 関口ふさの一九九三『高山彦九郎の実像』あさを社　一七頁
(86) 木村幸比古一九九三「思想を高めた京暮し」『高山彦九郎の実像』あさを社　五七〜五八頁
(87) 正田正之作成　前掲『高山彦九郎の実像』二一頁
(88) 吉岡村教育委員会一九八〇『吉岡村誌』八八三頁
(89) 萩原進一九八五『浅間山天明噴火史料集成Ⅰ』群馬県文化事業振興会　三五一〜三五二頁
(90) 萩原進一九六五「天明三年の災害と高山彦九郎の伝記的位置づけ」『群馬文化』七八・七九合併号　四八頁

(91) 萩原進一九八五『浅間山天明噴火史料集成Ⅰ』群馬県文化事業振興会　三五四頁
(92) 正田喜久二〇〇九『明治維新の先導者高山彦九郎』みやま文庫一八八　一六三頁
(93) 樋口良夫一九九三「尊王論と社会観」『高山彦九郎の実像』あさを社　八三頁
(94) 萩原進一九八二『天明三年浅間山噴火史』観音堂奉仕会　七一頁
(95) 嬬恋村史編纂委員会一九七八『嬬恋村史』(下巻)　一九二六頁
(96) いずれにしても、被害のあった天明三年の内に結ばれ、記録に残る七＋三組意外にも多くの祝言が行われたものと考えられる。このことは、鎌原村の復興に関する研究の中でも取り上げられているのを目にしない。
(97) 須永章一九九三「肖像と銅像」『高山彦九郎の実像』あさを社　四〇頁
(98) 木村幸比古一九九三「思想を高めた京暮し」『高山彦九郎の実像』あさを社　五八頁
(99) 内田武志・宮本常一編訳　二〇〇〇『菅江真澄遊覧記一』平凡社)　一二九〜一三〇、一三二頁
(100) 秋田県立博物館一九九六『真澄紀行』九頁
(101) 信濃教育会一九七八『一茶全集』第五巻)信濃毎日新聞社)　一二一〜一二二頁
(102) 萩原進一九八六『浅間山天明噴火史料集成Ⅱ』群馬県文化事業振興会　五〇頁
(103) 柴崎起三雄二〇一〇『本庄のむかし』　一二二〜一二五頁
(104) 金鑽宮守一九三七『塙保己一遺物集』　一〇〜一一頁
(105) 日本随筆大成編輯部一九七八『日本随筆大成(別巻)一話一言一』吉川弘文館　一〇三頁
(106) 萩原進一九六三『上毛人物めぐり』上毛警友編集部　三四〇頁
(107) しかし、この逸話には異論があり、自身の随筆『鵬蹲居雑識』の天明五年三月十五日の日付の序文の中で、この年鵬斉は千数百巻の書物を蔵していたとあり、二年で鵬斉が買い求めるのは不可能だともいう説である。
渥美國泰一九九五『亀田鵬斉と江戸化政期の文化人達』芸術新聞社　二六一頁
(108) 山田烈二〇〇七「江戸後期の画家とパトロンー谷文晁・酒井抱一・喜多武清・亀田鵬斉の作品からー」東北芸術工科

大学紀要No・一四　一七頁

(109)道の駅雷電くるみの里・雷電資料館展示

(110)彦部家編二〇一三『彦部家の歴史』群馬出版センター　二五一頁

(111)萩原進一九六三『上毛人物めぐり』上毛警友編集部　四四四頁

(112)熊本日日新聞 新聞博物館　一九九一『寛政大津波から二〇〇年　雲仙災害防災シンポ・防災展』パンフレット

(113)新潟県立歴史博物館二〇一三『石仏の力』企画展示図録　七頁

(114)大楽和正「災害と石仏―災厄への恐れと祈り―」二〇一四年一一月二二日長岡市栃尾文化センター講演（中越大地震一〇周年リレー講演会）第一四回「災害史に学ぶ」

(115)荒川秀俊一九七九『飢饉』（教育社）一七五～一七六頁

(116)国立歴史民俗博物館二〇〇三開催『ドキュメント災害史一七〇三―二〇〇三～地震・噴火・津波、そして復興～』展示配布資料

(117)内閣府中央防災会議　災害教訓の継承に関する専門調査会二〇〇六『一七八三天明浅間山噴火報告書』一六一頁

(118)井上公夫二〇〇九『噴火の土砂洪水災害―天明の浅間焼けと鎌原土石なだれ―』古今書院　一五五頁

(119)總社町誌編纂委員会一九五六『總社町誌』三二九頁

(120)萩原進一九三八「天明三年浅間山噴火と社会的影響（三）」『上毛及上毛人』二五八号）三二六～三二九頁

(121)大石慎三郎一九八六『天明三年浅間大噴火』角川選書　六七頁

(112)白石凌海二〇一二「災害と仏教―天明三年（一七八三）浅間山大噴火―」『豊山教学大会紀要』第四〇号豊山教学振興会　八〇頁

(123)原町誌編纂委員会一九八三『原町誌』三〇二頁

(124)萩原進一九三八「天明三年浅間山噴火と社会的影響（三）」『上毛及上毛人』二五八号　三二六～三二七頁

(125)萩原進一九九五『浅間山天明噴火史料集成Ⅴ』群馬県文化事業振興会　一六四～一六五頁

(126) 嬬恋村誌編集委員会一九七七『嬬恋村誌』下巻　一〇三五頁
(127) 二〇一四年五月一八日、黒岩家による聞き取り談。
(128) 萩原進一九八九『諸国道中金草鞋』(十三)みやま文庫一一三　七一頁
(129) 天明期を代表する文人として知られる蜀山人は、天明三年供養の三十三回忌にあわせたと思えるような奇跡物語につくりあげた史料の一つ「半日閑話」を著している。これについては、後述する。
(130) 石井里和二〇〇四「羽鳥一紅と『文月浅間記』―女流俳人一紅の捉えた浅間山大噴火―」『群馬県立歴史博物館紀要』第二五号　八八頁
(131) 萩原進一九八九『浅間山天明噴火史料集成Ⅲ』群馬県文化事業振興会　一二七～一三〇頁
(132) 鎌原観音堂前庭の天明三年地蔵像には、「為流死馬百六十五疋菩薩」(嬬恋村教育委員会一九九三『嬬恋村の石造物』二二頁、萩原進一九八六『浅間山天明噴火史料集成Ⅱ』群馬県文化事業振興会一六三頁)とあり、犠牲になった馬の数は史料により必ずしも一致していない。
(133) 萩原進一九九三『浅間山天明噴火史料集成』Ⅳ群馬県文化事業振興会　八九～一〇二頁、美斉津洋夫氏所蔵
(134) 長野原町教育委員会一九八九『長野原町の石造物』　七七頁
(135) 子持村誌編纂室一九八七『伝承と路傍の文化』　九五頁
(136) 子持村誌編さん室一九八七『伝承と路傍の文化』　九九頁
(137) 天明五年旦那寺の常林寺に依頼して作成したとみられ、明治四三年に写し置かれたものと記されている。萩原進一九九五『浅間山天明噴火史料集成Ⅴ』群馬県文化事業振興会　三二五～三三七頁
(138) 萩原進一九九五『浅間山天明噴火史料集成Ⅴ』群馬県文化事業振興会　三三七頁
(139) 白石凌海二〇一二「災害と仏教―天明三年(一七八三)浅間山大噴火―」『豊山教学大会紀要』第四〇号豊山教学振興会　六三～九八頁
(140) 小野秀雄一九七〇『かわら版物語』雄山閣　五五頁、口絵四より図三―一二を転載。

(141) 萩原進一九九五『浅間山天明噴火史料集成Ⅴ』群馬県文化事業振興会）九八〜一〇四頁
(142) 石井里和二〇〇四「羽鳥一紅と『文月浅間記』―女流俳人一紅の捉えた浅間山大噴火―」『群馬県立歴史博物館紀要』第二五号）七九〜一〇〇頁
(143) 白石凌海二〇一二「災害と仏教―天明三年（一七八三）浅間山大噴火―」『豊山教学大会紀要』第四〇号豊山教学振興会 七一頁
(144) 萩原進一九八五『浅間山天明噴火史料集成Ⅰ』群馬県文化事業振興会 三〇七頁
(145) 同右 三五五頁
(146) 同右 三一六頁
(147) 萩原進一九八六『浅間山天明噴火史料集成Ⅱ』群馬県文化事業振興会 四九、五一、五二頁
(148) 早川由紀夫二〇〇七『浅間火山北麓の二万五〇〇〇分の一地質図』本の六四館
(149) 萩原進一九八六『浅間山天明噴火史料集成Ⅱ』群馬県文化事業振興会 二〇三頁
(150) 同右 一六〇頁
(151) (148)と同じ。
(152) 上毛新聞社二〇一四「赤城山の史跡」『グラフぐんま』二〇一四年一月号
(153) 群馬県一九八五『群馬県史』通史編六 七〇六〜七〇七頁
(154) 同右 九二八頁
(155) 柴崎起三雄二〇一〇『本庄のむかし』一二二〜一二五頁
(156) 斎藤月岑一九八一『増訂 武江年表二』東洋文庫 二一〇〜二一三頁
(157) 柴崎起三雄二〇一〇『本庄のむかし』一二四頁
(158) 本庄市『本庄市史』通史編二 七四六頁
(159) 斎藤月岑一九八一『増訂 武江年表二』東洋文庫 二三〇頁

(160) 白石凌海二〇一三「(続)災害と仏教―天明三年(一七八三)浅間山大噴火―」『豊山教学大会紀要』第四一号豊山教学振興会　五六～五九頁
(161) 今井青史二〇一二『平等山宝金剛寺成身院史』
(162) 本章第一節で記述。
(163) 田島三郎一九八四『児玉の民話と伝説』児玉町民話研究会
(164) 金菱清二〇一六『震災学入門』ちくま新書　七四～九九頁
(165) 同右　七六頁
(166) 今井信雄二〇〇一「死と近代と記念行為―阪神・淡路大震災の『モニュメント』にみるリアリティ」『社会学評論』五一(四)　四一二～四二九頁
(167) 朝日新聞ニュース(二〇一六年〇一月二〇日付け)より(検索日：二〇一六年二月二五日)
http://digital.asahi.com/articles/ASHDY737QHDYUNHB00B.html
(168) 『岩島村誌』一九七一岩島村誌編集委員会　六四六頁
(169) 斎藤月岑一九八一『増訂　武江年表二』東洋文庫　二一〇～二一三頁
(170) 柴崎起三雄二〇一〇『本庄のむかし』　一二四頁
(171) 『本庄市史』通史編二　七四六頁
(172) 現在地図でみると、この地点は八町河原と中瀬の中間位置西寄りに位置する。
(173) 嬬恋村誌編纂委員会一九七七『嬬恋村誌』下巻　一九九三頁
(174) 清水寥人一九九六『緑よみがえった鎌原』あさを社　二四～二五頁
(175) 「念仏講」とは、浄土宗系信者が集まって念仏する集い。親睦をかねて毎月当番の家に集まり念仏を勤める一方、掛け金を積み立て会食や葬祭の費用とする例がある。中高年の女性の活動例が多いとされる。
(176) 『岩島村誌』一九七一岩島村誌編集委員会　一一九三頁

(177) 同右　一二〇一頁
(178) 「竜蔵寺町・地名考三四」読売新聞二〇一三年一月一三日（群馬）朝刊　三五頁「ヨミダス歴史館」
(179) 〝元三大師良源について〟第五一回企画展　慈恵大師一〇二五年御遠忌記念企画展　大津市歴史博物館ＨＰより（検索日：二〇一四年三月一六日）http://www.rekihaku.otsu.shiga.jp/news/0905.html
(180) 都丸十九一　一九九七『群馬の祭りと年中行事』上毛新聞社　七頁
(181) 萩原進一　一九三八「天明三年浅間山噴火と社会的影響（三）」『上毛及上毛人』二五八号　四〇頁
(182) 清水寥人　一九九六『緑よみがえった鎌原』あさを社　四三〜四四頁
(183) 「「天明の大飢饉」を偲ぶ高林神社・焼き餅の味」『週刊再現日本史』講談社二〇〇三　九一号　三八頁
(184) 上野勇　一九七八『生きている民俗探訪』群馬』第一法規　一五七〜一五八頁
(185) 萩原進　一九八六『浅間山天明噴火史料集成Ⅱ』群馬県文化事業振興会　六一〜六二頁
(186) 群馬県教育委員会　一九七三『嬬恋村の民俗』群馬県民俗調査報告書第一五集　一三頁
(187) 同右　六七頁
(188) 北原糸子・松浦律子・木村玲欧　二〇一二『日本歴史災害事典』吉川弘文館　八一〇頁
(189) 東京新聞ニュース（二〇一三年七月一六日）ほかＨＰより（検索日：二〇一三年一〇月二〇日）http://www.tokyo-np.co.jp/article/gunma/20130716/CK2013071602000150.html
(190) 都丸十九一　一九九七『群馬の祭りと年中行事』上毛新聞社　一一七頁　http://www.youtube.com/watch?v=0e5aMxDnNXw
(191) 安中市　一九九八『安中市史』第三巻民俗編　三四七、五四一頁
(192) 阪本英一他　二〇一二『碓氷安中史帖』みやま文庫二〇五　一三四頁
(193) 群馬県　一九九二『群馬県史』通史編六近世三　五一六頁

(194) 小野秀雄一九七〇『かわら版物語』雄山閣　五八頁
(195) 萩原進一九八九『浅間山天明噴火史料集成Ⅲ』群馬県文化事業振興会　一三一頁
(196) 金子光晴校訂一九六八　斎藤月岑著『増訂　武江年表一』平凡社　東洋文庫一一六　二一二頁
(197) 『久喜市史』の中でも、「天明三年噴火の七月八日の一〇日遅れの七月一八日にこれを行った」ともいうが、新旧暦が織り混ざっているので、これは祭礼の継続の中でいわれはじめたものと考えられる。
(198) 久喜市観光協会HPより（検索日：二〇一四年九月二五日）
http://kuki.jpn.org/main/kankoukyoukai/tennousama.html
(199) 久喜市一九九一『久喜市史』民俗編
(200) 久喜市一九七四『久喜の祭りと行事』久喜市史調査報告第三集　四〇頁
(201) 松島榮治二〇〇二「鎌原の獅子舞」『嬬恋村の自然と文化』（七六）広報つまごいNo・五九九（平成一四年一〇月号）
(202) 『嬬恋村史』下　一九七七　七一頁
(203) 小野上村誌編纂委員会一九七八『小野上村誌』六七四頁
(204) 新井信示一九三二「浅間山大噴火の跡を訪ねて（上）」『上毛及上毛人』一八五号　二五頁
(205) 日高真吾二〇一二『記憶をつなぐ─津波被害と文化遺産』千里文化財団　一〇頁
(206) 〝鬼押出し〟角川日本地名大辞典編纂委員会一九八八『角川日本地名大辞典』一〇群馬角川書店二四四頁
(207) 萩原進一九三四「浅間山を中心として見たる修験道（中）」『上毛及上毛人』二〇五号　五一～五五頁
(208) 岡村知彦二〇一四『浅間山信仰の歴史』信濃毎日新聞社　五三頁
(209) 北原糸子・松浦律子・木村玲欧二〇一二「日本の歴史災害略年表」『日本歴史災害事典』吉川弘文館　八一七～八一九頁
(210) 小川豊二〇一二『危ない地名─災害地名ハンドブック─』三一書房　六四頁
萩原進一九八五『上野国郡村誌』一一　吾妻郡　群馬県文化事業振興会　三二三～三二七頁

(211) 萩原進一九八九『浅間山天明噴火史料集成Ⅲ』群馬県文化事業振興会　一四九頁

(212) 「タコウジ」は、西窪と大前、鎌原との境界付近の吾妻川右岸沿いに残されている段丘下の地名、「羽尾村」は「赤羽根村」の誤記と考えられる。関俊明二〇〇六「天明泥流はどう流下したか」『ぐんま史料研究』群馬県立文書館　三〇〜三二頁

(213) 群馬県議会図書室一八八一『地理雑件　小字調書』碓氷郡　北勢多郡　利根郡　吾妻郡

(214) 早川由起夫二〇〇七『浅間火山北麓の二万五〇〇〇分の一地質図』本の六四館

(215) 赤松よし子編『群馬県小字名索引―明治拾四年塵雑件による』群馬県地名研究会、澤口宏二〇一三「群馬の災害地名」『地名は警告する』谷川健一編　冨山房インターナショナル　九二頁

(216) 角川日本地名大辞典編纂委員会一九八八『角川日本地名大辞典』一〇群馬　角川書店　三三〇頁

(217) 群馬県議会図書室一八八一『地理雑件小字調書』南勢多郡

(218) 角川日本地名大辞典編纂委員会一九八八『角川日本地名大辞典』一〇群馬　角川書店　一四二二頁

(219) 子持村誌編纂室一九八七『伝承と路傍の文化』一九頁

(220) 群馬県議会図書室一八八一『地理雑件　小字調書』東群馬郡　西群馬郡　片岡郡

(221) 群馬県嬬恋村鎌原地区活性化協議会二〇一四「かんばら散策　村めぐりマップ」配布パンフレット

(222) 澤口宏二〇一三「群馬の災害地名」『地名は警告する』谷川健一編　冨山房インターナショナル　九〇〜九一頁

(223) 須藤雅美一九七八『惨絶の月見』自費出版　一九五頁

(224) 「安中都市計画図」NO・六五　平成一九年測量　安中市役所

(225) 同計画図には、「柳瀬川」がすぐ南を東流している。

(226) 金子光晴校訂一九六八『増訂　武江年表一』東洋文庫一一六平凡社　二三〇頁

(227) 本多義敬一九九二『回向院史』三七頁

(228) 同右　三八頁

(229) 萩原進一九九五『浅間山天明噴火史料集成Ⅴ』群馬県文化事業振興会　一六四〜一六五頁

(230) 萩原進一九三八「天明三年浅間山噴火と社会的影響（四）」『上毛及上毛人』二六〇号　四〇頁
(231) さらに、同寺の「天保三年五十回忌供養塔」の碑身表には、「東都誓願寺　南無阿弥陀仏　真誉　賜紫衣沙門」と刻んでおり、（東京都荒川区南千住に、豊徳山恵心院誓願寺があり、同寺は慶長元（一五九八）年芝増上寺一八世定誉随波上人が浄土宗に宗旨を改めて開山したもので、そのつながりにも着目できる。
(232) 嬬恋村教育委員会一九九三『嬬恋村の石造物』一一二、一三五頁
(233) 松本秀香一九六三「追善供養の意義とよりどころ」『追善供養の意義と効果』岩野真雄編　大東出版社　一三頁
(234) 柳田國男（柳田冨美子）二〇〇八『新訂先祖の話』石文社　一七二～一七五頁
(235) 一色哲二〇一二「他者の苦しみにどう向きあったらよいのだろうか」『災害に向きあう』直江清隆・越智貢編　岩波書店　一一九頁
(236) 浅間山麓埋没村落総合調査会・東京新聞編集局特別報道部一九九四『嬬恋・日本のポンペイ』東京新聞出版局一九八頁、江戸川区教育委員会二〇〇八『江戸川区の史跡と名所』三三～三四頁
(237) 嬬恋村教育委員会一九九三『嬬恋村の石造物』一四七頁
(238) 同右　一四三頁
(239) 浅間山麓埋没村落総合調査会・東京新聞編集局特別報道部一九九四「埋没村落の発掘調査とその意義」『嬬恋・日本のポンペイ』東京新聞出版局　三一頁
(240) 嬬恋村誌編集委員会一九七七『嬬恋村誌』下巻　一〇三五頁
(241) 福重旨乃「天明三年浅間焼け絵図にみる構図の変化とランドマーク」『東京大学大学院情報学環紀要　情報学研究』NO・七九　八九～一〇四頁
(242) 長野県軽井沢町土屋正治氏所蔵。三つ折りに綴じた状態で縦一六㎝、横一四㎝、三つ折りを左右に広げた状態で、法量縦一六㎝、横三九㎝を計り、下面一方が紐で綴じられている。不等分に二つ折りにされた紙を、片側綴じで綴り、展開された大きさは縦四四㎝、横三九㎝、つまり綴じた状態の九面分の大きさになる（福重旨乃「天明三年浅間焼け

絵図の類型分析-構図とランドマークから」二〇一三年一月二二日地方史研究協議会）第二回研究例会資料）。そして、五枚の用紙を巧みに組み合わせた片側綴じで綴られた紙を順に展開していくことで、あたかも噴火の経過を順に紙芝居風に聞き手に対して情報を提示して説明ができるような絵図に仕立てられている。

(243) 徳田進一九八三「『文月浅間記』の記録文学性」—新資料写本『浅間山焼出公文書』等より見た—」『群馬女子短期大学紀要』第十号　五九～八六頁
水村暁人二〇〇九「『文月浅間記』の流布・出版過程—天明噴火物語研究序説—」『群馬文化』二九八号　五～二七頁

(244) 吉永哲郎一九九九「高崎ゆかりの文芸家」『ぐんま地域文化』第一三号　二六頁

(245) 三上義夫一九三三「会田安明と天明三年浅間山破裂に因める算題」『上毛及上毛人』一八八号　三九頁
公開webより（検索日：二〇一三年一二月七日）
http://repo.lib.yamagata-u.ac.jp/archive/sakuma/sakuma-0386.pdf

(246) 萩原進一九九五『浅間山天明噴火史料集成Ⅴ』群馬県文化事業振興会　二三七頁

(247) 鎌原観音堂奉仕会一九九二『天明の災にかがやく恩恵』五八～六三頁

(248) 萩原進一九九五『浅間山天明噴火史料集成Ⅴ』群馬県文化事業振興会　一六七頁

(249) 萩原進一九八六『浅間山天明噴火史料集成Ⅱ』一一～二三頁

(250) 萩原進一九九五『浅間山天明噴火史料集成Ⅴ』群馬県文化事業振興会　一六五～一六六頁

(251) 上毛郷土史研究会一九三三『上毛及上毛人』一八六号　六三～六四頁

(252) 内堀定市一九三三『天明三年浅間山大爆發　百五十年祭記念』

(253) 蓮田市文化財展示館「災害と蓮田」二〇一四企画展（蓮田市教育委員会　二五頁）によれば、明治六（一八七三）年の官製はがきの発行の後、明治三三（一九〇〇）年の「私製はがき」の使用認可により、絵葉書が大量に出回ったといわれ、明治末から昭和初期に大流行し、様々な絵葉書が市中に出回ったという。

(254) 内堀家末裔宅にて話をうかがうと、当時は現在国道の東京大学地震研究所側で茶屋が営まれていたといい、現在の地震研究所付近を会場として営まれたということがわかった。しかし、この時の「供養塔」を現在、現地に確認することはできない。東大地震研究所の付属施設として、浅間火山観測所が設立され、観測がはじまったのは、翌昭和八年という。

(255) 嬬恋村一九七七『嬬恋村誌』下巻　二二三〇〜二二三一頁

(256) 天明浅間押二百年記念事業実行委員会一九八二『天明浅間押二百回忌記念誌』には法要の式次第が掲載されている。

(257) 二〇〇四年八月五日の供養祭では、獅子舞と太鼓演奏が奉納され、開式の辞、主催者あいさつに続き、常林寺住職による読経にあわせて焼香があり、和讃が詠われた。その後、来賓による慰霊の辞があり閉会の辞となった。

(258) 内閣府中央防災会議　災害教訓の継承に関する専門調査会二〇〇六『一七八三天明浅間山噴火報告書』一六六〜一六七頁

(259) 萩原進一九八二『天明三年浅間山噴火史』鎌原観音堂奉仕会　六七頁

(260) 北原糸子「社会が弱っていても人は強い」二〇一四年一月八日付け朝日新聞

(261) 幕府役人衆が泥流被災の北麓吾妻郡へ現地入りしたのは一三日後で、現地では、奇特家が困惑する避難者に被災当日から施しをおこなっていた。一方、幕府領での救済策について富沢久兵衛は、「御領所御役人衆、七月廿一日吾妻郡え御出被遊、飢人御救助被遊候。十五以上六十以下ノ男ニくろ米（玄米）弐合、十五以下六十以上ノ男ハ女同事。女ハくろ米壱合ヅヽ、壱両ニ付壱石相場ニて代金ヒ下。」とも記している。

(262) 群馬県一九九二『群馬県史』通史編六　五二六〜五二七頁

(263) 萩原進一九八六『浅間山天明噴火史料集成Ⅱ』群馬県文化事業振興会　三三二〜三四八頁

(264) 萩原進一九九五『浅間山天明噴火史料集成Ⅴ』群馬県文化事業振興会　二一一〜二一四頁
また、根岸は浅間焼け廻村の際に、群馬県にある「多胡碑」を実見した記述なども残している。

(265) 金菱清二〇一六『震災学入門』ちくま新書　八五〜八八頁

(266) 萩原進一九八六『浅間山天明噴火史料集成Ⅱ』群馬県文化事業振興会　六一〜六二頁

(267) 三枝恭代・早川由紀夫二〇〇一「嬬恋村鎌原における天明三（一七八三）年浅間山噴火犠牲者供養の現状と住民の心

理」『歴史地震』一七　三九～四七頁
(268) 萩原進一九三八「天明三年浅間山噴火と社会的影響（三）」『上毛及上毛人』二五八号　三六～三七頁

第四章　我が国の火山系列の博物館について

我が国では、国土が世界の〇・二五％の面積にもかかわらず、マグニチュード六以上の地震の発生回数が世界全体の二〇・五％といい、活火山の数は七・一％が集中している。

火山大国の我が国において「火山」が博物館でどう扱われているかについては、自然科学の立場から情報が展示されるのが中心と考えられがちだが、館名に「火山」を冠している館数は意外に限られている。しかし、火山に関する魅力は、自然科学分野であるほかに、火山と人とのかかわりがテーマと扱われることが特徴である。それは、景観や効用から人々が憧憬を抱く対象として「恵み」という言葉に集約されたり、人智を超えた大地の営みが災害となり人々の「恐れ」の対象になったりもするからである。火山が展示で取り上げられている実状はどうなのか。火山自体を詳しく知るという展示もあれば、火山のかかわりから派生し、人々の暮らしに関する展示の中からも火山が見え隠れする。「火山自身」と「人とのかかわり」という視点をもって、火山を取り上げる博物館を概観していく基礎研究としていきたい。

「火山列島」では、数えきれない数の景勝地や湧き出る温泉など、火山は私たちに豊かな自然の恵みをもたらす一方で、いったん噴火が活発化すると、人々の暮らしに甚大な被害をおよぼす恐れがある。溶岩流や火砕流、降灰の被害といった「噴火リスク」に対し、どれだけの備えができるかは、火山を知ることから始まる。そのための啓発の場としての博物館の機能も、より多くの人々に情報をもたらし啓発する意味から重要になってくるといえる。

第一節　我が国の「火山」

(1) 火山の噴火記録や火山研究の流れ

火山噴火や地震の古記録を集成した史料集としては『日本噴火志』（大森房吉一九一八）『大日本地震史料』（震災予防調査会一九〇四）などが刊行され、過去の火山の活動年代を記録からたどる手立てとなっている。その中で、国内の噴火の古記録は、熊本県に位置する阿蘇山の五五三（欽明天皇一四）年噴火[1]までさかのぼり「春、阿蘇山上火起きて天に接す」（阿蘇家伝書）の記録が初現とみられている。

火山の噴火現象・噴出物・形態・構造・成因・分布・年代などを研究する自然科学としての火山研究は我が国では、およそ一世紀余の時間の中で培われてきている。近代科学として火山学は、日本地震学の基礎をつくった明治時代のお雇い外国人のイギリス人鉱山技師で、地震学者・人類学者・考古学者でもあった東京帝国大学名誉教授のジョン・ミルン（明治九（一八七六）年工部省工学寮教師に招かれて来日）がその初代という。第二、第三世代では、小藤文治郎（初代東大教授）や坪井誠太郎（人類学者坪井正五郎の血縁）らで、四代目が終戦前後に活躍した久野《くの》久《ひさし》らである[2]といい、現在活躍中の火山学者は第五世代目、そして第六世代目にあたるという。

地球内部からマグマが移動し、地表や空中へ噴出する火山活動によりつくられたのが火山で、噴火の形態には様々なタイプがあり、噴出物の成分や量によって「噴火の様式」は様々なタイプに分けられたりもする。火山とそれに伴う地質学的現象を研究対象とする火山学では、様々な研究手法が用いられる。

(2) 国内一一〇の活火山と五〇の火山

火山噴火予知連絡会は、噴火予知の実現に向けた「火山噴火予知計画」に参加している諸調査研究機関に、関係行政官庁（気象庁が事務局を担当、内閣府や国土交通省河川局などの防災機関が参加）を含めて、研究や業務の相互連携を密にし、火山活動についての総合的判断を行うため、昭和四九（一九七四）年に創設された。

「火山」には、噴火や噴気活動など現在も活発に活動している山から、相当年数活動をしていない山までが含まれる。「活火山」とは、火山噴火予知連絡会により「概ね過去一万年以内に噴火した火山及び現在活発な噴気活動のある火山」と定義されている。世界全体で約一五〇〇の活火山があり、そのうち環太平洋地域は六〇〇を超え、我が国の活火山は、二〇一二年現在で一一〇が数えられている。日本列島の活火山は、東日本火山帯と西日本火山帯に大別され、およそ中部近畿から中国・四国山陰地方の活火山が存在していない地域がそれぞれを区分している。

また「火山防災のために監視・観測体制の充実等が必要な火山」として、平成二一（二〇〇九）年「今後一〇〇年程度の中長期的な噴火の可能性及び社会的影響を踏まえた四七の火山」が選定され、さらに平成二六（二〇一四）年には、三火山が追加された。現在気象庁は、五〇火山について噴火の前兆を捉えて噴火警報等を適確に発表するために、地震計、傾斜計、空振計などの観測施設を整備し、関係機関（大学等研究機関や自治体・防災機関等）の協力を得ながら、火山活動を二四時間体制で常時観測・監視をおこなっている。

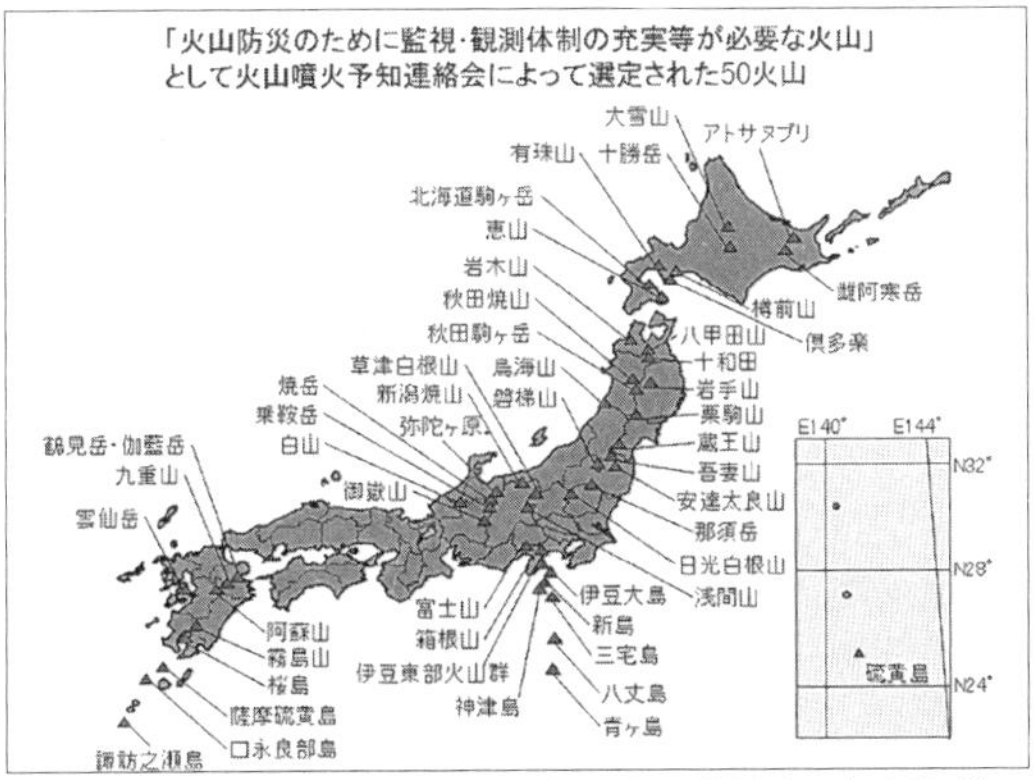

【図5】「火山防災のために監視・観測体制の充実等が必要な火山」（気象庁HP、2016年現在）

（3）火山と情報―砂防や火山防災としての情報―

「砂防」とは、土砂災害を防止する手段や事業の総称である。「砂防事業」

は「砂防法」を根拠とした防災事業で、斜面崩壊や地すべりの対策、火山性災害の防止対策を総称したものである。

火山は、ひとたび活動を開始すると、住民生活を脅かすことになる。住民啓発や砂防計画の推進や火山情報の発信に向け、センター施設、役所などのホームページも増えている。その意味で、砂防の分野からの展示として火山を扱う類似施設が存在している。

たとえば、十勝岳火山砂防情報センターは、北海道開発局旭川開発建設部で運営され、昭和六三（一九八八）年の十勝岳噴火後、住民の災害発生時の避難所として高台に開設されている。3Dシアターやパネルクイズで火山砂防について学ぶことができ、全国の火山写真の展示や情報検索コーナー、センサーやカメラを用いた火山の集中監視の紹介、屋上に設置されたカメラを操縦しながら景色を眺められる「触って学べる」展示により、火山と防災を学ぶことができる。他にも現在、比較的注意を要する火山の情報収集には、行政機関の情報配信によるウェブ情報も有効な手段になっている。

（4）火山地域にある国立公園とビジターセンター

我が国の国立公園は、日本を代表するすぐれた自然の風景地を保護し、自然と親しむための利便をはかり、必要な情報の提供や施設の整備を目的に、国（環境省）の指定を受け管理されている。昭和六年に国立公園法が制定され、昭和九年に日本で最初の国立公園として、瀬戸内海、雲仙、霧島が指定された。昭和三二年には国立公園法を全面的に改定して自然公園法が制定され、国立公園、国定公園、都道府県立自然公園といった現在の自然公園体系が確立されている。平成二四年三月現在、全国で三〇ヶ所が指定されていて、面積の合計は二〇九万ha、日本の国土面積の五・五％を占めている。うち、活火山がある国立公園は一八、火山地域にある国立公園は二一を数える。(3)国立公園内には、情報展示機能をもつビジターセンターがあり、国が直接管理する三六、都道府県等管理四七の施設(4)があり、地域の特徴を活かした施設が所在し、火山に関する情報を展示したものもある。

（5）ジオパークと火山系列の博物館

日本ジオパーク委員会の事務局を務める、独立行政法人産業技術総合研究所地質調査総合センター資料によれば「ジオパークとは、地球活動の遺産を主な見所とする自然の中の公園」で、ユネスコの支援により二〇〇四年に設立された世界ジオパークネットワークにより世界各国で推進されていて「地域の地史や地質現象がよくわかる地質遺産を多数含むだけでなく、考古学的・生態学的もしくは文化的な価値のあるサイトも含む、明瞭に境界を定められた地域である。公的機関・地域社会ならびに民間団体によるしっかりした運営組織と運営・財政計画を持つ」ことなどが定められている。二〇一七年九月に更新されたリストによれば、現在、日本には四三地域のジオパークが認定されていて、うち八地域は世界ジオパークに認定されている。準会員を含めると六一の地域が、ＮＰＯ法人日本ジオパークネットワークに登録されている。

ジオパークの構成の中で、博物館はその足がかり的な役割を担っている。洞爺湖有珠山ジオパーク、島原半島ジオパーク、白滝ジオパーク、アポイ岳ジオパーク、伊豆大島ジオパーク、阿蘇ジオパーク、霧島ジオパーク、磐梯山ジオパーク、浅間山北麓ジオパークなどでは、火山が大きな見どころとなっていて、火山系列の博物館が「拠点施設」になっている。ジオパークを介した博物館同士の連携や交流を通した例もますます増加していくものとみられる。

第二節　火山系列の博物館の定義と分類

（1）館の定義

「火山博物館」とは「火山に関する専門の博物館。多くの場合は、ある特定の火山の山麓などに位置し、観光客を対象としている。日本は世界に冠たる火山王国であるので、その数も多い[5]」と定義され、浅間火山博物館・阿蘇火山博物館・伊豆大島火山博物館・洞爺湖町立火山科学館・十和田科学博物館などが挙げられている。「火山」を館名に用いた博物館は数が限られているが、火山を博物館で扱う例は多面的である。

全国火山系博物館連絡協議会は、一九九六年、昭和新山生成五〇周年記念国際火山ワークショップを契機に「全国火山博物館ネットワーク」を築くことを目的に組織された。「全国の火山地域の博物館及び類似施設の交流・相互の施設の発展と振興、火山に関連した学術文化の進展に寄与する」ことや「火山と人との共存をめざした博物館活動」を目的として構成されている。三松正夫記念館・洞爺湖町立火山科学館・磐梯山噴火記念館・浅間縄文ミュージアム・浅間火山博物館・大涌谷自然科学館（二〇〇二年三月三一日で閉館）・伊豆大島火山博物館・立山カルデラ砂防博物館・阿蘇火山博物館・雲仙岳災害記念館及び火山関係者の個人会員等で構成されている。会員相互で実施される巡検を重ねたり、火山巡回展を連携し開催したりしている。

【図2】火山系列の博物館

こうした博物館では、火山に対しての精力的な活動や専門性を有していることが明らかである。

「火山系博物館」の用語に加え「山岳博物館」とは「山岳信仰や登山史・災害史など、山と人とのかかわりの歴史に関する博物館や、特定の山とそれをとりまく自然のほかに、山岳に関する絵図・写真などの作品を扱う美術館もある。さらに、登山家（冒険家）や山岳写真家などの記念館も含まれる」[6]と定義されている。このように「山岳博物館」との間にも、火山に関わる部分があり、それらを含め、本稿では火山との関係に間口を広げ「火山系列の博物館」と呼ぶことにする。

（2）館の分類

博物館がその対象分野による一般的な分類方法として「資料による分類」がある[7]。これに則れば「総合博物館」「人文系博物館」「自然系博物館」のいずれにも「火山系列の博物館」は該当する。人文系博物館では、考古・歴史・民俗などを扱う歴史系博物館と美術品を扱う美術館に分けられる。浅間山の例でみれば、群馬県立歴史博物館、嬬恋郷土資料館や浅間縄文ミュージアムは前者にあたり、後者には小諸市立小山敬三美術館などが当てはまる。自然系博物館では、自然界を構成する資料を主に扱う自然史系博物館と科学技術に関する資料を扱う理工系博物館に分けられるとされるので、自然史系博物館の例として、浅間火山博物館や群馬県立自然史博物館が該当する。理工系博物館としては、浅間山の例では確認できないが、たとえば火山砂防にかかわる十勝岳火山砂防情報センターや雲仙普賢岳でいう大野木場砂防みらい館（大野木場砂防監視所）などの存在を区分けすることが出来る。総合博物館の区分けでは、鬼押出し園や浅間火山博物館、浅間縄文ミュージアムなどに融合的な領域の展示が含まれ、該当する要素を含んでいると考えられる。このように、火山系列の博物館の概念は、インフラストラクチャーとも関わり合い、間口の広さをもつことも特徴となる。

「総合博物館」	
「人文系博物館」	歴史系博物館
	美術博物館（美術館）
「自然系博物館」	自然史系博物館
	理工系博物館

【図3】資料による博物館の分類

火山に関わる展示物があると推測される博物館及び類似施設	89
「火山」をメイン・テーマとした施設	10
「火山と火山砂防」をメイン・テーマにした施設	5
ビジター・センター・情報センター	30
郷土資料館・科学館・総合博物館（関連コーナー展示）	44

【図４】　火山系博物館数（註８）

第三節　火山系列の博物館の一覧

火山系博物館では、三松三朗のカウントで、八九館[8]【図４】が確認され、展示内容が整理されている。別に論者の取り組んだ一覧は[9]【表1】で、ほぼ同数が確認できたことになる。火山を専門的に扱う博物館の例は、活火山一一〇、社会的影響を踏まえた四七（または五〇）の火山それぞれの数には及んでいない。公開されているＨＰなどについても参照し、火山博物館の定義を離れ「火山系列の博物館」ととらえて一覧した。さらに、ウェブ上で「博物館」と名付け、火山の情報を発信しているものについても確認し得たものを取り込んだ。これは、館外からの資料へのアクセスという利用者側からみた展示工夫へつながるものと考えたことによる。

それとは別に『全国地域博物館図録総覧[10]』には、国立を除いた全国五七四の地域博物館でおこなわれた研究成果を著した展示図録を集約し、戦後から二〇〇一年三月までに刊行してきた図録類タイトル七六〇〇余点のデータが収められている。図録類は博物館の活動の軌跡を示すものであるにもかかわらず、書籍としては扱われてこなかったため、国立国会図書館でさえも収集が充分ではなく、全国的規模で一覧できるものはなかったという。したがって、悉皆的に示すことは叶わないが、火山に対しての全国の地域博物館の活動内容の情報が把握できるとともに、館には展示やテーマの蓄積があることを示すと考え、同書をもとに博物館名と図録名を抜粋し、また、一部手持ち図録の情報を加え、広義に「火山」と「地震」、「災害」などをキーワードとして、関連する展示図録を一覧した【表2】。それは、図録や展示には、いくつかの場合、災害を扱う際に火山噴火や火山災害の事例を引き合いにしたり、災害のきわだった例として扱われたりする場合などが見られ、タイトルに反映されにくいこ

No	都道府県	市町村等	展示・火山との関連	施設名
1	北海道	羅臼町	知床国立公園	羅臼ビジターセンター
2	北海道	斜里町	知床国立公園	知床自然センター
3	北海道	弟子屈町	阿寒国立公園	川湯エコミュージアムセンター
4	北海道	阿寒町	阿寒国立公園	阿寒エコミュージアムセンター
5	北海道	上川町	大雪山国立公園	層雲峡ビジターセンター
6	北海道	東川町	大雪山国立公園	旭岳ビジターセンター
7	北海道	千歳市	支笏洞爺国立公園	支笏湖ビジターセンター
8	北海道	壮瞥町	支笏洞爺国立公園	洞爺湖森林博物館
9	北海道	壮瞥町	昭和新山（三松正夫 1888～1977）	三松正夫記念館（昭和新山資料館）
10	北海道	壮瞥町	昭和新山　1977 噴火ニュース映像	壮瞥町郷土史料館・横綱北の湖記念館
11	北海道	壮瞥町	洞爺湖有珠山ジオパークの拠点施設	道の駅　そうべつ情報館
12	北海道	壮瞥町	洞爺湖有珠山ジオパーク中心施設	火山防災学び館（そうべつ情報館 i）
13	北海道	壮瞥町	有珠山ロープウェイ山麓駅	洞爺湖有珠山ジオパーク火山村情報館 火山体験室
14	北海道	洞爺湖町	有珠山の噴火資料	洞爺湖ビジターセンター・火山科学館
15	北海道	上士幌町	大雪山国立公園の地形や地質	ひがし大雪博物館
16	北海道	美瑛町	十勝岳砂防	十勝岳火山砂防情報センター
17	北海道	上富良野町	十勝岳噴火の復興の歴史資料	上富良野町郷土館
18	北海道	様似町	幌満かんらん岩の標本展示	アポイ岳ビジターセンター
19	北海道	札幌市	火山噴出物と火山災害	北海道大学総合博物館
20	北海道	苫小牧市	元文 4（1739）樽前山大噴火 二重根展示	苫小牧市博物館（「美術博物館に改称予定」）
21	北海道	遠軽町	黒曜石をつくった火山活動	白滝ジオミュージアム
22	青森県	十和田市	十和田カルデラ	十和田科学博物館
23	青森県	青森市	十和田火山	青森県立郷土館
24	岩手県	八幡平市	岩手山	イーハトーブ火山局 「岩手山火山防災情報ステーション」
25	岩手県	盛岡市	岩手山の火山活動	イーハトーブ火山局支局
26	岩手県	盛岡市	ハザードマップ（テーマ展示）	岩手県立博物館
27	宮城県	仙台市	岩石標本	仙台市科学館
28	Web	東北大学	白頭山	東北大学総合学術博物館
29	秋田県	鹿角市	十和田八幡平国立公園	松尾八幡平ビジターセンター
30	秋田県	仙北市	十和田八幡平国立公園	玉川温泉ビジターセンター
31	秋田県	秋田市	鉱物資料	秋田大学大学院工学資源学研究科附属 鉱業博物館
32	山形県	山形市	月山・鳥海山・蔵王山・吾妻山の 火山活動の展示	山形県立博物館
33	福島県	北塩原村	磐梯山	磐梯山噴火記念館
34	福島県	北塩原村	磐梯朝日国立公園	裏磐梯ビジターセンター
35	福島県	福島市	磐梯朝日国立公園	浄土平ビジターセンター
36	茨城県	つくば市	日本の火山	地質標本館 （産業技術総合研究所地質調査総合センター）
37	栃木県	日光市	日光国立公園	栃木県立日光自然博物館
38	群馬県	長野原町	浅間山　地質展示室	浅間火山博物館
39	群馬県	嬬恋村	上野寛永寺別院浅間山観音堂　鬼押出溶 岩	鬼押出し園
40	群馬県	嬬恋村	浅間山　天明三年発掘調査	嬬恋郷土資料館

【表 1】　火山系列の博物館一覧

No	都道府県	市町村等	展示・火山との関連	施設名
41	Web	群馬大学 早川研究室	火山の写真と動画	群馬大学インターネット火山博物館
42	埼玉県	秩父市	埼玉の3億年の旅　秩父帯の地層	埼玉県自然の博物館
43	千葉県	佐倉市	ドキュメント災害史	国立歴史民俗博物館
44	東京都	目黒区	世界各地の岩石・鉱物	地球史資料館
45	東京都	台東区上野公園	1500点の火山弾コレクション	国立科学博物館
46	東京都	江東区青海	火山講演　企画	日本科学未来館
47	東京都	西東京市	火山のしくみ	多摩六都科学館
48	東京都	大島町	三原山　火山専門博物館	伊豆大島火山博物館
49	東京都	文京区	総合	東京大学総合研究博物館
50	東京都	千代田区	三宅島火山活動状況表示装置	気象科学館
51	東京都	八丈町	富士箱根伊豆国立公園	八丈ビジターセンター
52	Web	消防科学総合 センター	日本の火山　世界の火山	消防防災博物館
53	神奈川県	小田原市	地球の仕組み	神奈川県立生命の星・地球博物館
54	神奈川県	箱根町	箱根火山　2万年前噴火を再現	箱根町立大涌谷自然科学館（2003年閉館）
56	Web	鷲山龍太郎	箱根火山	横浜自然史博物館.Virtual
57	新潟県	妙高高原町	上信越高原国立公園	妙高高原ビジターセンター
58	富山県	富山市	火山と地震（移動ミニ博物館）	富山市科学博物館
59	富山県	立山町	立山信仰	富山県〔立山博物館〕
60	富山県	立山町	立山カルデラ	立山カルデラ砂防博物館
61	石川県	吉野谷村	白山国立公園	中宮展示館
62	福井県	勝山町	白山火山　噴火から340年	福井県立恐竜博物館
63	山梨県	富士河口湖町	富士箱根伊豆国立公園	富士ビジターセンター
64	山梨県	富士河口湖町	富士信仰蒐集品	富士博物館
65	山梨県	富士河口湖町	複合型溶岩樹型の洞内	河口湖フィールドセンター （船津胎内溶岩樹型）
66	山梨県	富士河口湖町	富士山ゆかりの作家や作品	河口湖美術館
67	山梨県	鳴沢町	透明な巨大富士山模型	なるさわ富士山博物館
68	山梨県	富士吉田市	富士山レーダードーム　新田次郎資料	富士山レーダードーム館
69	山梨県	富士吉田市	富士山の成り立ち　火山に関する資料	富士大科学館（富士急ハイランド内・閉館）
70	山梨県	富士吉田市	富士信仰	富士吉田市歴史民俗博物館
71	山梨県	富士吉田市	富士山の絵画	フジヤマミュージアム
72	山梨県	富士吉田市	富士山火山防災情報	山梨県環境科学研究所
73	山梨県	富士吉田市	富士山と富士吉田市の見どころ紹介	富士世界文化遺産 金鳥居インフォメーションセンター
74	山梨県	忍野村	富士の写真家	岡田紅陽写真美術館
75	山梨県	身延町	鉱物や岩石の標本	身延町立自然博物館（開発センター）
76	長野県	御代田町	浅間山	浅間縄文ミュージアム
77	長野県	小諸市	浅間山の自然史	小諸市立郷土博物館 （前小諸市立火山博物館・展示物は高峰高原・休館）
78	長野県	小諸市	浅間山の自然史	浅間連峰自然観察センター
79	長野県	小諸市	シェルターとトイレを備えた 浅間山登山案内指導所	浅間火山館

No	都道府県	市町村等	展示・火山との関連	施設名
80	長野県	小諸市	小山敬三の作品（浅間山風など）	小諸市立小山敬三美術館
81	長野県	松本市	山の自然・風俗・歴史	松本市山と自然博物館
82	長野県	塩尻市	火成岩・変成岩標本	ミュージアム鉱研　地球の宝石箱
83	静岡県	富士市	富士山に生きる	富士市立博物館
84	静岡県	小山町	宝物館に富士講資料	東口本宮冨士浅間神社（須走浅間神社）
85	静岡県	裾野市	富士山にちなむ自然科学	裾野市立富士山資料館
86	静岡県	静岡市	特別展富士山の自然	恐竜のはくぶつかん　東海大学自然史博物館
87	静岡県	静岡市	富士山の植生　伊豆半島大室山噴火火山灰層剥取標本	静岡大学キャンパスミュージアム
88	静岡県	富士宮市	郷土資料・富士山	富士宮市立郷土資料館
89	静岡県	富士宮市	火山豆石	奇石博物館
90	静岡県	富士宮市	富士箱根伊豆国立公園	田貫湖ふれあい自然塾
91	兵庫県	豊岡市	玄武岩と玄武洞　地球のしくみ	玄武洞ミュージアム
92	兵庫県	神戸市	防災	人と防災未来センター
93	滋賀県	草津市	湖底の火山灰	滋賀県立琵琶湖博物館
94	山口県	萩市	萩の火山（子ども探検隊）	萩博物館
95	山口県	山口市	山口県の火山	山口県立山口博物館
96	徳島県	徳島市	四国のおいたち　火山の噴火	徳島県立博物館
97	高知県	高知市	寺田寅彦　地球物理学者	寺田寅彦記念館
98	Web	九州大学大学院理学研究院	雲仙普賢岳の噴火とその背景	インターネット博物館
99	長崎県	島原市	雲仙普賢岳の平成噴火	雲仙岳災害記念館（がまだすドーム）
100	長崎県	島原市	普賢岳の噴火災害の経過と復興事業計画	雲仙普賢岳資料館（雲仙復興工事事務所）
101	長崎県	島原市	西海国立公園	平成新山ネイチャーセンター
102	長崎県	南島原市	火山砂防	大野木場砂防みらい館（大野木場監視所）
103	長崎県	南島原市	土石流被災家屋保存公園	道の駅みずなし本陣ふかえ（火山学習館・大火砕流体験館・土石流被災家屋保存公園）
104	長崎県	南島原市	雲仙普賢岳噴火災害に関する写真	深江埋蔵文化財・噴火災害資料館
105	長崎県	南島原市	雲仙普賢岳噴火災害に関する写真	かどわき歴史災害記念館（深江大野木場小学校敷地内）
106	長崎県	雲仙市	雲仙天草国立公園	雲仙お山の情報館
107	長崎県	雲仙市	雲仙天草国立公園	田代原トレイルセンター
108	長崎県	佐世保市	雲仙天草国立公園	西海パールシーセンター
109	長崎県	福江市	西海国立公園	鐙瀬ビジターセンター
110	熊本県	阿蘇市	阿蘇火山	阿蘇火山博物館
111	熊本県	阿蘇市	阿蘇火山	NPO 法人阿蘇ミュージアム
112	熊本県	阿蘇市	阿蘇市全域を博物館とするエコミュージアム	NPO 法人 ASO 田園空間博物館
113	熊本県	高森町	阿蘇くじゅう国立公園	南阿蘇ビジターセンター
114	宮崎県	えびの市	霧島屋久国立公園	えびのエコミュージアムセンター
115	鹿児島県	霧島市	霧島屋久国立公園	高千穂河原ビジターセンター
116	鹿児島県	鹿児島市	桜島まるごと博物館構想	NPO 法人　桜島ミュージアム
117	鹿児島県	鹿児島市	霧島屋久国立公園	桜島ビジターセンター
118	鹿児島県	鹿児島市	桜島　火山と砂防	桜島国際火山砂防センター
119	鹿児島県	指宿市	開聞岳　橋牟礼川遺跡	時遊館 COCCO はしむれ（指宿市考古博物館）
120	鹿児島県	鹿児島市	霧島の景観	鹿児島県立博物館
121	鹿児島県	鹿児島市	鹿児島の自然	鹿児島市立科学館
122	沖縄県	那覇市	火成岩標本	琉球大学資料館（風樹館）

No	都道府県	市町村等	施設名	展示図録名	発行
1	岩手県	大船渡市	大船渡市立博物館	津波をみた男―100年後へのメッセージ―	1997年
2	宮城県	石巻市	石巻文化センター	災害の歴史	1999年
3	福島県	福島市	福島県歴史資料館	福島県の災害資料展	1987年
4	福島県	福島市	福島県歴史資料館	近世の山と境界展	1992年
5	福島県	北塩原村	磐梯山噴火記念館	磐梯山の怒り 1888	1998年
6	茨城県	土浦市	土浦市立博物館	鯰絵見聞録	1996年
7	茨城県	古河市	古河歴史博物館	天変地異と世紀末	1999年
8	群馬県	高崎市	群馬県立歴史博物館	火の山はるな 火山噴火と黒井峯むらのくらし	1990年
9	群馬県	高崎市	群馬県立歴史博物館	天明の浅間焼け	1995年
10	群馬県	前橋市	群馬県立文書館，	浅間焼けの古文書展	1983年
11	群馬県	高崎市	かみつけの里博物館	1108浅間山大噴火、中世への胎動	2004年
12	群馬県	高崎市	かみつけの里博物館	はるな30年物語。	2006年
13	群馬県	高崎市	かみつけの里博物館	江戸時代、浅間山大噴火。	2007年
14	埼玉県	さいたま市	埼玉県立博物館 （現：埼玉県立歴史と民俗の博物館）	鯰絵―鯰が踊れば世も動く―	1993年
15	埼玉県	さいたま市	埼玉県立文書館	埼玉の災害と飢饉文書展―近世―	1978年
16	埼玉県	さいたま市	埼玉県立文書館	天変地異―文書にみる近世埼玉の災害―	1992年
17	埼玉県	久喜市	久喜市公文書館	史料に見る久喜市の災害・救恤	1994年
18	埼玉県	熊谷市	熊谷市立図書館 美術・郷土資料展示室	関東大震災と朝鮮人殉難事件について	1994年
19	埼玉県	熊谷市	熊谷市立図書館 美術・郷土資料展示室	熊谷空襲の戦禍をを訪ねて （市内の文化財をめぐる12）	1995年
20	千葉県	関宿町	千葉県立関宿城博物館	忘れまい大洪水―カスリーン台風回顧展―	1997年
21	千葉県	栄町・成田市	千葉県立房総のむら	災いくるな！2―境にこめた願い―	1996年
22	千葉県	栄町・成田市	千葉県立房総のむら	災いくるな！3 ―むら・家・野良　境の諸相―	1997年
23	千葉県	館山市	館山市立博物館	富士をめざした安房の人たち	1995年
24	東京都	葛飾区	葛飾区郷土と天文の博物館	東京低地災害史	2012年
25	神奈川県	小田原市	小田原城天守閣	版画に見る関東大震災 ―「大正震災木版画宗全三十六景」―	1997年
26	富山県	立山町	富山県［立山博物館］	もうひとつの立山信仰 ―立山信仰と立山温泉―	1992年
27	富山県	立山町	富山県［立山博物館］	古絵図は語る ―立山・イメージとそのカタチ―	1993年
28	富山県	立山町	富山県［立山博物館］	地震を視る―古記録からCGまで―	1993年
29	富山県	立山町	富山県［立山博物館］	立山信仰　祈りと願い	1994年
30	富山県	立山町	富山県［立山博物館］	大陸のかけら富山　立山ができる前に	1995年
31	富山県	立山町	富山県［立山博物館］	火山・立山大噴火	1999年
32	富山県	立山町	富山県［立山博物館］	立山・富士山・白山みつの山めぐり ―霊山巡礼の旅「三禅定」―	2010年
33	富山県	立山町	立山カルデラ砂防博物館	再発見立山火山	2008年
34	富山県	富山市	富山市郷土博物館	地震・大水・火事―富山―	1999年
35	山梨県	富士吉田市	富士吉田市歴史民俗博物館	描かれた富士の信仰世界	1993年
36	山梨県	富士吉田市	富士吉田市歴史民俗博物館	富士山の絵札―牛玉と御影を中心に―	1996年
37	山梨県	富士吉田市	富士吉田市歴史民俗博物館	富士山明細図	1997年
38	山梨県	富士吉田市	富士吉田市歴史民俗博物館	絵葉書に見る富士登山	1999年
39	山梨県	富士吉田市	富士吉田市歴史民俗博物館	富士山登山案内図	2000年
40	山梨県	富士吉田市	富士吉田市歴史民俗博物館	富士の女神のヒミツ	2012年
41	長野県	真田市	真田宝物館	震災後150年・善光寺地震 ―松代藩の被害と対応―	1998年
42	長野県	長野市	長野市立博物館	ゆれる大地　地震・観測・災害	1989年
43	岐阜県	関市	岐阜県博物館	宝暦治水と薩摩藩	1980年
44	静岡県	富士市	富士市立博物館	富士がゆれた時	2000年
45	愛知県	一宮市	尾西市歴史民俗資料館 （現：一宮市尾西歴史民俗資料館）	濃尾大震災　地震なまず 濃尾平野にあらわる	1991年
46	愛知県	西尾市	西尾市岩瀬文庫	災害記録を読む	2012年
47	愛知県	名古屋市	名古屋市博物館	飢饉　食糧危機をのりこえる	1999年

【表2】　火山に関する企画展示図録一覧

とも留意したい。例えば、宮城県石巻文化センターの一九九九年展示図録『災害の歴史』の目次は「Ⅰ近世の歴史災害、Ⅱ地震、Ⅲ火山、Ⅳ火災」と構成され、出品目録の図版一一三件中の六二件がⅢ章火山で扱われ、すべて天明三年の浅間山噴火の資料が用いられている。また、愛知県西尾市岩瀬文庫の二〇一二年『災害記録を読む』では、安永八（一七七九）年桜島、寛政四（一七九二）年普賢岳と眉山、天明三（一七八三）年浅間山噴火災害が取り上げられている。

小結

現在、気象庁が「火山防災のために監視・観測体制の充実等が必要な火山」としている五〇の火山に対して、火山を専らとする博物館が十分に配置されているわけではなく、防災啓発の視点からすれば、砂防施設等の整備が求められることになろう。国立公園の例で、ビジターセンターには、公園を紹介するという一定の統一感をもった展示の扱いが見られる。主たる火山の多くが国立公園に含まれていることを考えると、一見網羅的に火山と博物館の関係をみることができると考えられそうだが、火山の取り上げられ方は一様ではなく、火山を公園内にもつセンターにおいても、火山の紹介展示が確認できないものも多い。

有珠山や雲仙普賢岳の例のように、ジオパーク構想のなかに、フィールドミュージアムとして火山自体に加えて簡単には目にはできない被災遺構という「屋外展示」が、来館者により満足感を与えている。それは、実物を目にして触れることで火山の認識や観光、防災、環境保全などへの認知度があがるといった効果が生まれることによる。そして、住民同士あるいは、地域の人々と訪れる人々とのふれあいが深まるという図式につながっている。この関係では、火山系博物館が「拠点施設」となる例が多く、館の役割や連携がますます増加するものであろうと考えられる。

フィールド	役割	火山災害学習体験施設
噴火災害の教訓	火砕流・土石流の凄まじさや恐ろしさ	旧大野木場小学校被災校舎
		土石流被災家屋保存公園
噴火の歴史	火山性地質、島原大変	雲仙岳災害記念館
災害の防備	砂防施設群	大野木場砂防みらい館
地球の鼓動	噴火のメカニズムや火山の成り立ち	平成新山ネイチャーセンター
火山の恵みと共生	景観や湧き水、温泉の仕組みと利用	雲仙岳災害記念館

【表3】5つのフィールドと火山災害学習体験施設の役割分担（註11）

現在、民間施設で火山を専らに扱う博物館は、三松正夫記念館・磐梯山噴火記念館・阿蘇火山博物館などである。「博物館の理念を実現する強い意志と豊かな経験[12]」をもった館の運営者や学芸員の活躍が火山系博物館においても際立っている。三松正夫記念館の三松三朗館長や磐梯山噴火記念館の佐藤公副館長のように、啓発や「火山を知る」活動、館のアウトリーチ活動などに精力的に取り組んでいるマンパワーが、住民の地域博物館に主体的に関わろうとする状況をつくりだしている。このことが、観光のみならず住民意識の啓発などの意味合いからも「館が地域や住民にとってなくてはならない存在」となっているという地域博物館経営の意義を満たすことにつながっている。

一九九五年の雲仙普賢岳噴火後、長崎県の島原半島復興振興計画策定で、火山観光が位置づけられ、施設の役割分担とネットワーク化のための「平成新山フィールドミュージアム推進会議」が設置された。二〇〇〇年噴火の有珠山の例でも、地域の資源として、地域の活性化をねらう地域振興策としていくために、エコミュージアムの構想が展開され「検討会」が重ねられた。このことで、社会教育施設としての役割分担・棲み分けがなされていく効果が確認できることは着目しておくべきことであろう。火山には、噴火に伴う災害の側面があり、「砂防」の視点から国や都道府県からの基盤投資という形で展示や博物館が成立することも多い。行政主導として進められることが中心と思われるが、それだけに、博物館を「ハコモノ」にしてしまわないための存在意義の役割分担を大切にしていかなければならない。杉本伸一の示すように噴火災害発生後の復興振興計画と館の構成[11]を明確にしてきた成功例は大切にされなければならない。

火山系列の博物館一覧からは、「火山」は広い間口を網羅していることがわかる。火山の聳え立つ峻厳さや優美なシルエット、時々の変化に富む表情の変化は、言葉で表現し、文字で記録し、絵画に描かれ、撮影もされ写真としても残され、それらが今日の博物館資料にもなり得ている。

富士信仰や立山信仰などにみるように、火山は信仰の対象となり、火山活動の営みや地形が修行の場としての機能の一部を担っていた。このことを扱う立山博物館のような人文系博物館においても屋外展示などで成功している例がある。さらに、火山をとりまくテーマの多彩さにも着目しておくと同時に、その地域の理解深化がはかれる火山系列の博物館の例として、立山博物館と立山カルデラ砂防博物館の関連がある。歴史系・自然史系・理工系の博物館が、火山というキーワードでつながっていることも、来館者へ共感をもたらしているのである。

富士山を取り上げる館においても、火山の形成や活動という火山学的な扱いはもちろんであるが、信仰やそれにまつわる人々の関わりが地域の歴史に色濃く反映されている。火山でもある名峰は、観光ブームと相俟って新たな施設を生み出す。テーマパークとして扱われたりもするが、新たな価値を求められるといった実態は、老朽化という言葉とも重なっていく。それは、惜しまれながらの、十和田科学博物館の休館、箱根町立大涌谷自然科学館や富士大科学館の閉館といった火山を専らとする館の趨勢にもあらわれている。また、小諸市立火山博物館の改称や休館、浅間火山博物館のリニューアルも同様の経緯の中での出来事と考えられる。火山博物館においては、自然科学系博物館として地球の営み、ダイナミズムを博物館活動の対象として扱うものと考えられがちだが、展示構成[13]や博物館自体のテーマも「分類・系統的展示」「発達史型展示」から「課題型展示」「総合展示型」へのリニューアル傾向がうかがえる。また、桜島の例で、霧島錦江湾国立公園の「桜島ビジターセンター」及び砂防施設としての「桜島国際火山砂防センター」の管理運営を含め「桜島まるごと博物館」構想を展開する「NPO法人桜島ミュージアム」の活動なども、精力的な地域博物館活動として火山を知ることを通し地域を振興させる手段の展開例である。火山に限ったことではないが、扱う魅力をどう伝えていくかということが、改めて問われているといえる。

関係資料などに関して大学や研究機関と連携したり、散在するモニュメントや地形・遺構などを結びつけたりする展開は、火山の展示でもウェブを用いた資料展示としても増加していくものと思われる。ハード面の投資は最小限に、火山に関する事象を包括する力を持ち合わせているからでもある。二次資料ばかりではなく、地域に広がる建物には収まりきらない展示物やフィールドを効果的に博物館資料として展開させられる可能性を有し、火山や災害に関するテーマを扱う課題型展示にもおいても検討される余地があるものと思われる。

註

（1）気象庁二〇〇五『日本活火山総覧（第3版）』気象業務支援センター　四九三頁
（2）荒牧重雄二〇〇一「日本と世界の火山学と私」国立歴史民俗博物館『展示通信―歴史・人間・災害―』ニュースレター四号
（3）鈴木猛康「山梨県の自然災害」（市民講演会「東海地震と富士山噴火」二〇一二年六月三日）
（4）環境省ＨＰ　国立公園のビジターセンター一覧（平成一六年資料）
（5）全日本博物館学会二〇一一『博物館学事典』雄山閣　五四頁
（6）同右　一三五頁
（7）植野浩三　二〇一二「博物館の種類」全国大学博物館学講座協議会西日本部会『新時代の博物館学』芙蓉書房出版　二一頁
（8）三松三朗二〇〇五「火山系博物館の抱える問題とこれからの役割」山梨県環境科学研究所・全国火山系博物館連絡協議会『「火山博物館とエコツーリズム」報告書』（発表資料を【図4】に引用）
（9）丹青総合研究所一九八六『博物館・情報検索事典』丹青社／関秀夫一九九四『全国ミュージアムガイド』柏美術出版／千地万造一九九八『自然史博物館』八坂書房／井上城二〇〇二『全国文化展示施設ガイド』ハッピー・ゴー・ラッキー・エイム／日外アソシエーツ編集部二〇〇三『科学・自然史博物館事典』紀伊國屋書店／伊能秀明二〇〇七『大学博物館事典』日外アソシエーツ編集部
（10）地方史研究協議会二〇〇七『全国地域博物館図録総覧』岩田書院
（11）杉本伸一二〇一一「災害復興から地域振興へ」高橋和夫編『東日本大震災の復興に向けて』古今書院　一七三頁
（12）岡田芳幸二〇一二「博物館とは何か」全国大学博物館学講座協議会西日本部会『新時代の博物館学』芙蓉書房出版　一九頁
（13）明珍健二二〇一二「展示の構想と企画」全国大学博物館学講座協議会西日本部会『新時代の博物館学』芙蓉書房出版　一九五頁

第五章　「風土記の丘」構想の再検討から学ぶ

平成一三年四月の史跡等整備の在り方に関する調査研究会による報告書「史跡等の保存・整備・活用事業の在り方」[1]によれば、史跡等の整備の要点が四つの視点で扱われている。「理念の明確化と事業内容・手法の充実・向上の必要性」「総合的で多面的な個別事業の展開の必要性」「史跡等の周辺環境を視野に入れた事業展開の必要性」「実施体制の整備の必要性」である。史跡等整備において、現在そのどれもが求められなければならない要素となっているが、すでに出されて半世紀近くが経過しようとする「風土記の丘」構想は、史跡をどう保存するかという点でターニングポイントになった事業とみてとることができる。昭和四一（一九六六）年にはじまった「風土記の丘」構想の事業は、史跡等の環境整備の考え方の一つとして遺跡保存や地域の文化的な遺産の継承に対して多くの示唆を含んでいる。今日的な遺跡保存の原点に近づけるために、本章ではその構想と現状を概観する。

昭和三〇～四〇年代の高度経済成長期には全国各地で開発事業が増大し、それに伴う発掘調査でみつかった埋蔵文化財の史跡指定数が増加するとともに、史跡等の保存や整備事業が推し進められるようになった。この構想は、史跡を広い自然環境と一体的に整備保存し、考古資料・歴史資料を収蔵・保管・公開・展示するために資料館の併設を含めた整備構想であった。

国庫補助により全国に一三ケ所設置され【図1】、平成六（一九九四）年をもって事業は終了しているが、同構想をたどり、開始から半世紀、終了から二〇年が経過しようとするなかで改めて見直し、歴史を伝える事物を後世に残すべき方法や要領、手順など、そこから学んでいく点を明らかにしておきたい。

【図1】国庫補助による風土記の丘の位置

第一節　評価を扱う研究

事業が終了している「風土記の丘」構想に対する見方は、時間の経過やその系譜をひいた以降の展開がどうなされているかで、評価が大きく分かれることが予想される。

一三の事業のうちのほぼ半数の設置がなされ、設置が一段落した時期に著された三つの視点がある。①保存修景計画の立場から、中心的な遺跡を中心に広範にわたる史跡公園をネットワーク（網の目）で結びつけようという構想の提示[2]、②面としての遺跡の保存を評価しつつも行政主導からなる事業推進による弊害などを危惧する意見として「重要なのは、地域住民の自主的な保存への努力と、学問の成果と研究者の意志を尊重することである[3]」という見解、③一九八〇年台に入ると宇佐風土記の丘（大分県）などの設置がなされるが、地価高騰の問題が外的な条件となり、面的な拡大が望めなくなってくる。そこで歴史地理学の見地からは、面的な拡大が望めないとしても地誌的な側面からより地域像を鮮明にすることで進展が図れるのではないかとする三点である。

一方、事業が終了してから出された研究では、地域文化財を主体とした歴史的環境の保存とそれを生かしたまちづくりにより「アメニティ（快適環境）」という文化的環境づくりを視点とするなかで「風土記の丘」整備事業は、それまでの遺跡保存の在り方を転換し、遺跡の広域的保存と環境整備への道を開き「ふるさとの歴史の広場」など以降の事業につながっていったこと、これが契機となって文化財を活用したまちづくりの一つの方向が示されたこと、資料館の付置による博物館広域化の端緒をつくったこと等、その持つ意義は極めて大きい[5]とされ、国庫補助事業として史跡等整備に関する変遷のなかでも新たな展開を示した事業といわれる。

さらに一方で、事業が終了して一〇年以上が経過して述べられた評価では「史跡や歴史的景観を破壊するという危機感に対する次善の策としての役割があったことを忘れてはならない」といったうえで「風土記の丘」構想と資料館の意義とつながりに対して「その土地の歴史的〝風土〟を凝縮させて展開を図るものであったと考えるにしても、それらの有機的なつながりを勢い達成できるとは思えず、やはり非常に困難な計画だったのではないかと言わざるを得ない」とされ、また「各地でさまざまな形をとる〝風土記の丘〟の存在と、そこで保存されている史跡・遺跡群に特化する面が各博物館で強調され、それに沿った各種の活動が展開されることがあってもよいのではないか[6]」とも述べられている。

また、数々の見解が示されるものの、特に本論に関する見地では「これまでの文化財保護行政が特定の遺跡や建物などを、点的に指定し保存措置を講じてきたのに対し、各地で大規模な乱開発が顕著に進展しはじめた時期に、広く自然環境と史跡、遺跡を一体保存し、活用することを目的とした点で画期的なものとしてだされた」といい、風土記の丘構想には、複数の史跡を有機的・系統的につないでいく新たな理念が含まれており、それまでになかった「サイト・ミュージアム」の初現とも評価され、広域保護の効用が捉えられている[7]ことに着目しておきたい。

第二節　構想のあらまし

「風土記の丘」の構想の概要は、諸文献から概ね次のようにまとめられる[8]。

古墳や城跡（すべて国指定史跡）などその地域の歴史や風土の特性をよく表す遺跡が多くある地域を広域にわたって指定して、保存と環境整備をし、さらに資料館を設けてその地域の歴史、考古、民俗等の資料を収蔵・展示して、遺跡や資料の一体的な保存と普及活用を図るために設けられた遺跡地域をいう。

昭和四一（一九六六）年度より、その地方を代表する史跡等を中心に、周辺の未指定遺跡等を含む広域な歴史的、自然的景観全体を積極的に保護し活用するために、文化財保護委員会（現文化庁）の補助事業として実施してきた史跡等保存活用事業の一つである。六〇年代後半から急進した日本経済の高度成長に伴う国土開発による遺跡や歴史的景観の破壊防止をねらったものであり、昭和三六年に起った平城宮跡の保存問題を契機に、開発諸事業より遺跡を積極的に守り、遺跡を点から線へ、線から面へ広げて保護しようという考えから発想された。事業主体は各都道府県、当面、各都道府県に一ヶ所とし、一風土記の丘の面積は五万坪（約一六万五〇〇〇㎡）以上、国庫補助事業としての総経費五〇〇〇万円、史跡等指定地の土地買上げ費はこの枠外（用地取得は都道府県負担）で、実額の五割（昭和四八年からは八割）を国が補助。史跡指定地の整備費も枠外で、五割を国が補助した場合もある。事業計画は、用地確保、環境整備、資料館設置を中心とする。

博物館・資料館施設を備えるほか、その地方の特色ある民家等を移築したり、歴史植物園を造成したりし、都市計画と連動して、公園・道路・駐車場・休養施設等も整えた史跡センターが計画されている。しかし国庫補助事業の総経費の制約、土地高騰による未指定地取得難により、当初の目論見どおりには進んでおらず、最近、都道府県の単独事業等として、形を変えて事業を実施・計画中のものもある。

昭和四一（一九六六）年度の宮崎県西都原風土記の丘建設事業（西都原風土記の丘開設は昭和四三（一九六八）年）を皮切りに、全国に一三ヶ所が設置され、平成六（一九九四）年に事業は終了している。なお、この国庫補助事業に関わらない「風土記の丘」を称する施設・機関が六ヶ所存在する。これらは、風土記の丘構想をヒントに設立・運営されている場合が多い。本来の風土記の丘構想により設けられているものには、西都原《さいとばる》（宮崎）、さきたま（埼玉）、紀伊（和歌山）、近江（滋賀）、立山（富山）、吉備路《きびじ》（岡山）、八雲《やくも》立つ（島根）、房総（千葉）、みよし（広島）、宇佐（大分）などがあり、近江（特別史跡安土城跡と古墳群）と立山（立山信仰の中心地）のほかはすべて古墳群の整備が中心となっている。これらは遺跡の所在する都道府県が設けて、地域の教育委員会が管理にあたっている。

具体的な事業設置内容の例で、風土記の丘第一号として昭和四三年に資料館がオープンした西都原風土記の丘の場合をみておくと、国費五・八千万円、県費一〇・五千万円（昭和四〇～四二　土地買上七・七千万円　主管社会教育課、昭和四一～四三　環境整備一・三千万円　観光課、昭和四一～四三　資料館建設・古代住居復元　五・七千万　社会教育課、昭和四一　巡回路整備〇・二千万円　観光課、昭和四二　駐車場整備〇・三千万円　観光課）の内訳となっており、関係機関として、西都原協議会は事務局を西都市商工観光課に置き、県環境保全課・西都土木事務所、県教育委員会文化課、市商工観光課・土木課、市教育委員会社会教育課、西都原を守る会が構成メンバーとされ、維持管理は県公園協会に委託がなされている。[9]

第三節　史跡保存の背景

「史跡等」とは「史跡名勝天然記念物」をいい、「史跡の本質的価値」とは「遺跡が、土地と一体となって有する我が国の歴史上又は学術上の価値」と示されている。[10]したがって、「史跡」とは、「遺跡」にその土地がもつ、効果を付加する要素が組み合わさったものと考えられる。また、「遺跡保存」とは、遺跡そのものの現状保存に加え、発掘調査に関わる規制に大別される。今日では、三七万㎢の国土に四六万ヶ所以上の遺跡が存在するといわれ、[11]年間数千～一万ヶ所という膨大な遺跡が部分的な破壊を含め消滅していくという現状がある【図2】。史跡等整備の前提となる遺跡保存の流れとして、「史蹟名勝天然紀念物保存法」が出されてからの四つの枠を概観してから、「風土記の丘」構想をみていく。

①大正八（一九一九）年、「史蹟名勝天然紀念物保存法」の制定…簡潔に全六条で構成され、指定された史蹟名勝天然紀念物を保存するための管理が必要と記す。指定物件の保存を中心に据え、保存施設の設置など、現状を維持することを目的にした管理が必要とした。

②昭和二五（一九五〇）年、戦後の「文化財保護法」…国が遺跡単体を史跡に指定し範囲境界を示し、史跡の標示が保存のためには必要で、管理とともに復旧が必要であることを定めた。しかし、戦後まもなくの静岡県登呂遺跡のように、発掘調査された遺構が史跡内に復元されるのは例外的だった。史蹟名勝天然紀念物保存法による「史蹟名勝天然紀念物」は、「史跡名勝天然記念物」（＝「史跡等」）として継承され、総称して「記念物」と定義される。
③昭和三〇年代末以降…「現状凍結保存」（史跡指定地を積極的に買収）が進められる。
④昭和四〇（一九六五）年以降…史跡の整備活用の開始（史跡等の指定地を「環境整備事業」とし、国庫補助事業として保存活用をめざす保存策）…大阪府百済寺跡、宮城県多賀城廃寺などが着手された。

高度経済成長期の昭和三〜四〇年代におこなわれた開発事業の展開と、それに伴い発掘調査でみつかった遺跡の史跡指定、あるいは、歴史的、学術的価値を有する文化財を保存しようという背景が「風土記の丘」構想にはあった。安原啓示は、「民俗資料、考古学的遺物、その他歴史資料の散逸をいかにして防ぐかという点」が動機になった[12]といい、

住宅地開発、道路開発、その他土地利用改良計画等の諸開発に対処して、多数の史跡等（未指定物件も含む）を含む地区においては、指定物件の個々の買い上げ、環境整備では保護しきれない。特に未調査・未確認の故に指定されていない埋蔵文化財包含推定地、寺域推定地等を含んでいる場合にはなおさらのことである。ここから広域保護ができないものかという考えが浮かび上がってきた。

と述べ、文化財の広域環境整備としての「風土記の丘」構想の出発点を記している。

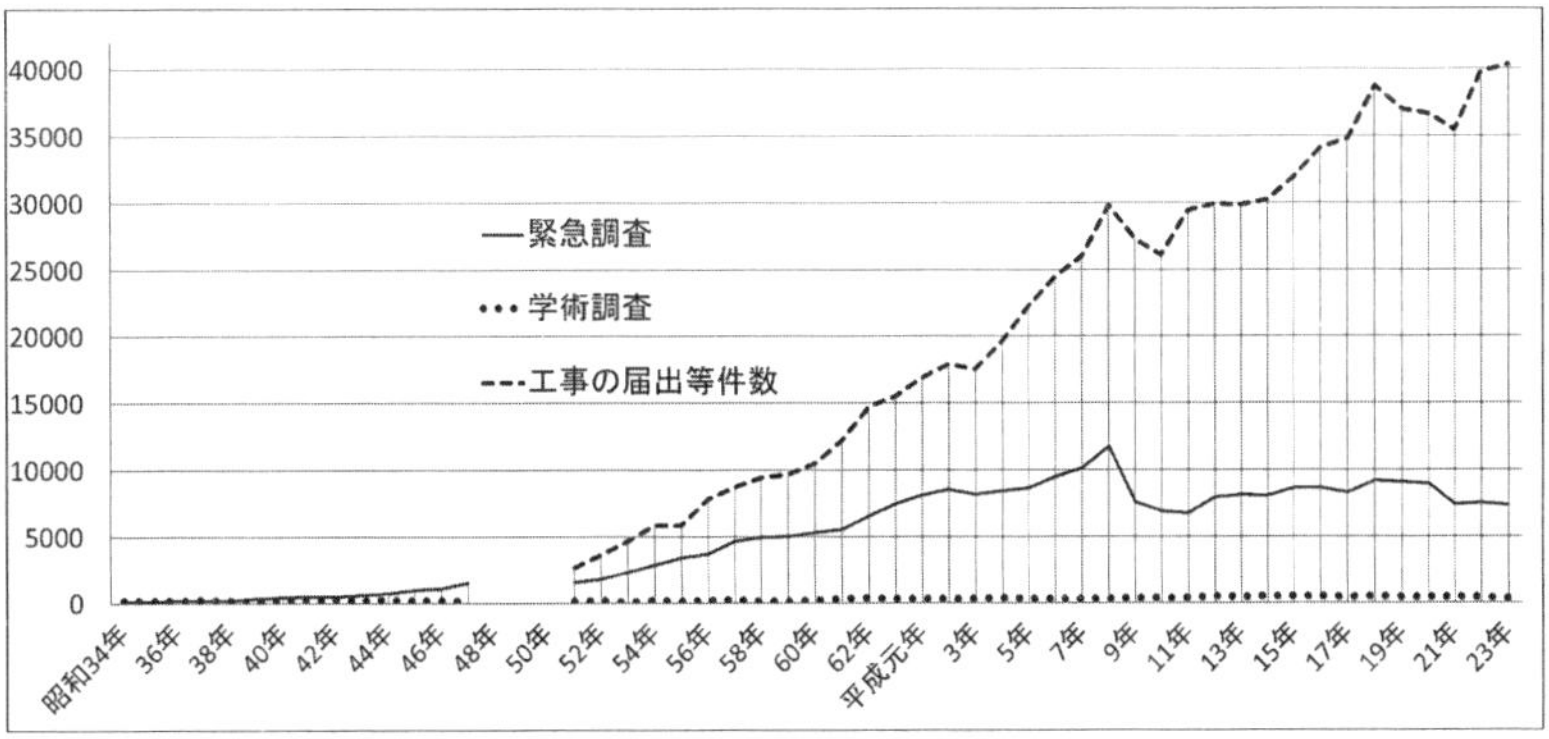

【図2】埋蔵文化財発掘届出件数推移図
（文化庁資料を編集、一部データなし）

また、文化財保護法の遺跡についての保存対策の一つは、指定された遺跡に原状変更規制がかけられることである。土地所有者がこの規制に従ってくれる間は、遺跡保存自体は充分とされたが、土地利用の多様化が規制の代償を求めるようになり、つきつめていくと、その土地を地方公共団体が時価で購入することが、もっとも手厚い代償策となっていった。しかし、公有化が進むと、今度は多額の税金を投じて確保した土地を地域や一般の人たちに活用してもらえる方策が求められるようになる。この背景から、熱心な数人の市町村長の肝煎りで「全国史跡整備市町村協議会」（以下、全史協）が結成された。この会の活動が、遺跡の保存と整備事業が文化庁の中でも、ゼロの段階から最重要施策となった[13]と述べられ、「風土記の丘」構想とその成り立ちにおいて「全史協」組織の存在が大きく関係したことがわかる。

『全史協二〇年のあゆみ』[14]の関係者の文言のなかには、史跡にまつわる保存や開発に関する当時の状況が事細かく記されている。「開発か保存か」の全国的な文化財問題に直面した市町村長により、協議会は昭和四一年一月に発足し、史跡等の所在する市町村をもって組織され、発足二〇年後の昭和六〇年には、全四四五市町村（二二二市一九一町三二村）が加盟している（平成二五年現在五三七市町村）。発足一〇年後の昭和五〇年度の史跡関係の国予算は七・六倍の五二・八億円に至り、史跡等買い上げ費に対する「補助率八〇％」の獲得や保存制度のバックアップなどに協議会が成果を上げてきた、と当時の会長が序文のなかで述べている。史跡等購入費の「補助金八〇％」は、昭和四八〜六〇年度まで維持された。めまぐるしい開発の波とその中でいかに文化財を保護していくかという、両立する行政の対応に苦慮するなかで、各市町村の対応にも限度があることから、有志の市町村長が協議し呼びかけをおこない、国に対して働きかけをしていくことを確認し協議会の発足がなされ、国による強力な財政措置を得ることを急務とした協議会では、史跡等民有地の買い上げ費への補助、環境整備費への補助、埋蔵文化財緊急調査等への補助の大幅増額、国、地方公共団体の文化財保護に対する組織充実強化等が決議されている。重要史跡を抱え、保護対策に悩む市町村が文化財保護委員会（文化庁）との交渉を重ねるも経過は好ましからず悲観論が多いなかで、関係市町村の足なみが揃い互いに陳情活動などが続けられ団結の気運が高まり、協議会の結成へと繋がったと述べられている。また、協議会の発足から指導力を発揮し、敏腕と称された第五代記念物課長の柳川覚治の、

平城京跡の国有化が進んでいる。この地方版を全国に広げることだ。そして、史跡公園的な、さらにオープンミュージアム的な風土記の丘構想に整備し、地域住民にたいせつにされ、国民に親しまれるものにすることが必要である。

という文言が残されている。

国の史跡保存整備費のゼロに近い状況から、協議会の結成による財政措置の進展を背景に史跡等保存の構想が進められてきたことの背景とともに、関係予算の獲得という政治的働きに負うべきところが大きかった。「風土記の丘」構想をはじめとする史跡等整備の礎はこういった時代背景のもとに、遺跡の「開発」と「保存」、関係予算の確保のバランスのもとになされたという経緯も確認しておくべき必要がある。熱意や努力を惜しまなかった時の文化財に対する関係者及び理解者の労苦をも重ねて捉えておく必要がある。

第四節　風土記の丘設置の経過と理念

今日、八雲立つ風土記の丘の展示学習館で『出雲国風土記』（写本）を展示資料として大切に扱う例があり、「風土記の丘」の名称の由来は、一見、七一三年の元明天皇の詔によって諸国で編纂された地誌「風土記」と密接に関連しているかのような印象を受ける。しかし、文化財保護委員会の談話で「いろいろな案が出されたが結局「風土記の丘」ということに落ちついたのである。むろん当初から「風土記」なり「丘」という言葉にこだわったものではなかった(15)」というように、必ずしも「風土記」に根拠をもつものではなかった。

風土記の丘構想は、設置要項にもとづき史跡整備をおこない、資料館等を併設して構想の進展がはかられてきた。広大な面積の土地を公有化することが前提となるこの事業は、一方で、地価の高騰を理由にそのまま進めていくことが困難な状況を迎え、やがて事業は終了していくことになる。既存施設の利用や整備の前後関係もあるようだが、各風土記の丘の設置（関連事項を＊で示す）の概略は以下のような経過を追っている（【表1】は国庫補助開始、開設年度順）。

昭和四一（一九六六）年…文化財保護委員会（現文化庁）により史跡整備構想が出される。

昭和四三（一九六八）年…西都原風土記の丘（宮崎県）で、資料館開館（「風土記の丘」として昭和四四年四月一日オープン）。それ以降、昭和四七年までに順次、さきたま風土記の丘（埼玉県）、近江風土記の丘（滋賀県）、紀伊風土記の丘（和歌山県）、立山風土記の丘（富山県）、八雲立つ風土記の丘（島根県）における資料館・博物館等が開館する。

＊昭和四四（一九六九）年…第二次全国総合開発計画（大規模工業基地を各地に置く構想は、地価の急激な高騰を招く）

が策定される。

昭和五一（一九七六）年…吉備路風土記の丘（岡山県）、房総風土記の丘（千葉県）、みよし風土記の丘（広島県）、甲斐風土記の丘（山梨県）、宇佐風土記の丘（大分県）は、一九八二年までに開館。

＊一九八〇年代　…………風土記の丘開設は困難となる。

昭和六一（一九八六）年…近つ飛鳥風土記の丘（大阪府）整備完了、一九九四年に博物館が開館。

＊平成三（一九九一）年…立山風土記の丘は、施設を大幅に改変。施設名の改称とともに、「風土記の丘」は返上される。

平成四（一九九二）年……一九六六年より着手されていた菊地川流域風土記の丘（熊本県）の整備事業では、一九九二年四月装飾古墳館は全国一三番目（装飾古墳館展示パネル）に開館するが、「風土記の丘」を維持せず、「肥後古代の森」として開設。

＊平成六（一九九四）年…風土記の丘事業の終了。

全国で最初に設置された西都原風土記の丘の場合、補助年度は、昭和四一～二年度で完成が昭和四三年という短期間により整備・開設されている。このような傾向は、昭和五八年の宇佐風土記の丘の開設まで共通している。一方、肥後古代の森や近つ飛鳥風土記の丘などの例で、補助年度に対して開設までにかなり長期の時間を要している例もある。

一九六〇年代の設置に関しては、史跡整備に対する経験が乏しいなかで計画がすすめられた弊害への評価が出されている。整備により景観が大きく変化してしまった例・館運営と職員配置の問題・行政主導の事業推進が招いた学問成果の切り捨てなどの指摘[16]もなされている。

史跡等整備の活用面に関する理念として、風土記の丘構想の原点をたどってみると、保存され来訪者に関係する情

	名称（所在地）	補助開始 開設年度	面積 (ha)	付設館等	開館	遺跡等	国庫補助対象事業 整備	資料館 建設	土地 買上げ	一般 整備
1	西都原風土記の丘 （宮崎県西都市）	1966	52	宮崎県立博物館分館　西都原資料館→宮崎県立総合博物館分館　西都原資料館→宮崎県立西都原考古博物館	1968→ 1971→ 2004	（特史）西都原古墳群	○	○	○	○
2	さきたま風土記の丘 （埼玉県行田市）	1967	30	さいたま資料館→埼玉県立さきたま史跡の博物館	1969	（史）埼玉古墳群	○	○	○	
3	紀伊風土記の丘 （和歌山県和歌山市）	1968	50.9	紀伊風土記の丘資料館	1971	（特史）岩橋千塚古墳群	○	○	○	○
4	近江風土記の丘 （滋賀県近江八幡市安土町）	1969	270	滋賀県立近江風土記の丘資料館→滋賀県立安土城考古博物館	1970→ 1992	（特史）安土城跡 （史）観音寺城跡 （史）大中の湖南遺跡 （史）瓢箪山古墳	○	○	○	○
5	立山風土記の丘 （富山県立山町）	1969	50	立山風土記の丘資料館→ 富山県［立山博物館］	1972→ 1991	立山信仰遺跡	○	○		○
6	八雲立つ風土記の丘 （島根県松江市）	1970	52	島根県立八雲立つ風土記の丘資料館→島根県立八雲立つ風土記の丘展示学習館	1972→ 2007	（史）出雲国府跡 （史）出雲国分寺跡 （史）岡田山古墳 （史）阿倍谷古墳	○		○	○
7	吉備路風土記の丘 （岡山県総社市、 高松町、山手村）	1970	55	岡山県立吉備路郷土館 （平成22年閉館）	1976	（史）造山古 （史）備中国分寺 （史）備中国分尼寺跡 （史）こうもり塚古墳	○		○	○
8	千葉県立房総のむら （房総風土記の丘） （千葉県栄町・成田市）	1971	32	千葉県立房総風土記の丘資料館→千葉県立房総のむら（1986開館）へ統合	1976→ 2004	（史）岩屋古墳 （史）竜角寺境内の塔跡　竜角寺古墳群	○			○
9	みよし風土記の丘 （広島県三次市）	1973	30	広島県立歴史民俗資料館	1979	（史）浄楽寺 七ツ塚古墳群	○		○	○
10	近つ飛鳥風土記の丘 （大阪府河南町、太子町）	1974	29	大阪府立近つ飛鳥博物館	1994	一須賀古墳群	○			
11	菊池川流域風土記の丘 →肥後古代の森 （熊本県山鹿市、和水町）	1979	73	熊本県立装飾古墳館 （山鹿市立博物館　1978） （菊池町歴史民俗資料館 1978） （温故創生館　2002）	1992	（史）江田船山古 （史）虚空蔵塚古墳 （史）塚坊主古墳 鞠智城跡			○	○
12	宇佐風土記の丘 （大分県宇佐市）	1981	19	大分県立宇佐風土記の丘歴史民俗資料館→大分県立歴史博物館	1981→ 1998	（史）川部・高森古墳群	○		○	○
13	甲斐風土記の丘 曽根丘陵公園 （山梨県甲府市）	1983	40.4	山梨県立考古博物館	1982	（史）銚子塚古墳 （史）丸山塚古墳		＊考古博物館埋文センター	○	○
14	しもつけ風土記の丘 （栃木県下野市）	1986	190	栃木県立しもつけ 風土記の丘資料館	1986	下野国分寺跡 下野国分尼寺跡				
15	常陸風土記の丘 （茨城県石岡市）	1990	11.5	常陸風土記の丘展示室	1990	古代家屋復元広場 鹿の子史跡公園 （官営工房跡）				
16	壱岐風土記の丘 （長崎県壱岐市）	1990	0.7	壱岐民俗工芸文化館	1990	民家園、掛木古墳 百合畑古墳				
17	なす風土記の丘 （栃木県那須郡那珂川町 大田原市）	1992	270	栃木県立なす風土記の丘資料館小川館・栃木県立なす風土記の丘資料館湯津上館→大田原市なす風土記の丘湯津上資料館（湯津上館は大田原市に2012年移譲）	1992	侍塚古墳 駒形大塚古墳 那須国造碑				
18	山形県立うきたむ風土記の丘 （山形県東置賜郡高畠町）	1993	8.3	山形県立うきたむ 風土記の丘考古資料館	1993	まほろば古の里歴史公園、 日向洞窟				
19	風土記の丘史跡公園 古代集落の里 （岐阜県高山市）	1993	1	風土記の丘学習センター	1993	古代集落の里 （縄文～古墳） 赤保木古墳群				

【表1】風土記の丘情報一覧（註1、6、7をもとに加除修正）

報を伝えようとする整備の手法は、遺跡をそれまでの廃棄された状態からもとの状態に復するという「復旧」から、「環境整備」という用語の表現に変わってきている。つまり、来訪者がより正確な情報を受け取ることができ、快適に、有意義に史跡等を見学できるようにするためにおこなう整備とされる。つまり、「復旧」では包括しきれない要素を加味した史跡等整備の在り方として「環境整備」という用語が用いられるようになり、史跡等の保存や整備事業が推し進められるようになった[17]というのである。「環境整備」という用語の使用は、来訪者への正確な情報提供や、快適、有意義な史跡等の見学を視野に入れた整備の在り方が追求されたこととして、この事業の評価へとつながるべきものである。

当初の設置要項では、「各地方の特色ある風土と一体化して、これらの文化財を系統的に整備し、その保存と活用をはかる必要がある。そのため、貝塚、古墳、住居跡等の遺跡を包含する丘陵や島嶼の自然環境の中に、これらの文化財を保存する総合収蔵庫や民家集落等を点在させて整備する風土記の丘（仮称）を県単位に設置してそれぞれの地域の歴史と文化を永く保存し広く一般国民の利用に供する」としているが、昭和四四（一九六九）年度には、「各地方における伝統ある歴史的・風土的特性をあらわす、古墳、城跡などの遺跡等が多く存在する地域の広域保存と環境整備を図り、あわせてこの地域に地方文化の所産として歴史資料、考古資料、民俗資料を収蔵・展示するための資料館の設置等を行い、もって、これらの遺跡および資料等の一体的な保存および普及活用を図ること[18]」と変更がなされ、「環境整備」事業として、消極的に「残し」・「維持」する保存事業ではなく、史跡等の有効的な活用を視野に入れる整備の在り方や資料館設置が、事業が動き出すなかで検討されたものと考えられる。「風土記の丘」事業は、進行しながらも、より有用性を追求しながらすすめられたのである。

このことを小笠原好彦[19]は、「個別の開設された風土記の丘がもつ課題の他に、風土記の丘構想が出された一九六〇年代後半では、史跡整備そのものに対する理念的な側面が不十分で、しかも史跡整備に対する経験も乏しかったことから、模索しながら史跡整備を計画し、実施せざるをえなかったことに起因する点も少なくなかったように思われる」と述べている。

一方、平成にはいると、新たな整備事業が展開され、個別の事業においても見直しがなされることになり、平成元（一九八九）

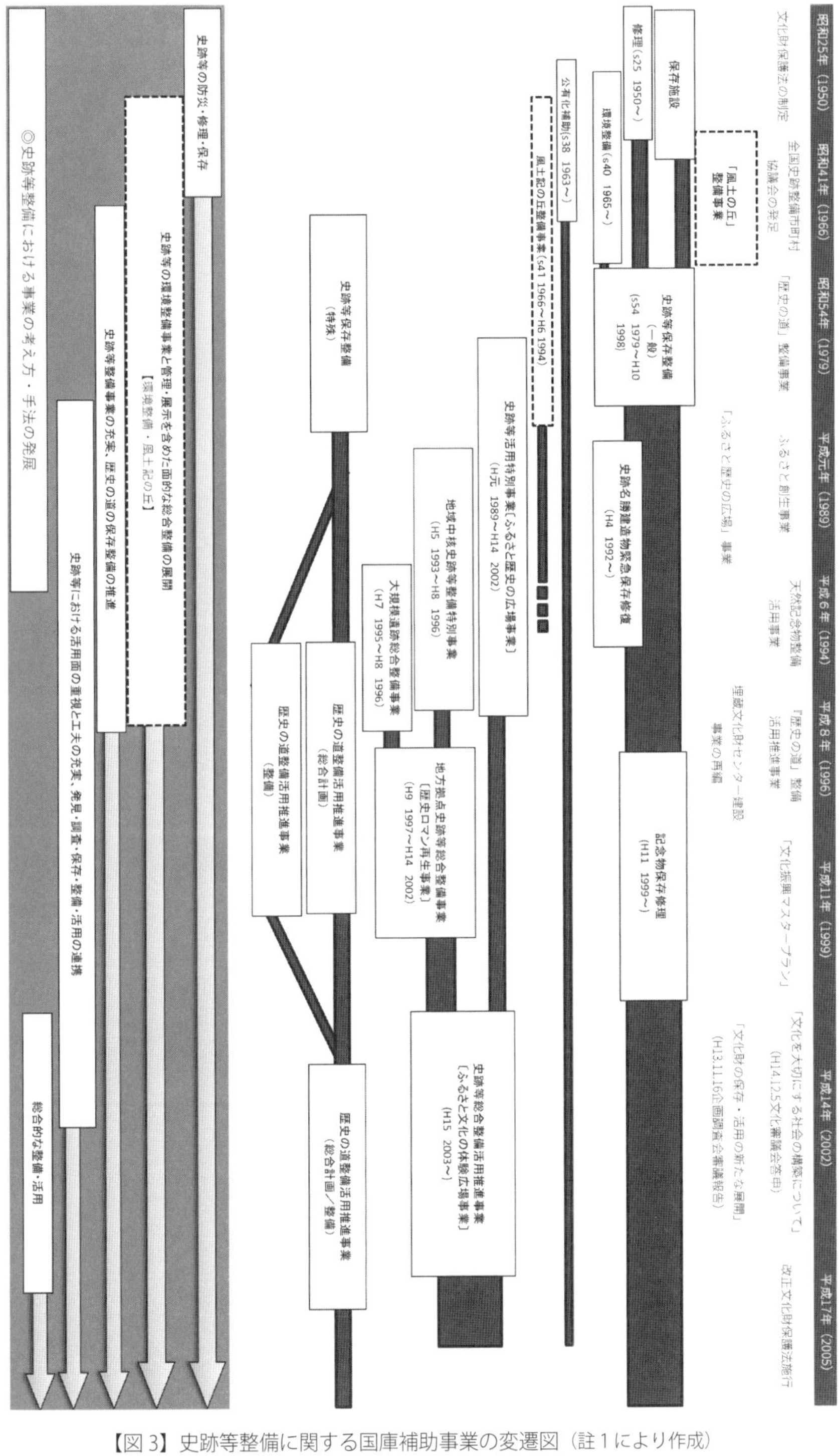

【図3】史跡等整備に関する国庫補助事業の変遷図（註1により作成）

年に史跡等活用特別事業〔ふるさと歴史の広場事業〕（平成一四年まで）・平成五（一九九三）年に地域中核史跡等整備特別事業（平成八年まで）、平成七（一九九五）年に大規模遺跡総合整備事業（平成八年まで）が始まっている【図3】。広域の自然環境を公有化することを前提とするこの構想は、その後、地価の高騰が課題となり、大阪府の「近つ飛鳥風土記の丘」が設置された昭和六一年以降、事業は困難な状況にさしかかる。そして、今日の史跡等整備の先駆となった風土記の丘の整備事業の流れは、「史跡等整備事業」に変遷していくことになる。「風土記の丘」名称の返上や施設の大幅改変、あるいは「風土記の丘」の名称を維持することのない整備事業の開設などもみられるようになり、平成六年に風土記の丘構想の事業は終了する。

第五節　国庫補助に拠らない風土記の丘

国庫補助対象の事業としてではなく、自治体等で設置された「風土記の丘」の例がある。これらを小笠原は「第二期の風土記の丘」と呼んでいる[20]。広大な土地取得という要件が困難となり、構想が終了に向かうなかでの動きに対して、文化庁の補助金によらずに地方自治体が独自の構想のもとに開設している、と類別し「各地で実施されている発掘調査の成果を示し、…広く史跡の記念物に接しうる施設として、埋蔵文化財の普及の拠点」として、今日でも重要な役割を果たし、風土記の丘構想の趣旨に沿って開設されていることに注目している。

これらの六ヶ所の例は、うきたむ風土記の丘（山形県・開設山形県）、なす風土記の丘（栃木県・同栃木県）、しもつけ風土記の丘（栃木県・同栃木県）、常陸風土記の丘（茨城県・同財団法人石岡開発公社）、風土記の丘史跡公園・古代集落の里（岐阜県・同高山市）、壱岐風土記の丘（長崎県・同勝本町）であり、いずれも文化庁の国庫補助事業の終了する平成六（一九九四）年以前に開設されている【表1】（二七五頁参照）。

なす風土記の丘としもつけ風土記の丘の二ヶ所が設置されている栃木県の例では、昭和五一（一九七六）年に策定された「栃木県新長期総合計画」でその整備がうたわれ、その検討過程で問題となった点があったことがわかる。「他県の風土記の丘にみるような、一定範囲に史跡の集中する地域がなく、いくつかの包括する範囲を設定すると広大になり過ぎて、面的な保護が困難になること。また、栃木県においては、県南地方と県北地方に独自の文化の流れがあることなどから、文化庁の設置要項の基準を満たすことが困難[21]」といい、その後、昭和五七（一九八二）年に「風土記の丘整備基本構想」がとりまとめられていて、栃木県の実状に即して、①設置目的は文化庁の「風土記の丘設置要項」に準ずる、②県南地方、県北地方のそれぞれに設置する、③環境保全のための特別な法的規制をおこなわない、などの要点が示されている。栃木県の律令体制下は、北東部那珂川流域に「那須国造」、県央・県南部の関東平野を流れる複数河川流域に「下毛野国造」が置かれた。その二つの領域で歴史と文化が展開してきたという文化圏の形成を「なす風土記の丘」、「しもつけ風土記の丘」の二ヶ所の設置ということで収めている。「当面、各都道府県に一ヶ所」とする文化庁の設置要項とは異なってはいるものの「風土記の丘」構想に則り、固有な地域性に適った設置の方針とみることができる。

これらの風土記の丘をみたときに、たとえ国庫補助の要件を満たさずとも、文化庁の設置要項が史跡等の整備事業のモデルとなっていたという現実に留意すべきであろう。言い換えれば、「風土記の丘」の構想が、多くの重要な文化財の所在する地域で認知された結果、文化庁の要項に則り設置されてきたという現実を確認しておきたい。地域で、歴史文化財を保存整備、活用していこうという動きのモデルとなって進められてきたことがうかがわれる。その時代背景には、昭和六一（一九八六）年から平成三（一九九一）年にかけて起こった資産価格の上昇と好景気に代表される「バブル景気」が後押ししているとも考えられる。

ほかにも、東日本大震災以降現状では休館となっているものの、山形県尾花沢市に平成三（一九九一）年開館した「みちのく風土記の丘資料館」が所在する。館は、築二百年以上経過した民家を資料館として使用したもので、地域の農家と企業で組織する地域農産文化振興会で建設され、「風土記の丘」を名称に冠した資料館となっている。

第六節　二〇年経過した現況から学ぶこと

第六代文化庁記念物課長中西貞夫は、

かつて破壊か保存かを賭けてギリギリの交渉を行った史跡等が、何事もなかったように静かに美しく存在している様子を見る機会がたまにあります。そういうときに、関係者のお顔とご苦労を思い出しながら、しみじみと満足感にひたっております。同時に、もし、安易な妥協などによって…。

と回顧録(22)に歴代記念物課長としての思い出を寄せている。

広域保存とも一括される風土記の丘構想の目指したところには、乱開発が進む中で、面的に広範な史跡が保存されたという評価をまず念頭に置かねばならない。史跡の保存措置と現代社会との急激な軋轢の中で、文化財を保護しなくてはならないという強い指針により打ち出された構想であったことを忘れてはならない。事業が終了して二〇年が経過しようとしているなかで、なされた環境整備や付置されている展示施設としての資料館・博物館の現況から得られる視点を以下の項目からみておきたい。

(1) 展示・運営の特化

各県で計画された風土記の丘では、遺跡が広域的に広がるといった性格などから、国分寺や国分尼寺などの古代寺院、国府のなどの官衙が加わったもの、あるいは、安土城跡・観音寺跡の中世城郭、立山信仰を扱うなどといった以外は、古墳や古墳群を扱うものが大半という性格がある。多岐にわたる時代による構成は、来訪者にとって、必ずしも分かりやすい展示構成とはいえない。「保存されている史跡・遺跡群に特化する面」[23]という問題も指摘されている。そのなかにあって、安土城跡と観音寺城跡を中心として整備された城郭を扱う風土記の丘としてのテーマを再整備により打ち立てている例もある。また、立山風土記の丘では、平成三年に開館し、現在は一三haの公園施設をもって展開する富山県〔立山博物館〕建設により、名称とともに「風土記の丘」からの発展的解消がはかられている。風土記の丘構想で得られた資産をもとに理念の特化・転身がなされ、人文・自然の両分野を総合的に調査研究・展示する博物館となっている。

県立なす風土記の丘資料館湯津上館は、大田原市なす風土記の丘湯津上資料館として、平成二四年大田原市に移譲され開館している。新たな運営により、企画されている展示には、地域に残された類稀な資料を前面に押しだそうという熱意がうかがわれる。

房総風土記の丘は「千葉県立房総のむら」と統合し「歴史と自然を学ぶ風土記の丘エリア」と「ふるさとの技体験エリア」の棲み分けがなされた博物館としての運営がなされている。前者は、風土記の丘資料館であり、後者の商家の再現された街並み、上総・下総・安房の復元された農家では工芸や農業などの伝統的な技の体験ができるメニューが用意されている。魅力あるテーマごとの体験プログラムや資料館ツアーなどが用意されていて、『体験のしおり』は、七六頁にわたって、五〇〇項目に近い年間の演目案内が紹介されている。「体験博物館房総のむら」は平成一六年の開館以来六〇〇万人の来館者を越えようとしているといい、風土記の丘構想の設置要項でいう「民俗資料としての資料館の普及活用」部分を体験型

【図4】房総のむら『体験のしおり』

の野外博物館として特化させた例として、多くのリピーターを生み地域に根ざした新展開がなされている。

事業の終了から時間が経過する今日、引き継いだ資産をそれぞれの課題のなかでどう扱っていくか、そして、理念を常に再確認することが求められているといえよう。各風土記の丘の資産を継承・展開・発展させていく視点が求められていることになる。広域的な「保存」がなされた史跡をどう活用していくかは、風土記の丘だけに課せられた課題でないにしても、市民的な関心を呼び起こして、強い共感が得られるようにするという新たな展開の具現化という意味でも「特化」させることの検討を学んでおくべきであるといえる。

（2）保存整備の系譜

風土記の丘構想による保存整備がおこなわれたことで、稲荷山の鉄剣などの刷新的な考古学の進展がなされた。今日、歴史教科書でだれもが学ぶ「稲荷山古墳出土鉄剣と銘文」はその最たる例である。さきたま風土記の丘では、昭和四三（一九六八）年、稲荷山古墳が発掘調査された。礫槨に副葬されていた鉄剣の金象嵌で一一五文字からなる「辛亥年」（四七一年）の銘文が、発見から一〇年後の錆落とし作業によって確認された。象嵌の文字記録をもって、熊本県の江田船山古墳と我が国の古代国家の東西のつながりが、解明できる資料の発見となったのは、この事業に伴い発掘調査された成果でもあったのである。

宮崎県立西都原考古博物館の「考古学研究の軌跡」コーナーの展示にも同じように構想の成果が大切に扱われていることを感じる。学史や史跡等の保存されてきた時間軸が展示にも色濃く反映されている。史跡整備の歴史をたどる取り組みという視点は、時間経過がなされた風土記の丘構想の新たなる課題となっていくという点とみておきたい。

（3）どう活かしていくのか

風土記の丘構想の第一号として出発した西都原風土記の丘では、花による景観から県内有数の観光地となった。一方で、本来の史跡を主役に取り戻そうという再整備が進められ、平成一六（二〇〇四）年宮崎県立西都原考古博物館が開館する。これは、風土記の丘構想に対しての否定的な側面ではなく、風土記の丘構想により史跡整備された景観、いわば地域の資産としての風土記の丘が確保され「観光」という面で成功をおさめ、歴史的な史跡としての整備に対するさらなる展開が試みられるという、いわば有機的な展開がなされている例と考えることができる。もっとも、当初の開設に向けての事業展開では。「環境整備」は市の観光課が主管となって取り組まれた。そのことからすれば、風土記の丘整備事業を土台として「遺跡を読める整備」を目指して「大規模遺跡総合整備事業」、「地方拠点史跡等総合整備事業」を活用した再整備が進められたという構図は、結果的に望ましい今日的な風土記の丘の発展的な再建という考え方だといえる。

勿論「特別史跡・県立都市公園・県立自然公園という三重の保護の網」による放置状態(24)からの脱出にかかわる苦心があった末でのことであろうが、時間経過のなかで、地域の文化と観光資源の合意形成がなされたという評価が得られる再整備という形は、風土記の丘構想が観光と結びつき発展し、改めて歴史的文化財の史跡としての価値を来訪者とともに創りだしていこうという流れを感じ取ることができる。「これまで」と「これから」を常に捉えながら、「託された今」を営んでいくということを考えさせられる。一方で、風土記の丘構想が「現状では考えることの難しい史跡保存形態」と評されはするものの、その結果残された史跡という資源をどう活かしていくのかを、西都原風土記の丘の例から学んでいくべきものであろう。

また、岡山県立吉備路郷土館の平成二二（二〇一〇）年の閉館、平成二四（二〇一二）年の栃木県立なす風土記の丘資料館湯津上館の大田原市への移譲（大田原市なす風土記の丘湯津上資料館）などもおこなわれている。館の運営に関しても、リニューアルの必要性や経費、予算といった深刻な問題も付きまとっているのである。常に計画的な運営や自治体間の運営確認が不可欠であるのはいうまでもない。現在、風土記の丘には、一五ヶ所の風土記の丘が参加する「全国風土記の丘協議会」が運営されている。連携をもとに新たな展望を築いていくことも望まれている。まるで役目を終えたかのように設置名から姿を消しているものもあるが、新たな展開がなされている例もある。遺跡の広域的保存と環境整備への道を開くという端緒をつくったことの意義を確認しつつ、これまでの遺跡保存の在り方を転換し、新たな方策や進展を求める動きも認められているということを確認しておきたい。

（4）観光との接点

遺跡としての学術価値と観光との接点という見方においても「歴史との対話を生む場」として、風土記の丘の構想が生かされていることに着目しておかねばならない。前述の西都原風土記の丘の例では、定められた再整備の目的設定など、今日的に進められている史跡整備の姿にもその評価が求められるところである。

都市開発区域からの除外や自然公園の組み込みによる保存区域の設置等の策定により「風土記の丘」の建設には、担当する教育委員会だけで進めることは難しく、観光、土木、公園、林野など他の行政部局との協調が講じられてきた。これらは「文化政策について、行政各部門の領域を横断する総合政策性についての認識を育んでいった」[25]という視点からは、学術研究を専らとする研究者にとっては、遺跡本来の価値を整備によってどう復元し、どう伝えるべきかを議論した上で、構想の評価に務めなければならないという課題が生じる。「史跡」を仲立ちとして、各領域が緩やかに繋がり、市民にとっての「快適環境」として認知されるべき姿が、「風土記の丘」構想には求められているのである。

（5）利用者にとっての価値

「パブリック・アーケオロジー」では、人を中心に文化財の活用を考える視点が求められている。遺跡が利用されるということよりも、利用者にとってどのような価値があるかが問われるという[26]。この考え方は、今日の史跡の保存についても大いに尊重されるべきで、地元の創意を反映させ、地元住民との連携や管理運営への地域住民の参加など、地域に溶け込む「風土記の丘」を目指さねばならない。その点で、NPO法人による運営支援による博物館ボランティアスタッフの充実が見られる再整備の成された西都原考古博物館の展開をはじめとして、地域での博物館類似施設、あるいは周辺施設やかかわる市民活動との連携などを好意的に受けとめて、半世紀が経過しようとしている風土記の丘の構想を引き継ぎ、進展させていく必要があると思われる。

風土記の丘が活かされた雰囲気は、遺跡と付置された資料館などの施設がまちづくりと連携・一体化する動きのなかに感じられる。遺跡を整備し周辺の環境から孤立させることは、史跡等整備の観点からすれば、効果は大きく減退する。その意味で、周辺の自然環境との調和を図るという「風土記の丘」構想の趣旨は勿論、地域の文化的景観に対して、地域住民がどう近接しているのかという点が重要になってくる。その意味で、四〇周年記念式典で市民を巻き込もうというイベントで盛り上げようとした八雲立つ風土記の丘の例や、地域に「風土記の丘」を冠した民間施設の所在する紀伊風土記の丘の例など、市民・地域とのかかわりを参考にしていくべきであろう。

(6)「点」・「線」・「面」の結びつき

文化庁の前身である文化財保護委員会が風土記の丘の構想を審議する際、次のような話題が記されている。

奈良でわれわれに一つの提案があるのは、奈良から天理のほうを回って、そのちょうど中途のところに古墳群がずっとあるわけです。ですからそれを一回廻るという観光ルートにして人を歩かせろということをいって、保存させようとしているのですけれども、そういうスケールの大きい構想もあるわけです[27]。

ここには、すでにこの頃、来訪者に点在する地域の史跡を観光と結びつけて、活用・展開していこうとする構想が現れていることがわかる。「点」を「線」でつないで保護し、観光に結びつけて保存していこうとする手法が、すでに提唱されていたわけである。

風土記の丘開設の要件としての自然環境が残された地域という条件から、都市化のおよばない周辺地域が対象になり、交通の便が悪いところが多く、市民の恒常的な利用の便に適しているとはいえない状況がある。また、「点」の保存措置に対して「一体的」な保存、「線」でつなぐ、「面」に発展させるという発想が求められている。

この点に対しての例で、八雲立つ風土記の丘では、展示学習館が窓口になり、史跡めぐりコースで無料のレンタサイクルを利用できるような工夫がある。また、複数の市町村に所在する吉備路風土記の丘のある岡山県では、「駅から観タクン」とする触れ込みで、ＪＲ西日本との連携による手頃な観光タクシーによる一〇のコースを設定・予約不要・定額料金で人気観光スポットを巡るプランを用意し、来訪者の便を図ろうとしている。紀伊風土記の丘には、園内の見所とポストを組み合わせたＪＯＡ（日本オリエンテーリング協会）公認のオリエンテーリングパーマネントコースが置かれている。利用者の利便の向上が、市民にとっての活用につながるという点も広域保存された施設の魅力を増加させる手だてだということを忘れてはならない。

小結

「風土記の丘」の構想は、わが国の文化財保護事業の歴史のうえでも、環境保全の広域性、市民生活への定着と積極的な活用を目指したことで遺跡保存と活用を目指した史跡整備として画期的ともいうべき事業であった。風土記の丘構想の活用面に関する理念は、来訪者がより正確な情報を受け取ることができ、快適に、有意義に史跡等を見学できる整備をすることであった。急激な国土開発のなかで、広域保存と活用を模索した「風土記の丘構想」の目指したところには、今日の史跡保存、あるいは、たとえ指定物件にあげられてはいなくとも、地域に遺残する歴史的な意義や価値を有した事物を語り継ぐために、参考とするべき点を抽出することができる。

「史跡」を仲立ちとして、各領域が緩やかにつながり、市民にとっての「快適環境」として認知される場所にすべきという大きな理想があるように感じられる。このことは、社会のなかでバランスを求めながら実現に向けて誠意を尽くそうとするリーダーの姿、より探求の眼差しをもってかかわろうとする研究者の姿、粘り強く市民の利便性を求めようとする行政者の姿、そして、遺跡に興味関心をもち活用をはかりつつ、地域の未来創造の当事者として利益を享受する市民の姿が存在することを見渡しながらたどることができる。

時代の趨勢のなかで、同じような保存の形態を望むことはできないにせよ、史跡を「より魅力的に保存し表現」するという課題、保存構想によって整備された資産としての遺跡をどう進展させるかという課題を「風土記の丘」構想から改めて受け取っていきたい。

風土記の丘構想は、複数の史跡を有機的・系統的につないでいく新たな理念をもち「サイト・ミュージアム」の初現とも評価される。「民俗資料、考古学的遺物、その他歴史資料の散逸をいかにして防ぐかという点」が動機になり、国による強力な財政措置を得た遺跡保存策であった。今、同じような目線で遺跡の保存を講ずることは具体的だとはいえない。しかし、テーマ性を持った地域の歴史遺産としての遺跡保存を考えたときに、史跡公園的、オープンミュージアム的な風土記の丘構想の実態には参照すべき点が多く含まれている。遺跡を破壊から残せばよいというだけでなく、いかに遺跡のテーマを表現し「地域住民にたいせつにされ、人々に親しまれるもの」にしていくのかという理念を抱きつつ、その活動にあたることの必要性を改めて確認することができるのである。

このことは、地域に「風土記の丘」の文言が取り込まれているとして取り上げた紀伊風土記の丘の例で、近隣のグループホーム、あるいは自動車教習所には「風土記の丘」を冠した標示がなされているなどの実態がある。館のイベントとして日常化している利用者に対しての清掃ボランティアの呼びかけといった地域住民の参加を見込んだ活動運営の姿には、地域社会で遺跡保存がどう受けとめられているかを見据えつつ、今後あるべき遺跡保存やミュージアムの仕掛けづくりの指標として読み取ることができる。風土記の丘の設置の趣旨を踏襲し、地域住民が憩い集う雰囲気を感じ取ることができる現状を来館者の一人として感じ取ることができるのは論者のみではないはずである。

註

(1) 文化庁二〇〇五『史跡等整備のてびき』Ⅰ総説編・資料編　同成社　一二六頁
(2) 西川幸治一九七三『都市の思想』日本放送出版会　三一六〜三一八頁
(3) 鈴木重治一九七六「風土記の丘」『ジェネリスト　増刊総合特集　開発と保全』四
(4) 高橋誠一一九八一「風土記の丘」『地理』第二六巻一一号
(5) 根木昭・岸本雅敏一九九七「遺跡の公園化と博物館の広域化及びそのまちづくりにおける意義」『長岡技術科学大学研究報告』第一九号
(6) 山本哲也二〇〇六「風土記の丘と博物館」青木豊編『史跡整備と博物館』雄山閣　一四六頁
(7) 小笠原好彦二〇〇八「風土記の丘構想を再考する」『明日への文化財』六〇号　文化財保存全国協議会　三〜一四頁
(8) 仲野浩二〇一〇『国史大辞典』ジャパンナレッジ版　吉川弘文館、浅香幸雄二〇〇八『日本大百科全書（ニッポニカ）』小学館、内川隆志二〇一一『博物館学事典』雄山閣、小笠原好彦二〇〇六『新版遺跡保存の事典』平凡社　他に安原啓示が示す主な文献だけでも次のようなものがある。一九六八「史跡等の「環境整備」についてⅠ「風土記の丘」構想Ⅰ」『日本歴史』二四三号、一九六九「風土記の丘計画の現状」『月刊文化財』七四号、一九七〇「風土記の丘計画の再検討」『日本歴史』二六三号、一九七三「風土記の丘あれこれ」『自然と文化』一二号　特集風土記の丘、一九七九「風土記の丘」『文化財保護の実務』児玉幸多　仲野浩　柏書房

（9）宮崎県教育委員会一九八四『特別史跡西都原古墳群＝西都原風土記の丘＝』
（10）文化庁二〇〇五『史跡等整備のてびき』―総説編・資料編　同成社　一三一～一三三頁
（11）松田陽・岡田勝行二〇一二『入門パブリック・アーケオロジー』同成社
（12）安原啓示一九六八「史跡等の「環境整備」について―「風土記の丘」構想―」『日本歴史』二四三号
（13）安原啓示一九八六「遺跡整備の理念と動向」坪井清足『図説　発掘が語る日本史』新人物往来社　一六二頁
（14）全国史跡整備市町村協議会一九八五『全史協二〇年のあゆみ　―昭和四一年～昭和六〇年―』洛思社
（15）安原啓示一九六八「史跡等の「環境整備」について―「風土記の丘」構想―」『日本歴史』二四三号
（16）鈴木重治一九七六「風土記の丘」『ジェネリスト　増刊総合特集　開発と保全』四
（17）文化庁二〇〇五『史跡等整備のてびき』―総説編・資料編　同成社　一二六頁
（18）安原啓示一九七九「風土記の丘」『文化財保護の実務』柏書房
（19）小笠原好彦二〇〇八「風土記の丘構想を再考する」『明日への文化財』六〇号文化財保存全国協議会　七頁
（20）同右　一〇頁
（21）橋本澄郎一九八四「特集しもつけ風土記の丘」『教育とちぎ』三五巻一二号　栃木県教育委員会
（22）全国史跡整備市町村協議会一九八五『全史協二〇年のあゆみ　―昭和四一年～昭和六〇年―』洛思社
（23）山本哲也二〇〇六「風土記の丘と博物館」青木豊編『史跡整備と博物館』雄山閣　一四六頁
（24）北郷泰道二〇〇五『西都原古墳群』同成社　一七一頁
（25）根木昭・岸本雅敏一九九七「遺跡の公園化と博物館の広域化及びそのまちづくりにおける意義」『長岡技術科学大学研究報告』第一九号
（26）松田陽・岡田勝行二〇一二『入門パブリック・アーケオロジー』同成社
（27）高山英華一九六七「座談会「史跡」の保存をめぐって（下）」『日本歴史』二二八号

第六章　語り継ぎの具体から野外博物館への展開とテーマ

本章では、埋没した鎌原村の現在の鎌原地区、甲波宿祢神社をはじめ村の広い範囲が埋まり吾妻川下流域の中では特に大きな被害がでている旧川嶋村である渋川市川島地区を取り上げて、浅間災害語り継ぎの具体として、地域を訪れた時に「天明三年」を想起させることができる地点や情報を取り上げる。野外展示的な具現化の可能性を見い出していくとき、フィールド・ミュージアムやサテライトとして、天明三年にかかわる足跡がたどれる場所と把握し、発展させていくことを目標としていきたい。あわせて、同じ火山災害という災禍により地上から姿を消し、再びよみがえり、世界中の人々に注目されている南イタリアのポンペイ遺跡の具体例についても概観していく。

また、それら浅間災害に関連した地点情報は、歴史災害における「震災遺構」と見なすこともできる。今日的な視点で展開されているいくつかの活動例を関連させて概観し、天明三年浅間災害の語り継ぐ展開に資するものとしたい。地元学でいう「この土地を生きた人びとの声に耳を傾ける」時の断面を問い直す取り組みとして、天明三年浅間災害を改めてみていくことができるよう史跡整備や風土構想としての可能性を模索していく土台と考えていきたい。

第一節　鎌原村――埋没した土砂の上に子孫の生活が続けられているムラ――

(1) 埋没した鎌原村と今の鎌原

鎌原村は、吾妻川右岸、支流の高羽根沢川・小熊沢川によって仕切られた両流域の台地に位置している。浅間山の北麓、火口から直線で一二㎞ほどに位置し、標高は九〇〇mに近い高冷地にある。そのため、作付けは多毛作には不向きで、山

【図1】鎌原観音堂から石段下を望む
（石段下が発掘調査のおこなわれた地点）

稼ぎなどで補っていたとされている。また、天明三年の流死した馬の頭数一覧を見るとその数が思いの外、多いことに着目でき、このことから馬の飼育や馬を使った荷駄により生計が保たれていたと考えられている。室町時代に形成された集落といわれ、近世の鎌原村は、中山道の沓掛宿と草津温泉を結ぶ三原通りの街道の要所ともなっていた。支配は天領で、人口五九七人の村は、この災害による死亡率が八割に及ぼうとする四七七人、家屋九三軒すべてを流失、馬は二〇〇頭のうち一六五頭が死んだ。村高の荒地高は九〇%にも及んでいる。

突然襲った岩屑なだれは、一瞬にしてこの村を人馬・家畑ともに押し流し、埋めつくした。この時、村の高台にあった観音堂とここに居た人だけが生き残った。「天めいの生死をわけた十五段」[1]の句は、この記憶を込め刻まれた句碑で、観音堂の石段脇に手向けられている。

四～五mの土砂に埋まった当時の鎌原村の上に再建された現在の鎌原区を遠望すると、一五段の石段が残され東を向く観音堂と、対をなすかのように西を向いて間の集落を見守る鎌原神社の杜がある。鎌原神社は、現在の街並みとは高低差がほとんどないが、観音堂と同様に堆積した土砂の襲来から免れた場所である。集落内には、災害後の天明八年に建てられた郷倉も建っている。鎌原は「世界でただ一つ、噴火で発生した土砂に埋まりながら、その生活が守り続けられているムラ」なのである。

発掘調査を契機に建設された嬬恋郷土資料館は、鎌原観音堂参拝の動線ともうまく調和した高台にあり、発掘調査で出土した遺物や関連する展示がおこなわれていて、浅間山を展望することができる展望台を備えている。

（2）鎌原観音堂の現在

現在、厄除け観音として信仰されている鎌原観音堂は、哀話の舞台でもあり、村再建のはじまりを見守り、被災した村人が導かれた先祖の思いが込められた場所である。そして、そこは今「先祖が助けられた観音堂は自分たちが守る」という総意に基づいた観音堂奉仕会の活動の場にもなっている。歴史的な惨事の発生した地域で、語り継ぎの組織がなされ、地域の活動として先祖を敬い語り継ぎが展開される場所となっている。連日訪れる参拝者に対して、奉仕会の会員の手により、鎌原村の被害と先祖の再興についての談話と湯茶漬物による接待が施されている。

「鎌原観音堂奉仕会」の活動は、参拝者と先祖の復興のよりどころとなった観音堂という空間の取次をしているかのような存在であり、災害伝承の語り継ぎの大きな任を負っている。このことはすでに述べてきたとおりであるが、参拝者が一段ずつ踏みしめながら観音堂にむかう石段は「あの時」の記憶を刻んでいた証人、地表に残された一五段の石段である。年々摩滅が進行している様は、参拝者がどれだけの数に及んだかを伝え、災禍の犠牲者に人々が手を合わせ、今日の幸福に感謝する真心の重なりを伝えている。天明三年の哀話と緑よみがえる現在のこの地の復興の歩みを重ね合わせられる場所なのである。

（3）復興の過程

「復興」とは、災害をテーマとするときに、象徴的な意味合いをもつ。しかし、この言葉の明確な判断基準を見つけることは難しく、市民目線で見たときに、震災を匂わす亀裂の入った建物や道路が撤去修繕された時であったり、仮設住宅が撤去され新しい建物や道路などを含めた景色が生活に溶け込んだ頃であったり、仮設住宅の撤去が復興の区切りと感じられるなどの意見がある。もちろん、災害で大きな痛手を負った人にとっては、さらにそれまでの期間は長大なものともされる。

「世界でただ一つ、噴火で発生した土砂に埋まりながら、その生活が続けられているムラ」と表現できる鎌原村は、特別な復興の形態がとられた。それは、先祖や家族が眠る土砂の上に、時間を置かず再び新たな村を築いたという点、そして、命拾いをした村人たちは家族の契りを結んだ後、家族の再生がなされたという点である。八割の村人を失ってバラバラになってしまった鎌原村がどう再生されたかは、『耳袋』に記された「まことに、興味深いかたち」のことで、起源は村が埋もれてから三ヶ月後の一〇月二四日、仮普請の家に縁組された再婚者同志の七組の花嫁花婿が並んだ集団結婚式によるものだったといえる。このことが、今日の地縁や結びつきの強い鎌原区住民の礎となった。そして、いずれも再婚組で、妻を失った夫、夫を失った妻同士という、およそ災害時に例を見ない結婚式であった。住居の再建は平等の原則で貫かれていた。災害に見舞われ、逃散した村人が三ヶ月後に、地下に家族や先祖が眠る同じ場所に村を再建するという、類例のないスタイルにより、災害から立ち上がるスタートが切られたのである。

鎌原村を復興に導いた人たちを記述しているのは、『耳袋』の「浅間山焼けの条」で「鎌原村異変の節奇特の取計らい致し候者の事」(2)に詳しい。鎌原村では、被災直後には、近隣の有力者から食料や住居などの援助を受けて当座を凌いだ。そして、幕府の多額を投じた御救普請によって、耕地の再開発・道橋の普請などの本格的なインフラの復旧整備が進められた。御救普請自体も、実際に現地で普請を請け負った黒岩長左衛門らであったように、地元の有力者と連携しつつ復興は進められた(3)。そして、被災後の耕地の再配分については、まず被害を免れた田畑が生存者に均等配分され、その後の御救普請でも各人に均等の土地分配が割り当てられ、再開発が進められた。さらに、耕地の再配分は一貫して幕府の意を受けた近隣の有力百姓の世話で進められている(4)。このことは、隣村で耕地の九割以上が荒れ地となる鎌原村に劣らぬ甚大な被害を受けた芦生田村で、耕作地と荒れ地ともに被災前の所有関係が存続していた点と大きく異なっている。その後、芦生田村では、再開発の土地は均等配分に転換している(5)。

不確かながらも、壊滅から、避難・家族の再生・村の再興を遂げた鎌原村の人たちの気持ちの奥底にあるものを考えてみたい。あたかもそこには、東日本大震災から再興した福島県いわき市のスパリゾートハワイアンズのいわゆる「一山一家」の意識と共通するもの[6]があるように見受けられる。災害に見舞われたとき、苦労を団結で潜り抜けなければならないとき、なお厳しい日常に直面する、そんなときに人の気持ちは同じ方向を向き、絆を生む。その時、そこに卓越した知恵を捻り出すリーダーや経営者がいて、その方向性が、復興の後押しをより確かなものにしてきたことは記憶されなくてはならない。そして、このことを私たちは、歴史の文脈の中から学び出さなくてはならないのである。鎌原村の「世界でただ一つ、噴火で発生した土砂に埋まりながら、その生活が続けられているムラ」として、復興の歴史と語り継ぎからこのことを学べるはずである。

（4）「天めいの生死をわけた十五段」―石段脇の句碑―

「観音堂に残る十五段の石段が、再生鎌原村の村民と、地下に眠る悲運な祖先とを結ぶ唯一の通路と考えられるようになっていった[7]」と記述されているように、この石段の存在意義は、天明の災禍と復興を語り継ぐ上で、大きい存在感がある。

【図2】「天めいの生死をわけた十五段」句碑
（観音堂石段脇）

石段脇に「天めいの生死をわけた十五段」の句碑（標柱）が建っている。この記念句碑は、現鎌原家当主の先代鎌原忠司により建立されたものである[8]。氏は、代々続く村の当主たる鎌原家の歴代の中でも、近現代の天明三年浅間災害の語り継ぎを目の辺りにしてきた人物であり、地域の教育文化に助力した人物でもある。

この石段の下には、二三五段の石段とともに二三〇余年前の先祖の暮らしが眠っているのである。さらに、観音堂の境内や周辺には、供養塔や記念碑、句碑、馬頭観音などの石造物が語り継ぎの歴史を永遠に刻もうとしている。「別當延命寺」を刻んだ標石が流された後に吾妻川で見つかり、その後鎌原区に戻ってきたエピソードが存在する。その実物は現在、観音堂境内の一画に佇んでいる。

鎌原地区には、このように当時を今に伝える遺構などが、数多く残されている。これら「天明三年」を鍵として、地域全体を保存・公開し見渡すことのできる構想を進展させることを探し求めていきたい。

(5)「嬬恋村風土博物館」の構想

群馬県嬬恋村では「中核施設としての鎌原地区の整備」を目指す「嬬恋村風土博物館の基本構想」が、平成七年度に示されている。[9]すでに、基本構想の報告書が出されてから二〇年近くが経過してはいるが、六年次にわたる構想計画が示された報告書の方針に沿うような展開の具現化は途上にあるようである。ここには、多くの示唆を含んでおり、以下に概観しておく。

まず前提として、嬬恋村では、一九九一年に「嬬恋村総合計画」が策定されていて、その中で、「鎌原地区の史跡公園化を中心として、嬬恋村全域の文化財の保存と計画」を図り、その柱には、嬬恋村の生活環境として在るべき発展の姿を探求し、村民自身が育成する整備構想とし、「文化遺産・自然環境・産業等を一体的に連携して、公開する住民参加型の組織構造」を望まれる姿とした。その上で、具現化するために「風土博物館」の理念を有効としている。その先駆は、エコミュージアムとし、従来の野外博物館とは「住民自身が企画者であり、研究者であり、運営者であり、観察者である点で大きく異なる」と明記し、「エコミュージアムが現在をテーマとするのに対して、…風土に係わる歴史的環境を主体」とする。つまり、エコミュージアムの構想の中に「埋没村落「鎌原村」の文化的特性」をはじめとする歴史的な背景を顕在化し、地域の特性として引き出そうとすることを主眼としている。

全体計画としては、①鎌原地区の街並保存と修景、②史跡・文化財間の史跡公園としての連結整備、③総合案内施設として資料館やガイダンス施設としてその周辺の整備などが必要とされている。

鎌原地区は、天明三年の浅間山噴火によって、全域が埋没し、その場所に再建された村落という、全国的に見ても特異な歴史をもっている。そのために、当時を今に伝える遺構などが、すでに述べたように地区内には数多く残されている。度重なる報告の中にも、南北を貫く街道に展開する宿場としての民家・鎌原神社・鎌原観音堂と残された一五段の石段・埋没した延命寺跡や十日ノ窪・嬬恋郷土資料館・嬬恋村創作実習館・食堂売店などがあげられている。資料館や観音堂を中心として文化財や観光資源が数多く存在し、重要な位置を占めてはいるが、鎌原地区全体の整備はなされておらず「嬬恋風土博物館」の一拠点、また中核施設としての役割を担うには不十分としている。

さて、この構想の中で、真っ先に着目できることは、埋没村落整備構想で、鎌原観音堂境内に地下空間を設置し、人工地盤をつくり、地下の石段や当時の地表を露出させるなどの提案がなされている。

延命寺跡には、街道沿い集落の短冊状の区割りの民家脇に遊歩道の整備を実施し、延命寺の本堂・庫裏・納屋などの埋没状況を明らかにし、被災状況を当時の姿で展示することを提案する。さらに、十日ノ窪は体験発掘の場とするなどして、未発掘部分の調査を実施し、観音堂への動線を確保することを提案している。さらに、仮設覆屋を設けることや発掘調査終了後の遺構保護層の盛土を確保し、埋没民家の復元展示などを提案している。

【図3】観音堂付近案内図（周辺案内看板より）

　このようなアウトラインが「嬬恋村風土博物館の基本構想」のなかに唱えられているが、発掘調査を実施し整備に向けた具体的な動きはまだ見られない。しかし、これらを参考にした、郷土資料館運営や友の会・ボランティアガイドといった活動指針の中に少しずつ取り入れられている実態がある。構想の中で、天明三年遺構や関連する事物は大きくかかわりをもっている。今後、語り継ぎの具体の中で、連関が計られて整備が展開されていくことが望まれる。

（6）嬬恋郷土資料館ボランティアガイド（嬬恋郷土資料館友の会ガイド部会）

「埋没した鎌原村からの出土品の展示や火山災害と当時の生活、災害から生き残った九三人が新しい家族をつくり村を復興させていく様子を語る」とする嬬恋郷土資料館ボランティアガイドの活動を見ていこう。

資料館内、鎌原観音堂を順路とし、無料のボランティアガイドツアーが準備される。予約に応じて鎌原区の集落内を巡る所要時間六〇分程度のガイドツアーである。主な順路としては、観音堂以降、鎌原神社や郷倉[10]がある。途中、村内に残された延命寺門石の欠損部分を道標に転用した道標[11]など、鎌原区の街並みを歩きながら、当時の被害や鎌原村の復興についてガイドをうけることができる。延命寺跡の発掘調査現場から資料館に向かう高台沿いの小径は、鎌原村を埋没させた土砂堆積の到達範囲でもある。

平成二一年に郷土資料館ボランティアガイドが結成され、約一〇名がガイドとして活動している。ボランティア養成講座などを企画しながら、ガイド向上に努めている。ガイドを聞いた来訪者の声がまとめられている。

それまでは、来館者も、「以前来たことはあるが、説明板などほとんど読まず、昔浅間山が大噴火したようだという程度のことしかわかりませんでした」という人がほとんどでした。ところが、初めてガイドの解説を聞き、「この村は、大変な歴史を背負ってきたのだなと思うようになりました」とか、「自分が持っていた疑問、例えば鎌原村を襲ったのは、火砕流ではなく、じつは土石流であったなど、直接質問ができて理解が進みました」というような人たちが次第に増えていきました。そして、日本があの三・一一東日本大震災と巨大津波を経験して、最近では、「鎌原の人々やボランティアガイドの方々があの悲惨な火山災害の歴史を今も語り継いでいることにとても感動しました」と称賛するとともに、「それが〝防災〟ということにつながるのであれば、皆さんの使命は非常に大きい」と、観音堂奉仕会をも含めて、資料館ボランティアガイドの今後の活動に大きな期待感を寄せる人もいます。[12]

友の会・ボランティアガイド養成講座において感じられることは、ボランティアの精神に加え、ガイドメンバー自身の知的好奇心を源とするところが大きい。メンバーの中には、地元鎌原区在住者で、哀話の主人公と縁豊かな鎌原村再生に力を尽くしてきた人たちを先祖にもつメンバー、さらに村外から転居してきて資料館の活動や語り継ぎ活動に触れ、その延長でメンバーとして活躍している人もいる。それぞれの出発点が異なっていても、縁を感じ関係する情報を共有し、来館者に伝えていく活動に熱心に取り組んでいる姿には、また新たな語り継ぎのスタイルを感じることができる。来訪者に、また来たいと思わせるようなホスピタリティーやバランスをもった取り組みを目指したボランティアガイドの活動である。知的好奇心に応えられる情報や体験の場を提供し、メンバーである自分たちと来訪者との両面の満足度を高めようと努めているところに継続性や「学習の場」としての機会が生まれてくる活動だと考えられる。

【図4】（右）ボランティアガイドの活動
（左）案内パンフレット（嬬恋郷土資料館 HP）

資料館での活動は、それまで発掘調査に携わった松島榮治名誉館長が中心となり多くの学術成果を取りまとめるという博物館活動のスタイルをとってきた。その蓄積された成果は、友の会ガイド部会の活躍という成果につながり、平成二五年度には、開館三〇周年を迎えている。平成二六年には、新たに学芸員が村職員として採用され、新たな資料館活動に期待がかかっている。

人々がどう噴火とかかわり復興を歩んできたのかを扱う火山系博物館はあまり例がない。ややもすれば、展示は火山についての自然科学的なものに集中してしまう傾向があるが、地域住民を中心とする人たちが計画的に参画することで「地域やコミュニティの維持・再生をも射程に入れた意義深い博物館展示の実現」[13]の例をこの活動は示しているものともいえる。地域住民と来訪者の接触の場として役割の機能を果たしている好例といえる。

（7）寄贈のポンペイの人型

【図5】ポンペイの人型引き渡し式典
（2011年7月25日　嬬恋郷土資料館）

平成二三（二〇一一）年七月二五日、イタリア・ポンペイ遺跡で発掘された噴火犠牲者の人型の引き渡し式が行われ、嬬恋郷土資料館において常設展示が始まった。この寄贈された人型は、平成一四（二〇〇二）年に京都の古代学協会（当時）の調査隊により現地で発見され、石膏で型取りしたものをさらに複製して展示用に製作したもので、日本テレビ放送網（株）主催の国内五ヶ所で開催された「ポンペイ展」の展示品であった。会期終了後、「貴重な歴史資料として有効活用してほしい」との願いから、同社が嬬恋村に寄贈したものである。同資料館で開かれた記念式典で熊川栄嬬恋村長は、「日本は世界有数の火山地帯。村民の安全・安心を守るための〝教材〟として役立てたい」と感謝の言葉を述べ、イタリア大使館のコッラード・モルテーニ芸術・文化担当官は、「寄贈された人型が、嬬恋とイタリアの交流の懸け橋となることを強く期待する」と祝福した。

かつて、イタリア文化財省ポンペイ遺跡総監督官らが昭和五八（一九八三）年に鎌原観音堂を訪れたのをきっかけに、村は「日本のポンペイ」として広報活動を始めている。火山災害の過去を経験した自治体として交流が深まるように、との願いがある。火山災害における遺跡つながりとして、災害の語り継ぎが人々に語りかけることができる展示物として、同館での活用が望まれるところである。

平成一四（二〇〇二）年一一月、古代学協会の調査チームはイタリア政府の許可を得てポンペイの城壁外で発掘調査を実施し、地表下七・五ｍでポンペイ中を埋め尽くしていた軽石の層と火砕流サージとの境界付近で二人の遺体を発見した。一体の足首には鉄製の足枷《あしかせ》が付いたということでイタリア国内でも注目された。資料館で常設展示されるようになったのは、他方の遺体模型である。これまでの調査日誌を調べると、この遺体はポンペイ遺跡で発見された一〇四六体目に該当するという。火山災害を介した両地域の繋がりのシンボルとして館に展示され、今後多くの人達の目に触れ、火山災害と遺跡の理解に資するための展示物となるものであろう。

（8）火山災害遺跡と語り継ぎの接点

打ちのめされそうになる貧しさと困窮の中、仏のみが頼りとなるという生活観の中で、念仏や和讃は人々の生活により深く根ざしたものになって語り継がれたきた。鎌原村で現在も続けられている浅間山噴火和讃は、現在も脈々と語り継がれている。和讃には、噴火の日付を追った経過・被害の実状・被害時の悲しみ・再生鎌原村と受難者の供養などが詠み込まれている。この和讃が成立したのは、明治初年頃と伝えられていることからすると、鎌原の人々が、心の安住をもって祖先を弔う気持ちを行為や形に変えられるようになったのは、この時期と考えられる。各地に残される災害の爪痕、あるいは、今日語り継がれる記憶は、伝統芸能の中にも脈々と残されている。

復興に際してシンボルの存在があると、復興を進めようとする力がそこに集結するという現象が起こる。被害の中にいる人々がシンボルを目指し、さらに外からの人々が目指すようになる。人々がアイデアを生み出し、自分たちの地域や歴史を呼び起こす資源として、それらを大切にしようとする気持ちや具体化が「復興」の証の一つといえる。ここ鎌原の地に残され語りがれる遺構や遺物、文化といった多くの風土にそれらを感じ取ることができる。火山とつき合いながら人々の歴史や文化が形成されてきたのである。一方、

過去の記憶のなかでは、つらい被災体験も多いであろうが、あえてそれを記録することで、その地域が自然災害

とどのように向きあってきたのかということを、地域の知恵として後世に伝えていくことが可能となる。さらに命を落とした犠牲者がいた場合、その犠牲者の死がけっして無駄なものではなく、地域に大きな教訓を授けるための意義深い死であったことが地域の記憶として継承されていくことも大切であろう。これは犠牲者の鎮魂と残された者の魂の平穏に資する。実は火山とこのようなつき合い方ができる社会集団は日本人ぐらいであり、日本こそがこういった人文社会科学的要素を含んだジオパーク構想を牽引していくべきである(14)。

といった意見もある。

鎌原村での「再建のための平等の原則」は、身分の差を取り払う再婚に始まる村の再編成、さらに、その後の屋敷地割にも映し出されている。用水の流れの両側の道路端から、戸あたり一〇間の間口で後方の山手までという地割の手段がとられている。自分の村から離れることができない時代背景のみではなく、悲劇の舞台となったとはいえ、先祖を敬いつつ愛郷心につらぬかれた人々の社会であったことがこの村には色濃く反映されていたからこそ、復興へと導かれたはずである。困難に出会したときの相互扶助の精神は隣村や、ときに為政者の側からも向けられていた。時々に復興資金を準備し、避難時に急場を凌ぐ為にあてがわれたり、罹災民の労働力と引き替えに給付できる救済のシステムがとられたりしていた。いわば、救済目的の復旧工事である。

近隣の篤農家や素封家といった分限者達は、途方に暮れた避難民に対して、一日に五〇人や六〇人もの人たちに炊き出しを行い、今風にいえば、新たに温泉宿を営業して復興対策事業を展開しようとする更なる動きさえもあった。そういった、分限者は、自分の財産を傾けてまで力強い援助の手をさしのべてきたのである。このような、火山災害と復興の歴史を背景にもち、今日私たちが訪れることが出来る場所が、鎌原の地である。

また、そういった村々は、鎌原村だけではなかったはずである。同じように、復興の歴史を背景に、数々の災害の記憶としての遺構や地点情報を残している場所としてあげられるのが川嶋村である。鎌原村からは四五kmほど下流の地点で、関東平野がはじまろうとする吾妻川の流れが緩やかな勾配にさしかかる現渋川市域に、川嶋村は所在した。村では、下流域で突出した犠牲者数を出すも、流されて助命して帰村したという人たちも相当数でているなど、歴史災害における特異な地点情報のある場所としても着目できる場所にある。被災直前の区有の絵図も残されていて、被災当時の村を読み取ることが出来るなどの復元の条件もそろっている。また、行政発掘も近隣で行われている。次に、鎌原村の例と比較しながら、この場所の姿を見ていく。

第二節　川嶋村 ― 絵図に描き残され地中に眠るムラ ―

(1) 川嶋村

現在の群馬県渋川市の北西部に位置した川嶋村では、甲波宿祢神社をはじめ村の広い範囲が天明泥流に埋まり、吾妻川下流域の中では特に大きな被害がでている。この理由は、村が吾妻川に面し、河床との比高が小さい段丘上に立地していたためと考えられる。また、吾妻川の河床勾配は付近から緩くなりはじめ、山間地から関東平野へと切り替わる変換地点でもある。この付近では、天明泥流の流れは減速し、停留あるいは、それまでの流れとは異なる状況を呈したと考えられる。

川嶋村では、北群馬・渋川地域で最も被害が甚大であり、上流域の鎌原村（四七七人）、芦生田村（一三六人）、小宿村（一四三人）、長野原町（二〇〇人）に継いで、一一三人もの犠牲者を出している。[15] 石高六八六石中、五八〇石の泥入、流死一一三人、一二五軒の流失と四軒潰れ、土蔵一二軒の被害が、疋間村佐鳥唯法写『浅間山焼泥押記』に記されている。また、根岸九郎左衛門宛の「願上」では、無難の百姓四〇軒余りに夫食種代の拝借を願い、鎮守の宿祢大明神、天台宗福性寺が

【図6】川嶋村周辺の地形（東下流側から）

流失し、寺僧は流死したことなどが伝えられている。[16]

泥流の厚さも二〜三尺から一丈二〜三尺にも及んだといい、このため川瀬の形が悪く変わってしまい、川敷きが高くなり、このままだと川の方が耕作地や屋敷よりも高くなり、水上がりの心配も出てくる。このため高台の場所へ移りたく、そうすると今度は水が得られにくくなってしまうので、用水の御普請を嘆願している。吾妻川に沿った各村の中で、村再建に先立ち幕府に用水普請を願い出ているのはこの村だけという。[17]このような、地形的な制約から派生した被害やその後の復興についての伝承が残されている地域でもある。さらに、史料による被害に際して、特記すべき出来事を抜き出すことができる。

（2）流され助かった人々

根岸九郎左衛門の現地派遣の見分記録で復命書ともいえる『浅間焼に付見分覚書』[18]の記述によると、天明泥流に流されて助命した者で、吾妻川右岸の川嶋村で一九名、対岸の北牧村で六名の計二五名が一覧[19]されている。

さらにそれ以外の史料からも、同様に命拾いをした川嶋村の人にかかわる記事を抜き出すと、「（川嶋村）喜平次ハ川原嶋村へ流助カリ帰ル」（『天明浅間山焼見聞覚書』[20]）、「川島の者弐人行徳迄流助命して罷帰り候よし。」（『浅間山大焼変水巳後日記』[21]、「西上州川嶋村と申所は右大変の泥に押流され、木に乗候哉命を保、那波郡柴宿迄流て此所ニ上ケられ命無事にて古郷江帰る事有、珍敷事ニ御座候。」（『浅間山焼覚』[22]）、「川嶋村新八と申者流家。新八ハ三り斗り流レ半田ニて上り無難ニて帰り…。」（『浅間記』[23]）というように、泥流に流され、さながら地獄を垣間見て生還した人達の記録を目にすることができる。下流で引き上げられ命拾いをした川嶋村の村人は少なくとも『浅間焼に付見分覚書』記載の一九人の外にも四人以上が確認でき、二三人以上にのぼることになる。少々信じがたいことでもあるが、行徳（千葉県）まで一五〇km以上も流され、帰郷できたという奇跡的な情報も含まれている。

このように、天明泥流に巻き込まれても助命するといった記述、川嶋村の村人が助かったというたくさんの記事は、村の大半が埋まってしまうほどの被害で、遭遇した人数が多かったことだけが理由ではなく、前述のように河床勾配や河道が急に広がっていること、対岸の現渋川市小野子の急崖となる地形的な変化などによる流れの形勢なども要因になったと考えられる。この場所は、標高二三〇ｍほどで、関東平野が開けはじめる地形の変換点でもあり、河床勾配が緩くなる地点である。

語り継ぎの視点から、二三人以上もの村人が流され命拾いをした出来事を見直すと、史料からの抜き出しにより確認できることではあるものの、残念ながら現在地元での伝承として、耳にすることはできない内容でもある。地形や流下過程で条件が重なり、幸いにも多くの人達が命拾いできたという稀な事実は、こうやって、史料研究の中で着目されることに派生し、新たに語り継がれていくことにも発展していくことにもなるであろう。この場所は、災害の流下メカニズムを考える上でも気に留めておくべき地点情報でもあり、語り伝えられていくべき内容を含んでいる。

なお、同じような出来事は、この外にも、ここより下流域の北牧村や渋川の中村などでも記録されている。また、『浅間焼に付見分覚書』には、八kmほど下流の半田村の記載に「百姓藤兵衛家村中ニ有之候処、丈夫成家作二階附ニて流留り、二階下迄泥埋ニ相成、右家ニて男女六拾人余、馬三疋二階の中ニて相助候由村役人共申之候」とあり、堅牢な造りの二階建て家屋で人馬が身を寄せて助かった出来事が記されている。このような場所と状況による偶然で、流れ着いた人たちは助け出される幸運にめぐり遇うことができたのである。

助かったことは、吾妻川と利根川との合流点以降で記録されている。それは、関東平野のはじまる位置と重なる。

山間地から平野にさしかかるといった河床勾配や地形的な要因、あるいは、二つの河川が落ち合うといった要因でこのような現象につながったのかもしれない。特異な現象とも受け取られるが、地形的な捉えとして流下現象を受けとめる出来事といえる。これより上流域で同様な事例は記録に見られない。したがって、災害現象の視点からも、天明泥流の流下状況をたどる上でも川嶋村付近は要の地点ということもできる。

（3）見つかった甲波宿祢神社跡と守り継がれる甲波宿祢神社の元社

この災害で押し流されたと伝えられ、元社《もとやしろ》を示す碑が祀られている甲波宿祢神社跡が、発掘調査で再び地表に姿を見せたのは、平成九（一九九七）年のことである。二m下の発掘された石敷きの基壇上には、建物の痕跡は全く残されておらず、天明泥流により完全に押し流されてしまっていた。(24) 明和元（一七六四）年に描かれた『川嶋村絵図』（川島区有文書　甲波宿祢神社所蔵）で見ると、西から観音堂、宿祢神社・諏訪明神の社が木立に囲まれて並んでいて、その周囲には畑が営まれている。川嶋村の鎮守の杜の姿であった。

同社は、上野国の古社十二社のうちの四ノ宮にあてられる神社で、宝亀二（七七一）年創立と伝えられ、「延喜式」にも記載されている。天明の災害直後に川嶋村から大見分根岸九郎左衛門に提出された「願上」（川島・飯塚永吉家文書）に、「鎮守宿禰大明神社流失仕候処、是又地高之場所ニ引移候様ニ奉願上候」とあり、また、明治一三年の『神社明細原簿』（群馬県立文書館所蔵）には、由緒中に「天明三年壬卯年浅間山焼崩之時社殿悉皆流失シ、旧記滅亡、由緒亦勧請年月不詳、天明五甲巳年九月十九日再建」と記され、現在地の南大塚に再建されたことを記している。

神社が再建された翌天明六年五月十三日、この地を訪れた奈佐勝皐が、『山吹日記』に、災害後の神社について記していて、御神体は、江戸川沿い下総国（千葉県）の真間まで流され、その後同社に戻されたことなどが伝えている。また、現在の甲波宿祢神社の「もとやしろ」として祀られる壇上には二基の石碑が建っており「甲波宿祢大神」と刻

【図7】(右)発掘調査された甲波宿祢神社跡。／(左)その北寄りに「元社」を祀る石碑が建つ。

み、被害を目の辺りにした当時の人達が信仰を集めた神社を語り継ごうとして建立したものであろう。現在、同社を司る、宮本廣樹宮司によれば、同碑は「氏子さんたちの手で守り伝えられてきている」といい、七五三縄が飾られるなど、地元地域でなおも元社の存在が守り継がれている。このことは、災害の伝承とともに先祖の信仰心をも守り継ぐ行為として、天明三年浅間災害の語り継ぎをみていく中で注目すべきであろう。

昭和四七年指定の市指定無形文化財で甲波宿祢神社に古くから奉納されてきた獅子舞「川島の獅子舞」は、天明三年の災禍に遭い、一端は中断するが、天保年間頃には再興され、以来、代々氏子の長男に受けつがれてきている。甲波宿祢神社境内にある諏訪神社の例祭に奉納されているもので、保存会の手により、毎年一〇月九日甲波宿祢神社の祭典にあわせ両社に奉納されている。[25] 中断され、再開された伝統芸能は、高台に再建された境内で奉納される。ここにも、天明三年浅間災害の災禍に遭っても、地域伝統が守り語り継がれている事実を確認できる。

三年近く同社を守ってきた氏子総代は、この再建を「昔の人が苦労して再建した。その思いを考えると腐らせるなんてとんでもない」とお札を売るなどの維持管理費の捻出をはじめ神社の再建と地域の伝統の語り継ぎにつとめていると報じられている。[26]

（４）金島の浅間石と周辺の浅間石の存在

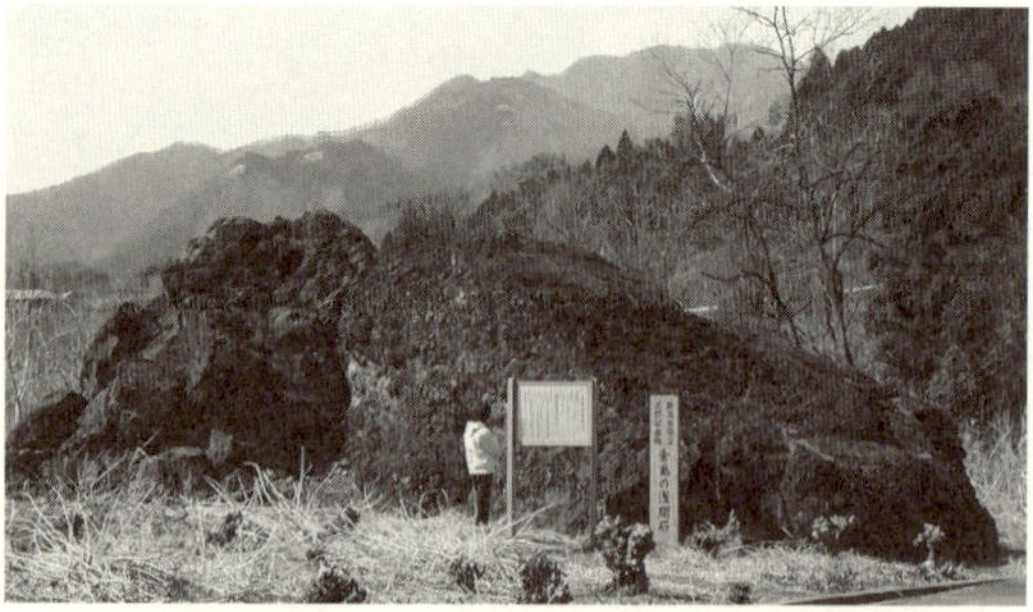

【図８】「火石」の一つと考えられる
群馬県指定天然記念物「金島の浅間石」

渋川市川島にある「金島の浅間石」は、天明泥流で運ばれてきた総称浅間石とされる巨大な岩塊や溶岩の一つと考えられる。古文書でも「火石」と呼び、高温の状態を保っていたことが見分され「少々之沢水出候川筋えは余程高キ所迄も火石走り込、…水気有之所えは、水火相激候て走候儀と存候由、老人共何れの村々ニても申之。」（『浅間山焼に付見分覚書[27]』というように、水が届いたところにはかなり高い位置まで、水面を浮上するホバークラフトのように泥流中を水煙を上げながら浮上して流れてきたものと考えられる。『浅間山焼に付見分覚書[28]』により、

　群馬郡中島村川原江押揚候火石は、高さ二丈余、長九間、横八間に而當時三つに割れ有之候、尤右躰之大石、浅間山ヨリ右辺迄は、川丈三拾里と申に而、其外之大石迚も、右躰川下迄参候と申儀、疑敷程之儀に御座候得共、此度見分仕候處…

と火石について記述されている。群馬県指定天然記念物として昭和二七年指定され、渋川市川島五九六番地に残されている「金島の浅間石」（高さ四四m、東西一五・七五m、南北一〇m、周囲四三・二m）の観察により、記述されたこの類の「火石」の規模や形状をイメージすることができる。天明三年浅間災害を伝える自然事物由来の本質岩塊なのである。

泥流とともに移動してきた浅間石が付近の農耕地内で、川砂利採石にともない破壊され、また、庭石として持ち去られていることを知り、現存する浅間石すべての産状を記録しておくことが、重要であることを痛感し、一九九七年

調査を開始したという中村庄八[29]によれば、この周辺には「金島の浅間石」を含め、一二個が調査されている。天明の泥流でもたらされた岩塊を浅間石と呼び「渋川市中村から、吾妻川を遡り、吾妻町の吾妻渓谷手前まで」の範囲で二四の浅間石の位置図・産状・平面図・側面図等を集約している。その中で「金島の浅間石」は飛び抜けて大きい。「災害を伝える証人」ともいうべき自然物も、多くが失われつつあるのも今日的な課題であるが、これらの浅間石が点在していることは、埋もれた村の被害と天明泥流の猛威を語り継ぐには充分な記念物といえる。

（5）柴原観音や福性寺廃寺跡

上越新幹線が吾妻川を渡る橋脚の下部付近に建つ観音堂は、文化二（一八〇五）年に再建されたもので、棟札には「奉建立大悲閣一宇」「文化二乙丑年四月吉辰」と記されているが、施主名はカンナで削り取られてしまっているという。この建物は、正面に唐破風の向拝をもつ寄棟造りで柱は円柱とし、軒は二軒疎棰《ふたのきばらたるき》という荘厳な造りである。昭和五〇年には、新幹線工事で南西に三〇m程移転し、この時茅葺き屋根を銅板瓦棒葺に改修したという。この堂の創建は天明の災害で流失のため詳らかでないが、明和元年の『川嶋村絵図』には、字舞台に宿祢神社と並んで観音堂が描かれているもので、甲波宿祢神社の発掘調査で、観音堂境内にあったと考えられる元文や宝暦年間を刻む墓石が発掘されている。かつて、群馬郡三三番札所の第七番がこの川島にあった。『群馬郡誌』には薬師如来を本尊とする息耕庵が札所となっているが、御詠歌の「尋ね来て宮川堂に祈る身は、法《のり》も心も清き川島」からみて、この観音堂を指すと考えられている[30]。この観音堂が、絵図に示された観音堂の元の堂宇とするなら、甲波宿祢神社と同様に、この地で復興され大切に守られてきた災害の伝承と代を重ねてきた信仰心ということになる。あらためて、歴史を見直す必要も生まれてくる。再建された文化二（一八〇五）年は、二十三回忌の年となる。

また、明治に至り廃寺となった福性寺跡も現在の高台に残されている。そこには浅間押しに押し流され、犠牲になっ

【図9】渋川市川島の柴原観音堂

た当時の住職の墓標や馬頭観音が残されている。廃寺跡とはいえ、除草作業が施され、供養の花が手向けられた墓標を見学するに付けても、地元地域による供養や信心の姿が伝わってくる。

「東八十八ケ所二十四番」の天台宗福性寺は、天明泥流に被災した後、七年後に県道渋川吾妻線の南に再建されたが、明治初年に廃寺となる。また、跡地には、泥流にのまれた時の住職の墓には「天明三年七月八日」と刻まれている[31]。

天台宗真光寺の門徒寺で河嶌山福性寺と呼ばれ、川島字後界戸にあったが、再建されたのは、字久保田である。『川嶋村絵図』に記されて隣地に「御除地九反七畝拾九歩」と記されている。被害直後の「乍恐以書付奉願上候」(川島・飯塚永吉家文書)には「天台宗福生寺、洪水之節、寺堂不残流失致、并ニ住僧流死仕候…」と記録される。字久保田の廃寺跡には「寂源」の墓標が残され「当院第十四世　法印寂源覚位　天明三年七月八日」と刻まれ、寺と共に非業の死を遂げた住職の名を刻んだものとみられる。七年後の寛政二年の「宗門人別改帳　上野国群馬郡川嶋村」には、檀家三一軒、男六七人女四一人計一〇八人とあり「住僧共ニ流失仕候、依之本寺眞光寺預り旦那ニ罷成候間、眞光寺致代印差上申候」といい真光寺で代印を致すというのである[32]。真光寺門前には、供養碑[33]が残されているが、このこととのつながりを求めることができるかもしれない。

(6) 描き残された被災前の絵図

明和元（一七六四）年に描かれた『川嶋村絵図』には「観音堂・宿祢神社・諏訪神社・福性寺・天神・伊勢」の諸寺社が描かれ、安永八（一七七九）年の『訴訟方川島村・相手方渋川村』の絵図（川島区有文書）、天明二（一七八二）年の荒地御改の『麁絵図』（川島区有）などとともに、被災前の川島村の姿を知ることができる(34)。

被災一九年前の村は、戸数一六八といわれるが『川嶋村絵図』でも、およそ一四〇軒程度の建物を数えあげることができる。現在のJR金島駅周辺の一部造成された地形などを除き、通称日陰道下になる段丘崖の下位の段差が、天明泥流の到達範囲として、今日被災地形を遠望することができる。

用水の御普請を嘆願している記録からは、高台に移り住み再興がなされた村づくりの姿が伝わってくる。現在の集落は、西側の祖母島村境に近い集落と、南の高台である。被災する直前に詳しく描かれた村絵図の存在は、地中に眠る川嶋村の姿を想起させ「絵図に描き残された地中に眠る村」としての実在を強く感じさせる。川島地区には、地中に「眠れる村」として絵図情報を持ち合わせ、実際の発掘調査の取り組みがおこなわれていて、その一部が当時の景観として掘り起こされ検証されている(24)。また、今日当時の神社の存在とそれを語り継ごうとする元社《もとやしろ》を示す碑が祀られ、住民の信じ敬う行為も確認できる。

上流域の激甚被害地の鎌原村における発掘調査は、住民意識の高まりとともに実現し、歴史災害像の解明につながり、多くの語り継ぎの進展へと発展した。人々の関心を呼び、新たな歴史災害研究の進展や地元に地域の歴史を大切に語り継ごうという力が増強されてきている例として注目され

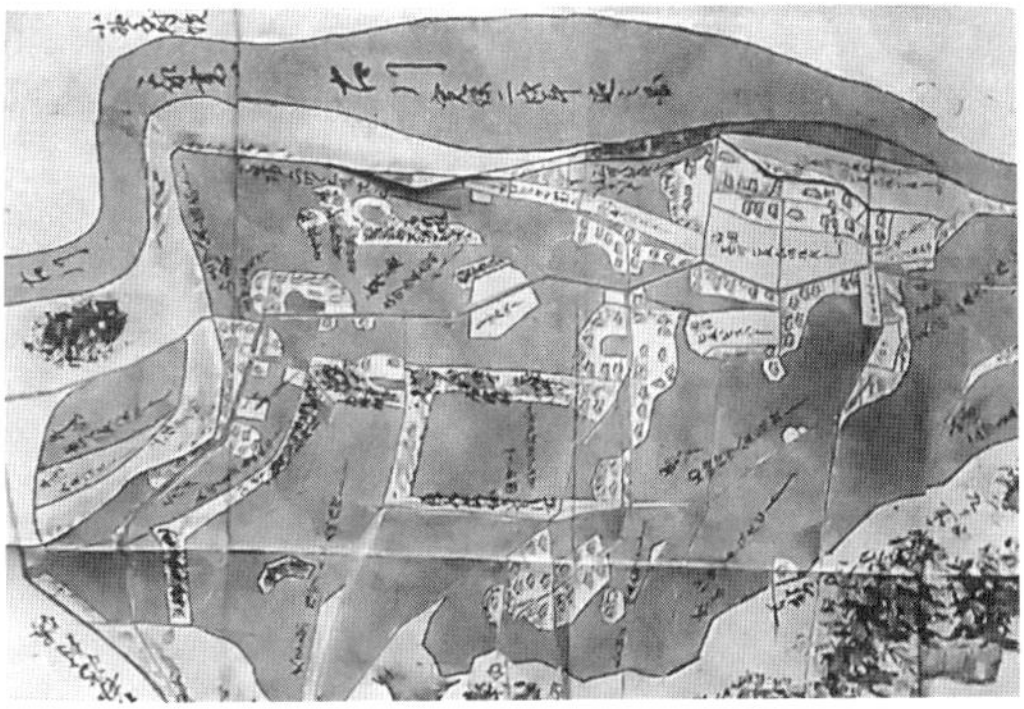

【図10】 明和元（1764）年の『川嶋村絵図』
（甲波宿祢神社所蔵）

る事例である。

　同じように、ここ川嶋村の場合も、一括した地中に眠れる近世のムラが残されているという事実により、新たな学術調査やそれを包括した市民による展開が成されていく価値を求めることができるのではないだろうか。それらを語り継ぐに足る要素・題材を含んだ地下に眠ったムラとして、川嶋村の存在ということになるだろう。その中には、近年考古学の分野で提唱されているパブリック・アーケーオロジーと称される市民の考古学といった展開も視野に含める可能性を提案できるだろう。また、さらに地域社会の発展に寄与することを目的に、地域内に点在する「遺産」や「記憶」を対象とし、現地保存と住民参加を原則とする「エコミュージアム」の構想にも着目しつつ、天明三年浅間災害遺跡の保存を「コア施設」と「サテライト」とを「発見の小径」によって連結できるような一つの形態の実現にいくことを模索していける可能性を持ち合わせている。

第三節　震災遺構の存在

(1) 震災遺構の課題

　震災遺構有識者会議[35]では、震災遺構保存の意義（役割）について「鎮魂」・「災害文化の伝承」・「地域を越えたメッセージ性と次世代への継承」の三項目について取りまとめている。震災遺構に対して人々が抱く思いが様々であっても、犠牲になった人々を悼む気持ちや悲劇を繰り返させない、震災の記憶を風化させないという思いは、多くの人たちの間で共通することで、震災遺構がそういった祈りの場となることもある。復旧・復興に向かう人たちが、出来事を長く記憶にとどめ続けることは鎮魂につながる。また、それは、津波の恐ろしさを伝え、同じような災害が発生したときにどう対処すべきかを、地域において日常的に思い起こし語り継ぐことを促す役割をもつ。震災の経験を他の地域や津波を経験していない人たちにも強く語りかけることができ、次世代の人々も含めた幅広い対象に、災害の脅威や教訓を伝え、防災や減災の意識を醸し出す役割をもつ、としている。

現地で過去に何が起こったかを説明なくしてその場に立つことで理解ができる現物の存在としての「震災遺構」には、理由が人災であれ自然災害であれ、人智を越えた出来事に対して畏敬の念を忘れずに次世代や後世に出来事を伝える。さらに、将来への備えを人々に植え付ける機能を有している。実物には、語らずとも災禍を後世へ語り継ぎ、被害地域外の人々に対しても災害の脅威を示し、防災意識を醸していく力を持ち合わせているのである。

二〇〇四年のスマトラ沖地震で発生した巨大津波で甚大な被害を出したインドネシアのアチェ州では、

行政と住民が協力し、被災した住宅や漁船など「災害遺構」を数多く保存している点は特筆すべきだ。国内外から観光客も訪れ、伝承と経済再生の両面で保存の意義が確認できた。

と報じられている(36)。我が国の今日的な問題として取り上げられる東日本大震災に関連する震災遺構は、「悲しみを思い出したくない」という遺族感情への配慮、将来へ向けての保存費用の捻出などの問題などから解体・撤去が進められているケースが多い。二〇一三年一一月には、復興大臣により国の支援の在り方を取りまとめる方針が示されている。以下は、根本復興大臣の会見（平成二五年一一月一五日）である。

震災遺構については、東日本大震災の津波による惨禍を語り継ぎ、自然災害に対する危機意識や防災意識を醸成するなど、一定の意義があるほか、今後のまちづくりに活かしたいとの要望も強いところです。復興庁としてどのように支援ができるのか、被災地の意見も聞きつつ、検討してまいりましたが、今般、国の支援の在り方について一定の方向性をまとめたので、お示しをいたします。この秋にも、あるいは近いうちにと申し上げておりましたが、かなりスピード感のある発表にさせていただきました。まず、一定の方向性、市町村において課題を整理の上、復興まちづくりとの関連性、維持管理費用という適切な費用負担の在り方、住民、関係間の合意が確認されるものを対象に、復興交付金より震災遺構の保存を支援することといたします。ポイントは4点あります。第一に、交付金の支援の対象は、一市町村につき一箇所までを対象とします。第二に、保存のために必要な初期費用を復興交付金の対象とします。ただし、過去の同様の施設については、自治体負担や寄付により整備されたものがほとんどであることにも留意し、目安として、当該対象物の撤去に要する費用と比べ、過大とならない程度を限度とします。第三に、維持管理費については、市町村が責任を持って寄付金や入場料なども活用しながら負担することをお願いします。なお、被災地を様々な形で国民の皆様から応援していただいておりますが、維持管理費などについて市町村が寄付金を募る場合に、その発信力を高めるため、我々がお手伝いできることがないか、検討していきたいと思います。第四に、住民意向の集約のため、震災遺構として保存するかどうかの判断までに時間を要する場合、そういう場合には、その間必要となる応急的な修理に係る費用や、保存しないこととした場合の撤去費用についても、復興交付金で対応いたします。以上の方針に沿って、今後、具体の案件に対応していきたいと考えております。

このような国の復興に向けた支援の取り組みの在り方がなされつつも、課題は多く残される。震災後、時間経過の中で、震災遺構として被災した建物やモノをいかに残すかの議論は、地域や住民の合意形成がなされた上で進められる問題であり、そこには、家族や家・財産などかけがえのないものを失った人たちの喩えようのない苦しみや悲しみが向かい合わせにあることをはじめ、絡み合う多くの課題が介在し、進展を見るのが難しくなる。「つらい記憶がよみがえる」「思い出したくないから、早く片付けて欲しい」という意見と、「片付けてしまうと災害が襲来したことが忘れられてしまう」という意見が、時に住民の間で向かい合わせになる。「被災した建物があったころは、その場所に立つだけで声が出なくなる人がいた」のは事実だし、痛みを負った地元民の心情は複雑で「残すか残さないかは、当事者が決めればいい」という意見さえもある。

しかしながら、現地で「感覚として受けとめられる」という遺構の保存展示の視点は大切であり「復興段階における被災者の「気づき」を支えるとともに、被災の記憶を継承するしくみを整えることが、災害復興におけるアートマネージメントの中心的役割[37]」との意見がある。このように、人智を越えた災害に向かい合うとき「個人の経験を越えた歴史的記憶を参照することが欠かせない。社会・文化・歴史の集積、すなわち、歴史の記憶と向き合いつつ未来を志向する[38]」ことの大切さは当初からいわれてきた。東日本大震災において、過去の津波の到達点を示す石碑や植えられた桜の木、神社などのもつ意味が改めて認識されたりしている。「震災遺構は語り部がいなくてもそれ自体が教訓を語るもの」であったり「震災の教訓を後世に伝える意義」を具現化させる力をもっていたり、遠くの人を呼び込む力を持ち合わせていたりもするのである。

被災者は、緊急対応がなされる一〇〇〇時間を過ぎると、自分の関心を生命の維持から、社会的な回復に移りはじめるという。われわれが住んでいた地域に問いかけをはじめ、地域住民としての自問自答をくり返しながら、地域に対しての思考を深めていくのである[39]。

思いが複雑に交錯しながら、哀しみの日々を送るのが、災害後の生活である。「あの日」の忌まわしい出来事を一刻も早く忘れてしまいたい、悲惨な悲しい記憶を忘れてしまいたい、と何度も自分の気持ちと闘いながら時を過ごすことになるのである。一方、その気持ちを乗り越えて再建の道を選択できるのは、地域内外からの物心両面における援助があったからでもある。そういった復興の礎となったことも含めて、出来事と苦難を乗り越えてきた道程を後世に伝えていくこと「悲惨な悲しい記憶」を「経験していない人や後世に伝える記憶」に変化させていくには、多くの時間、さらに多くの人たちの心の整理や納得といった簡単には計り知ることができない個々人の内面に介在する障害をクリアすることが求められたりもするのである。

都市化や過疎化といった社会の変化の中で、災害の語り継ぎは埋もれてしまいがちである。記憶を語ることは、出来事を知ることだけではなく、自分たちの住む土地について語り、将来を創造することにもかかわってくる。語りということにおいて、過去と将来が融合してくる。その材料として、出来事を語る実物の存在は意義深いものになるはずである。災害の記憶が、自分に関係のない「遠い昔の恐ろしい出来事」にならないためにも、災害記憶の継承は震災遺構の存在なくしては得られないものと断言できる。しかし、その役割の位置づけが世論に反映されるためには課題が残されているのである。

一九九五年の発生から二〇年が経過した阪神淡路大震災における震災遺構についてのアンケートを神戸新聞(40)から引く。「震災遺構の扱い　残すべきだった　二五％」との見出しで伝えている。

津波に襲われた防災庁舎など、東日本大震災の被災地で「保存か、解体か」が議論になっている震災遺構。専門家からは災害を語り継ぐ上で重要との指摘もあるが、阪神・淡路大震災ではほとんど残されていない。アンケートでは「もっと残すべきだったか」と尋ねた。意見は大きく割れた。「残すべきだった」は二五％。理由として〈後世に伝えるために必要〉、〈年々、震災が風化してゆくことを思うと、残すことが大事〉など次代を見据え、必要性を訴える意見が目立った。また、広島の原爆ドームを例に挙げ、災害を追体験する場として「現物」の力を指摘する回答も多かった。一方、「残すべきではなかった」と回答した人たちは、〈二〇年前のことをそんなに掘り起こしたいのか〉〈歴史ととらえ、風化させるほうがよい〉との心の内をつづった。〈遺構を残すには永続的に維持管理が必要だが、費用は復興に使うべきだ〉との意見もあった。また、「その他・わからない」が四五％を占め、複雑な心情も浮かぶ。〈次世代に伝えるために必要とは思うが、悲しい思い出がよみがえる〉〈形として残すことも大事だが、語り継ぐことも大事〉〈残すだけでなく、後の生かし方も考えておく必要がある〉などの答えがあった。

阪神・淡路大震災（兵庫県南部地震）で生じた活断層「野島断層」の地表に現れた一〇kmのずれのうち、一四〇mの範囲に覆いを掛けた形で保存しているのは、兵庫県淡路市の北淡震災記念公園である。国指定天然記念物でもある「震災の証拠」を保存しようという北淡町（当時）の方針は震災直後に決定した。三年後に公園と公園内の施設野島断層保存館が完成した。ここでの実情は、当初町民のほとんどが反対意見であったものが、五年の時間経過の後、「残しておいてよかった」に変わったという。「震災を『忘れたい』から『忘れてはいけない』になった」[41]との聞き取りがある。断層に沿って五〇cm地面が盛り上がりながら、横に一mずれた断層に沿って、残された断層を目の辺りにすることができることは、発掘された遺跡を目の辺りにするのと同様に、「臨場感」をもって言葉で説明しなくとも、出来事をその場所に立つことで理解することを可能にする。

【図 11】北淡震災記念公園・野島断層保存館

ここで改めて確認しておきたいのは、災害の発生後の時間経過の中で、地域の人々の賛否意見の変遷である。震災発生から二〇年の経過の中で、「残しておいてよかった」と地元で受けとめられる「五年」という時期を確認できている点である。そして、「英断」という言葉で表現されるであろう「保存」という道を選んだ自治体の判断があったからに外ならない。時間経過の中での、人々が「復興」の受け止めをなすこと、そして、「忘れない」ように記憶を思い起こさせてくれる展示を求めるという互いの関連の意味合いを感じ取ることができる。大震災の猛威の爪痕がそのまま残されている保存展示とその経過は、今日的な語り継ぎの一例として、敬意をもってみていくべき事例であるといえる。

(2) 国内各地の「日本のポンペイ」

「日本のポンペイ」と呼ばれる場所がある。人々は、南イタリアの火山災害遺跡ポンペイに擬えて、いわれのある遺跡をこう呼んでいる。このネーミングこそが、遺跡と災害・火山災害を直感的に結びつけるものと考えられる節がある。考古学的な災害遺跡であり、一端は人々の記憶から失われるも、発掘されたことで時代・時間を越えて人々の前に再生した。この経緯を経たことにより、さらに人々の関心を集めることになった。そして今日、災害という出来事をより鮮明に意義深く伝える機能を持ち合わせる震災遺構と見なすこともできるであるだろう。しかし、忌まわしい出来事に直面した人たちの心情や今日的な議論についていくつかの部分を欠いた存在であることには変わりなく、今日議論されている「震災遺構」とは、必ずしも同一視してはならないことを認識しておかなければならない。この配慮をもって、歴史の経過、社会の変化の中での評価や解釈といった判断など、多面でポンペイ遺跡は、火山災害との関わりの中で厳選された存在と評することができるのである。

群馬県の榛名山は、六世紀に大きな噴火を繰り返した。その軽石や火砕流に埋没した一五〇〇年前のムラの一つが、昭和五七（一九八二）年に群馬県子持村（現渋川市子持）で見つかった黒井峯遺跡である。二mもの軽石の下から見つかった遺跡では、火山噴火の層序により、ムラの営みと被災状況についての詳細な情報を得られる。火山災害という出来事により、人々の生活が密閉され、軽石の下に眠らされた時の断面が発掘調査により解かれたことで「日本のポンペイ」と呼ばれている。黒井峯遺跡は、平成三（一九九一）年に、国の史跡に指定されている。また、近隣に所在する渋川市内の中筋遺跡は、昭和六一（一九八六）年に調査され、同じ火山災害の火砕流に被災したムラの復元がなされている（県指定史跡、平

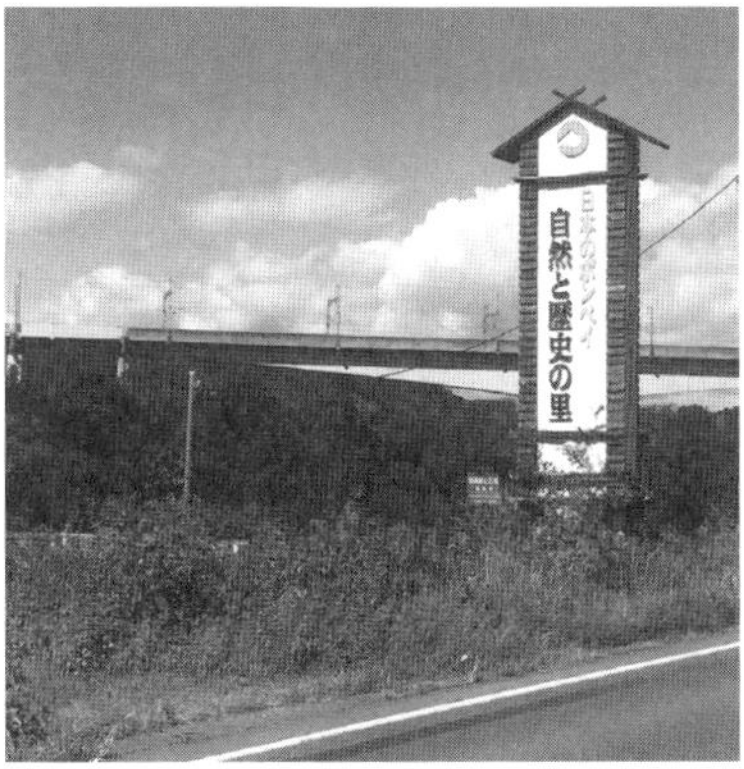

【図12】（右）本節記載「日本のポンペイ」の位置と（左）PRする立看板（渋川市子持）

成四（一九九二）年指定）。また近年では、上信自動車道建設工事に伴い発掘調査された金井東裏遺跡で平成二四年、この火山灰下で甲《よろい》着装の人骨が見つかり、古墳時代研究史上で稀な発見として注目されている。これら周辺の遺跡では、火山噴火による軽石などの噴出物の下に眠っていた遺跡としての意味合いを根拠に「日本のポンペイ」を冠している。

　鹿児島県指宿市にある橋牟礼川《はしむれがわ》遺跡は、薩摩半島の南端の開聞岳から一〇㎞離れた場所にある火山噴出物にパックされた状態で検出された遺跡である。一一〇〇年前の開聞岳噴火の火山灰によって押し倒され、火山灰に密閉された平安時代の建物が発掘され、当時の様子が生々しく再現された。大正七（一九一八）年と翌年にかけて、京都帝国大学考古学研究室の浜田耕作らによって発掘が行われ、当時の学界に「層位学」の重要性と「火山灰と考古学」の関連性の重要さを指摘することとなった記念すべき遺跡として「日本のポンペイ」と呼ばれた。大正一三（一九二四）年には、いち早く国史蹟に指定され、その後、一九八二年には遺跡の範囲を確定して指定地域内の買収がなされ、現在は、オアシスのように緑の木々や芝生が生い茂る遺跡公園となっている。

　天正一三（一五八六）年に発生した巨大地震（マグニチュード八クラスの直下型地震）は、岐阜県白川村の「帰雲城《かえりくもじょう》」の城下をまるごと飲み込んだ。東海・北陸・近畿の広い地域を襲った天正大地震である。揺れで発生した庄川右岸の帰雲山の大崩落は、四代およそ一二〇年間続いた内ヶ島氏一族と家臣、推定数百戸の城下をことごとく埋没させた。そして、今も埋もれたままで、その場所すら特定されていない。土砂の下に眠る城下は、大地震で忽然とこの世から姿を消した。城下町と人馬もろとも土砂に埋もれ、一瞬にして消え失せた幻の城として「日本のポンペイ」に喩えられる所以となっている。

広島県福山市の瀬戸内海に流れ込む芦田川の河口で、発掘調査された鎌倉～室町時代（約三〇〇年間）にかけて栄えた港町が、草戸千軒町遺跡である。記録では、寛文一三（一六七三）年の洪水により河川敷に埋もれたとされる。中世の港町は、発掘調査が昭和三六（一九六一）年にはじまった。現在、その成果は広島県立歴史博物館に展示復元がなされている。遺跡の包蔵範囲は、六万㎡と考えられており、洪水により水没した港町で、「日本のポンペイ」と呼ばれる。中洲の掘削により遺構は消滅することで、史跡指定はなされていない。洪水という災害により、被災した当時の姿が鮮明に甦った遺跡である。

福井県福井市の一乗谷朝倉氏遺跡は、戦国大名朝倉氏の一乗谷城（山城）と山麓の人口一万の城下町からなっている。天正元（一五七三）年織田信長との戦いに敗れ、焼き払われ灰燼に帰した城下町である。昭和四二（一九六七）年から四〇年以上におよぶ発掘調査により、遺跡の全貌は面積二七八haに及ぶとされ、国の特別史跡（朝倉氏庭園は、国の特別名勝）の指定を受けている。四〇〇年の歳月を経て蘇りつつある戦国大名朝倉氏の栄華を誇った城下町遺跡がまるごと発掘調査され、良好な状態で甦ることでポンペイに擬えられるのである。

大石慎三郎は『天明三年浅間大噴火』の冒頭で、次の一文を紹介している。

西欧には戦争・災害・伝染病、それにエンクロージャーなどによって荒廃してしまった集落が多数ある。〝荒廃集落史〟というのは、それらを文献史料、発掘または現地踏査などによって復元し、当時の社会状況などを探る学問である。

日本では異民族の侵略や社会主義による運動はあまり起こらなかったため、「荒廃集落史」という、あまり馴染みのなかった研究領域ではあるが、火山災害という我が国の特徴的な要因により当時の姿が封印されたことで、遺跡としてより良好に埋没直前の姿が遺される。このことで今日我々は、より魅力的な場所として遺跡を訪れたり、展示から手に取るような歴史を学んだりすることができる。そのように精緻な発掘調査ができることが、代名詞ともいうべき「ポンペイ」に擬える理由の一つである。そして「ポンペイ」と冠することは、その価値にお墨付きを得るかのように、遺跡が人々に訴えようという意味合いを増長させる働きを生んでいるのである。

（3）「ポンペイ」たる所以

南イタリア、ナポリ郊外で観光名所ともなって広く知られているポンペイ遺跡。ここを尋ねると、石造りの建物が軒を連ねた街並みから、ひょっこりと一九〇〇年前の人たちが顔を出してくるような想像さえも掻き立てられる。「ポンペイ」と冠したり、形容に用いる言葉は、考古学や火山学の関係者でなくとも、多くの人々が耳にするところである。しかし、遺跡として、その意味合いを細かくたどると根拠は多彩である。単なる考古遺跡というだけでなく、火山災害という出来事に裏付けされた遺跡としての身の上が、どれだけ周知されているのかという課題があげられる。世界的に有名な火山災害遺跡として有名にしたのは、西暦七九年のヴェスヴィオ山の噴火によって、一九時間で埋めつくされたこと、古代ローマ都市の一つが火山灰と火砕流堆積物に埋もれそのままの姿で埋もれていたこと、そして、文字記録や口伝により災害の復原がとりわけ詳細になされることなどである。噴火災害の後、ポンペイでは背の高い建築物の一部が地表にまだ見えていたと思われるが、無事だった被災者が物品の持ち出しを

【図 13】ポンペイ発掘の様子を紹介する看板

【図 14】（右）ポンペイの街並み／（左）スエディウス・クレメンスの碑文
（2005 年撮影）

行ったり、遺跡荒らしが行われたりしたことは想像に容易い。その後、中世には、地表に顔を出していた建築物は建築資材として持ち去れ、風化した表土はオリーブや葡萄の農園に姿を変えていった。埋もれた都市の記憶だけは人々の間で「丘の上の小さな街」とだけ言い伝えられてきたのだという。

そして、一七四八年ナポリ国王の作業宣言で始まった発掘では、だれもその場所がポンペイだとは確認できていなかった。一七六三年「ウェスパシアヌス帝（六九～七九）により派遣され、実態調査により個人に不法占拠されていた市有地を適切な手段でポンペイ市に返却させた」と刻まれている[42]スエディウス・クレメンスの碑文がエルコラーノ門の外で発見されたことにより、チビィタがポンペイであったことが確定したとされている。

発見当時「グランドツアー」と呼ばれた一八世紀のイギリスの貴族層の子弟の学業終了時に行った大規模な修学旅行ともいうべき国外旅行のブームで、ポンペイはその有力な見学地となっていた。このことで、埋もれた街ポンペイが世界に広く知らしめられることにもなった。

「ポンペイ」が他の古代遺跡と決定的に異なるのは、繁栄の真っ只中に火山災害という形で軽石と火砕流に封印され、西暦七九年当時の街の姿を我々が目の辺りにできるということである。六六ha、周囲三・二kmの城壁に囲まれた古代ローマ都市のうち、現在では四四haが既に発掘調査が行われている。概して東西一二〇〇m、南北六五〇mに広がる堅固な城壁は、ヴェスヴィオ山の火口から南東へ九km、過去に流れ出た溶岩の形成した丘の末端に位置し、北側から南側へ標高は二〇～四〇mの場所に位置している。

また、被災から一七〇〇年余り後に発掘された遺跡を目の辺りにすることは、ヨーロッパ人のみならずとも、原因を究明し事実を知りたいという人々の好奇心や興味関心が源にあるものといえる。科学の手による歴史災害の発見が、いわば社会的関心として置き換えられ、資料の価値が開拓されていく。そのような積み重なりのスタイルがポンペイの事例から読み取れるのである。

ポンペイは、火山噴火で降り注いだ軽石やその後の火砕流により完全に埋没し、当時の都市の姿をとりわけ精確に封印していた。日本に文字記録が無い時代に書き残された文献記録によって、被災の経過復原とともにさらに詳細に発掘調査を進めていくことを可能にしている。これは天明三年の浅間山噴火の発生で埋もれた浅間災害遺跡を「日本のポンペイ」と例える理由の一つでもある。また、火山関係者の間に「ヨーロッパに行って驚くことは、観光の中に火山がうまく組み込まれる仕組みがあること」という声が挙げられる。ポンペイ遺跡の最たる存在事例には、火山災害遺跡というべき負の遺産が観光とうまく、そして、強く結びついているという点にも着目しなければならない。

観光資源となる要因として、発掘調査された遺跡が、地面の下に埋め戻されることなくオープン展示されていて、訪れる多く人々に実物を披露していることのインパクトさを挙げておかなければならない。そして、一五〇〇年以上にわたるポンペイの研究史さえもが、遺跡自体とともに観光地に発掘の歩みとして示されている。いわば、発掘の語り継ぎをも大切に伝えていこうとする場所になっていることにも着目できる。その一端は、遺跡周辺に建てられた案内板にも現れている。このように、人々が二五〇年も前から着目してきた、災害の語り継ぎの経緯さえもが、ここでは大切にされてきているのである。歴史災害を伝える遺跡の語り継ぎに大いに参考とすべき視点である。

（4）中越地震「中越メモリアル回廊」を訪ねる

「中越メモリアル回廊」は、平成一六（二〇〇四）年一〇月二三日に発生した新潟県中越大震災の被害の中心地域に設置された四施設三メモリアルパークのメモリアル拠点群であり「中越メモリアル回廊推進協議会（長岡市・小千谷市・社団法人中越防災安全推進機構）」によって運営されている。各施設とメモリアルパークは、二〇一一年一〇月より順次開設し「やまこし復興交流館」の二〇一三年一〇月オープンにより、四施設三メモリアルパークが整った。

特に被害の大きかった地域に整備された東西一〇km、南北二〇kmの範囲の震災メモリアル拠点に、膨大な資料収集と取材により蓄積した「震災の情報保管庫」を構築し、その施設や地域を来訪者が巡り、情報にふれ見聞を通した活用がコンセプトとなっている。「中越まるごとアーカイブ」ととらえ、点在する「遺産」や「記憶」を現地保存し、住民の参加を原則とするエコミュージアムの構想を盛り込んだ展開が期待される。それぞれの拠点を巡り、震災の記憶と復興の軌跡にふれることで「新潟県中越大震災」の巨大な実像を浮き彫りにする仕組みは、各三施設それぞれが館とメモリアルパークの運営管理を行う野外博物館的構造をとり、さらに、統括的な中核施設として、「長岡震災アーカイブスきおくみらい」が位置する構成をなしている。特徴として、新設の施設はなく、再開発ビル、閉鎖したゴルフ場のレストハウス、閉校した専門学校、村営複合施設のリニューアルといった多額の予算を投入した「新設のハコモノ」を回避した施設の構成をとっている。以下に【表1】で示した施設のいくつかを抜粋してみていく。

拠点施設となる「長岡震災アーカイブセンターきおくみらい」では、来館者が四施設三メモリアルパークを概観し、回廊を巡る旅のスタートを切る拠点として情報を集約させた機能を見出せる。一五分間の映像で震災をたどれること、床面に広がる被災地の航空写真につけられた地点ポイントにｉＰａｄをかざすことで、被災当時の写真やデータが浮かび上がり、来館者が地点情報や被害の全体像を読み取れる展示の工夫がとられている。限られた展示スペースと蓄積された膨大な記憶・記録情報に対する展示の工夫として注目できる情報の提示方法である。現代の発達した災害情報からくる膨大なエリア情報に対して、来館者にとって情報の取捨選択ができ、館として有する情報を常に提示できるしくみであり、情報端末の有効活用がなされていることが理解できる。記憶にふれることができる工夫された装置ということがいえる。拠点施設の機能を展開する手立てとし、コンパクトで機能的な手段と受けとめられる。

そして、今なお残されている震災の爪痕や復興物語をガイドする震災語り部ガイドや回廊を一周するモデルコースが用意されている。所要時間は、自家用車で約六〇km、五時間で巡る設定である。各サテライト地点間の距離が離れている特性上、自動車での移動が前提であり、案内マップに盛り込まれる条件としては、駐車場やカーナビ検索情報の掲載、看板整備が充分整っていることが来訪者の立場として歓迎される。

妙見メモリアルパーク（祈りの公園）は、土砂崩壊に巻き込まれた四台のうち、難を逃れきれなかった一台に乗っていて助け出された男児の「奇跡の救出劇の場」、そして、残念ながら「母娘が犠牲になった慰霊の場」である。震災の象徴的な場所として、追悼の祈りをささげる場として、整備・維持保存がなされている。公園には、「一〇月二三日」という時をイメージする仕掛けがなされている。それは、一〇月二三日の日の出の方向を示す献花台の軸線と日没を示す軸線、そして「祈りの岩」に向けた計三本の軸線が配置される演出が施されている。メモリアルパーク入口の裏手にある「記憶のプレート」にその意味が解説されている。慰霊の場として、あわせて災害の記憶を次世代に伝えるための場としてディテールが込められている。大崩落の現場で「何を伝えるのか」「何を語り継がなければならないのか」という議論からはじまり、県道の復旧と保存をどう両立させるかという狭間を通り抜け実現した震災遺構である。どう残すかの問いに対して、議論の結果が出され「祈りの公園」化が進められた事例である。一〇年が経過した現地を訪れると、献花は途絶えることはなくとも、剥き出しの土砂には、雑草や木々が茂りはじめている。どう保存管理運営していくかも、また一つの大きな問いであることは間違いない。

やまこし復興交流館おらたるでは、旧山古志村（現長岡市）の全村避難から三年二ヶ月の避難生活での出来事、かかわった様々な人々の想いを展示する。「帰ろう山古志へ」のスローガンのもと、帰村をはたした人たちの暮らしを展示で打ち出し、震災の記憶と棚田や棚池など日本の原風景としての観光振興を織りなすフィールドミュージアムの拠点として機能す

【図 15】（右）長岡震災アーカイブセンターきおくみらい／（左）木籠メモリアルパーク

■長岡震災アーカイブセンターきおくみらい
「中越メモリアル回廊」の「入口・拠点施設」とされ、震災の知見や教訓を蓄積・発信する情報集積の場として、回廊周遊への出発地点としての機能を有する。中越大震災を 15 分の映像でたどるシアター、床面の航空写真と情報端末の組み合わせでエリア情報をたどる展示のしくみがとられている。震災の記録と記憶、復興の足跡や防災・減災についての資料などをあわせて情報提供している。

■川口きずな館	震央メモリアルパーク（はじまりの公園）
地域に開かれた活動の舞台として、被災を通じて育まれた「絆」に触れ、新たな交流を紡ぎ広げ、誰もが参加できる企画開催などを念頭に置く。地元 NPO 法人に管理運営を委託し、住民による地域作り、地域活性化の拠点を目指している。館内では iPad を使った情報閲覧が可能。	【伝承の場】中越地震本震の震央地点を保存・伝承するために標柱・遊歩道・展望台を整備したもの。被災地を支えてくれた人や地域に感謝を発信しようとする意図が込められている。公園内は私有地で、地主の厚意により整備がなされている。
■おぢや震災ミュージアムそなえ館	妙見メモリアルパーク（祈りの公園）
「3 時間・3 日・3 カ月・3 年後の部屋」を再現した展示がなされる。それぞれの震災後の段階と取り組みを考えながら学ぶスペースを確保し、地元語り部や地震動シミュレータによる地震疑似体験など、地域防災学習拠点の施設として位置づけられている。	【慰霊の場】親子 3 人の乗った車が幅 250 m の大崩落に巻き込まれ、92 時間の救出劇により男児が救出された場であり、母娘がなくなった慰霊の場でもある。追悼の祈りをささげ、震災の象徴的な場所として整備・維持保存がなされている。
■やまこし復興交流館おらたる	木籠メモリアルパーク（記憶の公園）
「おらたる」とは地域の言葉で「私たちの場所」をいう。山古志全体をフィールドミュージアムと見立てた中山間地の再生拠点としてオープンした。山に戻ることを決めた人々の想いや復興の歩み、中越大震災の経験や教訓を後世に伝え、地域の暮らし・文化の支援拠点としての機能を持ち合わせている。	【存置の場】河道閉塞により水没した旧山古志村の木籠集落に残された家屋群を公園化し整備している。「地震で沈んだ村　皆の力でここによみがえる　山古志木籠」と刻んだ震災 5 年後に建てられた祈念の碑が建つ。郷見庵は地域の交流施設ともなっている。

【表 1】中越メモリアル回廊４施設３メモリアルパークの概要

る。山古志の地形と中越地震の状況をプロジェクションマッピングで紹介する八分間の地形模型シアターは、地域の声から発想されたものといい、来訪者が「山古志」について理解するのに大いに役立つ提示装置となっている。炊事場を備えた住民スペースの併設など、地域交流のための数々の工夫が見られる点も、地域と一体となって取り組める仕掛けと受け取ることができる。地域では、復興とともに生まれた食堂や山古志観光ガイドなど新しい展開もなされ、「震災」「復興」「中山間地の暮らし」など多くの要因を絡ませて、交流人口増加のための策として地域を明るくする流れもつくられている。

また、この館で運営管理している「木籠メモリアルパーク」は芋川の河道閉塞でできた震災ダムにより埋没した小籠集落の家屋群が〈記憶の公園〉として残されたものである。交流施設としての「郷見庵」が運営され、地域と来訪者の交流を進めている。妙見メモリアルパーク同様に、時間経過とともに家屋群の損傷と生い茂る植生により震災当時の面影は変化している。留められた記憶とともに、定点撮影などによる復興過程での推移や展示の在り方を検討し、さらに年月を重ねていく過程での工夫などには一考の余地が残されている。

このように、地域と一体となった運用が計られていることが、中越メモリアル回廊の大きな特徴の一つである。被災者の意見を取り入れて、じっくり構想された各施設は、防災意識の高揚に役立つとの評価が得られている。また、メモリアル回廊の防災学習ツアーモデルは、地域防災研修、防災教育コース、地域ＰＴＡ行事等での利用を前提とした企画が用意されている。多くの来訪者を受け入れる準備にも配慮がなされている。

中山間地特有の自然の豊かさや人々の心の持ち様などを背景に、観光振興や地域振興との緩やかな結びつきのもとに、災害の記憶を語り継ぐ仕組みが展開されている。今日的な課題である中山間地が抱える人口減少と交流人口の課題が介在する中に「負の遺産」としての震災遺構を取り込んだスタイルには、「コミュニティのないところには再生はない」という住民に貫かれた気持ちとともに、震災遺構の在り方や語り継ぎを考える上での今日的課題をクリアーした災害の語り継ぎの実現例として、大いに参考していくべき事例といえる。

（5）ダークツーリズムとの接点

「ダークツーリズム」とは、歴史的な災害や悲劇の発生した場所を訪ねて、亡くなった人たちを悼み、そこから学びを得る旅のことをさす。歴史の重みと犠牲者の鎮魂を人々が胸に刻む旅とも言い換えることができる。

一九九五年の阪神・淡路大震災以降、中越地震、東日本大震災の発生等により、昨今、人々の災害に対する関心は急速に高まっているといえる。しかし、東日本大震災の例を見ると、発生から四年を迎えようとする二〇一四年一二月の段階で「規模の大きな遺構は消えつつある」という記事[43]が報じられているように、「被災地復興」の進展のもとに、震災遺構の消滅は避けて通れない課題となっている。

復興庁によれば、震災遺構としての保存が決定し、復興交付金の支出されたのは岩手県宮古市の「旧たろう観光ホテル」の保存建物のみだという。また、高さ一五・五ｍの津波で町職員や住民ら四三人が犠牲となった宮城県南三陸町の防災庁舎は、震災遺構としての保存にこれまで賛否が問われ、二〇一三年九月に「維持費を負担できない」として解体の方針が一端出された。四年目を前に、震災から二〇年後の二〇三一年三月まで県の所有とする方向で検討しているとの報道がなされている[44]。最終結論を出すまでの一定期間、県有化することで実質的に解体を凍結して議論を深めるねらいがあるという。震災から二〇年後まで県によって維持管理されることが決定になったのは、同年末で、一二月二二日現地で庁舎の引き渡し式が行われた。津波で町職員を含む四三人が犠牲になった同庁舎の保存を巡っては、遺族や住民の間でも「記憶を伝えるために保存すべき」という意見と「見るのがつらく解体すべき」という二つ意見に分かれ、長く議論が続いた。このため宮城県が、時間をかけて議論するために震災から二〇年後までの県有化で維持管理することを提案し、町長が同年6月、提案の受け入れを表明する形でようやく引き渡しが実現したのである。

県有識者会議は、二〇一四年末に「震災を象徴する建物で、世界的な知名度も高い」と評価し、広島の原爆ドームが原爆投下から二一年後に市議会で保存に向けて進んだ経緯も考慮され、県の管理が提言されている。

【図16】（右）被災から半年後の宮城県南三陸町防災庁舎
（左）旧たろう観光ホテル（岩手県宮古市、2012年夏）

被災後四年目を前にようやく震災遺構の保存具現化の実現が確認できるようになっている。これまでに、多くの保存すべき候補が片付けられ姿を消していった。留意点として、①震災遺構の保存には多くの時間や議論が求められ、早急な答えを出しにくいという教訓があることを肝に銘じなくてはならない、②保存に向けての遺族等の感情等を含んだ賛否の議論から方向性を見いだす必要性がある、③膨大な経費の捻出の問題点が存在する、④原爆ドームを先例とした時間の経過を見据える策が求められる、など震災遺構と保存とを結びつける検討内容には多くの避けられない検討要素が含まれている。

たろう観光ホテルの場合には、早期に保存しようとする経営者の決断があった。被災直後にもマスコミに対し、被災した際に自分が録画した映像を撮影したその場所からのみしか公開しないという手法をとり、当初から震災遺構としてのこだわりをもった展示や災害伝承への足掛かりを抱き、保存を目指していた。自らの経営するホテルの再開にむけて奔走しながらも、公的な支援が得られない場合には、被災し残された建物を自力で展示保存することすら模索していた。経営者自身には、明治と昭和の津波の記憶を家族から聞きながら育ち、今回の被害を語り継がなくてはならない、という使命感をもちながら乗り越えようとする対応があった。震災遺構を保存するか、取り壊すかの議論にはそれぞれの立場があり、当事者の気持ちが存在し、震災の記憶だけでは収められない課題をも含んでいる。相当量の労苦や時間経過を要しても、なおも展望を模索しつつ語り継ごうという信念を貫こうとする先導者の存在が不可欠なことが、事例から学ぶことができることの一つである。

この事例にかかわり、三陸沿岸地域の復興の進捗を訪れる旅としてのプログラム等の展開もなされている。震災遺構として保存の決まった観光ホテルに加え、津波に破壊された「万里の長城」とも喩えられた防潮堤、すすめられている造成中の岩手最大の高台移転団地などを巡る復興観光の展開もなされる。物見遊山としての観光ではなくして、来訪者は震災という出来事を受けとめ犠牲となった人たちに手を合わせながらの「被災地応援ツアー」として時間を過ごしていて、震災復興の進行途上にある「ダークツーリズム」と言い換えることもできる。これらの例からは、観光と結びつく集客性、人々が手を合わせる場としての震災遺構の存在という側面から、今日的な進展と歴史災害を語り継ぐべき視点とを重ねておきたい。

(6)「震災遺構の保存工事完了」―東日本大震災から四年―

不動産的にその地に接して残される「震災遺構」には、出来事を思い出すための「場」としての機能がある。原位置に可能な限りの保存策を講じる価値、範囲を超えない限りでの来訪者への見学を助ける装置の仕組みづくりが求められるであろう。

そのような中で、震災から四年八ヶ月が経過し、復興交付金による震災遺構の保存の具現化第一号となり「震災遺構保存工事完了」の見出しで報じられたのは、岩手県宮古市田老地区にある旧たろう観光ホテルの震災遺構の保存工事である。かつて、明治、昭和の津波被害に襲われた同地区は「万里の長城」と称された高さ一〇m余りの長大な堤防が築かれ世界に知られていたが、今回の津波被害はそれを越え、一八一人の犠牲者を出した。遺構の保存工事完了とともに、宅地造成や災害公営住宅の完成を記念した平成二七年一一月二一日の「まちびらき」の式典が行われたことが各紙で報じられている。

同年四月からは新たな宿を開業し、部分営業を開始した「渚亭たろう庵」を経営する松本勇毅社長は「癒やしの空間というだけでなく、震災の記憶を後世につないでいくことも大切な役割だ[45]」と語り、先々代から津波との苦難を地域の新たな経営の糧とするかのように、震災遺構の保存と観光客誘致を結びつけようと努力を重ねる姿がある。津波の当日、六階建ての旧ホテルでは従業員を避難させた後、四階まで達する津波を六階客室から撮影したビデオは、新たな宿で語り部の話とともに公開される。二階以下は骨組みだけになった旧たろう観光ホテルを震災遺構として残したいという気持ちが、被災直後から氏を奔走させ続けてきた原動力なのであろう。

宮古市は田老地区を「津波伝承館」とし、防災教育と観光を組み合わせた復興策の展開をめざしている。旧ホテルと防潮堤は、ガイドが震災と復興を解説する「学ぶ防災」の拠点となり、修学旅行の中高生や団体ツアー客を引き入れ、震災翌年からのべ八万人以上がここを訪れている[46]。

今日的には、震災遺構の保存には、費用・住民合意が課題となっている。復興庁は、一市町村一ヶ所に限り、整備費の全額国費負担を決めた。二〇一三年のことで、たろう観光ホテルの保存を進めていた岩手県宮古市の要望が契機ともなって支援策が定められている。国の費用負担は調査・整備費で維持費は含まれておらず、このような震災復興の中で宮古市の例は、これからの保存例の牽引役となっていくはずである。

さて、このような震災遺構の保存が実を結ぶための共通する要素が抽出できるとするならば、今日的な視点としてまとめておく必要があるだろう。まず一点目として、地域に歴史災害が受け入れられている点である。過去の災害が継承され、その苦難が教訓として引き継がれているということがあげられる。たとえ同じ被害に遭遇したとしても、様々な要因が絡み、地域地域でその後の対応は異なっていく。その地域に文化として災害の伝承が大切に扱われてきているということが要因となっているのである。次いで、二点目には牽引者となるべき存在の有無である。「地域のリーダー」であったり「語り継ぎのキーパーソン」と呼ばれたりもする。そういった人物は、自分の家に伝わる累代の経験、あるいはそういったものを聞きながら生まれ育ったという背景を持ち合わせていることもある。また、自身の経験などを受けとめ活躍しているのである。時に生業と関連したり、全くかかわらずとも、真意をもって関わりをもってきていることで、より深い活動の展開へと進んできているのである。三点目として、現代社会の中で行政側を比較する見方をすれば、常日頃から自治体のなかで、災害伝承や教訓を表舞台に登場させながらの行政サービスがおこなわれているかという側面に視点をあてることができるだろう。それは、過去の災害を引き合いに防災訓練がなされることや特徴的な防災対策へと反映され、住民の中の保存に向けての合意形成がなされている姿の有無もその要素になると考えられる。

(7) 災害を扱う遺物・情報の蓄積展開の方向性

「これより下に家を建てるな」というタイプの碑文は、先祖からその地に住まう人々へのメッセージとして受けとめられ、今回の津波から集落を守った伝承として報道され、教訓として多くの人に知られている。一方で「碑文や文書は、古文・漢字・旧仮名遣いで書かれていて、一般の人にはたいてい読めない、あるいは、読まない」という被災地で聞かれる声は、避難を呼びかけたり、避難経路を示したりするものではなかったことに起因するのであろう。このことは「役に立った碑文や文書はなかった」と地元でも聞かれる声である。しかし、碑文や記録を記した文書記録は本当に役に立たなかったのかを考えておく必要がある。平時には一見、誰もが素通りしてしまうかのような碑文であって、あるいは直接住民の意思・行動につながるものでなくとも、過去の災害にまつわる研究の対象となり、関心を抱く者と過去を繋ぐ媒体であることには違いない。たとえ研究の対象といった体系化されたものとしてとらえなくとも、人々が出来事を思い返したり、災害を体験しなかった人にとって出来事を想起させてくれたりする「装置」としての機能をもつモノ、それが津波碑といった類の石碑の区分となるのであろう。普段は路傍で佇む石造物の類は、その由緒を示し地域に残される語り継ぎの意味合いをより鮮明にしていくことが、肝要であることを改めてここでは確認しておきたい。それは、歴史災害をたどる展開において「野外博物館における展示の工夫」という言葉にも置き換えることになる。

さて、災害を扱うミュージアムを通して行う活動には「記録を置いておく博物館」と「減災・減災文化を創ろうとする博物館」とにその設置の意味合いを求めていくことができるだろう。

先の東日本大震災から四年が経過する中で、仙台市にある生涯学習施設のせんだいメディアテークは、仙台市の複合文化施設で、仙台市教育委員会が管轄している。ここを拠点とする活動の中で、寄せられた記録を四つのブロック、四五のテーマで構成した冊子『3がつ11にちをわすれないためにセンター活動報告』[47]が活動報告としてまとめられている。各テーマは、時系列・記録方法や内容ごと・アーカイブ活動の作業過程ごとに並べられ紹介されている。活動は「震災アーカイブ」の取り組みを「記録・収集」「整理・保存」「資料化」「利活用」を通しその成果を次世代に伝える「道具」に育てる、としている。多くの市民により寄せられた記憶を整理集約しようとする試みであり、今日的な生活の中で、過去の災害とは比べものにならない膨大な量の災害の記憶を集約する試みとして参考になるところである。誰もが関わることのできる日常的な「文化活動としてのアーカイブ」を進めるとしているところは、着目すべき点の一つであろう。膨大な量の市民の被災体験や関連する情報・記憶を貯えておくミュージアムといえる。その存在や、活動は、かかわる市民や地域の記憶の集積地であり、市民の記憶を納めておく「場」としての意義を感じると同時に、市民自ら活動に参画できる仕組みとなっているという視点を忘れてはならない。

【図17】昭和８年の津波を伝える例
（右）気仙沼市唐桑の石碑（左）宮古市田老の警戒看板

　同じように災害を扱うといっても、ミュージアムの活動視点を明確にしておく必要があることは「記録を置いておく博物館」なのか「減災・減災文化を創ろうとする博物館」なのか、といった検討や棲み分けを行うべき事例からも改めて確認しておくべき点である。

（8）「負の遺産」と集客性の関連

被災体験は辛く、簡単に言葉に表現できるものでもなく、慎重に扱わねばならない部分をもっている。しかし逆に、それを契機にしてまちづくりを考え直し、地域をよりよいものに再構築していくチャンスとしての側面をもっているともいえる。既にみてきた、中越メモリアル回廊などの事例のような限界集落と隣り合わせの問題を抱えつつも、交流人口の増大などの点を大きな効果とみることができる。

観光産業の復興の在り方を井出明は、「観光による復興の類型化[48]」として提示している。その上で、成功要因と失敗要因を考察し、「ゲートウェイとしてのエコミュージアム」などの指摘を行っている。その概要をみていきたい。

AからD類型は、次の様な具体例が示されている。

〔A類型〕災害発生以前より観光地で災害発生後も観光地として成立しているパターンで、従来と同じマーケティングや客層を維持するタイのプーケット島などを例とする（A1類型）ものが、そして、阪神・淡路大震災以降の有馬温泉が震災以降の客数の激減に対して、地域全体で取り組まれたプロジェクトにより、被災からの再生過程から地域の交流が生まれ、結果的に観光復興に寄与したと捉えられるものを例とする（A2類型）、二類型がある。

〔B類型〕三宅島の火山噴火による岩礁の変貌がマリンスポーツと結びついた例、日本軍の戦闘機の残骸等が残されているサイパンのバンザイクリフや広島の原爆ドームなどの「負の遺産」にまつわる観光名所の例などで、災害発生以前は観光地ではなく発生後に観光地として繁栄したパターンである。

〔C類型〕以前は、観光地として繁栄していたが、災害発生後に観光地としてのにぎわいを失ったものを例で、雲仙やニューオリンズの例など、観光で成り立っていた街が姿を変えてしまう例は多く存在する。

〔D類型〕かつて、オウム事件で揺れた旧上九一色村関連施設跡地周辺に、一九九七年にガリバー王国としてテーマパークが誕生するが、その後、経営が破綻し廃園となった例のように、災害発生以前は観光地でなく、発生後に観光

	従来より観光地	新規の観光開発
成功	A 1	B
	A 2	
失敗	C	D

【図18】観光による復興の類型化
(「災害復興と観光」『観光とまちづくり』(註48)による)

開発したものの失敗した例で、炭鉱の街として栄えた夕張でも「天災」ともいうべきエネルギー革命により観光産業に活路を求めるが、箱モノ型観光開発で魅力が薄れてしまう例などもある。

これらの中で、B類型に関して、負の遺産ともいうべきネガティブな観光資源にも近隣には魅力ある観光資源が存在し、バンザイクリフ（サイパン島）や原爆ドームだけが単体で観光客を集めているだけではないこと、観光産業による経済波及効果には、「ある程度の滞在」が求められることからしても、単一の観光資源だけで観光開発をすることは得策ではないと指摘されている。観光を「点」ではなく「面」で捉えること、ある特定な施設だけを楽しむことではなく多くの観光体験で地域を味わえるようにすること、被災関連ポイント以外にも魅力ある観光資源を開発・開拓して、長期滞在を誘引する必要性が唱えられている。

また、「ゲートウェイとしてのエコミュージアム」には、

災害発生後、個人客を引き寄せる「装置」を考える必要性を想定するが、そこには「負」の側面をもつ展示物が潜在的に観光資源となるべきことは観光学以外でも認識されつつあることに触れている。そして、被災者は自分の被災体験の意味づけを欲しており、災害や事故が風化していくことを避けたいという心情をもっていることから、災害後、市民生活が落ち着いた段階で、博物館・資料館を造り観光資源としてのPRと展示のリアルタイムの更新が、リピーターとしての来訪の可能性につながる。(49)

とし、「再生過程それ自体が貴重な観光資源」で、日常の生活を観光資源としてとらえ、外部に発信するエコミュージアムの思想に合致するとされる機能が見出されている。

（9）災害に対する社会的関心

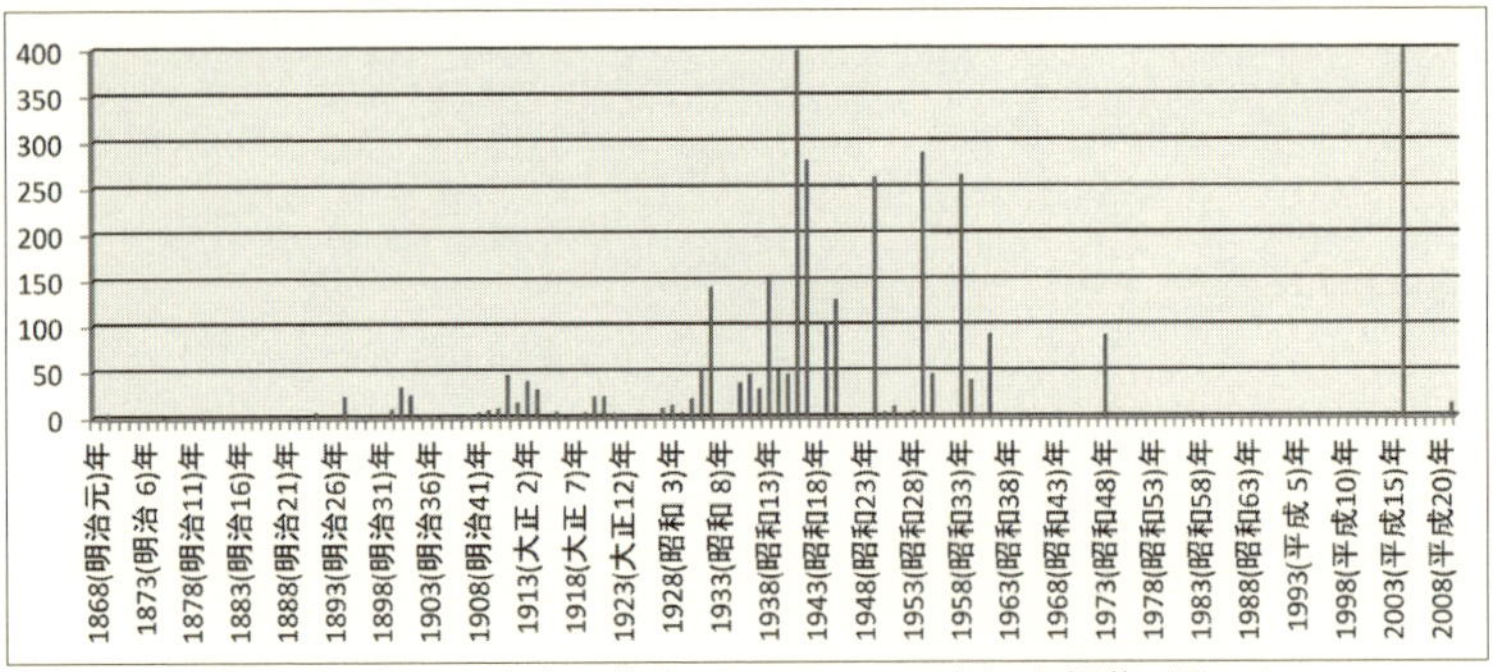

【図 19】浅間山噴火回数表（1868 ～ 2013 年）を編集（註 50）
（2004 年噴火は 1960 回がカウントされている）

先の東日本大震災により、各地の歴史災害や過去の災害の爪痕をたどり直そうという動きは、多くの事例から理解できる。このことに着目して、天明三年浅間災害の語り継ぎをみておく必要がある。それは、震災遺構や語り継ぎに資する遺構や事物・文化、行事にいたる構成要素に加え、人々の社会的関心が再び高まった事例を語り継ぎの時間軸からたどっておく必要がある。

【図20】は、浅間山の噴火回数データを年ごとに集約したものである。この中で、天明三年浅間災害史研究の先鞭を付けた研究第一人者の萩原進が郷土・浅間山に目が向き史料研究のスタートを切ったこと示す記載で、

> 昭和六（一九三一）年が、天明三年から百四十九年、犠牲者の供養からは百五十回忌になるために、吾妻郡原町の善導寺で供碑を建てたり、各地で大法会の行われたりしたことが新聞に載った。(51)

と記される。この年は、浅間山の噴火活動が頻繁になった時期であることがわかる。浅間火山観測所が設立され、観測がはじまったのは、昭和八年である。このような社会的関心の高まる中で、天明噴火から一五〇年の節目が迎えられた訳である。噴火活動が社会で注目され、なおかつ周年行事と重なることで、より歴史を振り返ろうという力が社会に増してくるはずである。そして、一五〇年経ってなおも、歴史

災害には多くの関心・研究の目が向けられられていたという解釈が成り立つ。

天明三年に、草津温泉の温度が急上昇し、浴客が死亡したという記録が残されている草津白根山の活動でも、明治一五（一八八二）年八月六日、水蒸気噴火による中規模噴火により火砕物が降下した記録[52]がある。噴火場所は湯釜、涸釜付近で、泥土が噴出し、弓池が埋没、樹木は枯死、一ヶ月前から山頂で鳴動、噴火当日の一四時頃山麓で遠雷のような音響が聞こえ、その夜噴火が発生したという。草津白根山の中規模噴火の発生は、対をなしそびえる浅間山の過去の噴火災害に社会的に関心が及ばないはずはない。噴火から一〇〇年が経過しようとする中で、周囲を立ち枯れさせたという草津白根山の噴火は、天明三年に発生した浅間山噴火の災禍を想い起こそうとする。世論が集まった要因でもあったと思われる。

このように、同じような火山の噴火活動の発生や社会的な関心が過去の噴火と重なろうとするときには、新たに過去の出来事に向き合おうとする動きが生じてくるのは、時間経過の中で当然といえば当然のことである。しかし、その時にどれだけ精確に改めて見直せる力が社会に備わっているかは、語り継ぎの力に依るところが大きいであろう。そして、このことが社会の発展にどれだけ重なっていくかということにつなげていくためには、語り継ぎの力を強固なものにしていくことが必要なのである。

第四節　野外博物館の構想

記憶・記録の類は、その素材が人々に利活用されてはじめて地域の出来事を伝える「道具」となる。そのためには、「情報の補足・記録編集・活用されやすいメディアへの変換が必要とされる」[53]という。本論で扱う天明三年浅間災害の語り継ぎにおいても、残され・語り継がれてきた事物を、同様に人々に受け入れられる事物へと変換する視点をもつことが必要であり、この点を大いに参照すべきである。天明三年浅間災害がもつ資質としての見地と方法論的な参考事例をここでは見ていく。このことを通して、浅間災害語り継ぎの具体の展開・全体の保存と活用について論じていきたい。

(1)「天明三年浅間災害」を語り継ぐテーマの設定

天明三年浅間災害を一次災害とみなす天明泥流の爪痕が残された地域で、群馬県の玉村町域から上流の嬬恋村に向かい、災害ににまつわる地点情報を踏査集約したなかで、激甚被害を被った嬬恋村域の他で、玉村町域一〇地点、伊勢崎市域一一地点、高崎市域四地点、前橋市域二五地点、吉岡町域四地点、渋川市域三八地点、東吾妻町域三一地点、中之条町域九地点などの地点情報を確認している。[54]このほかに、噴火にともなう軽石層の検出例を含め、天明三年噴火に関わって発掘調査された遺跡数は、二四四をカウントできる。

過去の出来事を語り継ぐねらいは、災害の被害を伝え、災害に対する復興についての記憶を地域にとどめ、人類としての「知の共有」をはかることであり、事故や事件における場合と同様に、風化を防ぎ、その悲しみを「人類の知」として蓄積[55]していくことにある。災害によってもたらされた「負の遺産」ともいえる産物や関係する事物にとっての具現化策としては、次の様な視点があげられる。①地域資源を新たな編集視点として観光と結びつけようとする各自治体や機関・団体などを中心とした観光振興、②観光学という新しい分野に相互啓発することで既存の学問分野との間に大きな進展をもたらすというインタラクション（Interaction：相互作用）の考え、[56]③学術研究を市民に公開・活用していこうとする動き、博物館学的な「エコミュージアム」の発想、④考古学的な展開として市民のための考古学と訳される「パブリック・アーケオロジー」としての捉えなどの展開例である。

深見聡[57]は、まちづくりへの関心は、地域住民が主体になるための「市民参加の段階」として、従来、学び手と担い手が分断されがちであったが、学び手において「意見」を抱き、地域資源を再発見していくことで、段階を深め、企

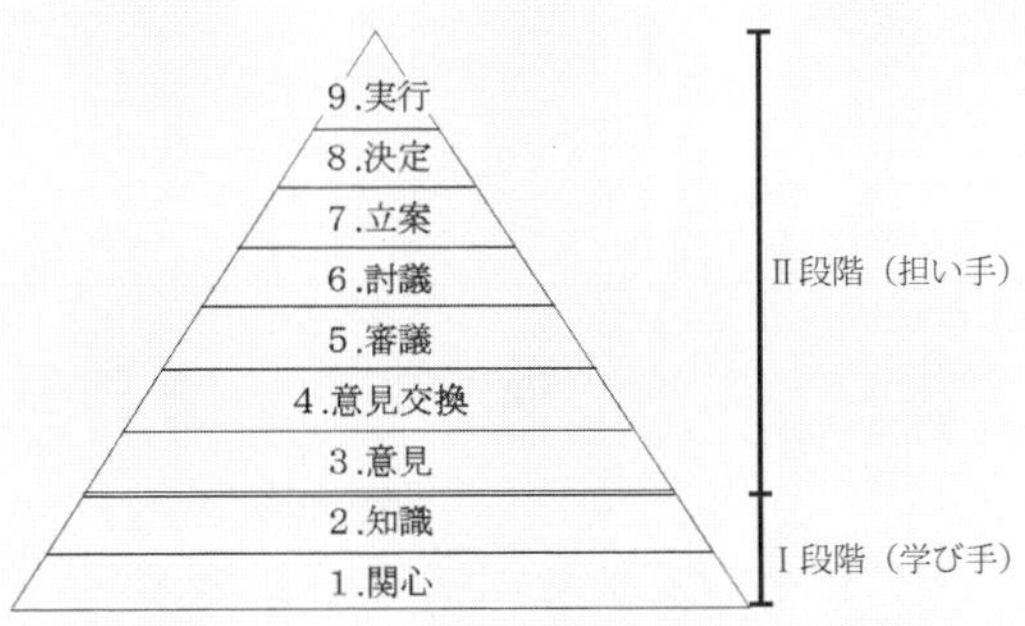

従来、まちづくりへの関心は、Ⅰ段階（学び手）とⅡ段階（担い手）が分断されがちであった。
これを地域資源を再発見し、Ⅰに立脚して、「3.意見」を抱く過程をたどることで、学びのもつ役割とそれらを企画・実行する地域団体の存在意義は高まる、という。

【図 20】　地域住民が主体となる「市民参加の段階」
（『観光とまちづくり』（註 57）から引用作図）

画・実行する地域団体の存在意義がより高まる、として「市民参加の九段階」を示している。このことは、語り継ぐべきテーマの進展が、地域で進められるときのポイントと考えていくべき点であろう。既に述べてきたように、嬬恋村鎌原地区における老人会組織を延長させた観音堂奉仕会の結成と運営をはじめ、嬬恋郷土資料館の解説ボランティア活動、鎌原区の地区をあげた一連の語り継ぎ活動は、この市民参加のスタイルにあてはまる事例である。

　さて、地域住民が主体となる取り組みを目指すことを確認した上で、目指すのは「大人の社会科見学」とするような「フィールドミュージアム」の発想を取り入れた見学地点とその広がりの確保であろう。そこには、被災記憶の伝承以外の要素を絡める必要性や、人物と「天明三年」の逸話をめぐる時代を生きた人物で綴るエピソードも足掛かりとできるかも知れない。天明三年の発掘調査は、考古学の分野ではやや異質な存在でもある。しかし、歴史分野と補完し合える発掘調査であり、遺跡は市民にとって受け入れられやすい事例ともいえる。学術調査をいかに市民目線で押し広げられるかという発掘調査上での具現策として、展開を目標にすることが求められる。その際に、展開可能な要素が多分に含まれているという点を押さえておきたい。

　地域の声を添えておく展示、自分事のようにとらえてもらえる展示を野外博物館の構想の中から見据えておく必要がある。例えば「サテライト」として現地に残されている関連事物は、遺構・遺物（モノ）の「里親制度」を導入して、天明三年浅間災害の記憶の保管と管理を目論見に活かしていく事も必要になるだろう。それは、たとえ指定物件等の扱いがなされていなくとも、個人や地域の所有となるモノには、当地に伝わるいわれや希望が秘められていることとつなげられる。それらを来訪者に伝える手段としての整備を行うこと、語り継ぐことに精力を注ぐことは来訪者の心に出来事を伝えることを可能にする。想いをモノに託すことへの行為、そして、それらに新たな息吹を与える活動が「語り継ぐ」ことの一歩であるともいえる。多くの人にメッセージを受け取ってもらえるような展開を、今日的な手法の中で試みることが、この語り継ぎには求められる。

(2) 遺構の保存と公開のヒント ―― 天明三年の遺構 ――

群馬県長野原町にある久々戸《くぐど》遺跡は、JR長野原草津口駅の吾妻川対岸の北面斜面に位置しており、平成七、九～一一、一五、二七、二八年度に発掘調査が行われている。周辺の調査では、天明三年の浅間山の噴火で発生した天明泥流が遺跡地全面を覆い、泥流直下で検出された畑や当時の街道筋などが確認されている。南の斜面で畑が途切れる縁に、古道「草津みち」が発掘調査で見つかっている(58)。本来、開発行為に先だって行われる緊急調査の終了後は遺構は姿を消してしまうのが常である。しかし、現道下数一〇cmの位置で見つかった古道の部分は、幸いにも工事完了後の現在も埋め戻されたり、改変したりすることなく、発掘調査された状況を保っている。今日の状況下では、「知る人ぞ知る」姿にはなってしまっている。しかし、これが天明三年当時の古道であることをあらためて調査の意義や経過を含めた由来、被災当時の状況を説明できる看板などの設置があることで、どれだけ天明三年浅間災害を語り継ぐサテライトとしての情報をアピールすることができる遺構かと考えると、改めて保存のヒントを想起させられる。既に人目にはオープンにされていて、なおかつ最小限の手立てで、このテーマに関わる地点情報を示すことが出来る可能性を有している例として、ここではその周辺情報を示しておくことにする。

【図21】（右）現況。（左）1999年に発掘調査された天明三年の古道「草津みち」
（左：群馬県埋蔵文化財調査事業団発掘調査報告書319集（註58））

現在、その開発目的となった国道一四五号バイパスが隣接していて、二三〇余年前の街道と対をなすかのように走り抜けている。僅かばかりの発掘調査された古道部分は、歩道脇から眺めやることのできるロケーションにある。遺構公開の具現案として、ささやかではあるが、時間を越えた当時の姿を留めた地点情報としておきたい。ポンペイの街角の看板に足を止める観光客と同じように、ふと目をやれる看板の設置がここに息吹を吹き込んでくれるような気がしてならない。

このように、残された遺構の存在とロケーションの選択、来訪者にとって幾何かの情報を説明できる看板の設置がどれだけ有効となるかということを考えさせてくれる地点情報である。

（3）周遊ルートとしてのテーマ ―― 観光とのインタラクション ――

「本日、文化庁の長官が視察に見えられたそうですが…」「この地区を国指定の文化財にするかしないか、そんなことを調べに来られたようですよ」[59]。このような「史蹟公園化の出発」を示すような記述が確認できるが、実現されるには及ばなかった。前述の「嬬恋村風土博物館」の構想においては、天明三年にまつわる遺構や文化財だけを特化し対象としているわけではない。また、この構想も行政的な取り組みの中で具現化するには至っていない。

他の資産や観光地に波及させ、係わりのある広域の振興とつなぎ合わせ、魅力ある周遊ルートづくり、周遊観光をめざす手立ては、「遺跡」と「観光」の間合いの取り方とも考えられる。経済学の立場からこれをみたときに、巨大な政府赤字や人口減少の兆しが見え始めた現在「割り前をいかに取ってくるか」という補助金に頼る予算確保、補助金、資格付与といった流れには限界があり、行政と民間で分担できる調査研究・維持継承や利用といった在り方が求められる。そして、遺跡などの歴史資源を「地域の宝」とするまちづくりに取り組み、それがその地域の宣伝効果になり、訪れる人が増え、住人は増えなくても「交流人口」は増加し、経済的にも精神的にも住民が満足を感じられるようになっていく。その結果、遺跡への関心や理解がより深まる、という構図に「遺跡にもマネジメント」が必要だと、澤村は『遺跡と観光』[60]で提起している。観光とのインタラクションを念頭に置いた遺跡マネジメントのヒントを応用していく価値は大きい。

日本の高度成長期や欧米の経済が急速に成長した時期の「マス・ツーリズム」と呼ばれる団体旅行の時代から、現在、目的やテーマを絞って一人旅や少人数旅行という「プライベート・ツアー」の時代を迎えている。来場者に再見学の意向を感じさせる場所に仕立てることは、何かしらのイベントや学習、研修が用意されている仕掛けづくりが求められる。対象地域にとって、交流人口となり人口増や集客として貢献がなされる仕組みがあれば、地域に多大なプラスといえるだろう。また、別荘地を控えた、浅間山麓にはリピーターとしてのみではなく、移住滞在するなどの可能性も生まれてくる。仕掛けとしては、広くおこなわれる講演会などだけではなく、外部からの観光の来訪者、宿泊者に対しての「出前講座」などの企画が考えられる。このことは、来訪者にとって観光地の候補を複数に増やすことにもなるだろうし、アピールを通した周遊性の高レベル化にもなるのである。

天明三年にかかわる遺跡や文化財などの歴史的なスポットを結ぶモデルコースの設定、見学ガイドマップの作成、アート系の施設や企画との異分野連携も視野に置くことによる広い意味での面的な連携をもつことも考えられる要素となってくる。ただし、資産間をつなぐ公共交通は整備されておらず、周遊をためらわす要因とならないような対応、構成資産を巡回する手立ての工夫についても考慮することを忘れてはならない。レンタル自転車などの手立てを目論むなどの見学地点間を結ぶ移動手段の工夫が求められる。
ここでは、天明三年浅間災害を語り継ぐ手立てと同時に、多くの来訪者に「野外博物館」としての災害を伝える事物の探訪がすすめられる仕組みづくりとして「プライベートツアー」の参照を確認しておくことを一つの目論見としておきたい。

(4)市民参加の「発掘調査」をテーマにする

遺跡、遺構の公開はもとより、市民を巻き込んだ発掘調査を展開することが、天明三年浅間災害の語り継ぎの展開策の一つに挙げられる。考古学研究に市民参加を取り入れて、いかに考古学の興味と理解を促すかという市民参加を着眼とする考古学「パブリック・アーケオロジー」にも、遺跡保存の視点で着目される。実際に受講者も一緒に手を動かし参加・体験して、座学とを併用したプログラムの展開も考え得る範疇である。

さて、天明三年浅間災害でいえば、地元老人会が鎌原観音堂の一五段の石段の下につづく一一段を掘り出すという行動や、炭焼窯作りに伴う埋没家屋の部材発見と老人会有志の試掘などは、後の学術調査につながる契機ではあった。このことは、地元民における行動の奥にある、市民参加の原動力が「先祖の語り継ぎ」に在ることを忘れてはならない。すでに、市民参加を着眼とする「パブリック・アーケオロジー」の具体が大いに含まれている。澤村は、まちづくりの分野で既に住民参加の手法の開発などがすすめられているとして、①参加者の属性は幅広いほうがよい、②早い段階からの参加が望ましい、③ただし住民参加に向かないこともある、の三点が通念となっている[61]、としている。このことから考えると、市民参加の強力な動機が地元にあることに着目できる。そして、この「パブリック・アーケオロジー」の着眼点は、天明三年浅間災害の発掘調査をすすめることの方向性をもっていることが理解され、幅広い参加者の属性を目指すことが肝要となってくるものと考えられる。

幅広い属性の人々による考古学の展開と天明三年浅間災害遺跡を見ていくとすれば、観光地や温泉を組み合わせた相乗効果は、群馬や長野の山間部をフィールドとしている点で、十分可能な検討要素になる。そして、既に見てきたように、「嬬恋村風土博物館の基本構想」にもあげられている埋没村落鎌原村で展開された総合学術調査地点の保存展示に向けての構想は、さらに公開や市民参加の発掘調査へと伸展させられることが想起される。遺跡のマネジメントや実務のノウハウをもってすれば、災害の語り継ぎ要素としても、地域資源の活用としても公開に向けても大きな成果へとつなげていけるものであろう。

重ねて、澤村は、都市計画やまちづくりである地域で現状把握するには「保全要素・不足要素・阻害要素」の三つの要素に着目するものといい「『お役所守ってくれ』『持ち主壊すな』『誰か何とかしてくれ』というだけの保存運動[62]というだけの保存運動だけではなく、自ら行動することがなければ望んだ結果は得られない」、といっている。文化遺産を中心とした地域社会や地域経済、さらには、語り継ぎを加えて、持続的に発展させていくコミュニティ・マネジメントを打ち立てていけることが望まれるのである。

天明三年浅間災害の激甚地被害地嬬恋村では、「嬬恋村総合計画」が策定されている。その中で、「鎌原地区の史跡公園化」を目指す視点が示されている。改めて屋外展示を前提とした発掘調査を実施していくことなども、本論の中で考えられる展開のヒントである。

天明三年浅間災害下の遺跡には、遺構が泥流に押し流されることなく現状のまま埋もれている点や歴史的、民俗的な資料などと補完し合える発掘調査が可能であるといった特徴がある。加えて、東日本大震災をはじめとする災害を目の辺りに経験し、その復興に努め、ある意味で冷静に災害を見つめる力を蓄えようとしている今日だからこそ、私たちに学ぶべき多くのものを残してくれているとも考えられるのである。

（5）災害情報のデジタルミュージアムへの展開 ──「ひなぎく」と「語り継ぐもの」──

我が国の火山系列の博物館の一覧にも掲載したとおり、火山研究を専らとする研究者や大学研究室でホームページを「デジタルミュージアム」として運営している例が確認できる。該当分野の膨大な情報を整頓しつつ、一般に供することができ、さらにはハコモノを持たない「情報保管庫」としての博物館運営が可能という点など、インターネットを用いた情報の展開としてのデジタルミュージアムの構想は災害情報に対してのみならずとも大きな可能性を有している。先の東日本大震災や中越地震をキーとして、震災資料の収集と保存として扱われている「ひなぎく」と「語り継ぐもの」と名付けられた二つのデータベースを同案内パンフレットから見ておく。

「国立国会図書館東日本大震災アーカイブ（愛称：ひなぎく）」は、国立国会図書館と総務省により、大震災に関する記録や教訓を次の世代へ伝えていくために設立されたポータルサイトである。東日本大震災に関するデジタルデータを一元的に検索・活用できることをめざした「ひなぎく」は、平成二五年三月七日（木）に公開され、保守・運用は公開当初から全て国立国会図書館が行っており、総務省開発分については平成二五年度から国立国会図書館へ移管されている。平成二六年九月現在、検索可能な情報数は、二百六九万七千七百二十件・アーカイブス連携機関数は二七機関を数えている。

全体のイメージ図の中では、各機関が作成保有する記録を統合検索・収集し、一元的なアクセスや記録の所在の把握ができる構想となっている。また、長期保存を可能にする電子書庫としての役割やコンピューターのＯＳとアプリケーションソフトウェア内で機能をもたせる「ＡＰＩ」の提供などが示されており、データは地図上や時系列上に表示されるなどの利用が図られるようになっている。

中越地震データベース「語り継ぐもの」は、長岡市立互尊文庫内の「語り継ぐもの・中越地震データベース構築事業実行委員会」によって運営されている。委員会は、指定管理者として新潟県長岡市立地域図書館七館の管理・運営を受託する株式会社図書館流通センターが主体となり、財団法人図書館振興財団の助成を受けて設立した団体である。

中越地震で被災した人々の体験談や記録写真、各団体によってまとめられた体験談集等をウェブ上で公開するものである。多くの震災資料がインターネット上で公開されてきたものの、その大半は研究資料であり、被災者の目線でとらえた体験談や記録写真をデータベース化し、情報を容易に得ることができるようにする取り組みが特徴といえる。公開される体験談や記録写真は、その内容に応じて「地震災害」「避難」「医療」「生活」「ライフライン」「交通」などのテーマを付与・分類し、検索・閲覧を可能としている。撮影者や出典は明確に表示され、別テーマによる検索にも堪えうる構成としている。構想は、平成二〇年四月「郷土の歴史アーカイブ事業」としてスタートし、（財）図書館振興財団への助成事業として認可申請がなされ事業化が決定した。その後、体験談募集が開始され、地元新聞記者OBとの同行取材を加え、平成二六年一〇月時点の公開件数は、公募原稿・写真一三九件、取材記事三三件、個人体験談二九五件、体験談集（PDF）一三冊となっている。

どちらの例も震災に関わる様々な情報を次の世代へ伝え「記録・教訓」として残していくことで、音声・動画、写真といった、より現実的な記憶を包括的に検索することを可能にしている。整理・統合された資料は、人々に語り継がれる教訓として復旧・復興事業や今後の防災・減災対策に役立ち、その有効性が指摘されるところである。

しかし一方では、写真の写り込みなどによる肖像権や情報漏洩などの懸念、身近にデータが取り上げられるが故に、著作権者不明な資料の存在やウェブ上のトラブルなどの問題点も指摘される。「震災に関するモノすべて」を対象とすることによる資料の膨大さは、横断検索や「震災資料」としての分類、公開基準の作定などの議論も必要になってくるはずである。「災害の語り継ぎに纏わる仕組みづくり」として、インターネットを利用した資料と利用者を結ぶデジタルアーカイブスとしての機能は、災害を伝え・語り継ぐための努力の一つであり、市民目線で語り継ぐ手段とする広がりや多くの可能性を含んでいることを確認できる。情報の収集・運営・更新には、インターネットの活用を抜きには考えられないであろう。

（6）「桜島まるごと博物館」の展開例―NPO法人桜島ミュージアム―

桜島は、国内一一〇の活火山のうちでも、最も活発に噴火活動をしている活火山の一つとして知られている。錦江湾（鹿児島湾）にある東西約一二km、周囲約五二km、車道約三六kmの火山島で、大正三（一九一四）年の噴火により大隅半島と陸続きとなった。現在、桜島は全域が鹿児島市に属し、明治以前は二万人以上の住む島であったものの、大正大噴火の影響によって九千人ほどに激減し、その後も減少が続き、平成一二（二〇〇〇）年には六千人強、平成二二（二〇一〇）年一二月現在、五一八三人となっている。

この火山の代名詞ともいうべき桜島とそこに伝わる文化や暮らしに魅力を見いだし、その価値を多くの人々に広めようと、様々な活動を行っている団体が「NPO法人桜島ミュージアム」である。桜島全体をまるごと博物館ととらえ、桜島の自然、歴史、文化を体験できるツアーやイベントを開催している。年間を通じて開催するものから、季節限定のプログラム、あるいは地域住民・自治体の協力の下に実施するプログラムを準備している。バスを使い桜島にある温泉に次々に入っていく「フロマラソン」、普段は立ち入り禁止の砂防施設に入る「砂防体感ツアー」、大正溶岩原を散策する火山ガイドツアー、錦江湾唯一の有人島である新島探検ツアーなど盛りだくさんの企画を展開している。新たな桜島の魅力を発見し、広く伝えるための準備を重ねている。

桜島観光のポータルサイトとして公開されているホームページには、多彩な情報が公開されている。桜島全体を現地で楽しめる仕組みづくりとして、NPOの趣旨が盛り込まれ、二〇一〇年に発行された『みんなの桜島』[63]は、そのガイド本的な存在である。口絵には、噴煙を上げる桜島がシンボルとして登場し、ホテルや温泉・特産物の紹介に加わり、噴火現象の「火山雷」とともに撮影に取り組む写真家が紹介されているところには、組織に多ジャンルの人たちが係わっていることがうかがわれる。噴火の歴史・観光ガイドとしてのみどころ案内・文学案内・伝統芸能を紹介している。

【図22】ガイド本
『みんなの桜島』
南方新社 刊

この例によって学ぶべきところには、島全体を博物館に見立て、まち歩きのスポットを野外展示に見立てようとしているところであり、観光ガイドブックでもありつつ、過去の災害や噴火のたびに厄介扱いされる火山灰や砂防対策を見学者に対し「サテライト」として取り扱おうとする点、多彩なプログラムを常に開拓しようとしている点などがあげられる。観光情報とともに、住民との体験を通した交流とともに行政側をも巻き込んだ、歴史的なスポットを結ぶモデルコースづくりの企画などを常に更新させている。「野外博物館」と見立て「プライベートツアー」としての探訪がすすめられる仕組みづくりが展開されている点を、本論で扱う天明三年浅間災害野外展示構想の展開を試みる際には、大いに参考とするべきであろうと考えられる。

これらの活動の仕組みづくりを参照すると、群馬県安中市板鼻の八坂神社祇園祭や埼玉県久喜市天王様といった信仰や地域文化へ特化した語り継ぎの文化を観光と織り交ぜるなどの策がまず思い浮かぶ。また、既に埼玉県本庄市の成身院を振出にした「児玉三十三霊場巡り」といった噴火の犠牲者を弔うために開創されたと伝えられている巡礼コースも存在している。こういった「点」、あるいは「点の集合」を束ねた「面」としての天明三年浅間災害を語り継ぐための組織の展開策として、ＮＰＯの組織化と活動の事例に学んでいくべきものとしたい。

（7）描かれる浅間山と天明三年噴火

洋画、日本画、版画といった作品の枠を越え、主題として浅間山が描かれていることは、ここで議論するまでもない。作家たちの創作意欲をかき立て、作者のフィルターを通して、それぞれ多彩な表現がとられ作品へと反映されている。アートの分野においても、災害語り継ぎの新たな視点として着目できる。

【図23】水野暁の作品（右）「The Volcano—大地と距離について／浅間山—」
（左）「天明泥流絵図二〇一四—吾妻川〜利根川—」

群馬県出身で上毛芸術文化賞を受賞した水野暁は、写実表現を追求する画家で、デジタル写真の汎用やコンピューターグラフィックといったバーチャルリアリティが浸透する現代に写実画を描き続ける一人として注目される新進若手作家である。[64]二〇一四年の群馬県立近代美術館開館四〇周年記念展（『一九七四年に生まれて』）で展示がおこなわれた。「私にとってリアル（写実）とは実感をともなった行為のもとに生み出される表現である」（『リアルのゆくえ—高橋由一、岸田劉生、そして現代につなぐもの—』二〇一七年全国巡回展覧会）といい、『浅間山の噴火（四歳の作品）』一九七八（二四・五×一八・九㎝水彩・板）を四歳の時に描いたことを契機に、浅間山噴火を題材にした作品にも取り組んでいる。『The Volcano—大地と距離について／浅間山—』二〇一二—一六（一四五・五×二二七・三㎝油彩・カンヴァス）、『天明三年浅間災害遺跡に関するドローイング』二〇一三—一四（水彩、鉛筆、紙）などである。また、天明泥流を画材に用いるなどして天明泥流の流下を表現した作品『天明泥流絵図二〇一四—吾妻川～利根川—』二〇一四（浅間溶岩石、銀、吾妻川及び利根川の水、膠、各種メディウムなど）も制作している。水野は「今の自分と過去の自分さらには過去にあった噴火の歴史を踏まえ、自分も美術館も生まれる遥か以前より群馬県は浅間山に遠くから見守られているといった感じをドローイングで表現」[65]といい、天明三年の噴火を題材にした作品を発表している。その制作にあたっては、被災遺跡や各地に残る記念物などを丹念に取材し制作活動に向かい、実際の天明泥流堆積物や河川の流水を画材に取り入れて、作品をまとめ上げていく姿があった。天明噴火から二三〇余年が経過したときに、「天明三年浅間噴火」が現代の芸術作家に着目されたことも語り継ぎの項目とすることができるのではないかと考えられる。

すでに記述した、福重の注目した絵図『天明三年浅間山大焼絵図』の場合であっても、[66]天明三年以降、作者が何らかのテーマのもとで制作された作品であることには違いない。今日知られる、被害絵図もこの範疇におさまるものかも知れない。描き残されている絵図を、災害情報として捉えるためにその系譜をたどる作業も重要になってくる。

絵画史上に浅間山が描かれた作品はそう多いとはいえないと思われる。鎌倉時代の『伊勢物語絵』に描かれたものや絵巻『一遍上人絵伝（一遍聖絵）信州佐久郡伴野（第四巻第五段大井太郎屋敷）』（一二九九年　清浄光寺蔵　国宝）が最古ではないか[67]と推定され、近世では、歌川広重（一七九七～一八五八）の『木曾街道六拾九次之内　軽井沢』、溪斎英泉（一七九〇～一八四八）の『木曾街道　追分宿・浅間山眺望』などが知られている。

江戸後期、西洋画の油彩や銅版画の技術を使って風景や人物を描いた絵師を洋風画家と呼ぶというが、亜欧堂田善《あおうどうでんぜん》（一七四八～一八二二）は、その一人である。六曲一双の大きな屏風絵に浅間山を描いている。東京国立博物館所蔵の『浅間山図屏風』（第三章三節）という作品がそれである。[68]現在知られている江戸時代の油彩画中最大の作品といい、美術方面の書評には、「ぽつりと一本の松が描かれているだけで、…草木のない所が広くあって、…まるで嵐の後に樹木が散乱した光景のような印象」「作品の完成度の低さ、田善の力量の限界[69]」と表現する見解がある。

『浅間山図屏風』について天明三年噴火の経緯と重ね合わせて観ると、成立年代が確定しない以上断言することはできないが、天明三年噴火からさほど時間が経過しない、火山灰が厚く堆積した荒涼とした風景を重ねて表現しているのではないかと推定できる。これは、美術史の批評とは解釈が明らかに異なるものと考えられる。この構図の基は、多彩な様式の日本画を生み出したと評される谷文晁の『名山図譜』（文化元（一八〇四）年）とされているから、屏風絵に仕立てられた天明三年の浅間山噴火から間もない姿を記憶した江戸時代最大の油彩画ということになる。一茶の文字描写と重なる旨を既述したが、噴火後かなりの年数が経過しても、なおもこのような荒涼とした風景が広がっていたことが確認されていたのではないかと考えられる。

「寛政の五鬼」の一人儒学者亀田鵬斉（一七五二〜一八二六）も南画・文人画を意識した『浅間山真景図』（群馬県立近代美術館所蔵）を文化六（一八〇九）年信州中野の遊学先で描いている。[70] しかし、浅間山の西側からの構図は、軽石の覆われた荒涼とした浅間山ではなかったはずである。

近現代の日本洋画壇の巨匠と呼ばれる梅原龍三郎、日本画家の片岡球子、美人画で知られる伊藤深水など現代画家が、広く浅間山を構図としている。長野県小諸市に生まれた小山敬三は、故郷の山として思い深く描き、小山敬三美術館でそれらの作品を見ることができる。小山敬三の『浅間山―盛夏―』は、『週刊朝日』（昭和二九（一九五四）年二月一四日号　通巻一七九〇号）表紙コンクール参加作品の表紙絵を飾っていいて、「かつては天明の災害さえも生んだ浅間は、まことにドラマチックなたくましい存在として、限りなく魅力」との評を得ている。過去の巨匠たちが描き残した浅間山・天明三年噴火に加えて、新進画家の表現も語り継ぎの歴史に加わっていくものとして目を向けていきたい。絵画という、いわば他領域との緩やかなつながりを求めていくことも災害を語り継ぐ展開のヒントになるはずである。

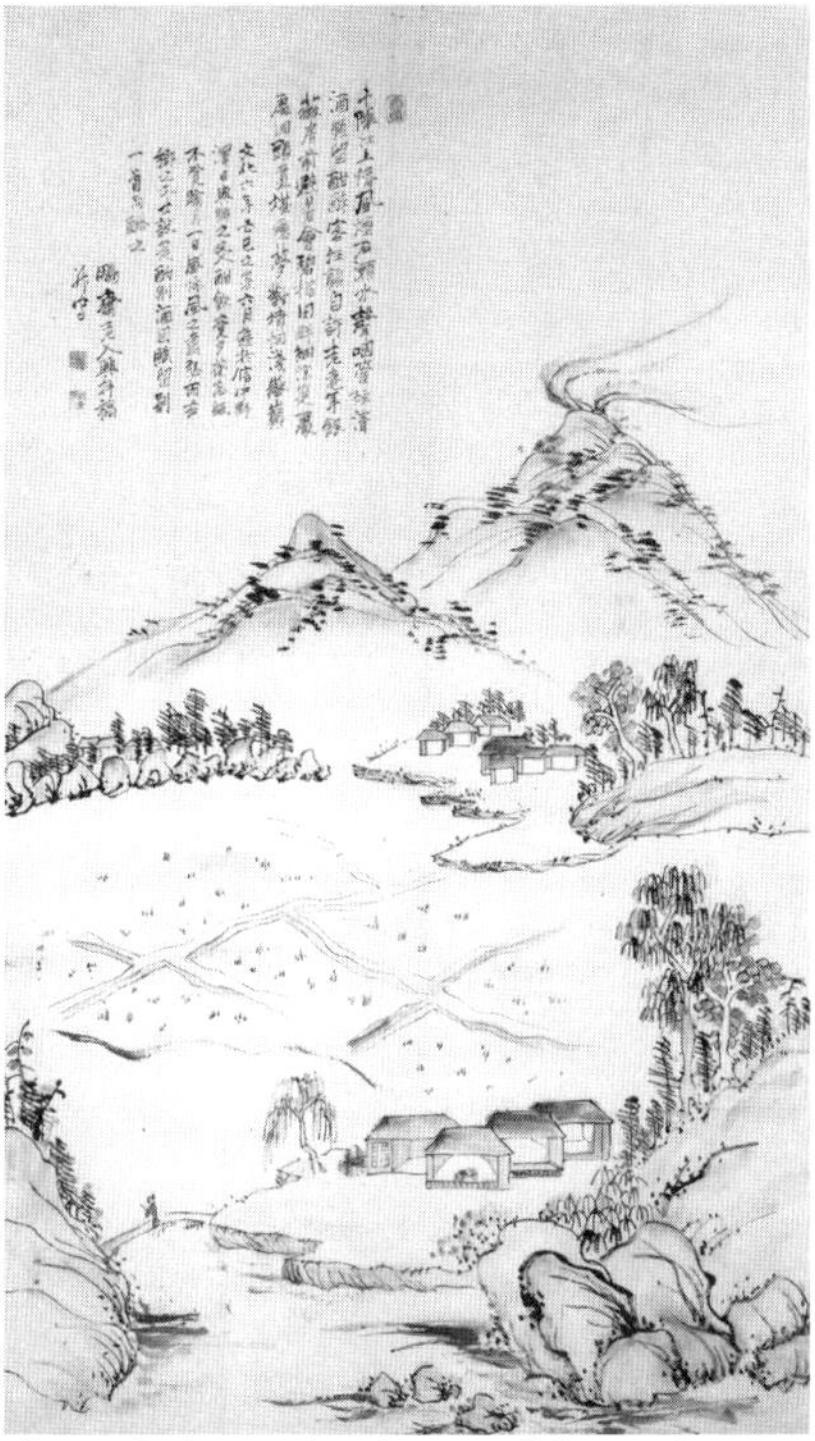

【図 24】亀田鵬斉の描いた「浅間山真景図」
（群馬県立美術館所蔵）

（8）伝統芸能の継承—天明三年浅間災害に纏わる祭りと年中行事暦—

三章では、災害の記憶が信仰や地域文化へと特化してきた例をみてきた。【表2】は、現在継続、または、近年まで行われてきた天明三年浅間災害に纏わる祭礼と年中行事暦の一覧表である。九〇年代に群馬県内の郷土芸能で、獅子舞は二〇〇組以上あったと推定され、獅子舞は、神を鎮め、慰め、祈願、加護を願うもので、旱《ひでり》の雨乞いなどに臨時に舞ったり、伝染病がはやると疫病退散などに実施されたりしたというが、いつ頃日本ではじまったかはわかっていないという。(71)

今日、嬬恋村重要無形文化財の鎌原獅子舞は、四月三〇日の春祭と九月九日の秋祭に鎌原神社の宵祭りの際に神前奉納される。かつて未曾有の災害を受けた地に住む区民の、神を鎮め五穀豊穣と除災招福の願いが込められた獅子舞で、天明三年災害後、疫病の流行に厄払いとして始まった伝統芸能の一つである。一説には、氏神の本山長野県の諏訪地方から厄払いのために獅子舞を演ずることにしたのが始まりと伝えられる。(72)春祭りで奉納され、各家庭をまわり厄払いを行う獅子舞は、舞の途中、提灯を持った子供たちが獅子舞の中に入る。このシーンは、獅子のお出ましを歓迎するかのようにも見て取れるが、代を重ね継続されてきた伝統行事として映し出したときに、伝統芸能が次世代に語り継がれていくための役割のフレーズが用意されているかのようにも見えてくる。この土地で伝統文化が真摯に受け継がれているが故、伝統芸能がどう守られてきたのかという視点も大切にしておきたい。

同じ様に厄払いや無病息災を祈りはじめられた獅子舞であっても、渋川市川島の甲波宿祢神社の例に見るように、奉納され続けてきた獅子舞が、天明三年の災禍に遭い、一端は中断するも復活再開され、以来、代々氏子の長男に受けつがれ、神社境内の諏訪神社の例祭に奉納される伝統芸能として、高台に再建された境内で奉納され伝承されている例がある。天明三年浅間災害の災禍に遭っても、地域伝統を守り語り継ぎが行われているという事例を確認できるのである。

1月	3日お大師様縁日（前橋市龍蔵寺町）、6・7日少林山七草大祭だるま市（高崎市鼻高町）、28日不動尊の祭り（太田市高林南町不動地区）
2月	3日龍蔵寺の節分会（前橋市龍蔵寺町）、22日頃焼き餅会（太田市高林）
3月	21日身護団子（嬬恋村鎌原）、24日田ノ入のお地蔵様のお祭り（渋川市小野子）
4月	30日鎌原神社獅子舞春祭奉納（嬬恋村鎌原）
5月	
6月	
7月	12日~18日八雲神社例祭・提灯祭り「天王様」（久喜市）、14日に近い土曜日板鼻のお祇園（安中市板鼻）
8月	5日供養祭（嬬恋村鎌原）、浅間山噴火大和讃（嬬恋村鎌原）、28日不動尊の祭り（太田市高林南町不動地区）
9月	9日鎌原神社獅子舞秋祭奉納（嬬恋村鎌原）
10月	5日達磨まつり（高崎市鼻高町）、9日頃川島（甲波宿祢神社）の獅子舞（渋川市川島）
11月	旧暦10月9日供養祭（伊勢崎市戸谷塚）、23日成身院例祭（本庄市児玉町）
12月	
各月	各月7·16日鎌原の念仏講（嬬恋村鎌原）、各月16日根古屋の念仏講（東吾妻町三島）、各月18日鬼押出し園・東叡山寛永寺別院「浅間山観音堂」聖観音菩薩御開帳（嬬恋村鎌原）

【表2】天明三年浅間災害に纏わる祭礼と年中行事暦

このように、祭礼といった文化・生活要素、伝統芸能の中に、天明三年に係わる事例が数多く残されていることが確認でき、災害文化の理解を助ける語り継ぎがなされていることがわかる。歌や踊り、神輿といった多人数で一体化する行為は、地域コミュニティのアイデンティティを確認することや地域住民の絆や結束を得る機能を担っていると考えられる。さらに、そのことが、災害の記憶や語り継ぎの機能としての一役を担うことにもなっているのである。地域における「災害の記憶」の語り継ぎが継続する理由になり、またその仲立ちになったりもしている。地域コミュニティの維持存続と密接に係り合い存続しているのである。

災害から百八十回忌の頃には、伊勢崎市の戸谷塚で供養祭が行われて、戸谷塚の人々と鎌原の人々の結びつきがあり、互いの供養祭に行き来するようになったという事例がある。八月五日供養祭（嬬恋村鎌原）と、一一月の旧暦一〇月九日前後の供養祭（伊勢崎市戸谷塚）とで、交流が行われている。それぞれの地域で行われている先祖を供養する行事は、長い時間軸の中で継続されてきている。他の地域で行われてきていることに感化されたり、そのことを知ることで新たに自分たちのアイデンティティが確認されたりする。そして、新たな語り継ぎの文化や行為へと変容していくことも、現代社会の中でみられる特徴とみておくべきで、祭りと年中行事について、災害を語り継ぐ伝承例として、天明三年浅間災害にまつわる伝統芸能の紹介とするテーマの設定を展開に織り交ぜていくことは求められる事項である。

（9）周年行事 ― 供養祭記念誌の発行・節目の記念事業 ―

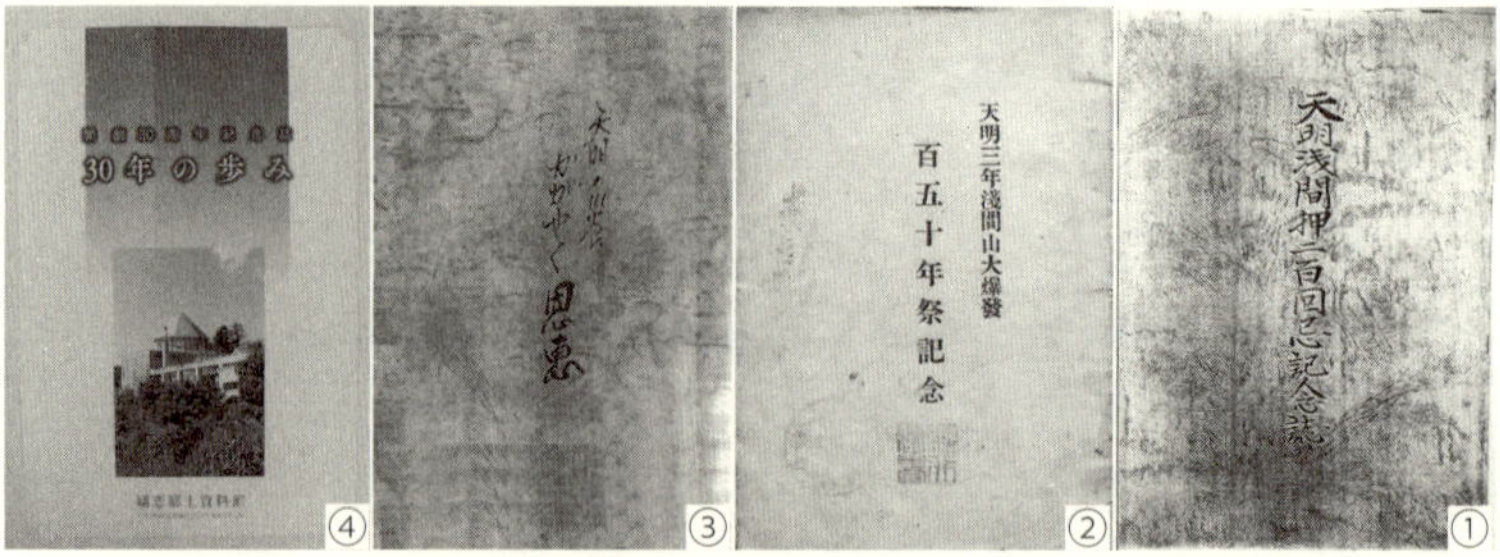

【図25】①二百年祭、②百五十年供養祭、③二百十年祭
④嬬恋郷土資料館開館三〇年、各記念誌。

噴火後二三〇余年が経過する現在、論者が知り得ている供養祭・式典の際に出された記念誌が、百五十回忌、二百回忌、二百十年祭の三冊、また、二三〇年目にあたる嬬恋郷土資料館開館三〇年の記念式典のものである。

群馬と長野の県境（長野県軽井沢町）にある峰の茶屋で営まれた昭和七年八月の百五十回忌の記念会誌『天明三年浅間山大爆發　百五十年祭記念』が、発起人で峰の茶屋主人の内堀定市の手によって編集されている。[73] 五〇頁からなる四六判で、表紙に押された朱印は、「天明三年百五十年歳記念研究会」と読み取ることができる。軽井沢町長佐藤直吉の序文に続いて、六里ケ原より望む浅間山と大森房吉撮影の鎌原観音土堂の写真を口絵とし「石段は當時百十三段あった」と注書されている。本文は「浅間山噴火和讃（ママ）」「八木貞吉著『浅間山』からの引用」「天明三年浅間焼百五十年供養会厳修趣意書」「発起人賛同者一覧」他八頁の広告で構成されている。趣意書は、２頁にわたり記載されているもので「…同志相謀リテ此等横死者ノ為メニ九月五日ヲトシ一大法養ヲ厳修シ供養塔ヲ建立シ以テ其の英魂ヲ弔ヒ之レヲ慰藉供養シ永ク後世ニ記念スル處アラントス。…昭和七年八月」とし、発起人として峯ノ茶屋主人内堀定市の他七名（登山案内人組合代表　飯島喜文太　平田彦七、嬬恋村　鎌原司郎　安齋儀平　山崎蟻五郎　安齋石蔵、長野原町　黒岩斎治）が記載され、二三〇名を越える賛助者名が掲載されている。『天明の災にかがやく恩恵』[74] でたどると、鎌原では、昭和七（一九三二）年「区長安済（ママ）儀平　七月公会堂前にて百五十回忌供養す」と記され、発起人である鎌原区長は、七月に行われた鎌原での供養の他に九月の峰の茶屋で営まれた記念祭でも主催者となっていたと思われる。

二百回忌記念誌『天明浅間押二百回忌記念誌』は、昭和五七年八月五日の二百回忌供養聖観音像開眼と犠牲者の法要にあわせ、編集され関係者に配布されたものである。本誌には、実行委員長の嬬恋村長森田啓次郎の挨拶文にはじまり、法要当日の式次第、昭和五五年七月に設立された「天明浅間押二百年記念事業実行委員会」の事業報告、記念事業経費の概要（篤志御寄進五七二三名による六七一一万円余の収支）、天明浅間押二百年記念事業実行委員会と鎌原区実行委員の名簿に加え、鎌原観音堂奉仕者一一七名が記され、鎌原区長佐藤井泉の謝辞が記されている。その内容は、天明三年噴火の推移や地域ごとの被害状況と鎌原村の被害、復旧工事、慰霊供養史や救済に尽力した人達などを取り上げ、天明三年浅間災害全体像を知るのに充分な内容を萩原進が取りまとめている。

また、体裁を改め『天明三年浅間山噴火史』[75]として一般頒布され、鎌原観音堂奉仕会の手によって発行、販売された。これらの経緯については、同誌の結びに記されている。[76]

二百十年祭に際して発行されたのは『天明の災にかがやく恩恵』[77]である。この記念誌は、鎌原区と鎌原観音堂奉仕会の手によるもので、平成四年八月「謝恩の碑」建立を記念事業とする式典にあわせて、編集されたものである。区長及び鎌原観音堂奉仕会が発起人となり「期せずして区民の間より長年の懸案であった有名無名の先人の恩恵を碑に刻み永く後の世に伝えたいという声が上がり、いまその悲願を叶えることができた」と序文に記している。天明直後から救済事業に力を注ぐことを惜しまなかった近隣の奇特者達、代官や勘定吟味役根岸、熊本藩主細川をはじめ、萬霊の鎮魂にあたった善光寺や常林寺の住職、発掘調査をおこなった総合調査会、来跡した皇太子ご一家などへの謝恩を込めると記している。そして、それらにかかわる史料などを掲載し、二百回忌の供養祭や昭和五八年秋に建てられた鎌原区の共同墓地の流死者菩提塔や奉仕会発足の記事、村長、村会議員や天明以来の歴代名主区長などが、取りまとめられている。「よみがえる延命寺」と題した鎌原村の発掘調査に携わった松島榮治郷土資料館名誉館長の寄稿もある。関係者や地元民ですらなかなか知り得ない語り継ぎの情報を盛り込んだ記念誌で、いわば、地域で守り継がれていく地域の正史を活字にした一編といえよう。

また、嬬恋郷土資料館開館三〇周年を記念して平成二五年一〇月二五日行われた式典にあわせて発行された『開館三〇周年記念誌　三〇年の歩み』[78]は、館とボランティアの手により刊行された。記念誌は「資料館友の会」「資料館ボランティアガイド」「嬬恋さゆみの会」による編集委員会の手により、資料館誕生から三〇年間の歴史の収録がなされている。同館の建設が二〇〇年の節目にあたっていて、この式典は、ちょうど噴火後二三〇年にも重なる記念誌にも相当する。

宗教に由来する回忌供養や節目の数字をもって記念日として、改めて供養やその所属、謂われをふりかえる周年行事等の行為は、歴史に残る災害の供養を果たす社会的な知恵としても意義がある。また、天明三年浅間災害から、二三〇年の節目として、二〇一三年度には地元群馬で三本の展示企画及び講演会がおこなわれた[79]。二三〇年の経過を経て災害の実相を知ろうとする歴史分野からの興味、発掘調査された遺物を目の辺りにする展示に足を運ぼうとする地元来館者に対して、歴史災害が二三〇余年にわたって語り継がれてきた足跡には、防災や減災の文化へつながる機能をして、自分たちの地域の創造へつなげていこうという言葉が準備されている。

天明三年浅間災害に関心をもち、それにかかわろうとする志をもつ人たちにより執り行われてきた供養祭、そして、記録を文字に刻みその地に残そうとする記念碑建立、さらに、記念誌の発行といった行為が、多くの先人の足取りとして確認されるのである。こういった年周期や回忌といった時間の節目を契機に再認識しようとする気持ちは、災害や教訓を語り継ぐためではなく、社会一般にみとめられる行為である。天明三年浅間災害というテーマで先人が取り組んできた数々の追善行為や記念的な行為をたどりつつ、今を生きる代の自分たちの活動として意を新たにすべきと考え、野外博物館化の語り継ぎを提唱するところでもある。

（10）阪神淡路大震災のガイド本

「語り継ぐ」といっても必ず風化する。その点で、実物ほど確実なものはない。しかし、実物が残されたとしても、来訪者にとってアクセスの利便やその所以、意義が語られていないとその価値は半減してしまうことになる。

平成七（一九九五）年に発生した阪神淡路大震災後に取りまとめた震災の記憶をたどる散策ガイドブックの存在がある。「遺構も記録も後世に残すべきものは痛みを伴ってでも残さなくてはいけない」との意見がある。その意味合いから、震災遺構や記憶を整えるこの類の仕事を確認しておくべきであろう。

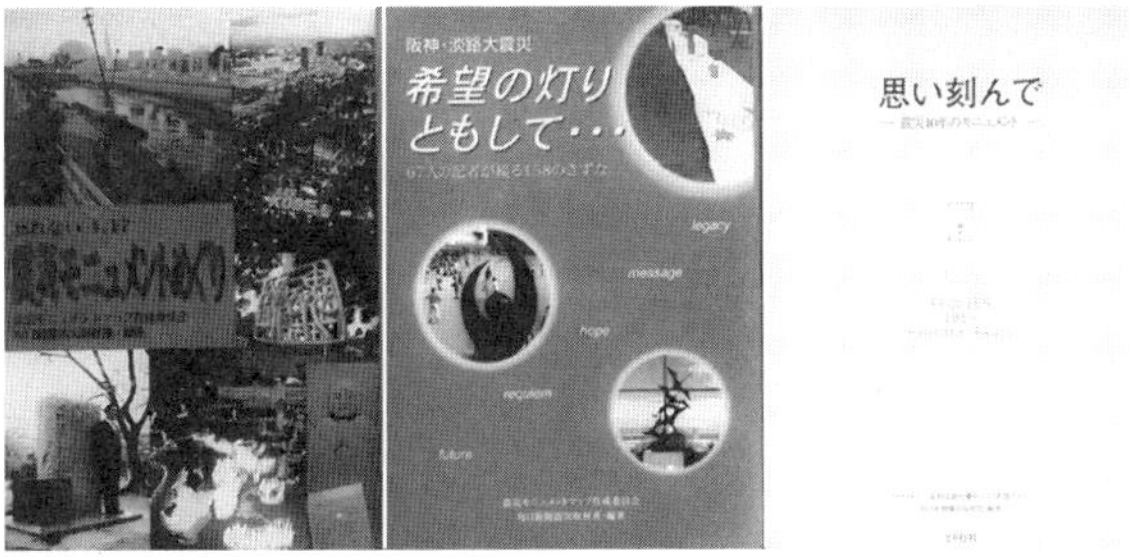

【図26】阪神・淡路大震災の記憶をたどる3冊の散策ガイドブック

現在、手元にある三冊は、①『忘れない1・17震災モニュメントめぐり』[80]②『阪神・淡路大震災　希望の灯りともして…』[81]③『思い刻んで―震災10年のモニュメント―』[82]である。

一九九九年秋に活動がはじまった震災モニュメントマップ作成委員会の手による①では、企業、行政、個人の協賛を得てモニュメント一二〇ヶ所の場所を記載したマップ一二万部の配布を行っている（二〇〇〇年版）。このマップは、修学旅行や校外学習などにも活用され、これに基づいた「震災モニュメント交流ウオーク」が始められたという。毎日新聞の五九人の記者と震災犠牲者の四遺族による執筆を記している。最寄り駅などを示した「震災モニュメ ントに行くには」や交流ウォークをもとに作成された七つのコースは「こんなコース、あんなコース」と題され、紹介されている。そして、新たな震災モニュメントの情報の提供を呼びかけていて、活動の「通過点」としてさらなる継続性も読み取れる編集となっている。

版を改め、一五九ヶ所を掲載した三版目の震災モニュメントマップを取り入れて編集されたのが②で、毎日新聞の六七人の記者による執筆、震災モニュメント交流ウオーク、震災モニュメントマップ作成委員会らの協力で編集されている。①をベースに、応援手紙や座談会といった内容を加え「祈り・Message」「証し・Legacy」「想い・Requiem」「生きる力・Hope」「未来へ・Future」の章にモニュメントを区分けしている。③は、震災一〇年を前に一〇九人の毎日新聞の記者やOB、NPO法人「阪神淡路大震災1・17希望の灯り」の手による編集に加え、遺族の手記を織り交ぜている。前述の①と②をもとにそれぞれの執筆に手を加えたものもある。震災一〇年のモニュメントとして、エリアを「area 01」から「area 06」を見出しにして編集している。一〇年が経過した中で編集された同書には、震災のデータ・倒壊した高速道路の写真など震災の象徴的な資料を最小限に効果的にはめ込んでいる。

さて、この三冊の著書に対して災害の語り継ぎとしてどう敬意を払うべきかを考えておきたい。

①では、「震災モニュメント索引」として、モニュメントの緩やかな分類を試みていて「こんな人と震災モニュメントとの関係を知っていますか」とか「碑以外のモニュメントを作って残す」といった見出しが付されていて、モニュメントとしての多彩さを、人々の気持ちを慮りながら取り扱う配慮を感じることが出来る。

②では、座談会のモニュメントマップの作成委員の語りで「マップが刷り上がった時、怖くもあった。遺族の人に一人でも〝人の痛みが分かっているのか〟と怒られたら捨てようと思っていた」と心境を語り、ある遺族が〝今まで自分の息子の死しか見えなかった。こんな様々な死があったんですか〟と言われ…〝一人で慰霊碑に行くのは辛い〟という人も含めて、これが震災モニュメント交流ウォークの始まりになった」と記している。

震災犠牲者六四三二人の六四三二通りある一人ひとりの「プライベートな死」から、みんなの死として「パブリックな死」を被災地に建つモニュメントの意義付けとされるようになったとしている。このことは、先の東日本大震災でも大きく取り上げられる「震災遺構」の存在意義としての解釈にも関わる取り扱われ方として大切な部分であろう。

また、人々の間で、忘れたいという気持ちと忘れられないという気持ちが日ごとに変化する。そんな中で、「慰霊碑の方から〝しっかり生きなさい〟と言ってもらえる」というキーフレーズを記している。まさに、慰霊碑の存在意義の一つの解釈として大切にしておくべきであろう。

さらに、③では、監修者の神戸市在住で被災した作家の陳舜臣の寄稿の中に、鴨長明の「あの地震が三〇年もすれば人々に忘れられると嘆いたくだり」・新井白石が『折たく柴の記』に詳細に記した元禄地震・谷崎潤一郎が『細雪』に文学として記述した阪神水害などの記述を引き合いに、阪神・淡路大震災の「語り部という義務」を負っているとする文脈に、今日的な災害と歴史災害との接点を見出すことが出来るように思える。今日的な災害と歴史災害との語り継ぎの場面間でのそれぞれ要点を学び取っておきたい。

小結

本章では、激甚被害地となり発掘調査や復興の歴史をたどれる天明三年浅間災害の被害地点として、鎌原村と川嶋村の背景について詳しくみてきた。鎌原村は「埋没した土砂の上に子孫の生活が続けられているムラ」として、以前から着目されてきた。発掘調査により全国の人々に着目された歴史的な火山災害を現在でもたどれる場所となっていることや、先祖が被った被害と復興の歴史に対しての地域住民の積極的な語り継ぎ活動の例が注目できる。同じように、この災害を伝える多くの地点情報が残され、災害の語り継ぎや発掘調査により「絵図に描き残され地中に眠るムラ」と形容してしてみてきたのが、渋川市の川嶋村である。被災後の用水の開発や復興再会なった獅子舞など地域の天明被害からの復興の歴史が数多く残された村の一つである。「地域まるごと」の視点に着目して、古絵図によるムラ復元の姿と被害状況の語り継ぎの場としての展開が考えられる場所として記述した。

「日本のポンペイを創ろう」というフレーズのもとに、天明三年浅間災害の語り継ぎを考えることをテーマとしたが、火山災害遺跡として「ポンペイ」を冠することの意味合いを確認した。今日的な災害における社会変化の中で、「語り継ぎは埋もれてしまいがちである」との見方もある。しかし、記憶を語ることは、出来事を知るのみではなく、自分たちの住む土地の将来を語り、創造することにつながる。語りということにおいて、過去と将来が融合してくる。その材料として、出来事を語る実物の存在は意義深いものになり、災害の記憶を「遠い昔の恐ろしい出来事」にしないためにも、災害記憶の継承は、震災遺構の存在なくしては得られないものといえるだろう。このことは、歴史災害を今日的に見直す際にも全く同じ視点が求められると考えて問題ないだろう。本章では、今日的な災害との比較に立って震災遺構やダークツーリズムの存在などを参照し、その展開がなされている中越メモリアル回廊、東日本大震災による震災遺構の整備についてその一部をみてきた。

公開されている南イタリアの火山災害遺跡ポンペイを訪れると「主人がひょっこり顔をだしそうな街並み」と形容できるような感覚を味わうことができる。時間を越える空間が考古遺跡によりもたらされるという視点、また同時にそこには、考古学を通して災害を伝えることが出来る可能性として、原位置に火山災害の爪痕を残しつつ公開されていることの重要性を考えさせられる。いかにこのことを来訪者への情報展示とつなげていくかが鍵となる。「日本のポンペイ」を冠するどの遺跡にも、災害の土砂や火砕流・火山灰・軽石の堆積物の中から、遺構が埋もれた残存状況を示しながら、見学者が現地で感じることができるロケーションを有していないという実情も存在している。この視点から、天明三年浅間災害を感じることができ、市民とともに進められる発掘調査や遺跡保存公開を目指すことを構想に挙げるべきだと考える。「ポンペイ」のヴェスヴィオ火山との関係、被害の実態を精確にたどることで見えてくる人々の行動や人間の本質、それを知ったときに、わたしたちは次にどう行動しなければならないかを考えさせてくれる、という発展的な材料として、「ポンペイ」の存在意義が認められる。過去の出来事をたどることを通して、将来を創造していくことを可能にしてくれる考古学的な可能性として、天明三年浅間災害にも同じ要素が存在していることを感じとり、展開を試みることを目途としたい。

註

（1）鎌原観音堂　参拝パンフレット
（2）清水寥人一九九六『緑よみがえった鎌原』あさを社　一三三～一三四頁
（3）渡辺尚志二〇〇三『浅間山大噴火』吉川弘文館　一五〇頁
（4）同上　一五九頁
（5）渡辺尚志二〇〇三『浅間山大噴火』吉川弘文館　一五〇頁
（6）炭鉱には、「安全に掘るには、家族を含めた全員が一致団結していく」との意味があり、そのヤマで働く人すべてが家族であるという考え方で、炭鉱で働いているお父さんだけでなく、家族を含めた全員がそのヤマを構成する一員として、強い連帯意識を持っていたことに派生する。
（7）大石慎三郎一九八六『天明三年浅間大噴火』角川選書　一二七頁
（8）鎌原忠司氏は鎌原村に八〇〇年住む四一代目当主であった。清水寥人一九九六『緑よみがえった鎌原』あさを社　一二七頁
（9）嬬恋村教育委員会一九九五『嬬恋村風土博物館基本構想』
（10）鎌原神社境内に村指定重要文化財の郷倉（備荒貯穀倉）が現存している。鎌原村に郷倉が建てられたのは、災害の五年後の天明八年のことである。
（11）「右ぬまた　左すがを」とある。門石は二五km以上下流に流されて、後年河原で発見されたのち、鎌原区に戻され、観音堂の前庭に置かれている。
（12）山口岩美「ボランティアガイド　情報発信の使命担い大活躍」『嬬恋郷土資料館友の会たより』二〇一三年七月一六日
（13）井出明二〇一〇「災害復興と観光」『観光とまちづくり』古今書院　一九頁
（14）井出明二〇一〇「復興観光とアートマネージメント」『観光とまちづくり』古今書院二〇九頁
（15）古澤勝幸一九九七「天明三年浅間山噴火による吾妻川・利根川流域の被害状況」『群馬県立歴史博物館紀要』第一八号　八八頁
（16）北群馬渋川の歴史編纂委員会一九七一『北群馬・渋川の歴史』三五五～三五七頁

(17) 関口ふさの一九七九『緑よみがえった鎌原』月刊上州路別冊あさを社　五〇頁
(18) 萩原進一九八六『浅間山天明噴火史料集成Ⅱ』群馬県文化事業振興会　三三六～三四〇頁
(19) 国土交通省利根川水系砂防事務所二〇〇四『天明三年浅間焼け』一一九頁、井上公夫二〇〇九『噴火の土砂洪水災害』古今書院　一二四頁
(20) 萩原進一九八六『浅間山天明噴火史料集成Ⅱ』群馬県文化事業振興会　一五九頁
(21) 同右　三一七頁
(22) 同右　三三二頁
(23) 同右　一二四頁
(24) 渋川市教育委員会一九九八『川島久保内・馬場遺跡』発掘調査報告書　第六二集
(25) 渋川市教育委員会一九九九『渋川市の文化財』二四頁
(26) 上毛新聞（二〇一四年八月一三日付け）
(27) 萩原進一九八六『浅間山天明噴火史料集成Ⅱ』群馬県文化事業振興会　三三三頁
(28) 震災豫防調査会一九〇四『大日本地震史料』三九八頁
(29) 中村庄八一九九八「吾妻川流域から失われつつある浅間石の記載保存」『群馬県立中之条高等学校紀要』第一六号一五～二五頁
(30) 大島史郎一九八八「甲波宿祢神社と川島村の歴史」『川島久保内・馬場遺跡』渋川市発掘調査報告書　第六二集二一～五二頁
(31) 内山信次二〇〇一『上州新四国平成遍路記』上毛新聞社　一〇〇頁
(32) 渋川市市誌編さん委員会一九九三『渋川市誌』第二巻　八七七～八七九頁
(33) 小山宏二〇一二『渋川の文化　真光寺』一〇八頁
(34) 渋川市一九九三『渋川市誌』第二巻　八七四頁

(35) 宮城県震災遺構有識者会議二〇一五『宮城県震災遺構有識者会議報告書』
(36) 「減災・復興支援機構(東京)木村拓郎理事長に聞く」河北新報　国連防災世界会議特別版二〇一五(二〇一三年五月一五日付け)
(37) 井出明「復興観光とアートマネージメント」『観光とまちづくり』古今書院　二〇八頁
(38) 篠澤和久二〇一二「災害ではどんな倫理的問いがだされるのか」『災害に向きあう』岩波書店　一〇一頁
(39) 林春男二〇〇三『いのちを守る地震防災学』岩波書店　六四〜六五頁
(40) 「連載・特集　阪神・淡路大震災　震災二〇年目　震災遺族アンケート　風化への懸念高まる」神戸新聞（二〇一五年一月九日付け）より（検索日：二〇一五年三月一五日）
http://www.kobe-np.co.jp/rentoku/sinsai/20/201501/0007644587.shtml
(41) 「夏休み科学に出会う」朝日新聞（一六）（二〇一六年八月四日付け）
(42) その他、碑文はヴェスヴィオ門、マリーナ門、ヌケリア門でも見つかっている。R・リング　訳・堀賀貴　二〇〇七『ポンペイの歴史と社会』同成社　一三二頁
(43) 朝日新聞（二〇一四年一二月一二日付け）
(44) 上毛新聞（二〇一五年一月三日付け）、その後六月三〇日県有化g受け入れられた。
(45) 朝日新聞（二〇一五年六月二日付け）
(46) 同右
(47) 『3がつ11にちをわすれないためにセンター活動報告』二〇一五　3がつ11にちをわすれないためにセンター（せんだいメディアテーク）
(48) 井出明二〇一〇「災害復興と観光」『観光とまちづくり』古今書院　一八七頁
(49) 同右　一九五頁
(50) 浅間山噴火回数表　気象庁ＨＰより　（検索日：二〇一五年一〇月一五日）
http://www.data.jma.go.jp/svd/vois/data/tokyo/306_Asamayama/306_er_count.html

(51) 萩原進一九八六『浅間山天明噴火史料集成Ⅱ』群馬県文化事業振興会　二〜三頁
(52) 草津白根山　有史以降の火山活動　気象表 HP より（検索日：二〇一五年一〇月二五日）http://www.data.jma.go.jp/svd/vois/data/tokyo/305_Kusatsu-Shiranesan/305_history.html
(53) 『3がつ11にちをわすれないためにセンター活動報告』二〇一五　3がつ11にちをわすれないためにセンター（せんだいメディアテーク）一〇二頁
(54) 関俊明・小菅尉多・中島直樹・勢藤力二〇一六『1783天明泥流の記録　―天明三年浅間山噴火災害・泥流の到達範囲をたどる―』みやま文庫二二三
(55) 深見聡・井出明二〇一〇「観光の本質をさぐる」『観光とまちづくり』古今書院　二〇頁
(56) 同右　一八頁
(57) 深見聡二〇一〇「エコミュージアムと観光（一）」『観光とまちづくり』古今書院　五六頁
(58) 群馬県埋蔵文化財調査事業団二〇〇二『久々戸遺跡・中棚Ⅱ遺跡・下原遺跡・横壁中村遺跡』発掘調査報告書三一九集
(59) 清水寥人一九九六『緑よみがえった鎌原』あさを社　三四、一一〇〜一一三頁
(60) 澤村明二〇一一『遺跡と観光』同成社　一二八頁
(61) 同右　一二五頁
(62) 同右　一三六〜一三七頁
(63) NPO法人桜島ミュージアム二〇一〇『みんなの桜島』南方新社
(64) 熊谷ゆう子二〇一四『1974年二生マレテ』群馬県立近代美術館　四二〜四三頁
(65) 水野暁二〇一四「作家が語る」『森からの便り』群馬県立近代美術館友の会会報No・二七
(66) 福重旨乃「天明三年浅間焼け絵図にみる構図の変化とランドマーク」『東京大学大学院情報学環紀要　情報学研究』No・七九　・八九〜一〇四頁
(67) 滝澤正幸二〇〇五「絵画に描かれた浅間山」『定本浅間山』郷土出版　一五八〜一六二頁

(68)成瀬不二雄二〇〇六「亜欧堂田善の風俗趣味の加わった風景図」『亜欧堂田善の時代』府中市美術館展示図録　一八～一九頁
(69)金子信久一九九三「亜欧堂田善筆「浅間山図屏風」の成立過程」『美術史』一三三号　九六頁
(70)山田烈二〇〇七「江戸後期の画家とパトロン―谷文晁・酒井抱一・喜多武清・亀田鵬斎の作品から『東北芸術工科大学紀要』No.一四　八七～一〇四頁
(71)萩原進一九九二「郷土芸能講座　第11回獅子舞（上）」『群馬歴史散歩』第一一五号　五二～五三頁
(72)鎌原観音堂奉仕会一九九二『天明の災にかがやく恩恵』七〇頁
(73)内堀定市一九三三『天明三年浅間山大爆發　百五十年祭記念』
(74)鎌原観音堂奉仕会一九九二『天明の災にかがやく恩恵』六一頁
(75)萩原進一九八二『天明三年浅間山噴火史』鎌原観音堂奉仕会
(76)同右　六七頁
(77)鎌原観音堂奉仕会一九九二『天明の災にかがやく恩恵』
(78)嬬恋郷土資料館開館三〇周年記念誌編集委員会二〇一三『開館30周年記念誌　30年の歩み』
(79)伊勢崎市教育委員会主催「天明の浅間山大噴火―掘り起こされた230年前のくらし―」（スマーク伊勢崎）平成二五年九月六日～九日、中之条町歴史と民俗の博物館「ミュゼ」主催企画展「天明三年浅間山大噴火と中之条」平成二五年一〇月一日～一一月三〇日、玉村町教育委員会主催（玉村町文化センター）平成二六年一月一八日玉村町歴史資料館歴史講座「天明三（一七八三）年の災害から二三〇年が経過『天明三年浅間山大噴火』」、の三本で、論者は展示解説、講演等の機会を授かった。
(80)震災モニュメントマップ作成委員会二〇〇〇『忘れない1・17震災モニュメントめぐり』毎日新聞震災取材班　葉文館出版
(81)震災モニュメントマップ作成委員会二〇〇一『阪神・淡路大震災　希望の灯りともして…』毎日新聞震災取材班　六甲出版
(82)NPO法人阪神淡路大震災一・一七希望の灯り　毎日新聞震災取材班二〇〇四『思い刻んで―震災10年のモニュメント―』どりむ社

終　章

(1) 天明三年浅間災害の復興像と語り継ぎ

天明三年浅間災害において、災害直後の非常時において、隣人の温情ある施しや機転がなければ、廃村の危機を迎えた村の復興はあり得なかった。このことの一例として、激甚被害の舞台となった鎌原村の経過から復興の過程を読み取ることができる。復興が成されて来たが故に、口承、碑銘、文書史料をはじめとする記録類の存在とともに、歴史研究と相俟って、堅実・着実な語り継ぎがなされてきているのである。従前から蓄積されてきた文献史学による史実の解明に加え「二〇〇年前の営みが再現」されると形容された埋没村落の発掘調査の成果は、当時の人々の生き様を伝える実資料として、全国の人々の知るところとなった。そして、かつての悲劇の舞台に、より多くの参拝者・来訪者が足を運ぶようになった。このことは、今日の語り継ぎの活動に励ましや強い気力を与えている。

鎌原村で発生した悲しい出来事は、幾重にも重なる喜びに置き換えられて、世代を超え、今日に伝わっている。地域の人達の語り継ぎのためのよい意味での鎖がこの地に存在していることが確認でき、災害からの復興を為し得たことが、地域の文化としてその地に根付き、災害の記憶が語り継がれる理由となっている。災害からの人々の立ち直りがなくしては、地域の周年行事や年中行事、伝統文化として持続することはない。このことは語り継ぎが継続されるかどうかの議論の以前に、語り継ぎの原点として認識されておくべきであろう。継続の問題は、その時代時代、時時の事情を反映しているのである。

災害に見舞われて、困難な状況に陥ったとしても、再び立ち上がっていく知恵や手段を歴史の文脈の中から学ぶことは、語り継ぎの中から浮かび上がってくるものといえる。今日、この歴史災害を概観する中で、災害の語り継ぎにかかわり次のような整理しておくべき視点があげられる。①歴史災害を人文科学・自然科学、周辺領域を含めた関係諸領域の学術研究の取り組みが対象としている、②今日、歴史災害を伝える地点情報は地元に数多く残存している、③地元においては、浅間山の火山活動の活発化や発掘調査、新たな資料の発見等の出来事に基因し、災害に纏わり掘り起こされる話題が時に継続して取り上げられる実態があり、それらは改めて人々に出来事を訴える原動力になっている、④昨今に発生した甚大な災害と種類や背景が異なったとしても、比較的新しい歴史災害として人々に共有しうる事象として捉えられる情報量や研究対象となりうるような実態がある、⑤これまで進められてきた研究は、自治体誌などにより多くの文献史学的な研究が充実している一方で、それらを統合していくような研究文献も進展を見せている、⑥発生から今日までの時間経過の中で、どのように社会の中でこの歴史災害が受けとめられてきたかをはっきりと確かめていくことが新たな災害の発生やその後の社会の取り組みの方向性を模索するヒントにつながる、などである。

火山防災上、一九一四年の桜島噴火からちょうど一〇〇年経った二〇一四年の御嶽山の噴火による遭難者の発生では、比較的静穏な時期が続き切迫感が継続しないことが火山災害対策への意識の問題点にあげられていた。昨今の火山国の備えとして「研究と防災を近づけよ」との提言もあらためて議論されたことが記憶に新しい。災害と格闘した歴史をもった地域としてのアイデンティティは、復興からの安定し手堅い語り継ぎの存在によって形成されていくものともいえる。災害の語り継ぎは、地域防災を考える上で欠くことのできない研究領域であることを肝に銘じておくべきであろう。

（2）災害の地点情報

既に述べたように、天明三年浅間災害を語り継ぐテーマの設定の前提として、天明三年噴火に関わって発掘調査され、現在保存公開されている遺跡は存在しない。また、現時点の取り組みでは、一五〇以上の数に及ぶと考えられるこの災害にまつわる地点情報が存在することも確認できる。

二章で触れた、鎌原区に残された「こじはん石」は、自然猛威の爪痕を示す災害地形とも言える自然物であるが、代を重ねその場所で農作業の合間に食べる「こじはん」に派生する異名をもつ浅間石であって、人文的・民俗的な意味合いをもつ。罹災の後、地元で田畑の掘り返しや今日まで継続する耕作の際に人々が憩う場所になったという起源をもち、災害とその後の代を重ねた人々の記憶が重ねられる場所なのである。

今日、かつての被害地では、先祖から被害の様子が家々に残され語り継がれていて、いわば「個人としての記憶」などにも多く出会すことになり、その例として「被災当時名主を勤めていた当家では、被害後敷地に堆積した泥流を取り除いたので、現在は周囲よりも一段低い地所になっている」とか「泥流に埋没し、引き出した家屋の部材を家の仏壇の一部に再利用して使用した、と先祖から聞いている。災害を忘れないようにと先祖がそうしたのだと伝え聞いている」。あるいは「災害の翌天明四年、分家して新宅に出て泥流が堆積した土地に家を建てたと先祖から聞いている。昭和四三年の新居建設時に、天明泥流の深さは四～六尺位だったと記憶している。このときに建てられた家は、一八三年間住み継がれてきた」というものである。

その多くは、個々の家において、親から子へ、子から孫へと代を重ね語り継がれてきた、極地域的なものである。これらの記憶は場合によっては、記念碑あるいは個人墓標等に、異変を記録し、出来事を子孫に示す教訓として文章が刻まれたりもしている。だが、時に語り継がれてきた記憶も、変化の激しい昨今、社会的変化の中で消滅してしまう例にも出会す。具体的には災害研究に多くの情報をもたらしてくれる出来事を刻んだ個人墓標が片付けられてしまった例もある。また、先祖から耕作され続けてきた復興耕作地などであっても、代々所有は継続したとしても、耕作にはかかわらない場合もあり、実際にその地形が天明泥流によるものであることさえも耕作者に記憶されなくなってしまう危惧にも出会す。活字で取り上げられてきた災害伝承に加え、このような時代の中で忘れられていってしまおうとしている小さな個々人レベルの記憶にどう取り組むかも、この災害の記憶の語り継ぎの中では、大切にしていくべき点である。

この視点では、先の東日本大震災の記憶の収集で取り上げた、せんだいメディアテークを拠点とする活動の一つである「3がつ11にちをわすれないためにセンター」の展開例のように、誰もが関わることのできる日常的な「文化活動としてのアーカイブ」を進め、多くの市民により寄せられた記憶を整理集約しようとする試みは、膨大な量の市民の被災体験や関連する情報・記憶を貯えておくミュージアムということができ、印象的な展開例として一考の余地を含んでいる。こういった内容について、今日的なツールとしてウェブページを利用するといった展開にそのヒントを得ることになるだろう。

（3）野外博物館としての全体の保存と活用

災害後二〇〇年の年月が経過し、哀話の舞台となった鎌原村の被害には発掘調査などを契機に注目が集まった。天明泥流の流下した吾妻川・利根川沿いや降下した軽石の被害に長年惑わされてきた地域として、鎌原村の他にも多くの語り継ぎの歴史を抱えている。本論では、広域にわたり残された語り継ぎの集約に歩を進めることにも努めた。天明泥流の流下だけでも、吾妻川～利根川の群馬県内分で一二〇km、千葉県銚子まで二六〇km、同じく、吾妻川～利根川～江戸川の東京湾まで二〇〇kmの範囲に及び地点情報が広域に点在する。散らばった天明三年浅間災害伝承の事物は一貫したテーマによる続きものとして捉え、人々に認識の対象とさせ後世にわたり守り伝える手立てとするために、野外博物館と捉えて関係事物をまとめ上げていくことも求められることであろう。

歴史災害に関わる一連の事物・点の集合を語り継いでいくため、また、情報発信していくために、関係する事項を体系化することに取り組むことも試みつつ、総数の集約に努めた。例えば、内閣府中央防災会議の天明浅間山噴火分科会で集約した、一一六基の「石造物」は石材を用いた記念物と一括したが、慰霊碑もあれば墓標、路傍の地蔵のように扱われるべきものまである。被害を被った人々の心情を含めて、残された事物のカテゴリーを分析していくことを求めながら情報をさらに集約していくことが必要である。

そのような立場で火山災害を見てきたときに、純然たる「火山博物館」には火山学の立場から火山のもつダイナミズムを扱う事例を中心としてきている経緯があり、人文的な展示に努めた「火山系博物館」にもその系譜をみることができる。

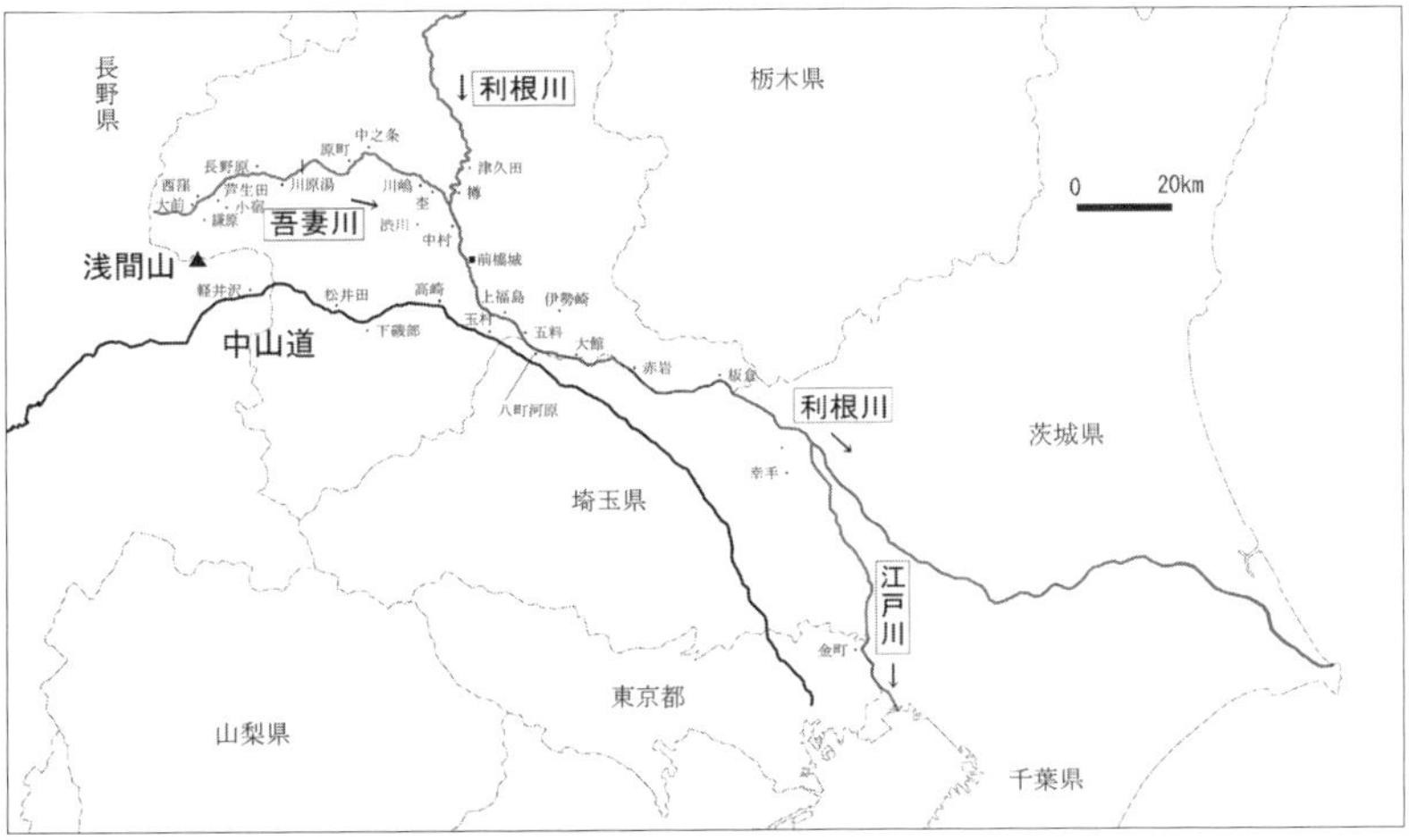

【図】　天明三年浅間災害関係地点位置図

また「山岳博物館」など火山にかかわる周辺領域を扱う館にも火山と人々の共存や葛藤といった多くの展開のヒントが含まれている。しかしながら、それらの系統の博物館を包括した「火山系列の博物館」の中には、歴史災害の語り継ぎに特化した例は、そう多くはないことがわかる。天明三年浅間災害にかかわっては、群馬県側に位置する浅間火山博物館・嬬恋郷土資料館、長野県側の浅間縄文ミュージアムは、自治体運営で浅間火山とかかわりの深い博物館となっていて、他に小諸市立小山敬三美術館、登山者に情報を供する浅間火山館などがあり、浅間山を多彩な見方で見立てる条件がそろっている。これらを、天明三年浅間災害という特化したテーマで結びつける手立ても、求められる視点であろう。そのことで、それぞれの館とのテーマを広めつつ、地域創造や防災としての活用事例として、新たな展開に進展させることを目指すことにもなるだろう。

被害を伝える爪痕は「負の遺産」であり、時に人は背け避けたいとも思う。しかし「負の遺産」は、人びとが災害に向き合う役割をもつ「災害の記憶」の要素を含んでいる。そして、過去を知り正しい世論を創る役割をもっていて、新たな財産ともいうべき可能性をもっている。天明の歴史災害を語り継いでいくために、遺跡をはじめ各地に伝わる災害地形や伝承、供養碑など一連の事物・点の集合を野外博物館と見立てることを通して、語り継いでいく展開を模索していくことが、本論の視点である。

（4）天明三年浅間災害語り継ぎの展開の具体

遺跡の保存は「現地にそのまま残すこと」が最善の策である。「風土記の丘」構想に見てきたように、どのように保存の策が講じられ、守られてきたかを確認できる事例がある。しかし、そこには時代のもたらす背景として「開発」という名のもとに破壊が進む遺跡を何としても守り通そうとした背景、そして保存にかかわった人たちの努力が左右していた。また、予算を確保し、保存を求めるための「陳情合戦」という言葉も確認した。とはいえ、同じように、開発に対しての見返り、あるいは文化振興の対象として財源が確保されるような解決策をめざすことは、天明三年浅間災害の地域史的な語り継ぎにとって具現化の可能性を認められにくいと言わざるを得ない。「文化を維持する地域での力がやせ細った」ともいわれる昨今、この種の公共投資は身を潜めている動向にも直面する。

しかし、人々の興味や関心が歴史災害の記憶と結びつくことにより、歴史災害を将来の防災意識や減災への世論形成にも向かわせられる可能性をもっているものと考えたときに、考古学や歴史学のもつ可能性として野外博物館の構想を含めた展開には、公益性を念頭に、寄付や支援活動を目途にした活動展開を模索することが視野に入ってくる。災害の教訓や語り継ぎの継承に取り組んでいく研究としての意義を原動力として推し進めていくことに外ならない。保存の対象に向かわせるまでの理解が計られないで消えていく遺跡も数知れない。テーマを持とうとするときに、明確な保存的価値が見出せるかが原点ともなる。そういった視点を観光や社会貢献と有機的に織り合わせ、災害を論ずる地域の文化遺産の相続人となるべき努力が求められるのである。

歴史災害という性格上、語り継がれる構成事物は時間の経過とともに減少していく。その意味で、手堅く、間違いのないように整理整頓し、より多くの人々が目にすることができるように取り上げていくことの必要性を改めて確認しなくてはならない。さらに一方で、時間経過の中で、再認識される事物の発見も考えられる。これは、歴史災害という出来事に派生しながら、その影響が歴史の時間軸の中で脈々と生き続けているからである。この立場からは、語り継ぎの時間軸の中で精確に取り次いでいく役割が必要である。復興と災害にかかわる「語り継ぎの時間軸」を定型的にまとめることは、天明三年浅間災害の語り継ぎの経過を掘り下げていくことになり、災害後の復旧・復興過程における体験や取り組みがどのようになされてきたのかをまとめなおすことを可能にしている。近年に発生した震災などとの比較や地域に伝わる民俗的な行事などの事例の位置づけにもなっている。

さて、集約体系化する作業から、天明三年浅間災害に派生する行事や風習といった文化として語り継がれてきたこと、また加えて、災害地形や遺跡・記念物・景観等を含め被害の及んだ地域に広がる「サテライト地点」とも言うべき点の集合体に対して、災害を記憶にとどめ継承していくための情報を発信し、活用展示工夫の展開を図っていきたい。そのための地域啓発に繋げていく手段として「空間博物館・フィールドミュージアム的な発想」と「いかに情報発信するか」という点を学術的、体系的に整えていくことを考えつつ、具現につなげていきたい。

展開の先には、展示が地域住民と来訪者との接触の場所となるような仕組みを考えることが求められる。そこには、観光と遺跡が結びつく手立てや活動事例を参考にしていくことはもちろん、他の領域と緩やかに結びつきながら模索していくことが求められる。具体的な目論見として、NPOなどを足掛かりとした活動組織づくりとともに、拠点施設に替えたウェブページの有用性などを視野に、次のような点を野外博物館に見立てていくことを目指していきたい。①周年行事や地域文化と一体化した要素を盛り込み観光と結びつける「回廊」としての展開、②サイトミュージアムとして、現地に残されている地点情報を集約しつつ整備していく活動、③パブリックアーケオロジーの構想にもとづいた市民目線の発掘調査を通した遺跡公開展示、④歴史災害発生後の周年行事に見立てた二四〇年経過を目途にしたリレー講演会開催、などを天明三年浅間災害の語り継ぎを集約・継承していくことの具現とし、本論の先へとつなげていくことを期していきたい。

おわりに

「天明三年浅間災害」と呼ぶことには、逃げ口実の意味合いを含んでいる。それは、天明三年の浅間山噴火災害と、いわゆる「天明の飢饉」をはじめとする噴火被害に関連する災害現象との明確な線引きが困難であることによる。そこを明らかにするには、私にとっては荷が重過ぎるし、二三〇余年の時間軸の中で、地域史として地元において代を重ね語り継がれてきた人々の労苦と復興の流れを再構成してみたいと考える自分にできることとは少し違うように思われたからである。

昨今、大規模災害が発生すると、歴史災害が引き合いに出される。苦難を乗り越えてきた先人に学ぶことの必要が説かれはするが、いつしかその声は小さくなってしまう実情もある。しかし、特別な時ばかりに歴史災害を引き合いに出すのでなく、日頃から語り継がれてきた道筋というべき時間経過の中での把捉をはっきりとさせておくべきなのではないか、そんなことが、天明三年浅間災害の語り継ぎの課題でもあるように思えてきた。

平成一五（二〇〇三）年五月の内閣府中央防災会議で設置された「災害教訓の継承に関する専門調査会」小委員会での天明浅間山噴火報告書の編集、その後、神戸で開催された「世界災害語り継ぎフォーラム」（二〇一〇年三月）で、鎌原地区と泥流被災地域の考古学的にみた被害の実相や復旧・復興過程における語り継ぎを紹介させてもらう機会を授かった。これを端に、天明三年浅間災害には、①災害発生から時間経過が長いにもかかわらず、史料や語り継ぎが途絶えることがなく災害をとらえ直す事例となること、②防災・減災の言葉が出てこなくても、歴史上の出来事を知ることを通して人びとの記憶が防災・減災に取り組む機能をもっていること、③心に訴えるだけではなく、正確な情報をまとめていく必要があること、④「鎌原村」の発掘は、およそ、六〜七世代二百年の時間経過とともに忘れかけられてきた災害の記憶を再び掘り起こす契機となる出来事であり、見つかった遺構や遺物・実像の提示は地域のつながりを創り、資料館建設や奉仕会の組織など新たな語り継ぎの役割を生み出してきたこと、などを再認識させてもらうことになった。そして、歴史災害としての語り継ぎの取りまとめをしておくことは、これから先も歴史的な出来事として時間が重なっていく中で必要なことだという考えにつながってきた。

浅学の身である自分にとって、次の展開を考える中で行き着いたのが「展示品、蒐集品を充実させ、意味あるものにどう発展させていくかということについての研究と手立て」を追求する博物館学であった。覚悟を決め、青木豊教授のもとを尋ねることにした。門外漢とでもいうべき社会人に対しても教授は、手厚く迎え入れてくださり指導くださった。また、現長崎国際大学の落合知子教授は、社会人と院生との両立について励ましの言葉をくださった。

その時の言葉を心に刻んで時間をやり繰りすることから、本論をスタートさせたのを思い出す。両教授にご指導頂きましたことに対して、厚く感謝申し上げます。

天明三年浅間災害は、十干十二支でいう「癸卯《みずのとう》」歳に発生した災害である。歴史災害という一つの研究テーマではあるが、加えて「出来事を知り得た者が人々に情報発信し、未来にそれを語り継いでいく鎖」それも語り継ぎであると考えると、自分にも幾何かの使命感のようなものがあるのを覚える。本論は、噴火後二三〇余年の時間経過の中で情報集約を博物館学の下で考えさせていただく機会であり、この後は、発生後二四〇年の経過「四度目の癸卯歳」を契機とし、周年行事と見立て勘案し、記念事業に似通う活動を展開していきたいとも考えている。

本論の具現に取り組むことを次の課題としていきたい所存である。

これまで指導、お世話頂いた関係諸氏に心より感謝申し上げ、本書出版に際し、株式会社雄山閣編集部桑門智亜紀氏、安齋利晃氏にお世話いただいたことに、改めて感謝と御礼の意を表する次第である。

初出一覧

序　章　新原稿

第一章　新原稿

第二章　「天明三年浅間災害の語り継ぎの構成」『群馬県立女子大学第1期群馬学センターリサーチフェロー研究報告書』二〇一四　二三～三二頁

第三章　新原稿

第四章　「我が国の火山系列の博物館について」『國學院大學博物館学紀要』第三七輯、二〇一二　八三～一〇六頁

第五章　「「風土記の丘」構想の再検討から学ぶ」『國學院大學博物館学紀要』第三八輯、二〇一三　二五～四四頁

第六章　新原稿

終　章　新原稿

天明三年浅間災害語り継ぎの時間軸年表

	西暦	和暦	月日	概要・関連事項	出典等	事例分類		
1	1644	正保元		鎌原重宗は中居村泉従院より延命寺の住職を迎え、延命寺の復興をはかった。門柱が作られたのはそれからまもなくだったのではないだろうか。	下屋正一 1980「鎌原郷物語り」『群馬歴史散歩』p.40	口伝		
2	1660	万治 3		半田村中島の新田検地が実施される。 その後の天明泥流で「半田村之内半田嶋ハ八軒ノ村利根河ノ中嶋也。四十二年先キ戌年ノ満水ニさへ無難ノ所なれども火水流レ来るヲ見て、…それより二時程スギ水もひけ下りけれども…。」(『浅間記』萩原 1986) と記録され、現在の板東橋付近の利根川中州の半田嶋では、天明泥流が「戌年ノ満水」(寛保の洪水) を凌ぐ量の流下だったという。	渋川市市誌編さん委員会 1993『渋川市の歴史年表』通史編別冊 p.13/ 萩原進 1986『浅間山天明噴火史料集成 II』群馬県文化事業振興会 p.125	災害地形		
3	1699	元禄 12		大雨秋作皆損 (上州の近世災歴史災害との対比)	青木裕 1976「近世・西上州における災害とその対策」『群馬県史研究』4	災害の繋がり		
4	1723	享保 8		当立毛損毛 (上州の近世災歴史災害との対比)	青木裕 1976「近世・西上州における災害とその対策」『群馬県史研究』4	災害の繋がり		
5	1727	享保 12		満水水損 (上州の近世災歴史災害との対比)	青木裕 1976「近世・西上州における災害とその対策」『群馬県史研究』4	災害の繋がり		
6	1728	享保 13		満水秋作水損 (上州の近世災歴史災害との対比)	青木裕 1976「近世・西上州における災害とその対策」『群馬県史研究』4	災害の繋がり		
7	1731	享保 16		春麦作腐、秋旱損 (上州の近世災歴史災害との対比)	青木裕 1976「近世・西上州における災害とその対策」『群馬県史研究』4	災害の繋がり		
8	1742	寛保 2		川満水災害、「戌の歳の満水」(上州の近世災歴史災害との対比)	青木裕 1976「近世・西上州における災害とその対策」『群馬県史研究』4	災害の繋がり		
9	1750	寛延 3		田方旱損 (上州の近世災歴史災害との対比)	青木裕 1976「近世・西上州における災害とその対策」『群馬県史研究』4	災害の繋がり		
10	1752	宝暦 2		吉田芝渓、渋川本宿の商家に生まれる。	農山漁村文化協会 1979『農業要集・草木撰種録・開荒須知・菜園温古録』日本農書全集 3 p.196	人物		
11	1755	宝暦 5		4 月ひょうふり (群馬の歴史災害との対比)	青木裕 1976「近世・西上州における災害とその対策」『群馬県史研究』4	災害の繋がり		
12	1764	明和元	12 月	「川嶋村絵図」(旧甲波宿祢神社位置など記載) 描かれる。	渋川市市誌編さん委員会 1993『渋川市の歴史年表』通史編別冊 p.21	史料		
13	1774	安永 3		伊勢崎藩主酒井忠温 (ただはる) が藩士向けの学習堂を設立。 その後、学習堂が郷学に講師を派遣するなど積極的な支援が行われた。 萩原進は、常見一之『天明浅嶽砂降記』の〔解説〕で、「天明噴火記録の多くが、民間人の手になったものが多い中で、伊勢崎藩では士分のものが筆録した記録の多いのが目をひく。災害に関係した川越藩前橋陣屋、高崎藩、安中藩、小諸藩などに比べて特に目立っているのはなぜであろうか。」と言っているが、災害が引発生する 9 年前に、既にその風土の形成があったことになる。	萩原進 1989『浅間山天明噴火史料集成 III』p.48 上毛新聞 2017 年 5 月 25 日付け	語り継がれる行為	史料	人物
14	1782	天明 2	11 月 16 日	高山彦九郎、11 月 16 日入京 ~ 天明三年 4 月 7 日帰郷。	萩原進「天明三年の災害と高山彦九郎の伝記的位置づけ」『群馬文化』78/79 号 1965 6	人物		
15	1783	天明 3	7 月 8 日	三原村対岸の崖上の畑にソバ作りの用意に行っていた村人は助かったという。	下屋正一 1980「鎌原郷物語り」『群馬歴史散歩』40	口伝		復旧復興
16	1783	天明 3	7 月 8 日	国道 145 号沿いの東電の西側、高さ 1.2m、地元 36m の大岩 (吾妻七石) が天明泥流で流される。 「白波も浮名も誰か 立石の 居ても立ちても 物思ふかな」(吾妻太郎はこの石の上で自刃) と詠まれる。原町立石、原町立ツ岩之事 吾妻太郎落城の際…寛保二年にも無難。しかし、天明三年には流れ、地名のみが残る。(『浅間記』)	竹渕清茂 1989「吾妻町の明石・巨石」『群馬歴史散歩』94/ 萩原進 1986『浅間山天明噴火史料集成 II』群馬県文化事業振興会 p.138	口伝	災害地形	復旧復興
17	1783	天明 3	7 月 8 日	天明泥流により、植野堰取水口流失と水路への土砂堆積で取水不能となる。	天狗岩堰土地改良区 1999「天狗岩堰 (植野堰) 関係略年表」『天狗岩堰用水史』p.253	災害地形		
18	1783	天明 3	7 月 20 日	「天狗の毛」。 常林寺和尚から大笹関所宛て「此の毛ふり申し候」届け出があった。 火山学でいう「ペレーの毛」のことか ? (常林寺文書　鎌原忠司氏蔵)	『嬬恋村史』下 1978　p.2046、2110	災害由来自然物 (記念物)	降下物	
19	1783	天明 3	7 月 21 日	原町の被害 (流死者は無) に対して罹災者を救助していったかは史料がのこされていない。幕府役人原町に七月二一日臨じ、救助米代 (p289)、九月三日農具代、その他開発金支給。	『原町誌』p.288	政策		
20	1783	天明 3	7 月 28 日	発生 20 日後に江戸を出立、勘定吟味役根岸九郎左衛門 (佐渡奉行→江戸町奉行→勘定奉行を歴任) 一行が被災地入りし、各村を見分する。 九郎左衛門を首班に 7 組 23 人で被害見分。 災害後まもなく、支配役所から急継送りの先触れがあり、支配役所の原田清右衛門が出張して災害の報告書を各村役人に提出させた。	『天狗岩堰用水史』1999 天狗岩堰用水史編纂委員会 p.67/『1783 天明浅間山噴火報告書』2006 中央防災会議 /『歴史公論』99/ 萩原進 1983『上州こぼれ話』NHK 前橋放送局	政策	復旧復興	
21	1783	天明 3	8 月 28 日	根岸を代表とする見分役が渋川に赴いたのは、50 日後の 8 月 28 日。	丸山不二夫 2010『加部安左衛門』みやま文庫 p.132	政策		
22	1783	天明 3	9 月 3 日	高山彦九郎江戸を出発。村井古厳と京都に向かう。 道中で、見聞した浅間焼け情報を『高山正之道中日記』で横浜、戸塚まで降灰があり藤沢や平塚には毛のような灰が降ったと記す。	『群馬県史』通史編 6 1992 p.894	史料		
23	1783	天明 3	9 月 3 日	高山彦九郎　9 月 3 日江戸に出て京都に上る。 『高山正之道中日記』* 彦九郎、思想から行動へ	萩原進「天明三年の災害と高山彦九郎の伝記的位置づけ」『群馬文化』78/79 号 1965 6	人物		

	西暦	和暦	月日	概要・関連事項	出典等	事例分類		
24	1783	天明3	9月25日	『松平藩日記』9月25日の項「植野堰本川並びに悪水抜き川共長さ三二三〇間ほど平均幅八間程深さ一丈二尺程焼石泥埋候に付松平右京亮（高崎藩主）普請場天狗岩堰に至るまで干川と相成御料私領田方乾上り申候」漆原用水を渋川市大崎から開削し、末水を植野堰に落とした。	新井哲夫 1972「植野・天狗岩堰史余録（下）」/『風雷』31	政策		
25	1783	天明3	10月11日	噴火被害の比較的少なかった利根川東岸の地域に暴徒化する動きがあった。この日から前橋の町内に暴動が起こり、そのため宇右衛門は前橋陣屋に呼び出され、それから数日間陣屋を警備するなどの対応をした。（『大久保村名主中島宇右衛門日記』）	『吉岡村誌』1980 pp.882-888	情勢		
26	1783	天明3	10月20日	高山彦九郎「予がつくりたる 浅間山火石泥の押したる絵図を伏原二位殿へ呈して、今上の御仁心下に及ぼさむ事を申す。」『再京日記』	萩原進「天明三年の災害と高山彦九郎の伝記的位置づけ」『群馬文化』78/79号 1965 6	情勢	政策	
27	1783	天明3	10月24日	7軒の家が新築され、村の復興本格化。 3ヶ月後、7組の祝言。肴取合壱通 → 身護団子の由来。	『群馬県史』11 p.800/ 萩原進 1986『浅間山天明噴火史料集成 II』群馬県文化事業振興会 p.600/ 丸山不二夫 2010『加部安左衛門』みやま文庫 p.131/ 浅間山麓埋没村落総合調査会・東京新聞編集局特別報道部 1994「鎌原の被災一発掘小史」『嬬恋・日本のポンペイ』東京新聞出版局 p.241	語り継がれる行為	復興	
28	1783	天明3	11月13日	『浅間大変覚書』には、「十一月十三日召状きたり、同十四日に出立、同十九日に御奉行所へ罷り出て、御褒美として、銀子拾枚…」	鎌原観音堂奉仕会 1992『天明の災にかがやく恩恵』pp.13-14	復旧 復興		
29	1783	天明3	11月18日	高山彦九郎、京都で白木屋の大村彦太郎を訪ねる。20日には、公卿の伏原宣條邸で、帰国の挨拶をした上で、「予が作りたる浅間山火石流れ泥の押たる絵図」を呈上し、「今上の御仁下に及ぼさむ事」を伝え、東国の騒動に光格天皇の力を借りたいというのである。そして、彦九郎は騒動の中に身を隠し、鎮静させようと画策するために帰国の途につく。	『群馬県史』通史編6 1992 p.895	情勢		
30	1783	天明3	12月23日	5カ月後、3組の祝言。肴香中折取合遣し→ 身護団子の由来。	『群馬県史』11 p.804/ 萩原進 1986『浅間山天明噴火史料集成 II』群馬県文化事業振興会 p.600/ 丸山不二夫 2010『加部安左衛門』みやま文庫 p.131/ 浅間山麓埋没村落総合調査会・東京新聞編集局特別報道部 1994「鎌原の被災一発掘小史」『嬬恋・日本のポンペイ』東京新聞出版局 p.241	語り継がれる行為	復興	
31	1783	天明3	12月25日	長福寺・同寺御隠居・安楽寺へ施餓鬼布施（岩井奥田村迄六ケ村小泉村名主宅にて寄り合いで精算）『吾妻郡岩井村災害関係村入用帳』	『浅間山天明噴火史料集成 V』萩原進 1995 p.293	供養		
32	1783	天明3	10月	「奇特仕り候　写シ　上州吾妻郡干俣村　干川小兵衛」には、「田畑家居は勿論親妻子迄一時に相失い前後を亡くし狂気躰成失心仕候所右小兵衛自分所にても貯え候雑穀有之丈はかくまい置…十五日之間小兵衛方に扶持いたし置夫より鎌原村にタテ弐拾弐間横弐間半の小屋掛けいたし食物鍋手桶膳椀味噌等の類まで差出し…」というように、放心状態の鎌原村の人々を干川小兵衛が救済の手をさしのべ、鎌原の地に小屋掛けしたことを、代官原田に提出している。	鎌原観音堂奉仕会 1992『天明の災にかがやく恩恵』pp.6-7	復旧 復興		
33	1783	天明3	11月	原町、11月開発普請始まり、 翌正月に開発仕上がる。	『原町誌』1960	復旧 復興		人物
34	1783	天明3	11月	長左衛門、小兵衛、安左衛門、五郎兵衛、六兵衛に「御褒美書面之通被下之」（『浅間山焼荒一件』）	鎌原観音堂奉仕会 1992『天明の災にかがやく恩恵』pp.11-12	復旧 復興		
35	1783	天明3	11月	旧惣社城主秋元氏が旧領民に援助、「弁書（光厳寺　元景寺）」「御請書」	（総社町郷土誌）『総社町誌』1956 p.320	復旧 復興		
36	1783	天明3	12月	『卯年横壁村諸役入用帳』（長教委　横壁 993） 名主七兵衛外22名→原田清右衛門御役所	長野原町教育委員会 2012「5地区の石造物及び神社・社宇・堂宇の移設等保存移設について」『長野原町の文化財調査報告書 I』p.133	復旧 復興		
37	1783	天明3	1月11日 6月18日	利根川一帯洪水の記述。（『松平藩川越記録』）	北群馬渋川の歴史編纂委員会 1971『北群馬・渋川の歴史』p.344	災害の繋がり		
38	1783	天明3	3月	伊勢崎富塚町の「先祖供養塔」三月用水工事で村人落命。これがきっかけで七分川が埋まり耕作土になって恵みとなったというのである。この都丸某氏の「人柱」のおかげということで、地元で線香と花が絶えなかったという。	「伊勢崎富塚町の『先祖供養碑』」『群馬歴史散歩』67 1984	災害地形	人物	人物
39	1783	天明3	7月	吉井藩主松平信成、浅間山大噴火による窮民に、100石につき金4両を与える。石原村大島郷左衛門、渋川村堀口庄蔵、金井村岸忠左衛門ら救済活動をする。	渋川市市誌編さん委員会 1993『渋川市の歴史年表』通史編別冊 p.23	復旧 復興		
40	1783	天明3	8月	前橋藩松平直恒、藩領村々に米302表を施す。	渋川市市誌編さん委員会 1993『渋川市の歴史年表』通史編別冊 p.23	復旧 復興	政策	
41	1783	天明3	8月	天明3年8月 天明被害の惨事を聞いた、総社藩の旧領主秋元氏の当主である山形藩主秋元但馬守永朝（つねとも）より、菩提寺である前橋市総社町にある光厳寺に対して、被害状況を問い合わせてきたので、名主三雲源五右衛門は、被害状況をとりまとめ「天狗岩堰水口より30町に泥・火石が押し入り、用水普請の見積もりは、入用金1000両・米900俵が必要」と秋元但馬守に報告すると、すぐに多額の金品が送られてきたという。この地を離れて150年経っているのに、続く飢饉にも百姓に見舞金を送り、回向料を送っている。	天狗岩堰用水史編纂委員会 1999『天狗岩堰用水史』p.71/ 群馬県立文書館（H0-106-1 近世 9/319）『乍恐口上書（浅間焼け被害届）』/ 新井哲夫「総社町歴史散歩（一）」『群馬歴史散歩』1973 創刊号 p.29	政策	供養	
42	1783	天明3	9月	吾妻川杢ケ橋流失のため、以後渡船となり、北牧村一村で引き受ける。	渋川市市誌編さん委員会 1993『渋川市の歴史年表』通史編別冊 p.23	政策	復旧 復興	
43	1783	天明3	9月	『山津波火石入□地帳（下書）』（長教委　横壁　1010） 名主七兵衛外2名→荻野伴右衛門　根岸九郎右衛門御役書	長野原町教育委員会 2012「5地区の石造物及び神社・社宇・堂宇の移設等保存移設について」『長野原町の文化財調査報告書 I』p.133	復旧 復興		

	西暦	和暦	月日	概要・関連事項	出典等	事例分類		
44	1783	天明 3	9 月	前橋藩、財政難のため、家臣給与の 3 割を削減する。	渋川市市誌編さん委員会 1993『渋川市の歴史年表』通史編別冊 p.23	政策		
45	1783	天明 3	以降	常林寺法泉牌	『群馬歴史散歩』48 号 1981 p.10	石造物	供養	
46	1783	天明 3	以降	渋川市鳥頭　供養塚	『群馬歴史散歩』48 号 1981 p.10	石造物	供養	
47	1783	天明 3	以降	小野子木の間の流死萬霊等	『群馬歴史散歩』48 号 1981 p.16	石造物	供養	
48	1783	天明 3	以降	渋川真光寺　流死万霊幕	『群馬歴史散歩』48 号 1981 p.19	石造物	供養	
49	1783	天明 3	以降	流死墓　渋川市　金井幸三郎家	『群馬歴史散歩』48 号 1981 p.19	石造物	供養	
50	1783	天明 3	以降	伊勢崎　為河流各霊菩提也　二基	『群馬歴史散歩』48 号 1981 p.21	石造物	供養	
51	1783	天明 3	以降	伊勢崎市八斗島　無縁墓地　為河流各霊菩提　大正年間に現在の堤防ができるまでは、溺死者がたびたび揚がる場所。施された 39 名の戒名が刻まれている。	『群馬歴史散歩』48 号 1981 p.22	石造物	供養	
52	1783	天明 3	以降	境町　流死霊魂位	『群馬歴史散歩』48 号 1981 p.24	石造物	供養	
53	1783	天明 3	以降	供養塚　葛飾区柴又題経寺　流れ着いた無縁仏に供養の施餓鬼を執り行い供養碑を建立した。	『群馬歴史散歩』48 号 1981 p.26	石造物	供養	
54	1783	天明 3	以降	天明三年噴火供養塔・千葉県野田市木間ケ瀬の出洲水神社。	石田年子 2011「あらかると・私の石仏案内　天明三年噴火供養塔・千葉県野田市木間ケ瀬の出洲水神社」『日本の石仏』138 日本石仏協会　青娥書房	石造物	供養	
55	1783	天明 3	以降	被災後、生き残った人々に追い打ちをかけるように悪疫が流行した。そこで、氏神の本社長野県諏訪地方から厄払い獅子舞を請願して演じたのが始まりともいう。或いは、越後から伝承したともいう。4 月 30 日の春祭、9 月 9 日の秋祭で演舞。天明三年災害後、疫病の流行に厄払いとして始まった鎌原獅子舞は、鎌原地区の春祭りで奉納（=2013 年は 3 月 30 日実施）される。	『嬬恋村史』下 1977/2013年5月2日付 上毛新聞	語り継がれる行為	口伝	
56	1783	天明 3	以降	甘楽町　天引向原遺跡では、「灰掻き山」の下から天明三年の畑跡が検出された（平成元 ~2 年）。	群馬県埋蔵文化財調査事業団 1997『白倉下原・天引向原遺跡Ⅴ』	遺跡		
57	1783	天明 3	霜月 12 日	日付は加舎白雄の『春秋稿三篇』の序文の書き出し。同下巻に、吾妻川両岸に住んでいて浅間押しで亡くなった俳人二人の句がある。「炭焼が垣なる梅も咲（き）しかな　川島　東器　木がくれや松茸山に人の声　もく　看江」	子持村誌編さん委員会 1987『子持村誌』下巻 p.35	人物		
58	1783	天明 3	8 月朔	加舎白雄　46 才 八月朔　下総蘇我野にて　浅間山のいかりたえてんたのむ哉　…　を詠む。	『群馬歴史散歩』59 1983	人物		
59	1783	天明 3		東新井村名主与惣右衛門は備荒貯蓄の法を伊勢崎藩へ献策す。	しの木弘明 1969『境風土記』境町地方史研究会 p.498	政策	人物	
60	1783	天明 3		伊与久村（伊勢崎）の反町正保は飢饉に際して銭穀を献ず、領主はこれを賞して扶持を賜る。	しの木弘明 1969『境風土記』境町地方史研究会 p.498	政策	人物	
61	1783	天明 3		御救普請（復旧工事　幕府直轄　救農工事方式　①田畑起返し②川浚い③道造り④橋造り）がまずおこなわれる。	『群馬県史』通史 6/『天狗岩堰用水史』1999 天狗岩堰用水史編纂委員会 p.72	政策	復旧復興	
62	1783	天明 3		伊勢崎領主は、百姓お救い普請として伊与久新沼を掘削する。	しの木弘明 1969『境風土記』境町地方史研究会 p.498	政策	復旧復興	
63	1783	天明 3		天明の飢饉時、地元の農民救済のために、九代住職東嶽和尚が達磨大師の座禅像をもとに木型を彫り上げ、それをもとにした張り子のダルマづくりを農民に伝授。少林山達磨寺。現在、全国の 8 割、年間 130 万個を生産。	『群馬の逆襲』木部克彦 2010 彩流社 p.102	復旧復興	語り継がれる行為	
64	1783	天明 3		五家宝誕生の一説熊谷説大里郡奈良村（現熊谷市）の名主吉田市右衛門は、天明 3(1783) 年の飢饉の際、倉が焼けたので焼き米を出して地元民に与えた。その後江戸の菓子商を呼び、これの焼き米を用いた干菓子を作らせ、五家宝を創案した。埼玉三代銘菓の一つで熊谷名物の「五家宝」にまつわる誕生秘話の中には、天明の飢饉の際に吉田家の倉が焼けたため、市右衛門が焼き米を出して地元民に与えたことが起源とする説がある。	http://members2.jcom.home.ne.jp/70little_rascals0201/saitama_kikaku/kazo/kazo_udon/saitama_kazoudon03.html	復旧復興	語り継がれる行為	
65	1783	天明 3		「一加部、二佐羽、三鈴木（上州三大尽）」 加部　3~4 千万を善意の救済金を拠出。	萩原進 1983『上州こぼれ話』NHK 前橋放送局	復旧復興	人物	災害由来自然物（記念物）
66	1783	天明 3		情勢、不穏により中二子古墳に集結した暴動の中に彦九郎は潜入して居た。	萩原進「天明三年の災害と高山彦九郎の伝記的位置づけ」『群馬文化』78/79 号 1965 6	情勢	人物	
67	1783	天明 3		天明御救御普請に際しての騒動。桃木堀割工事（関根）、田方不熟により農民 1 万 7 千人、天狗岩に 6 千人が集まって騒いだ。	新井哲夫 1972「植野・天狗岩堰史余録（下）」『風雷』31 p.69/『群馬県史』第 3 巻	情勢		
68	1783	天明 3		「去ル浅間凶災の後、辰年（天明 4）の春の困窮、又午年（天明 6）の大水にて、未年（天明 7）の春の米穀の高価なる時ハ」と吉田芝渓は『開荒須知・乾の巻』で表現している。（寛政 7 年（1795）著す）	農山漁村文化協会 1979『農業要集・草木撰種録・開荒須知・菜園温古録』日本農書全集 3 p.108	史料	情勢	語り継がれる行為
69	1783	天明 3		安中藩主板倉勝暁（かつとき）伝来の器物（先祖が将軍家より拝領した茶器という）を売って二万両を得（平時なら 2 万 4 千石買える。飢饉で 6 倍の値として 4 千石）、領民の飢餓を救う。	浅田晃彦 1979『上州茶の湯史話』群馬県茶道会	政策	人物	

	西暦	和暦	月日	概要・関連事項	出典等	事例分類		
70	1783	天明3		原町・大笹が、御普請場所・役人駐在所・代官手代宿になっている。矢嶋五郎兵衛は、天明四年に名主となる。	『原町誌』p.299	政策	人物	
71	1783	天明3		長野県上田市武石上本入上小寺尾　所有者上小寺尾区：小寺尾の踊念佛供養塔。供養塔は縦 165cm、横 36cm、厚さ 30cm の角柱で、県下でも最大規模と言われている。 供養塔の由来は、天明期は気候が不順で凶作がつづいた上、浅間山の大噴火があり、村人達は祖先の伝えてきた踊念仏を上州沼田に譲り渡してしまった祟（たた）りと考えた。そこで、天明 3 年に踊念仏供養塔を建立し、八十八夜の日を祭日とし供養するようになり、今日に至っている。	http://museum.umic.jp/map/document/dot105.html	供養	語り継がれる行為	
72	1783	天明3		総社町では、光厳寺・元景寺の両寺にて追善回向等が執り行われた。	『総社町誌』（総社町郷土誌）1956 p.320	供養		
73	1783	天明3		鋳造観音（鎌原観音堂）には、「願主　高雲院　神田かぢまち田川土膳作」が刻まれる。（鋳造年代はこの前後か？）	清水寥人 1996『緑よみがえった鎌原』あさを社 p.28	口伝	災害の繋がり	史料
74	1783	天明3		その時観音堂に避難していた人々の見た言い伝えによると、欅の大木が根こそぎになり押流されていったということである。後にこの欅の木を掘出して神社建設の材料にしたとのことである。その掘り出した時の大きな穴がいまもある。	下屋正一 1980「鎌原郷物語り」『群馬歴史散歩』40	口伝		
75	1783	天明3		亀田鵬斎（この年、32 歳）蔵書を手放し、救恤金にあてる。	萩原進 1963『上州人物めぐり』群馬県警察本部 p.339	口伝		地名
76	1783	天明3		天明三年浅間災害で、この杉の内部に火災をおきる。 竜徳寺の住職円心が高い位置から切り倒したという。数年後、神代杉を甦えらせようと空洞の中に杉を植える。何度かの苦行の末ついに天に向かって伸び続ける一名親子杉となって今に伝える。親子杉が誕生 120 年をすぎ、藤原忠真氏が掛け軸に描く。（『倭建命来征凱旋御手植鳥頭神社内神代杉之吾図』）	小池利夫 1986「神代杉の由来について」『群馬歴史散歩』77	口伝	人物	
77	1783	天明3		広瀬利根川の合流点　大正初年の利根川大改修で石島はなくなる。	『群馬歴史散歩』48 1981 p.24	災害地形		
78	1783	天明3		渋川市、子持で知られた鴻田北斎は、篤学の士といわれ、漢学、和歌、算学の素養もあったという。生家は、浅間押しで現在の原地区に移転した家で、河原には「本屋敷」の地名が残されている。北斎は明治 10 年没。原の上り坂に建てられた石碑は弟子たちの手によるもの。	子持村誌編さん委員会 1987『子持村誌』下巻 p.127	人物	災害地形	
79	1783	天明3		高山彦九郎（この年 37 才）日記は 5 月 3 日以降、天明三年浅間山噴火を扱う記述を欠く。	萩原進「天明三年の災害と高山彦九郎の伝記的位置づけ」『群馬文化』78/79 号 1965 6	人物	史料	
80	1783	天明3		浅間押しで、白雄門弟看江死去。白雄句集に掲載。 加舎白雄（1738 ～ 91）は安永・天明期を代表する俳人で、関東一円に、俳友や門弟がいた。白雄 46 歳の『白雄贈答』『しら雄句集』に次の句等が記されている。 「浅間山のいかりたえてんたのむ哉　かみつけの山津波此ほどなりけるを　浅間山のいかりたえてん田の実の日　浅間山の烟いぶせくも、みやはとがめぬと聞へしに、ことかはりて山つなみとかや。吾妻一郡の里々、馬人流れうせぬと追おひに告（ぐ）るものありて、まちまち噂こころならずもそこの門人をかぞえて文の奥に、生はとく死は歴（へ）て告（げ）よあきの水　生はとく死はつげこしぞ秋の水」	子持村誌編さん委員会 1987『子持村誌』下巻 pp.7、33-34	人物		
81	1783	天明3		野口円心墓標正面〔竜徳寺〕に、「天明三年卯歳秋七月上旬信州上州浅間山焼泥押後竜徳寺再建立化主」と刻まれる。	小池利夫 1987「野口円心と竜徳寺」『群馬歴史散歩』83	人物		
82	1783	天明3		加部安　七代重実　八代光重　郡内窮民に金 500 両　米 500 石。	丸山不二夫 2010『加部安左衛門』みやま文庫 p.129	人物		
83	1783	天明3		天明のお助け小屋が掛けられる。（加部安　長左エ門　小兵衛）	丸山不二夫 2010『加部安左衛門』みやま文庫 p.130	人物		
84	1783	天明3		明和 4（1767）年、信濃国小県郡大石村（現東御市滋野乙）に生まれた無双力士の異名をもつ雷電為右衛門は、千曲川対岸長瀬村庄屋上原源五右衛門に寄食していた。天明三年、江戸相撲の浦風林右衛門一行が地方巡業で上原家を訪れる。折しも天明の飢饉の中（浅間山の噴火も影響したか？）で興行不能となり、一行はしばらく上原家に厄介となる。この時、太郎吉（後の雷電為右衛門）は素質を認められて、江戸相撲界入りを勧められる。翌年、江戸相撲浦風の門に入り、実に 16 年間 27 場所の長きにわたり大関の座を保持し、勝率 0.962 という古今最高の勝率を上げた。天明 3 年あるいは、天明 3 年浅間山噴火が取り持った雷電為右衛門のデビューとなった。	道の駅雷電くるみの里雷電展示館	人物		
85	1784	天明4	正月	大名による御手伝普請（熊本藩細川重賢に上野・武蔵・信濃の村々の復旧工事…10 万両の拠出による工事）の実施。	『群馬県史』通史 6/『天狗岩堰用水史』1999 天狗岩堰用水史編纂委員会 p.72	政策	復旧復興	
86	1784	天明4	正月	鎌原村に、正月、間口五間半・梁間三間の住居 11 棟完成する。	丸山不二夫 2010『加部安左衛門』みやま文庫 p.132	復旧復興		
87	1784	天明4	1月	流失した杢ケ橋の関所に金井村の村役人が手伝大名細川に復旧の届出書「金井村浅間焼泥押後の関所渡船・田畑等復旧届」を出し、金蔵寺大門のところにある順悦店を仮関所にすること、杢の仮渡舟は北牧村で引きうけ渡舟を始めたことなどが記されている。	『渋川市誌』第二巻 1993 p.711	政策	復旧復興	
88	1784	天明4	4月	江戸における闇値の最高は、百俵 212 両に及んだ。4 月、上州境（佐波郡）では米価が 1 升 200 文といわれた。（『浅嶽火記』）	北群馬渋川の歴史編纂委員会 1971『北群馬・渋川の歴史』p.344	情勢史料	史料	史料
89	1784	天明4	5月	疫病流行。	北群馬渋川の歴史編纂委員会 1971『北群馬・渋川の歴史』p.344	情勢		
90	1784	天明4	7月	善光寺等順（東叡山寛永寺護国院第 13 世住職、信州善光寺別当大勧進第 79 世貫主）は、歴代善光寺住職の中でも善光寺信仰布教に大きな役割を果たした。天明 3 年、浅間山大噴火被災者の救済と供養のため鎌原に赴く。天明の大飢饉飢民救済のため、善光寺所蔵の米麦を全て蔵出しして民衆に施す。（山門横の放生池は、飢餓から助けられた人々が、この等順の恩に報いるために相寄り集まって掘った池。）天明 4 年 7 月、善光寺本堂にて浅間山大噴火被災者の追善大法要を執行。	http://ja.wikipedia.org/wiki/%E7%AD%89%E9%A0%86	供養	人物	

	西暦	和暦	月日	概要・関連事項	出典等	事例分類		
91	1784	天明 4	七月	善光寺施餓鬼供養執行。七月六日伝四郎母同道善光寺参り、八日大勧進…七月晦日大前、鎌原へ遣ス。	鎌原観音堂奉仕会 1992『天明の災にかがやく恩恵』pp.25-26	供養	史料	
92	1784	天明 4	七月	天明 4 年、名久田川付近を通過した松代藩士が残した見聞記『上州草津道法　夢中三湯遊覧』に、「（七月二十一日）此辺去七月八日浅間大荒之節十八町此上沢逆流に泥水火石押上セ、高サ三丈余も泥の跡暦（歴）然たり。其外大石大木押行、木の折口錫杖のことくにひしけあり。大石とも五六十日も雨ふり候へハ中より火焼出て候よし。…土地の様子大石大木の押出し方大木の根をふつりふつりと押切り、又根も堀抜候勢ひを相考見れハ…。」と書き留められ、この地の一年後の災害状況を知る。	萩原進 1985『浅間山天明噴火史料集成 I』群馬県文化事業振興会 p.358	災害地形	史料	情勢
93	1784	天明 4	8 月	渋川中村不作のため、百姓難渋に付、夫食代 15 両を借用する。	渋川市市誌編さん委員会 1993『渋川市の歴史年表』通史編別冊 p.24	情勢	史料	
94	1784	天明 4	8 月	幕府、浅間押しによる渋川中村の検地を実施する。	渋川市市誌編さん委員会 1993『渋川市の歴史年表』通史編別冊 p.24	政策	史料	
95	1784	天明 4	暮れ	暮れまでに各地でほぼ復旧にこぎ着けた。（天狗岩用水周辺）	『天狗岩堰用水史』1999 天狗岩堰用水史編纂委員会 p.75	情勢	復旧復興	
96	1784	天明 4	閏 1 月	渋川中村の飢人 262 人の救済を願い出る。	渋川市市誌編さん委員会 1993『渋川市の歴史年表』通史編別冊 p.24	復旧復興	情勢	
97	1784	天明 4		新暦 7 月 14 日前後に牛頭天王の掛け軸を掛けて供え物をし、担がれる神輿は、その起源が浅間山噴火による降灰と大雨による碓氷川の氾濫と飢饉により疫病が流行し、祇園信仰により、神輿の渡御（とぎょ）により無病息災を願う行事として現在も続けられている。	阪本英一・大工原豊・佐野亨介・萩原栄司・伊丹仲七・藤巻正勝 2012『碓氷安中史帖』みやま文 205 p.134	語り継がれる行為		
98	1784	天明 4~5		天明三年の被害復旧普請を御救普請するが、賃金等に対する不満から、普請が中止となり、植えつけが不能となる。	天狗岩堰土地改良区 1999「天狗岩堰（植野堰）関係略年表」『天狗岩堰用水史』p.253	政策	復旧復興	
99	1784	天明 4		草津温泉では、浅間の大爆発によって入湯客が激減した。 天明 2 年　11,986 人であったものが、天明 3 年には、6,430 人、天明 4 年には、3,779 人となった。	『草津町誌』1976 p.142	復旧復興	救済	
100	1784	天明 4		「去ル浅間凶災の後、辰年（天明 4 年）の春の困窮、又午年（天明 6 年）の大水にて、未年（天明 7 年）の春の米穀の高価なる時ハ、」と吉田芝渓は『開荒須知・乾の巻』で表現している。（寛政 7（1795）年著す）	農山漁村文化協会 1979『農業要集・草木撰種録・開荒須知・菜園温古録』日本農書全集 3 p.108	情勢	史料	
101	1784	天明 4		（富岡）中高瀬村の百庚申　光厳寺に面した、観音山尾根斜面に近世石仏が多数残されている。尾根上にあった百庚申は、平成元年上信越自動車道建設に伴う中高瀬観音山遺跡の発掘調査時には既に谷下部に移されていたという。庚申山由来碑（昭和 55 年）によれば、天明噴火により、農作物枯死・飢饉・疫病流行により村人難渋し、庚申信仰により諸難を取り除くために百庚申を建立。庚申の歳三度 180 年を祈念し供養塔を建立したという。天明四年の馬頭観音も建つ。天明 4 年の馬頭観音の建立から拡大し、寛政 12（1800）年の庚申祭を契機に百庚申の奉納がなされた。発掘調査報告書成果のまとめには、121 基の庚申等群の基部を確認していると報告されている。	群馬県埋蔵文化財調査事業団 1995『中高瀬観音山遺跡』p.329	供養	石造物	謝恩顕彰
102	1784	天明 4		この年、奥羽地方への飢饉が続く。	『群馬県史』通史編 10 P.219	情勢	史料	
103	1784	天明 4		善光寺の大勧進が流死者の供養をおこなっている。大きな塔婆を小熊川橋に立て、善光寺からの 4,500 枚の経木を吾妻川の両岸に分けて、各村で流死者数を書き出しその分の経木を受け取り廻送りした。それにより、渋川までの流死者数を知ることになる。	『群馬歴史散歩』48 号 1981pp.5-6 清水寥人 1996『緑よみがえった鎌原』あさを社 pp.103-104	供養	史料	
104	1784	天明 4		東吾妻町原町善導寺の正観音立像建立。	『群馬歴史散歩』48 号 1981 p.11/『原町誌』p.288	供養	石造物	
105	1784	天明 4		伊勢崎市戸谷塚　夜泣き地蔵　現在、観音堂境内で供養祭。無念の叫びは、夜泣き封じに特化。昭和 37 年の福田市郎氏、萩原進氏らが中心となり、北傍に記念碑など建立。	『嬬恋村史』下 1978 p.1997/『群馬歴史散歩』48 号 1981 p.23	供養	石造物	
106	1784	天明 4?		榛名山別当所「東叡山宮様ニおゐて流死者のため川施餓鬼被遊下候」→上野寛永寺においても大供養が施された。	『群馬歴史散歩』48 号 1981 p.6	供養		
107	1784	天明 4		7 月 8 日、総社町元景寺での供養祭。	『群馬歴史散歩』48 号 1981 p.5	供養		
108	1784	天明 4		前橋市田口町塩原健男（昭和 4 年 2 月 17 日生）家では、本家（塩原潤一家当時名主）からこの年分家。このときに建てられた家は、天明 4~ 昭和 42 年までの 183 年間住み継がれてきた。新居建設時には、天明泥流は 4 尺ほどで、深くて 6 尺位だったと記憶しているという。（本家では天明泥流に被災した住宅が現存している。当時、埋もれはしたが、掘り出されたものだという。そのせいで、現在は、地面が 4 尺 5 寸低くなっているという。）14 軒ほどの一族は、被災はしたが高台の橘神社に避難したため犠牲者が出なかったと語り継がれている。天明 4 年の住宅は、写真をもとに描かれた絵画が残されている。	関俊明・小菅尉多・中島直樹・勢藤力 2016『1783 天明泥流の記録』みやま文庫 222 p.145	災害地形	口伝	
109	1784	天明 4		「砂敷引　砂引」の言葉が用いられている。「辰十一月改　六反五畝廿八歩　砂引残り　六反六畝廿二歩　前田　中田　壱反六畝拾五歩　平右衛門　改て　壱反十九歩也　内五セ廿六歩　砂敷引」『安永二年名寄帳』（安永 2（1773）~ 寛政 6（1794））名主の文書箱に残され引き継がれた文書：上樋越区有文書。	玉村町　上樋越区有文書	降下物	史料	
110	1784	天明 4		加舎白雄、北牧・渋川・川島を訪ね句会	『群馬歴史散歩』59 1983	人物		
111	1785	天明 5	12 月 7 日	12 月 7 日普請開始。高崎領天狗岩堰組合・前橋領植野堰組合、両組合合体し工事を遂行。『松平藩日記』	新井哲夫 1972「植野・天狗岩堰史余録（下）」『風雷』31	復旧復興	史料	語り継がれる行為

	西暦	和暦	月日	概要・関連事項	出典等	事例分類		
112	1785	天明5	2月朔日	2月朔日の項 高崎領天狗岩堰組合・前橋領植野堰組合は改修工事が難行。両藩が別々でおこなっていた改修工事を両藩両堰組合合同で、田植に間に合うよう工事を進めたいとして、堰関係の各領主宛下知して欲しいと幕府勘定所に訴え出る。『松平藩日記』	新井哲夫 1972「植野・天狗岩堰史余録（下）」『風雷』31	復旧 復興	史料	
113	1785	天明5	5月	各地でほぼ復旧にこぎ着けた。天狗岩堰については賃金支払いによる訴訟により天明5年まで通水が不可能であったが、同年5月には、一応の和解。	天狗岩堰用水史編纂委員会 1999『天狗岩堰用水史』p.75	復旧 復興	情勢	史料
114	1785	天明5	5月	天狗岩堰については賃金支払いによる訴訟により天明5年まで通水が不可能であったが、同年5月には、一応の和解。	天狗岩堰用水史編纂委員会 1999『天狗岩堰用水史』p.75	復旧 復興		
115	1785	天明5	9月	渋川市川島の甲波宿祢神社、現在の地に再建される。	渋川市市誌編さん委員会 1993『渋川市の歴史年表』通史編別冊 p.24	復旧 復興		
116	1785	天明5	夏	京都の儒学者平沢旭山の2度目の上野国旅行。 吉田芝渓宅を拠点に芝渓の手記を基に綴る。	萩原進 1995『浅間山天明噴火史料集成Ⅴ』p.91/『漫遊文草』第5巻	人物		
117	1785	天明5		天明三年に57歳だった富沢久兵衛は、「上掘」と呼ぶ「一番開発」による生産性の乏しいことに閉口して、「二番開発」という手段をとる。工事は、天明5年~8年早春まで4年間を要した。その工事の顛末は、『浅間山焼崩泥入畑開発帳』に記されている。耕地再開発として、久兵衛の「手前人足」、「頼み人足」による「二番開発」着手に習い、天明6年からは周辺村々で開始。	新井信示 1932「浅間山大噴火の跡を訪ねて（下）」『上毛及上毛人』186号 pp.40-42/ 渡辺尚志 2003『浅間山大噴火』吉川弘文館 p.99	復旧 復興	人物	
118	1785	天明5		高山彦九郎　足利市小俣の阿夫利神社参詣の折、栃木県葉鹿の茶屋にて、須賀尾の医師の妻の話。30組が新しい夫婦の契りを結んで新しい家を興したという話。記録に残る7+3組意外にも多くの祝言が行われたものと考えられる。	『嬬恋村史』下 1978 p.1926	人物	復旧 復興	
119	1785	天明5		天明5年には、上州一帯非常によくなり、『（赤城神社神主奈良原家蔵）年代記』には、「七月天気無事ナリ八月ニ至リテ益々ヨシ稲諸方八重穂在六十年来豊作ト云。」と記されている。	北群馬渋川の歴史編纂委員会 1971『北群馬・渋川の歴史』p.336	情勢		
120	1785	天明5		高山彦九郎が利根郡東入を旅し、山村のこの地方では天明飢饉では、わが子を片品川に流したが、二年後にはもう芝居に熱中している、と記す。『北上旅中日記』	農山漁村文化協会 1979『農業要集・草木撰種録・開荒須知・菜園温古録』日本農書全集 3 p.195	人物	情勢	
121	1785	天明5		墨田区回向院の供養碑建立。	『群馬歴史散歩』48号 1981 p.15	石造物	供養	
122	1785	天明5		成身院元眞、百体観音堂建立を発願。	配布パンフレット「百体観音堂創建元映上人頌徳碑」	供養		
123	1785	天明5		渋川村容膝庵の主（一説に吉田芝渓）、『浅間山大変実記』を著す。	渋川市市誌編さん委員会 1993『渋川市の歴史年表』通史編別冊 p.24	人物	史料	
124	1786	天明6	5月	奈佐勝皐は、江戸を北上し武蔵国を通過し、上州を探訪した紀行文『山吹日記』を著す。湯上、甲波宿祢神社などのことが記載されている。	『群馬県史料集』第六巻日記編 1971『群馬県新百科事典』2007/ 渋川市市誌編さん委員会 1993『渋川市の歴史年表』通史編別冊 p.24/ 脇屋真一 1982『註解山吹日記』上州路文庫 7	史料	人物	
125	1786	天明6		天狗岩用水では、天明三年の被害復旧普請に対する訴訟事件が解決し、復旧普請をするが、関東地方大風水害による利根川大洪水で取水不能となる。	天狗岩堰土地改良区 1999「天狗岩堰（植野堰）関係略年表」『天狗岩堰用水史』p.253	情勢	復旧 復興	
127	1786	天明6		「去ル浅間凶災の後、辰年（天明4）の春の困窮、又午年（天明6）の大水にて、未年（天明7）の春の米穀の高価なる時ハ、」と吉田芝渓は『開荒須知・乾の巻』で表現している。（寛政7年（1795）著す）	農山漁村文化協会 1979『農業要集・草木撰種録・開荒須知・菜園温古録』日本農書全集 3 p.108	情勢	人物	
128	1786	天明6		夏中出水、雨続冷気、関東陸奥大洪水（上州の近世歴史災害との対比）	青木裕 1976「近世・西上州における災害とその対策」『群馬県史研究』4/ 北群馬渋川の歴史編纂委員会 1971『北群馬・渋川の歴史』p.344	情勢		
129	1786	天明6		諸国天領に「社倉積穀令」が出される。　→寛政元年	「郷倉」1990『群馬歴史散歩』100	情勢		
130	1786	天明6		「原町顕徳寺には、天明六年八月有縁無縁萬霊のために建立したる多宝塔形の大塔婆が一基ありますが、之はもと字下之丁の吾妻川のほとり（私の家の南一町余の所）に在ったもので、浅間押しの際の死者に対する供養の為に建てられたものであると伝説されております。」新井信示記。	新井信示 1932「浅間山大噴火の跡を訪ねて（下）」『上毛及上毛人』186号 pp.44-45	供養	口伝	
131	1786	天明6		加部安　七代重実　八代光重　郡内窮民に金200両を支出。	丸山不二夫 2010『加部安左衛門』みやま文庫 p.129	救済	人物	
132	1787	天明7	12月	熊谷在奈良村の吉田市右エ門が利根吾妻の飢人一人につき5升の麦を施す。「飢人御救中山宿ニ而御渡し趣御触ニ而名主百姓代飢人召連頂戴ニ参人前壱人ニ付麦五升宛ヒ下置候十二月廿七日利根郡村々受取飢人惣〆四千人余御座候（中略）右麦施主ハ熊谷在奈良市右エ門ト申…」『（赤城神社神主奈良原家蔵）年代記』	北群馬渋川の歴史編纂委員会 1971『北群馬・渋川の歴史』p.338	人物	救済	史料
133	1787	天明7		「去ル浅間凶災の後、辰年（天明4年）の春の困窮、又午年（天明6年）の大水にて、未年（天明7年）の春の米穀の高価なる時ハ、」と吉田芝渓は『開荒須知・乾の巻』で表現している。（寛政7（1795）年著す）	農山漁村文化協会 1979『農業要集・草木撰種録・開荒須知・菜園温古録』日本農書全集 3 p.108	人物	復旧 復興	
134	1787	天明7		この年、吉田芝渓による芝中の開墾着手→ 『渋川村吉田芝渓芝中開発願』寛政元（1789）年	『渋川市誌』第二巻 p.1013/『北群馬・渋川の歴史』1971 年表 p.959	人物	復旧 復興	
135	1787	天明7		大笹への引き湯。石樋で2里の引湯、長左衛門宅で温泉宿を営む。 帳簿は、天明7~13年までが残されている。	群馬県教育委員会 1973/『嬬恋村の民俗』p.106	復旧 復興		
136	1787	天明7		飢民蜂起	北群馬渋川の歴史編纂委員会 1971『北群馬・渋川の歴史』p.344	情勢		
137	1787	天明7		八方睨み龍（倉賀野神社）の厄除雲竜図（改修の際はずされ御本社拝殿内に安置）は、狩野探幽63才の作品で、1787年に奉納された。 噴火後の地鎮と厄除の祈りを込めて描かれたと考えられている。	2012年3月18日付上毛新聞（広告）歴史街道を訪ねて　中山道編三　海道龍一朗	供養		

	西暦	和暦	月日	概要・関連事項	出典等	事例分類		
138	1787	天明7		八方睨みの龍（高崎市赤坂町、曹洞宗長松寺の本殿天井、狩野探雲が67才時）の雲竜図描かれる。噴火後の地鎮と厄除の祈りを込めて描かれたと考えられている。	2012年3月18日付 上毛新聞（広告） 歴史街道を訪ねて 中山道編三 海道龍一朗	供養		
139	1788	天明8	2月	中村、浅間押しによる離農者が帰村を村役人連名で願い出る。	渋川市市誌編さん委員会 1993『渋川市の歴史年表』通史編別冊 p.24	復旧復興	情勢	
140	1788	天明8	8月	伊勢崎藩では天明3年から6年分の社倉麦を入札によって村々へ払い下げた。	しの木弘明 1969『境風土記』境町地方史研究会 p.498	政策		
141	1788	天明8	早春	天明3年に57歳だった富沢久兵衛は、「上掘」と呼ぶ一番開発による生産性の乏しいことに閉口して、二番開発という手段をとる。工事は、天明五年から同八年の早春まで四年を要した。その工事の顛末は、「浅間山焼崩泥入畑開発帳」に明記されている。	新井信示 1932「浅間山大噴火の跡を訪ねて（下）」『上毛及上毛人』186号 pp.40-42	復旧復興	人物	
142	1788	天明8		善導寺山門供養碑①・五年目	『群馬歴史散歩』48号 1981 p.11 『原町誌』p.288	供養	石造物	
143	1788	天明8		墨田区回向院の供養碑②	『群馬歴史散歩』48号 1981 p.15	供養	石造物	
144	1789	寛政元	9月	吉田芝渓『渋川村吉田芝渓芝中開発願』（寛政元（1790）年）の中で、「去ル卯年浅間泥入ニ而田畑甚せまく相成り」と、天明三年の砂入りで使える田畑が大変に狭くなったと、田畑疲弊の理由を記し、耕地開発の挙げ願い上げを行う。〈吉田芝渓による芝中の開墾〉	『渋川市誌』第二巻 1993 p.1013、第五巻 1989 p.517/『北群馬・渋川の歴史』1971 年表 p.959	復旧復興	人物	
145	1789	寛政元		「貯穀令」 翌2年には諸大名に郷倉建設、救荒貯穀を命じる。 →天明6年、諸国天領に「社倉積穀令」。	「郷倉」1990『群馬歴史散歩』100	政策		
146	1789	寛政元		千葉県野田市木間ケ瀬の出洲水神社の浅間山噴火供養塔：「水死諸聖霊乃至諸畜類」供養塔。 浅間山噴火に伴う被災は、利根川沿いに無数の仏が流れ着いた状況が偲ばれ、この寛政元（1789）年浅間山噴火供養塔に「・・螺蛻出数万人之水死不知其数哀哉・・」と石碑側面に記されている。神社は三方を畑に囲まれ背後は利根川堤防で、利根川堤防の下に位置する出洲水神社に祀られている。	http://sekibutu.blogspot.jp/search/label/%E7%81%BD%E5%AE%B3%E4%BE%9B%E9%A4%8A%E5%A1%94	供養	石造物	
147	1790	寛政2		「東八十八ケ所二十四番」の天台宗福性寺は、泥流被災7年後に県道渋川吾妻線の南に再建されたが、明治初年に廃寺となる。天台宗真光寺の門徒寺で河嶌山福性寺と呼ばれ、川島字後界戸にあったが、再建されたのは、字久保田である。明和元（1764）年の「村絵図」に記されて隣地に「御除地九反七畝拾九歩」と記されている。 被害直後の『乍恐以書付奉願上候』（川島・飯塚永吉家文書）には、「天台宗福生（ママ）寺、洪水之節、寺堂不残流失致、并住僧流死仕候…」と記す。字久保田の廃寺跡には、「寂源」の墓標が残され、「当院第十四世　法印寂源覚位　天明三年七月八日」と刻まれ、寺と共に非業の死を遂げた住職とみられる。7年後の寛政二年の『宗門人別改帳　上野国群馬郡川嶋村』には、檀家31軒、男67人女41人計108人とあり、「住僧共ニ流失仕候、依之本寺眞光寺預り旦那ニ罷成候間、眞光寺致代印差上申候」といい、真光寺で代印を致すというのである。真光寺門前には、「流死萬霊墓」と刻む供養碑が残されている。	内山信次 2001『上州新四国平成遍路記』上毛新聞社 / 渋川市市誌編さん委員会 1993『渋川市誌』第二巻 pp.877-887	復旧復興	供養	展示
148	1790	寛政2		『矢中村手余地開発諸経費』（高崎市下滝町天田荘家史料には、天明三年被害地の再開発に103両余の支出があったことを記録する。	井上定幸 1980「西上州一在方商人の江戸貸長屋経営―旧群馬郡下滝村天田家関係資料の紹介―」/『群馬県史研究』11/ 駒形義夫 1984「収蔵文書紹介　高崎市下滝天田荘家文書」『文書館だより』第2号 p.6	復旧復興	史料	
149	1790	寛政2		天明3年浅間災害と飢饉がもたらした耕地の潰滅、荒廃からくる農村の困窮による退転者「不斗出者」の続出に拍車がかかる。そのため耕作者のいない田畑「荒れ地・厄介地」が増大する。下公田村では、安永から文化年間にかけては総人口が45%減になったという。安永6年（1777）の幕府からの通達『名主御用留』に江戸中期の全国の農業離れの現象が進んでいたことを知ることができる。前橋藩127村で厄介地が551町8反2畝2歩に達している。前橋藩の天明三年以降の財政の改革断行として、家臣の窮乏を救うために「義用金制度」と備荒貯蓄の社倉の強化を寛政2（1790）年に実施。	農山漁村文化協会 1979『農業要集・草木撰種録・開荒須知・菜園温古録』日本農書全集3 p.192	情勢	史料	
150	1790	寛政2		天明凶災資料となる『北行日記』を高山彦九郎が著す。	萩原進「天明三年の災害と高山彦九郎の伝記的位置づけ」『群馬文化』78/79号 1965 6	人物	情勢	
151	1791	寛政3	4月	埼玉県加須市水深1381付近、青毛堀川の二枚橋の右岸橋詰に建つ浅間山の大噴火を伝える石橋供養塔。高さは約1mで、当時の水深村の人が世話人となり、この橋を利用する地域の人々がお金を出し合って寛政3(1791)年に建てたものという。青毛堀川の右岸に建ち、正面に「石橋供養塔」と刻み、側面に天明3(1783)年の洪水に関する記述がある。	加須デジタル博物館　埼玉県加須市教育委員会 生涯学習部 生涯学習課 http://www.kazo-dmuseum.jp/01history/03kinsei/02-01.htm/http://www.geocities.jp/fukadasoft/bangai5/kuyou/index36.html	供養	史料	
152	1791	寛政3		大雨ニ而家流失（上州の近世歴史災害との比較）	青木裕 1976「近世・西上州における災害とその対策」/『群馬県史研究』4	災害の繋がり		
153	1792	寛政4	6月	三原三十四番霊場の三十三番札所、長野原町林字下原にある下田観音堂（林7）はダム建設に伴う水没のため林字中原へ一部部材を使用し、移設。その際に確認された開眼供養した奉納札には、「寛政4（1792）年6月良山道心が新たに本尊堂と立っていた二尊を建てることができた」と記されている。	長野原町教育委員会 2012「5地区の石造物及び神社・社宇・堂宇の移設等保存移設について」『長野原町の文化財調査報告書Ⅰ』p.157	史料	口伝	情勢
154	1792	寛政4		藤岡市緑埜「千部供養塔」は、噴火当時の模様や物価高騰などの様を碑に刻む。	『群馬歴史散歩』48号 1981 p.27	史料	供養	
155	1792	寛政4		島原大変で、15,000人の犠牲者を出す。（近世歴史災害との対比）	渡辺尚志 2003/『浅間山大噴火』吉川弘文館 p.188	災害の繋がり		
156	1793	寛政5	12月	川嶋村、天明の浅間押し後、硫黄混りで桑の成育不良のため年貢減免を願い出る。	渋川市市誌編さん委員会 1993/『渋川市の歴史年表』通史編別冊 p.25	情勢	政策	救済

	西暦	和暦	月日	概要・関連事項	出典等	事例分類		
157	1793	寛政5		大笹温泉への引き湯　石樋　2里　長左衛門宅で温泉宿 帳簿は、天明7～13年まで残る。*（天明13年は寛政5年?）	群馬県教育委員会 1973『嬬恋村の民俗』p.106	復旧復興	史料	史料
158	1793	寛政5		長左衛門（侘澄）が大栄黒岩長左衛門十三回忌を供養をかね、大田蜀山人に噴火記念碑の揮毫を依頼し実現した銘碑。父大栄の依頼の手紙も残っている。	『嬬恋村史』下 1978 p.1935	供養	石造物	語り継がれる行為
159	1794	寛政6		富士見村横室に伝わる『歳代記』によれば、農村歌舞伎、宝暦2（1752）年に「当村踊り此年より初る也」といい、安永2（1773）年～7年までは毎年実演、天明年間は飢饉や水害などで中止、寛政6（1794）年から再び盛んになったという記録。	農山漁村文化協会 1979『農業要集・草木撰種録・開荒須知・菜園温古録』日本農書全集3 p.195	復旧復興	情勢	
160	1795	寛政7		江戸川区東小岩　善養寺　十三回忌にあたるこの年に、「天明三年浅間山噴火横死者供養碑」が建立される。	浅間山麓埋没村落総合調査会・東京新聞編集局特別報道部 1994『嬬恋・日本のポンペイ』東京新聞出版局 p.198 『群馬歴史散歩』48号 1981 p.25	供養	石造物	情勢
161	1795	寛政7	5月	埼玉県本庄市児玉町小平にある平等山宝金剛寺成身院（足利持氏開基、禅密兼学元昭上人開山）で、悲願の成身院百体観音堂、螺旋式の栄螺堂が落成（元映上人）。天明3年浅間山の大噴火で多くの犠牲者が出たことに対し、成身院元眞上人が、利根の川原に壇を築いて修僧を集めて死者の冥福を祈った。そして、菩提のため百体観音堂（栄螺堂）を建立を計画。弟子の元映上人が志を継ぎ、寛政七年完成した。百体観音堂は高さ約20m。外観は二層堂、内部は三層の回廊造りで右回りに三匝する。一層は秩父34、二層は坂東33、三層は西国33観音を納める百体観音を祀る。三層中央に本尊白衣観音を祀る。明治21年焼失、明治44年再建。百体観音堂例祭：毎年11月23日（勤労感謝の日）に、観音堂例祭を厳修（ごんしゅう）し、午前11時からは、檀信徒先祖代々精霊供養および霊園永代供養の護摩を修し、午後1時からは、天明3(1783)年に発生した浅間山大噴火以来の災害や事故で亡くなったすべての者の追善供養と、参詣者への所願成就（しょがんじょうじゅ）の護摩を修している。	配布パンフレット 「百体観音堂創建　元映上人頌徳碑」 http://www.d1.dion.ne.jp/~s_minaga/sazaedo.htm https://ja-jp.facebook.com/pages/%E6%88%90%E8%BA%AB%E9%99%A2%E7%99%BE%E4%BD%93%E8%A6%B3%E9%9F%B3%E6%A0%84%E8%9E%BA%E5%A0%82%E3%81%95%E3%81%96%E3%81%88%E5%A0%82/259212757456523	供養	語り継がれる行為	復旧復興
162	1795	寛政7	7月	吉田芝渓『開荒須知・乾の巻』を著し、「去ル浅間凶災の後、辰年（天明4）の春の困窮、又午年（天明6）の大水にて、未年（天明7）の春の米穀の高価なる時ハ、」と記している。（寛政7年（1795）著す）	農山漁村文化協会 1979『農業要集・草木撰種録・開荒須知・菜園温古録』日本農書全集3 p.108/ 渋川市市誌編さん委員会 1993『渋川市の歴史年表』通史編別冊 p.26	復旧復興	災害の繋がり	災害の繋がり
163	1795	寛政7		「砂置場」「砂置」の地目が用いられる。「五畝廿六歩　砂置場　八木平右衛門　弐歩　馬入　四歩　馬入　拾六歩　砂置　拾壱歩　砂置　九歩　砂置　三畝四歩畝拾九歩　砂置　三畝三歩　砂置　拾壱歩　馬入　三歩　馬入　五歩　砂置　拾八歩　砂置　畑方　四歩　馬入　九歩　砂置　弐十一歩　砂置　三畝廿歩　砂置　弐反三畝廿八歩」『寛政七年 (1795) 名寄帳』（寛政7年から天保13年まで使用）（上樋越区有文書）	玉村町　上樋越区有文書（八木一章氏教示）	災害地形	遺構	
164	1795	寛政7		無量山西光寺（秩父市中村町4-8-21）の八十八仏回廊に「小平唐銅百観音并当山八十八仏ハ天明三卯浅間砂降リ変死為夭縁精灵（むえんしょうりょう）□志願也　顕性」とあり、児玉町の成身院とともに浅間山大噴火により命を失った人や家畜の精霊菩提のため造営されたといい、噴火に際した世情不安を鎮めるため、10年の歳月を費やして建立された由が残されている。	『平等山宝金剛寺成身院史』今井青史 2009 真言宗豊山派成身院 p.76	供養	石造物	
165	1795	寛政7		『文月浅間記』の著者羽鳥一紅、72歳で没す。 （→文化12年（1815）に版本刊行）	徳田進 1983「『文月浅間記』の記録文学性」一新資料写本『浅間山焼出公文書』等より見た一」『群馬女子短期大学紀要』第十号 pp.59-86	史料	人物	
166	1798	寛政10		神明宮春鍬祭の由来は、天明3年の大噴火から始まっていた。〔神社境内の春鍬祭の由来を述べた案内板〕現在の神明宮の前身は、現在地ではなく樋越古神明砂町の神明宮跡地にあった。これを樋越古神明という。ところが寛保2年の大洪水にの際、500m南に流されそこに再建された。それが現在の神人村神明原という場所である。天明3年（1783）の浅間大噴火により、もとの樋越古神明の跡地一帯は火山灰等の土砂に埋もれて荒れ地になってしまった。そこで樋越の農民が樋越古神明の跡地の神田10箇所（一反歩）を掘り返し、整地し水を引き入れ、水田となして稲作を再開した。そして、その水田で稔った稲穂を神明宮に献上した、これが現在の春鍬祭例大祭の始まりと言われ、寛政10（1798）年から現在まで毎年実施されている。この祭りは、その年の豊作を予祝して行う田遊びの神事で、毎年2月11日に神明宮で行われる。	http://blogs.dion.ne.jp/yonesama/archives/cat_356294-1.html http://ribondou.exblog.jp/19984892/	語り継がれる行為	災害地形	
167	1800	寛政12		（富岡）中高瀬村の百庚申　光厳寺に面した、観音山尾根斜面に近世石仏が多数残されている。尾根上にあった百庚申は、平成元年上信越自動車道建設に伴う中高瀬観音山遺跡の発掘調査時には既に谷下部に移されていたという。庚申山由来碑（昭和55）によれば、天明噴火により、農作物枯死・飢饉・疫病流行により村人難渋し、庚申信仰により諸難を取り除くために百庚申を建立。庚申の歳三度180年を祈念し供養塔を建立したという。天明四年の馬頭観音も建つ。天明四年の馬頭観音の建立から拡大し、寛政12（1800）年の庚申祭を契機に百庚申の奉納がなされた。発掘調査成果のまとめには、121基の庚申等群の基部を確認していると報告されている。	群馬県埋蔵文化財調査事業団 1995『中高瀬観音山遺跡』p.329	供養	石造物	語り継がれる行為
168	1802	享和2		鎌原村、この年、40軒148人（家数・人口）。	渡辺尚志 2003『浅間山大噴火』吉川弘文館 p.157	復旧復興		
169	1803	享和3		天明三年の災禍が再びないよう、各村申し合わせ虚空菩薩を再建安置し、祈祷されるよう願い出ている。（干俣村虚空菩薩再建の願出）cf.「上州浅間嶽虚空菩略薩縁起」は p.2026	『嬬恋村史』下 1978 pp.2010-2011	復旧復興	供養	石造物
170	1804	文化元		長野善光寺で流死者追善大法養を執行した等順大僧正、遷化。	鎌原観音堂奉仕会 1992『天明の災にかがやく恩恵』pp.23-25	供養	人物	
171	1805	文化2	1月	金井村・北牧村の杢仮渡船を定期船へと願い出る。	渋川市市誌編さん委員会 1993『渋川市の歴史年表』通史編別冊 p.26	政策	救済	
172	1805	文化2	2月	川島村、浅間焼け以来村難渋のため、山草札の上納救免を代官に願い出る。	渋川市市誌編さん委員会 1993『渋川市の歴史年表』通史編別冊 p.26	政策	救済	政策

	西暦	和暦	月日	概要・関連事項	出典等	事例分類		
173	1805	文化 2	6 月	幕府、関東取締出役を設け、博徒や無宿などの取り締まりを強化する。	渋川市市誌編さん委員会 1993『渋川市の歴史年表』通史編別冊 p.27	災害の繋がり	情勢	
174	1805	文化 2		竜徳寺 川原に流着した延命寺の石門が近年までおかれていた。 円心没後、文化 3 年 2 月に無住寺となり、寺子屋となり、明治初年、学校として生まれ変わる。	小池利夫 1989「竜徳寺の由来」『群馬歴史散歩』93	復旧復興	人物	
175	1805	文化 2		善導寺山門供養碑②　二十三回忌、建立される。	『群馬歴史散歩』48 号 1981 p.11『原町誌』p.288	供養	石造物	
176	1806	文化 3	2 月 27 日	野口円心　墓石正面〔竜徳寺〕「天明三年卯歳秋七月上旬信州上州 浅間山焼泥押後竜徳寺再建立化主」　75 才入寂。	小池利夫 1987「野口円心と竜徳寺」『群馬歴史散歩』83	復旧復興	人物	
177	1806	文化 3	3 月	川嶋村　起こし返し地の年貢減免を願い出る。	渋川市市誌編さん委員会 1993『渋川市の歴史年表』通史編別冊 p.27	復旧復興	政策	史料
178	1806	文化 3		吉田芝渓、常陸国水戸藩に招かれ、農政問題を講じる。	渋川市市誌編さん委員会 1993『渋川市の歴史年表』通史編別冊 p.27	人物	復旧復興	
179	1808	文化 5	3 月	芦生田観音堂（三原 34 番霊場第 7 番）「去留天明年中浅間あらしのため堂宇流失して」芦生田村により再建される。	『嬬恋村史』下 1978 p.1927	史料	復旧復興	
180	1808	文化 5	3 月	機能を喪失して休宿していた北牧村　文化五（1808）年三月『北牧宿再開答弁書』が出されたのは、被災から 25 年後である。	子持村誌編さん委員会 1987『子持村誌』上巻 p.1015	政策	救済	
181	1809	文化 6		常林寺　小宿村へ帰住（名主作左衛門）する。	鎌原観音堂奉仕会 1992「天明以来の名主区長表」『天明の災にかがやく恩恵』pp.58-63	復旧復興	史料	
182	1810	文化 7		川嶋村、浅間焼け火石泥押地の年貢軽減の嘆願をする。	渋川市市誌編さん委員会 1993『渋川市の歴史年表』通史編別冊 p.27	政策	救済	
183	1811	文化 8	6 月	吉田芝渓、芝中で没す（62 歳）。	渋川市市誌編さん委員会 1993『渋川市の歴史年表』通史編別冊 p.27/ 農山漁村文化協会 1979『農業要集・草木撰種録・開荒須知・菜園温古録』日本農書全集 3 p.196	人物		
184	1811	文化 8		あさま山 神のいぶきの 霧はれて　雲居にたてる 夕けぶりかな 村田春海没年。	村田春海 (1746-1811)『琴後集 (ことじりしゅう)』1680 余首	人物		
185	1812	文化 9		「絵図を持ち歩いて人々に閲覧させるという意図が存在したからだといえる。」(『天明三年浅間山大焼絵図』) ／「閉じたものを三つ折りして携帯可能なことから、絵図を持ち歩いて人々に閲覧させる目的があったと思われる。」この絵図は、文化 9 年以降に描かれたと考えられる。	福重旨乃・馬場章 2008「天明三年浅間山大焼絵図」（史料紹介）『関東近世史研究』65 号 p.116/ 福重旨乃「天明三年浅間焼け絵図にみる構図の変化とランドマーク」（20130131 例会報告）『地方史研究』363 第 63 巻第 3 号 pp.82-83	史料	石造物	語り継がれる行為
186	1813	文化 10	6 月	30 年後 『鎌原村復興絵図』には、この年、45 軒のうち、20 軒の建物の表示しかない。他はまだ仮住居と考えられる。	『浅間嶽大焼』浅間縄文ミュージアム 2004　p.68/『群馬歴史散歩』113 1992	復旧復興		
187	1813	文化 10		「鎌原村復興絵図」が鎌原村から代官吉川栄左衛門に差し出された。街道の両側に短冊状に屋敷割りがなされているが、戸数は 20 戸。	嬬恋村佐藤次郎氏蔵、嬬恋郷土資料館保管。/ 国立歴史民俗博物館『ドキュメント災害史 1703-2003』p.92	史料	災害地形	語り継がれる行為
188	1815	文化 12		村民による三十三回忌供養､観音堂前に供養塔の建立（名主作左衛門)。観音堂の入り口に、高遠石工の手ににより作られる。埋没村落に残る唯一の供養塔で、「文化十二乙亥年七月八日　当村四百七十七人流死為菩提建立」と刻み、碑身に 477 人の戒名を刻む。	浅間山麓埋没村落総合調査会・東京新聞編集局特別報道部 1994「鎌原の被災一発掘小史」『嬬恋・日本のポンペイ』東京新聞出版局　p.241/ 鎌原観音堂奉仕会 1992「天明以来の名主区長表」『天明の災にかがやく恩恵』p.58-63/『群馬歴史散歩』48 号 1981 p.6､8/ 萩原進 1995『浅間山天明噴火史料集成Ⅴ』群馬県文化事業振興会 p.159	供養	復旧復興	口伝
189	1815	文化 12	11 月	女流俳人羽鳥一紅の記録文学作品としての価値高い『文月浅間記』は、浅間焼け 3 ヶ月後頃に執筆され、没後の文化 12（1815）年に版本が刊行された。羽鳥一紅（1795 没）没後、版本「文月浅間記（静嘉堂文庫本)」刊行	徳田進 1983「『文月浅間記』の記録文学性」―新資料写本『浅間山焼出公文書』等より見た―」『群馬女子短期大学紀要』第十号 / 高崎市歴史民俗資料館企画展「羽鳥一紅と俳人たち、そして俳句を愛する人々」（平成 15 年）展示資料年譜	史料	物語	語り継がれる行為
190	1815	文化 12		善導寺山門供養碑③　三十三回忌、建立される。	『群馬歴史散歩』48 号 1981 p.11/『原町誌』p.288	供養	石造物	人物
191	1815	文化 12		蜀山人、随筆『半日閑話』を著す。「信州浅間嶽下奇談」で 33 年間も 2 丈下の埋もれた土蔵の中で暮らしていたというフィクション。	『嬬恋村誌』上 1977 p.1935	史料	物語	人物
192	1816	文化 13		災禍に備え、二度とこうしたことが起きないように願い、長左衛門（大栄）が江戸の歌人蜀山人に依頼し、宿の裏手に立てた三十三回忌の碑「いにし年この災をおそれて速にたちさりしものは、…」を刻む。	『群馬歴史散歩』48 号 1981 p.6､8	供養	石造物	語り継がれる行為
193	1816	文化 13		伊勢崎藩家老関重嶷著漢文体『沙降記』、原本は不明。→「文化十三年子歳春三月写之　新井広胖」写本による。	萩原進 1985『浅間山天明噴火史料集成Ⅰ』群馬県文化事業振興会 pp.264―275	供養	史料	
194	1817	文化 14	1 月	半田村　早尾神社再建、棟札残る。	渋川市市誌編さん委員会 1993/『渋川市の歴史年表』通史編別冊 p.28	復旧復興	史料	
195	1817	文化 14		数学者会田安明（1747 ～ 1817）の『諸約算題集』巻一第 32 に、天明 3 年浅間山の砂降により堆積した積石数についての算題を記している。「浅間山が焼けたと云ふ事件が数学者をも刺激して、之を問題作成の動機とした点が、注意して置くべきであろう」という。（安明没年）	三上義夫 1932「会田安明と天明三年浅間山破裂に因める算題」/『上毛及上毛人』188 号 p.39	口伝	災害の繋がり	物語

	西暦	和暦	月日	概要・関連事項	出典等	事例分類		
196	1820	文政 3	8月	鎌原十王堂（本尊閻魔大王）　鎌原宅地西に文政 3 年 8 月再建される。	『嬬恋村史』下 1978 p.2008	復旧復興	史料	
197	1821	文政 4 ~		凶作打続（上州の近世歴史災害との比較）	青木裕「近世・西上州における災害とその対策」『群馬県史研究』4 1976	災害の繋がり		
198	1822	文政 5		清水浜臣『上信日記』に琴橋（長野原）他の天明三年浅間災害に関する記述あり。	『群馬県史料集』第六巻日記編 II 1971/『群馬県新百科事典』2007	人物	史料	
199	1823	文政 6	8 月 15 日	千葉県銚子市の飯沼陣屋の代官庄川杢左衛門（「じょうかん様」）の伝承。この庄川杢左衛門は、天明 3 年 7 月の浅間山の大噴火に際し、3 日間の降灰があり領民が難儀した際、米 800 俵を陣屋から施米し、またその翌年、翌々年に長雨のため凶作が続いた時も、陣屋の米蔵を無断で開いて、米や金を領民に施したという「温情代官」であった。杢左衛門の三十三回忌にあたる文政 6（1823）年 8 月 15 日、高神村（銚子半島南半部）の名主と村民は、この遺徳を後世に残す為、村内の都波岐社前に浄財を出し合って頌徳碑を建立した、と伝わる。	http://www.sukikuru.net/cdb/modules/soapbox/article.php?articleID=56	供養	石造物	
200	1823	文政 6		常林寺　再建のための史料『石材木人足積触帳』記される。	『嬬恋村史』下 1978 p.2046	復旧復興	史料	
201	1824	文政 7	10 月 21 日	常林寺再建。残された上棟札の記述。	『嬬恋村史』下 1978 p.2047	復旧復興	史料	災害地形
202	1824	文政 7		「植野堰・広瀬桃木堰絵図」（寒河江淑子氏所蔵、群馬県立文書館フィルム）は、「文政七年四月齢八十四歳宮下儀右衛門書」と記されている。文政 7（1824）年は天明 3 年浅間災害から 41 年後のことになり、制作者は 43 歳で体験したことになる。そのため、本図は他で編集された絵図の単なる摸写というよりも、作者が天明三年浅間災害を体験していることも絵図の精度を確認する上で重要な着眼点としてみておきたい。	『1783 天明浅間山噴火報告書』内閣府中央防災会議 2006	復旧復興	史料	
203	1829	文政 12		鎌原村明細帳　この年、家 39 軒人口 183 人、寺一ヶ所延命寺と記す。	丸山不二夫 2010『加部安左衛門』みやま文庫 p.127	復旧復興	史料	
204	1829	文政 12		賑貸感恩碑 力田遺愛の碑に比肩され、民政の一端を知ることができる。災害から 46 年目、復興なり、苦難を嘗めた世代は少なくなり、昔語りに聞く次代になった頃の建立。賑貸の恵みを忘れつつある時期を迎えた頃の建立。	『群馬歴史散歩』48 号 1981 p.17	謝恩顕彰	供養	救済
205	1831	天保年間		天明 3 年に中断した川島の獅子舞（甲波宿祢神社）はもとは、諏訪神社に奉納されたもの。鹿島流。此の頃から再開された。	『群馬の歴史』付編 1989 河出書房新社 p.34	復旧復興	語り継がれる行為	行事
206	1832	天保 3	7月	浅間押し五十年法会常林寺で催される。正月に檀家へ「浅間押し五十祭法会」を正月早々全村へ通知。常林寺の再建本堂の落慶と三代目になる大鐘の撞き初めを掲げ、8 日間にわたる諸霊追福の展開がなされた。	『嬬恋村史』下 1978 p.2055	供養	語り継がれる行為	
207	1832	天保 3		善導寺山門供養碑④　五十回忌、建立される。	『群馬歴史散歩』48 号 1981p.11『原町誌』p.288	供養	石造物	
208	1833	天保 4		夏中冷気、8 月嵐（上州の近世歴史災害との対比）	青木裕 1976「近世・西上州における災害とその対策」『群馬県史研究』4	災害の繋がり		
209	1836	天保 7		当年格外之損毛（上州の近世歴史災害との対比）	青木裕 1976「近世・西上州における災害とその対策」『群馬県史研究』4	災害の繋がり		
210	1839	天保 10		安山松巌（嘉永元（1848）年 78 歳没）は、「六月二十八日信州浅間岳焼都城迄地震」と記している。松巌が都城島津家の家老職を隠居後著述したものと考えられている。『年代実録』には慶長 19（1614）年～天保 10（1839）年の 226 年間の出来事を年代ごとに丹念に書き留められている。6 月 28 日の噴火に伴う地震が都城まで伝わっていたとするなら、和歌山や京都での外聴域で聞かれた空震と合わせて、貴重な情報が書き残されたものといえる。	安山松巌（やすやましょうがん）1974『年代実録（全）』都城市立図書館	人物	史料	
211	1840	天保 11		百体観音堂建立の元映上人の頌徳碑「百観音刱主元映師墓志銘」は、天保 11（1840）年に建てられ、火災後、行方不明。	配布パンフレット「百体観音堂創建元映上人頌徳碑」	石造物	人物	供養
212	1843	天保 14		この年に描かれた『上野國吾妻郡川原畑村村絵図面』には、川原畑村の泥流被害域が示されている。	長野原町教育委員会 2012「5 地区の石造物及び神社・社宇・堂宇の移設等保存移設について」『長野原町の文化財調査報告書 I』p.77	復旧復興	史料	
213	1847	弘化 4		鎌原村、64 年後、郡村誌では、58 戸 234 人。	『群馬歴史散歩』113 1992	復旧復興		
214	1847	弘化 4		善光寺地震（近世歴史災害との対比）	『災害史に学ぶ』風水害・火災編 内閣府中央防災会議 2012 参考資料	災害の繋がり		
215	1855	安政 2		風災人馬怪我（上州の近世歴史災害との対比）	青木裕 1976「近世・西上州における災害とその対策」『群馬県史研究』4	災害の繋がり		
216	1856	安政 3	中秋（旧8月15日）	絵図『浅間焼吾妻川利根川泥押絵図』描かれる。清香堂主人	群馬県立歴史博物館所蔵	史料		
217	1861	文久元		吉田芝溪の門徒ら、芝中に記念碑を建てる。	渋川市市誌編さん委員会 1993『渋川市の歴史年表』通史編別冊 p.37	人物	石造物	謝恩顕彰
218	1863	文久 3	7月	鎌原村で、鉄砲 2 挺が 81 年後に見つかったことを届け出ている（鎌原家文書）。	吾妻郡教育会 1936『群馬県吾妻郡誌追録』pp.473-474	史料	口伝	
219	1866	慶応 2		凶作（上州の近世歴史災害との対比）	青木裕 1976「近世・西上州における災害とその対策」『群馬県史研究』4	災害の繋がり		

	西暦	和暦	月日	概要・関連事項	出典等	事例分類		
220	1868	明治元		「東八十八ケ所二十四番」の天台宗福性寺は、天明泥流に被災した後、7 年後に県道渋川吾妻線の南に再建されたが、明治初年に廃寺となる。跡地の住職の墓には、「天明三年七月八日」が刻まれている（『上州新四国平成遍路記』）。天台宗真光寺の門徒寺で河嶌山福性寺と呼ばれ、川島字後がい戸にあったが、再建されたのは、字久保田である。明和元年の『村絵図』に記されて隣地に「御除地九反七畝拾九歩」と記されている。被害直後の「乍恐以書付奉願上候（川島・飯塚永吉家文書）」には、「天台宗福生（ママ）寺、洪水之節、寺堂不残流失致、并」（住僧流死仕候…」と記録される。字久保田の廃寺跡には、「寂源」の墓標が残され、「当院第十四世　法印寂源覚位天明三年七月八日」と刻まれ、寺と共に非業の死を遂げた住職とみられる。7 年後の寛政二年の『宗門人別改帳　上野国群馬郡川嶋村』には、檀家 31 軒、男 67 人女 41 人計 108 人とあり、「住僧共ニ流失仕候、依之本寺眞光寺預り旦那ニ罷成候間、眞光寺致代印差上申候」といい真光寺で代印を致すというのである。真光寺門前には、供養碑が残されている。（『渋川市誌』）	内山信次 2001『上州新四国平成遍路記上毛新聞社 / 渋川市市誌編さん委員会 1993『渋川市誌』第二巻 pp.877-879	供養	口伝	石造物
221	1869	明治 2	9 月 24 日	明治 2 年 5 月浅間山活動状態へ入る。山霊鎮祭して、静穏たらしむべき勅祭の執行。「天明の度の如き大惨害なきように、今国家多事多難の折、、神助を垂れ給わん事」を祈った。	萩原進 1939「天明三年浅間山噴火と社会的影響（十）」『上毛及上毛人』268 号 p.52/（『信濃』第 4 巻第 2 号岩井傳重報告）	政策	語り継がれる行為	史料
222	1872	明治 5		「壬申地引絵図」（明治 5（1872）年明治政府による壬申地券の発券にともない付図として作成された絵図）に「砂敷」「砂引き」「砂置」の地目で記載記載されている場合があり、戦前後まで各地に「砂山」が存在。近年の圃場整備などにより姿を消す。軽石集積が認められるのは、天明軽石が降下した範囲にあたる 391 か村の地引絵図のうち 18 か村の絵図の中に軽石集積の痕跡が確認される。90 年後の被害の状態。	青木利文・大谷正芳 2011「浅間軽石の砂山について」『東国史論』第 25 号 p.77	遺構	復旧復興	史料
223	1875	明治 8		高台に「逆水寛浣信女」と泥流の犠牲となった戒名の刻まれた墓標がある長野原町与喜屋に所在した新井村は、残った 2 家族がこの地に家を建てて生活をはじめ、被災後も存続したが、明治 8 年には荒れた耕地を捨てて、他へ移ったと推定されている。	清水寥人 1996『緑よみがえった鎌原』あさを社 pp.64-65	復旧復興	災害地形	口伝
224	1882	明治 15		常林寺において浅間押し百年祭供養　五代目千金梵鐘撞き初めの大願成就が執り行われる。	『嬬恋村史』下 1978 p.2055	供養	語り継がれる行為	
225	1882	明治 15		林昌寺　「災民修法碑」が、群馬県令、内閣書記官により揮毫される。	『群馬歴史散歩』48 号 1981　p.14	供養	石造物	
226	1883	明治 16	4 月 25 日	百年忌を記念して、鎌原村の山崎儀平太宅で百回忌が催されている。「明治 16 年 4 月 25 日百年二相当し山崎平太夫当時儀平太殿宅ニ於テ百回忌之供養相営候。」（浅間押し百年　儀平太（明治 4 年年番）宅にて供養す（年番滝沢対吉））	萩原進 1995『浅間山天明噴火史料集成 V』群馬県文化事業振興会 p.337/ 清水寥人 1996『緑よみがえった鎌原』あさを社 p.153/『嬬恋村史』下 1978 p.1926/ 鎌原観音堂奉仕会 1992「天明以来の名主区長表」『天明の災にかがやく恩恵』pp.58-63	供養	語り継がれる行為	
227	1888	明治 21	3 月	成身院百体観音堂　螺旋式の栄螺堂焼失。	配布パンフレット「百体観音堂創建元映上人頌徳碑」	供養	語り継がれる行為	災害の繋がり
228	1888	明治 21	7 月	明治 21（1888）年 7 月の磐梯山噴火は、477 人の犠牲者を出す。成身院百体観音堂栄螺堂再建の主旨にも加わる。（明治 43 年再建）	配布パンフレット「百体観音堂創建元映上人頌徳碑」	供養	語り継がれる行為	災害の繋がり
229	1900	明治 33		絵はがきは、明治 33（1900）年 10 月に初めて刊行され、日露戦争最中の当時、最新の情報媒体として広く国民に受け入れられていたという。	「北区飛鳥山博物館企画展「天明以来ノ大惨事 - 明治四三年水害と岩淵」を観て」吉田優『地方史研究』62 巻 2012 年 2 月 p.89	災害の繋がり	史料	
230	1903	明治 36		天明三年浅間災害で、この杉の内部に火災をおこす。竜徳寺の住職円心が高い位置から切り倒したという。数年後、神代杉を甦えらせようと空洞の中に杉を植える。何度かの苦行の末ついに天に向かって伸び続ける一名親子杉となって今に伝える。親子杉が誕生 120 年をすぎ、藤原忠真氏が掛け軸に描く。『倭建命来征凱旋御手植　鳥頭神社内神代杉之吾図』	小池利夫 1986「神代杉の由来について」『群馬歴史散歩』77	口伝	物語	謝恩顕彰
231	1904	明治 37		地震博士として知られる、大森房吉らが震災予防調査会の活動として、明治末から大正初期にかけて県内外踏査や県機関を通じて、史料原本の写本収集。	震災予防調査会『大日本地震史料』	史料	人物	
232	1905	明治 38		文政 3 年　鎌原十王堂　鎌原宅地西に文政三年八月再建　本尊閻魔大王この年の改修の折、由来銘板「開発金 990 両？細川越中守御手伝により家屋三拾戸余り出来致し…」という。	『嬬恋村史』下 1978 pp.2008-2009	史料	語り継がれる行為	
233	1910	明治 43	3 月 15 日	「天明三年癸卯七月八日浅間山流死人戒名帳」が書き写されている。鎌原区老人会より贈られた原本コピーを萩原進が原稿化。「右は天明三年癸卯七月八日巳下刻浅間山噴出之際鎌原村一村之流死人戒名帳所有者土屋弥五左衛門当時熊市様より拝借是ヲ写し置き候。」「明治 43 年 3 月 15 日佐藤房吉当時五十五歳書ス。」	萩原進 1995『浅間山天明噴火史料集成 V』群馬県文化事業振興会 pp.325-337	史料	復旧復興	
234	1910	明治末 ～ 大正初		大森房吉博士調査　天明三年浅間災害資料収集。（→『日本噴火志』）地震博士として知られる、大森房吉らが震災予防調査会の活動として、明治末から大正初期にかけて県内外踏査や県機関を通じて、史料原本の写本収集。（大森は 1923 年没）	萩原進 1986『浅間山天明噴火史料集成 II』群馬県文化事業振興会 p.25	史料	人物	供養
235	1910	明治 43	8 月	常林寺の梵鐘 明治 43 年 8 月 10 日の大水害（死者 500 余名、三原嬬恋東小も惨事に）の後、川原畑地内の河原で釣りをしていた川原湯の樋田永作氏によって発見され、寺にもどり、現在は浅間火山博物館（昭和 43 年）に納められている。川原湯温泉下の吾妻川で水中で小石が梵鐘（安永五銘）にあたる音がして、引き上げられる。竜頭発見は、災害から 200 年後の昭和 58 年嬬恋村今井の川原。	『嬬恋村史』下 1978 pp.1936、2045、2054-2056/『写真で見る長野原町 100 年のあゆみ』長野原町 1989p.54/ 丸山不二夫 2010『加部安左衛門』みやま文庫 p.126	災害の繋がり		

	西暦	和暦	月日	概要・関連事項	出典等	事例分類		
236	1910	明治43		成身院百体観音堂、螺旋式の栄螺堂が再建される。	配布パンフレット 「百体観音堂創建　元映上人頌徳碑」	語り継がれる行為	災害の繋がり	
237	1910	明治43		『浅間山』小諸小学校　観音堂石段「120余段」を記載する。	小諸小学校『浅間山』p.90	口伝	遺構	
238	1910	明治43		この年の鎌原観音堂の写真。	金井幸佐久・丸山知良・唐沢定市・島田幸一 1989『写真集明治大正昭和あがつま』国書刊行会 p.55	口伝	遺構	
239	1912	大正元		戸谷塚天明地蔵　耕地整理のため　観音堂内に移転。	『嬬恋村史』下 1978 p.1997	供養	物語	
240	1913	大正2		戸谷塚の浅間押し犠牲者供養の地蔵尊（天明4年）、村の耕地整理のため現在地に移され、昭和37年11月浄財により地蔵尊の由来を刻み込んだ記念碑が地蔵尊脇に建てられる。昭和37年11月30日地蔵尊建立の由来をしるした祈念碑が建てれてからは鎌原の住民が供養に訪れるようになった。	清水寥人 1996『緑よみがえった鎌原』あさを社 pp.43-44	供養	物語	災害地形
241	1914	大正3	9月	「大正三年九月奥ノ宮嬬恋稲荷大明神信州浅間の焼石を買求め築山し嬬恋稲荷社を奥ノ宮として御鎮座」したという。 境内には、「稲荷神社」「銭洗弁財天」「格納稲荷神社」「雷電神社」「菅原神社」「三峰神社」「猿田彦神社」と明治天皇の歌碑等がある。	前橋市千代田町 1-13 神明宮の一画に所在（設置掲示板）。	災害由来自然物（記念物）		語り継がれる行為
242	1914	大正3		桜島噴火に際して、大森房吉博士「天明三年浅間山噴火」指標に講演。	『大正三年桜島噴火記事』	災害の繋がり	人物	語り継がれる行為
243	1914	大正3		・天明三年噴火は130年後にどう語られていたか 現在国内にある110の活火山の過去の文献などの記録からたどることができる噴火回数は、過去2000年の間に1162回が確認できるといい（宇都宮大学中村洋一教授、火山学）、このうち、短い期間で大量の火山灰や溶岩が放出される大規模噴火は、52回が数え上げられる。また、回数別では、阿蘇山167回、浅間山124回と続いている。また、内閣府で公開されている資料によれば、火山噴出物の10億㎥以上の大規模噴火は、17世紀に1640年北海道駒ケ岳（29億㎥）・1663年有珠山（27.8億）・1667年樽前山（28億）の3回、18世紀に1707年富士山（「宝永噴火」17億）・1739年樽前山（40億）の2回、その後20世紀の1914年桜島（20億）で、「1914年桜島噴火が過去2000年の最後の大規模噴火」といわれる。この比較で天明三年浅間山噴火は7.3億㎥の総噴出量である（「浅間山　天明　総噴出量」で検索 *「広域的な火山防災対策に係る検討会」（第1回）【大規模火山災害とは】。 1914（大正3）年桜島噴火は、1月12日に噴火が始まり、その後約1か月間爆発が繰り返され、多量の溶岩も流出した。溶岩流では大隅半島と桜島が地続きとなり、火山灰は日本海側で福井県、太平洋側で岩手県にまで及んだ。噴火活動は1916（大正5）年に終息。噴火に際し、鹿児島測候所の避難必要なしの回答から、避難が遅れ、犠牲者を出したことの教訓から、鹿児島市立東桜島小学校に「桜島爆発記念碑」には、「理論この噴火に際して、明治から大正期の地震学者として活躍中の大森房吉（1868~1923年）が、噴火開始7日後の18日に、「鹿児島県会議事堂において各学校職員に対してなしたる大森博士の講話左の如し」と余録に書き記されている（『大正三年桜島噴火記事』九州鉄道管理局編 1914）。その中の記述は、「今回の桜島噴火は世界の大火山破裂男の中に数ふべき変動なりと云うべく」といい「流出せる溶岩流並に噴出せる煙、灰、砂、軽石等が多量なる点に於て、彼の有名なる天明3年の浅間山大破裂に次ぐべきものならんと考へられる。」といい、「浅間山の爆発の如く」というように、130年後の天明噴火は、20世紀で現在からみて最後の大規模噴火の解説の引き合いに引用されている。 天明3年浅間噴火は、130年後の大正時代に「過去2000年の最後の大規模噴火」といわれる1914年桜島噴火の引き合いとなるべく語り継がれてきたことになる。	『大正三年桜島噴火記事』九州鉄道管理局編 1914 （「浅間山　天明　総噴出量」で検索） *「広域的な火山防災対策に係る検討会」（第1回）【大規模火山災害とは】 www.bousai.go.jp/kazan/kentokai3/20120803siryo2.pdf	災害の繋がり	人物	
244	1917	大正6	秋	延命寺の門石　大正6年秋、吾妻町矢倉の鳥頭神社の川原で発見境内に置かれた。終戦後、嬬恋村の懇請で村に戻され、現在観音堂入口に所在。　*p.2025の「明治43　昭和初年」は誤記か	『嬬恋村史』下 1978 p.1936、2025	語り継がれる行為	遺物	口伝
245	1923	大正12		関東大震災。県庁内に救護対策本部。 救護にいち早く駆けつけたのは群馬県班だった。上州人の人情深さと気早さがこんな時によく表れるということかも知れない。…(群馬の災害の経験？)	萩原進『上州百年』1968	災害の繋がり	語り継がれる行為	
246	1927	昭和2	10月22日	長野原警察署の建設現場で、日本刀1振、圓鏡1枚、下駄1足が出土。圓鏡には、藤原金益の銘と丸に三葉の葵定紋が、下駄には朱塗りで、146年前の出土品は、近日中に東京博物館に寄贈されることになった。	上毛郷土史研究会 1927『上毛及上毛人』127号 pp.54-55	語り継がれる行為	遺物	
247	1927	昭和2		長野原警察署地下室工事 20尺下から石臼、鍬、下駄、はかり、茶碗など20点余りが見つかった。芦生田・西久保でも似た状況と萩原。	萩原進 1993「天明三年 浅間山噴火と長野原町の被害」『群馬歴史散歩』120/『群馬歴史散歩』1981 48 p.2/『文書館だより』第2号昭和59年1月p.3	語り継がれる行為	遺物	
248	1928	昭和3	5月	宮崎政次郎は、以前に関わっていた寺に協力を願い出て、昭和3年5月、願望を達成し、新西国三十三番児玉札所を再興する。	田島三郎 1984『児玉の民話と伝説』児玉町民話研究会 pp.88-93	供養	展示	
249	1928	昭和3	7月	萩原進、群馬師範に入学後の1年生の暑中休暇。柳田国男のフォークロワァや小田内通敏の郷土地理学調査などの実践が進められた時期で、郷土・浅間山に目が向きかかった、と記している。	萩原進 1985『浅間山天明噴火史料集成Ⅰ』群馬県文化事業振興会 p.3	人物	救済	
250	1931	昭和6	3月	渋川市中村に生まれた真下利藤太は、中村開田の父といわれる。中村河原は天明泥流で30町が荒廃し石河原となった貧農部落となっていた。そのころ「中村に嫁に行くなら裸でバラ背負った方がいい」といわれたほどだった。県会議員として活躍し、貧困な村を開田によってよみがえらせようと、中村耕地整理組合を設立し、土地の払い下げ手続き、資金調達など、村の有志を動員し悲願達成に邁進した。氏の努力が稔り、昭和六年三月30町歩の石河原が美田に生まれ変わった。	萩原進 1963『上毛人物めぐり』上毛警友編集部 p.444	人物	災害地形	口伝

	西暦	和暦	月日	概要・関連事項	出典等	事例分類		
251	1932	昭和7	9月5日	軽井沢町峰の茶屋で百五十回忌供養祭。 「昭和六年が、天明三年から百四十九年、犠牲者の供養からは百五十回忌になるために、吾妻郡原町の善導寺で供碑を建てたり、各地で大法会の行われることが新聞に載った。…」「昨年峰の茶屋に於て大供養が行はれ、其他の方面で種々記念事業が行はれた。」	上毛郷土史研究会 1932『上毛及上毛人』186 号 pp.63-64/『浅間山天明噴火史料集成 II』萩原進 1986 pp.2-4	供養	石造物	口伝
252	1932	昭和7	7月	7月公会堂前にて百五十回忌供養す（区長安済儀平）。	鎌原観音堂奉仕会 1992「天明以来の名主区長表」『天明の災にかがやく恩恵』pp.58-63	供養	石造物	語り継がれる行為
253	1932	昭和7		『天明三年浅間山大爆発　百五十年祭記念』内堀定市編 口絵に「113 段の石段」の記載。	『天明三年浅間山大爆発　百五十年祭記念』内堀定市『鎌原遺跡発掘調査概報』1981 p.8、41	供養	語り継がれる行為	
254	1932	昭和7		善導寺山門供養⑤　百五十回忌供養碑建立。	『群馬歴史散歩』48 号 1981 p.11/『原町誌』p.288	供養	石造物	語り継がれる行為
255	1932	昭和7		「左記連名ニテ観音山頂上百番観音供養塔モ建立ス、寄進者厚田一場武平（以下 68 名）」（東吾妻町原町）	『群馬歴史散歩』48 号 1981 p.11/『原町誌』p.288	供養	石造物	語り継がれる行為
256	1932	昭和7		草津白根山噴火　死者 2 名。	http://www.ktr.mlit.go.jp/tonesui/ryuiki/saigai02.htm	災害の繋がり		
257	1932	昭和7		白根山の噴火活動に伴う火山灰の降下で吾妻川に流れ込んだ毒水が、白濁して天狗岩用水へ流れ込み酸性分の被害を未然に防止するために、石灰の中和試験が昭和 8 年 7 月に群馬県耕地課の指導でおこなわれるまでの事態であったという。天明三年から、150 年経ったとき、他の火山の噴火であっても火山災害を思い返す出来事として受けとめられたのではないだろうか。この出来事は、150 年前の天明三年浅間災害の思い返し、百五十回忌の供養塔の建立などへ人々の想いをより強くしたと考えられる。	天狗岩堰用水史編纂委員会 1999『天狗岩堰用水史』p.122	災害の繋がり		
258	1932	昭和7		萩原進「天明三年浅間山噴火古記録に就いて」、最初の論文を群馬師範交友会誌に発表。4 年生、19 歳。	萩原進 1986『浅間山天明噴火史料集成II』群馬県文化事業振興会 p.2	史料	人物	
259	1932	昭和7		文部省が都道府県の師範学校に郷土資料室の設置。	萩原進 1985『浅間山天明噴火史料集成 I』p.4	展示		
260	1934	昭和9	12月18日 18：25	鬼押出溶岩についてと浅間山噴火大和讃が、前橋放送局で昭和 9（1934）年 12 月 18 日午後 6 時 25 分から放送された。県立太田中学校校長の中曽根都太郎が「鬼押出岩」について講演し、鎌原区の老婦人達 12 名によって和讃が詠われたことが記されている。テレビ放送は、昭和 28 年からなので、ラジオ放送によったもの。	中曽根都太郎 1935「浅間山鬼押出岩と和讃」『上毛及上毛人』213 号 pp.54-55	語り継がれる行為	人物	語り継がれる行為
261	1934	昭和9	4月	百五十年記念（善導寺念仏講）供養の催し 浅間山噴火和讃（* 部分で鎌原と異なるのは明治初年補作前のものか？誤記か？）詠まれる。	新井三郎 1987「浅間山噴火の和讃」『群馬歴史散歩』29	口伝	供養	
262	1934	昭和9		~1942 年にかけて　天明軽石の厚さ調査　水上武の 150 年後の軽石の堆積観察。1934~1942 年にかけて水上武は、松井田から安中、高崎、藤岡、伊勢崎方面の天明軽石層の堆積調査を実施し、等層厚線図を作成する。	「天明 3 年（1783）浅間山大噴火による埋没村落（鎌原村）の発掘調査」昭和 56 科研費報告書 学習院大学 p.20/Minakami1942「On the distribution of volcanic ejecta.（Part II.）The distribution of Mt.Asama pumice in 1783」『Bull. Earthq.Res.Inst.』20 pp.93-106	降下物	人物	災害地形
263	1937	昭和12	11月4日～30日	浅間山に関する展覧会「浅間山麓嬬恋村の歴史と地理展」が、師範学校嬬恋東・西校において開催された。「(1) 嬬恋村史料 1. 一般、2. 大笹関所、3. 中居屋重兵、4. 北白川宮牧場、(2) 浅間焼出関係史料 1. 古文書、2. 古記録・古文書、3. 絵図・其の他」と分類された目次が作成されている。師範学校郷土室に陳列され、嬬恋東校の訓導深井明「浅間山北麓の交通と商圏」、同西校の萩原進「天明三年浅間山大噴火に就いて」の研究発表が 11 月 4 日午後から男師講堂で講演会がおこなわれた。「浅間山展覧会出土史料目録」がまとめられている。「浅間焼出関係史料目録」には、160 にも及ぶ目録名が残されている。／「鎌原村地割地図　鎌原区長」（『群馬歴史散歩』113　1992）	上毛郷土史研究会 1937『上毛及上毛人』248 号 p.62/ 同 1938 249 号 pp.1-8/ 萩原進 1985『浅間山天明噴火史料集成 I』群馬県文化事業振興会 p.6/『浅間山天明噴火史料集成 II』萩原進 1986 p.26	史料	展示	人物
264	1937	昭和12		「道中金の（草）鞋」にまつわる手紙　天明 3 年に着目。	新井信示 1937「十返舎一九の吾妻郡に遺した手紙」『群馬文化』20	人物	史料	
265	1938	昭和13	10月28日	10 月 28 日早朝 浅間山爆発東毛地方降灰。 29 日午後山田郡川内村東小倉にて桑葉に付着したものを採取。	「浅間山の爆発」『毛野』29 号 1939	降下物	口伝	
266	1938	昭和13		「浅間山一朝に二回爆発」	『毛野』28 号 1938	降下物	口伝	
267	1939	昭和14	6月21日	6 月 21 日（~5 日間）溶岩樹型の天然記念物指定を文部省に申請中、文部省脇水鐵五郎氏、現地踏査。群馬県天然記念物調査委委員曽根都太郎氏案内。	上毛郷土史研究会 1939『上毛及上毛人』267 号 p.64	災害由来自然物（記念物）	災害地形	口伝
268	1939	昭和14		萩原進、昭和 14 年に群馬師範の専攻科に入学し、この 1 年間に従来の天明三年浅間山噴火史料研究を整理しようと、『上毛及上毛人』への「天明三年浅間山噴火と社会的影響」などの論文投稿が行われた。萩原、満 26 歳。	萩原進 1985『浅間山天明噴火史料集成 I』群馬県文化事業振興会 p.6	史料	人物	
269	1939 ～ 1939	大正 ～ 昭和		境伊与久の砂山薬師　篠木弘明著『佐波伊勢崎史帖』（1991）によれば、天明三年の噴火で伊与久村では「一坪に七斗二・三升」といい、田畑の砂除けをおこない、それらは大きな山となった。村人はその山の上に泥流で死んだ人を弔い、観音を建てたという。「砂山観音」と呼ばれて祀られている。また、境町では 1 反の砂抜きに 60 人手間とあり、砂の捨て場がないために、田畑に深くうない込むが、2 割の減歩になると記録している。この観音は銘文のない小さな丸彫りの観音様だと古老が伝えたと記している。和佐田克己氏のご教示により、平成 25 年 9 月 27 日確認するに至った。篠木氏により記された「砂山観音」は現在、伊勢崎市境伊与久の龍昌寺の境内に「砂山薬師」として祀られている。同寺は、高山彦九郎妹きんの墓碑があることでも知られている。住職の談によれば、先代の住職の代（昭和～大正）に移設されたものといい、現住職（74 歳）の生まれる前からあったという。東馬場から移設されたものといい、粗粒岩質の石に丸彫りで高さ 60cm、幅 30cm を計る。摩滅で石仏の表情を看て取ることはできない。記されているような「砂山」は、周辺ではすでに姿を消していてその存在を聞き取ることはできない。同寺境内の石仏のいわれを確認し、今改めて「境伊与久の砂山薬師」としていわれと語り継がれた内容を確認する。	篠木弘明 1991『佐波伊勢崎史帖』/ 伊勢崎市境伊与久 153 番地 真言宗赤城山龍昌寺 20130927 現地踏査	復旧復興	石造物	展示

	西暦	和暦	月日	概要・関連事項	出典等	事例分類		
270	1939	昭和14		「雪の浅間山爆発す」	『毛野』31号 1939	災害の繋がり		
271	1941	昭和16		12月8日大東亜戦争勃発	萩原進 1985『浅間山天明噴火史料集成Ⅰ』群馬県文化事業振興会 p.19	語り継がれる行為		
272	1942	昭和17	3月	萩原進、待望の処女出版『浅間山風土記』煥乎堂が刊行された。昭和15年4月専攻科を卒業後、前橋市立桃井小学校に赴任。その後、天明三年浅間山噴火史を大成しようと決心したのは、昭和51年群馬県史編纂室嘱託を辞してから。昭和60年（1985）、『浅間山天明噴火史料集成Ⅰ』（群馬県文化事業振興会）刊行なる。（1995『浅間山天明噴火史料集成Ⅴ』）	萩原進 1985『浅間山天明噴火史料集成Ⅰ』群馬県文化事業振興会 pp.18-21	人物	史料	
273	1942	昭和17		「伝え話によると、全部で120余段あったそうで」の記述。	萩原進『浅間山風土記』p.20	口伝	遺構	災害地形
274	1942	昭和17		1934~1942年にかけて水上武は、松井田から安中、高崎、藤岡、伊勢崎方面の天明軽石層の堆積調査を実施し、等層厚線図を作成する。	Minakami1942「On the distribution of volcanic ejecta.（Part II.）The distribution of Mt.Asama pumice in 1783」『Bull.Earthq.Res.Inst.』20 pp.93-106	降下物	人物	
275	1943	昭和18		大正6年、25km下流の東吾妻町矢倉の河原で「延命寺の門石」が見つかる。その後、昭和18年に鎌原区に戻された。	嬬恋郷土資料館開館30周年記念誌編集委員会 2013『開館30周年記念誌　30年の歩み』p.45/ 嬬恋村教育委員会 1994『埋没村落鎌原村発掘調査概報』p.16	石造物	語り継がれる行為	口伝
276	1945	昭和20		再建なった昭和20年の鎌原集落の写真。	『嬬恋村史』下 1978 p.1926	語り継がれる行為	災害地形	
277	1947	昭和22		「浅間山登山者犠牲者22名」 「浅間山噴火　登山者11名死亡」	畑山源二 1999『群馬の自然災害』みやま文庫 p.90 http://www.ktr.mlit.go.jp/tonesui/ryuiki/saigai02.htm	災害の繋がり		
278	1947	昭和22		→GHQの協力支援 災害救助法 1947年10月22日　水防法 1949年6月	内閣府中央防災会議 2011『災害史に学ぶ』風水害・火災編 p.10	災害の繋がり		
279	1950	昭和25		十日ノ窪に炭焼き小屋を築いたところ、焼けたカヤ、建築部材が出土。	嬬恋村役場観光商工課・同村観光協会『鎌原観音堂と天明の浅間大噴火』（観光パンフレット）	災害地形	口伝	遺物
280	1950	昭和25		昭和25、6年頃、鎌原の大塚宗太郎さんが井戸を掘ろうとして、14尺ほど土を掘ったところ、土台に使っていたとみられる栗の木が出てきて、いっしょにヒエがらも出て来た。 ヒエがらは2、3日経つと、ぼろぼろになってとけてしまった。	群馬県教育委員会 1973『嬬恋村の民俗』群馬県民俗調査報告書第15集 p.108	災害地形	口伝	遺物
281	1952	昭和27	5月23日	昭和27年5月27日付の上毛新聞では、県文化財調査委員中曽根都太郎、本多夏彦が調査した「人助けの榧」を史木として県の天然記念物に申請するも指定がなされなかった。	子持村誌編さん委員会 1987『子持村誌』上巻 p.784	災害由来自然物（記念物）	人物	災害の繋がり
282	1952	昭和27		観音堂前にて百七十回忌供養（区長樺沢鶴寿）。	鎌原観音堂奉仕会 1992「天明以来の名主区長表」『天明の災にかがやく恩恵』pp.58-63	供養	語り継がれる行為	語り継がれる行為
283	1954	昭和29		吾妻線太子線の工事に際して、白砂川に架かる橋梁より先（嶋木地内）の工事で、工事中に天明泥流下の畑跡がみつかり、話題にのぼったという。〈…既に吾妻線工事に際して、天明泥流下の遺構について人々の確認しうることになっていたという事実。〉	中之条町　日野一一氏談話（2013年11月9日聞き取り）	語り継がれる行為	災害の繋がり	
284	1956	昭和31		昭和54~57年にかけておこなわれた総合学術調査の調査会組織の発端を大石は、昭和31年の星野温泉で行われた会合の席で「児玉幸多・松田智雄・水上武の三先生と、いつか機会があったら鎌原村を掘って天明の昔を探ってみましょう、という話になったのが、そもそも今日の発掘の発端である」と懐古している。	大石慎三郎 1986『天明三年浅間大噴火』角川選書 p.4	人物	遺跡	展示
285	1957	昭和32		9月公会堂前にて百七十五回忌供養す（区長山崎節男）。	鎌原観音堂奉仕会 1992「天明以来の名主区長表」『天明の災にかがやく恩恵』pp.58-63	供養	語り継がれる行為	
286	1958	昭和33	5月	天下の奇勝として、一般に公開すべく、経営に当たっている国土計画興業の会長堤康次郎氏は、…昭和卅三年五月、大慈大悲の観音菩薩の浄土、浅間山観音堂を建立した（上野東叡山永平寺別院　浅間山観音　大慈大悲聖観世音菩薩）。そして、東叡山寛永寺別院に配された。寛永寺と鬼押出しの因縁は古く、最大の被災地鎌原部落の西方丘上に、寛永丘寺を本山とする観音堂があり、村人の帰依する中心であった。	『嬬恋村史』下 1978　p.2006/ 遠藤一二 1957「東叡山寛永寺別院浅間山観音堂の建立」『浅間山と鬼押出し』光陽社 p.18	供養	展示	災害地形
287	1958	昭和33		寛永寺の諸堂 | 東叡山 寛永寺 公式ホームページより 浅間山観音堂は天明3（1783）年の浅間山大噴火の犠牲者供養の為、昭和33年 に寛永寺別院として建立されました。 現在では、噴火犠牲者の霊を鎮めると共に「鬼押出しの厄除け観音さま」として多くの方々の信仰を集めています。（群馬県吾妻郡嬬恋村鎌原1053鬼押出し園内）天明供養祭7月8日	http://kaneiji.jp/infomation/	供養	展示	災害地形
288	1959	昭和34		天明3年の犠牲者名の掛軸、昭和34年の春の彼岸に奉納。	清水寥人 1996『緑よみがえった鎌原』あさを社 p.156	語り継がれる行為	供養	
289	1961	昭和36	この頃	「今はでないけれども、わたしが嫁にきた頃は、畑を掘るとよく出たんですよ、というそんな話を聞きました。」「もう20年ほども経ちましょうか、わたしもそういう話をよく聞きました。桑原を掘ると、何の骨だかわからないが、ずいぶん出てきたというんです。」「（戸谷塚の）地蔵さんから2キロほど下流ですよ。」（昭和56年4月10日の鼎談。）	清水寥人 1996『緑よみがえった鎌原』あさを社 pp.104-105	災害地形	語り継がれる行為	口伝
290	1962	昭和37		萩原進、昭和37年入手逸話。 高山彦九郎　足利市小俣の阿夫利神社参詣の折、栃木県葉鹿の茶屋にて。須賀尾の医師の妻の話。30組が新しい夫婦の契りを結んで新しい家を興したという話。 記録に残る7+3組意外にも祝言が行われたものと考えられる。	『嬬恋村史』下 1978 p.1926	復旧復興	口伝	物語

	西暦	和暦	月日	概要・関連事項	出典等	事例分類		
291	1962	昭和37		戸谷塚の浅間押し犠牲者供養の地蔵尊（天明４年）村の耕地整理のため現在地に移され、昭和 37 年 11 月浄財により地蔵尊の由来を刻み込んだ記念碑が地蔵尊脇に建てられた。昭和 37 年 11 月 30 日地蔵尊建立の由来をしるした祈念碑が建てれてからは鎌原の住民が供養に訪れるようになった。	清水寥人 1996『緑よみがえった鎌原』あさを社 pp.43-44	供養	石造物	語り継がれる行為
292	1962	昭和37		伊勢崎市戸谷塚　夜泣き地蔵 天明地蔵尊の碑。伊勢崎市戸谷塚百八十年回忌を機に建立。現在、観音堂境内で供養祭。無念の叫びは、夜泣き封じに特化。昭和 37 年の福田市郎氏、萩原進氏らが中心となり、北傍に記念碑など建立。	『嬬恋村史』下 1978p.1997/『群馬歴史散歩』48 号 1981 p.23	供養	石造物	語り継がれる行為
293	1962	昭和37		浅間押 180 年供養法養　鬼押出し園岩屑ホール前（昭和 36 年焼失、この年 7 月に再建）で行われる（写真）。	『嬬恋村史』下 1978 p.2230	供養	石造物	語り継がれる行為
294	1962	昭和37		浅間白根観光連盟主催による天明三年浅間押 180 周年供養法会に来村した上野寛永寺一行（写真）。	『嬬恋村史』下 1978 p.2231	供養	石造物	語り継がれる行為
295	1963	昭和38		「この観音堂の石段は百五十余あったのが、鬼押出し噴出の際の熔岩で埋没され、十五段しか残らなかった。」	遠藤一二 1957「東叡山寛永寺別院浅間山観音堂の建立」『浅間山と鬼押出し』光陽社 p.18	口伝	遺構	
296	1963	昭和38		用水工事の際出土。大村地区浅間荒埋没発掘品　岩島地区での埋没した鉈・鍬・汁椀・盃などの遺物の写真あり（富沢瀬市宅にて保管）。	『岩島村誌』1971 p.657	災害地形	口伝	遺物
297	1965	昭和40		NHK テレビ、新聞の報道などにより、昭和 40 年頃から鎌原観音堂への参詣客が増え、昭和 50 年の民家一部の発掘により、7~8 月を中心に数万の観光客。鎌原老人クラブを中心に毎日数人のおてんまにより案内や接待。	『嬬恋村史』下 1978 p.1996	語り継がれる行為	供養	
298	1965	昭和40		石段「百二十幾段」…昭和 40 年出版	相葉伸 1965『上毛野昔話』西毛編みやま文庫 18	口伝	遺構	
299	1965	昭和40年代		鎌原地区で夜おこなわれてきた回り念仏講で、帰りに交通事故に遭い、二人が亡くなる事故があった。 これを契機に、昼間 10 時から 15 時を目安におこなわれるように変わった。	三枝恭代・早川由紀夫 2001「嬬恋村鎌原における天明三年（1783 年）浅間山噴火犠牲者供養の現状と住民の心理」『歴史地震』17 p.44	語り継がれる行為		
300	1966	昭和41	この頃	供養塔に残る戒名だけでは俗名に触れられない。常林寺にある過去帳の写しが見つかったのを契機に、何とか戒名と俗名とをつなげて供養しようということになり、老人クラブで『昔語り』という本を出していて、第 2 集と第 3 集に、この調査に取り組んできた山崎金次郎氏の調査したものを分載している。	清水寥人 1996『緑よみがえった鎌原』あさを社 p.25	語り継がれる行為	供養	
301	1968	昭和43	7 月	嬬恋線（JR 吾妻線）小宿隧道工事で、出口より 80m 付近の岩屑なだれの堆積物中から石仏が出土した。（隧道工事の殉職者の慰霊をふくめ、2 年後、道路脇に安置される。）	嬬恋村芦生田道路脇碑文	災害地形	語り継がれる行為	口伝
302	1968	昭和43		常林寺の梵鐘（2 代）　長野原町から代替えの 5 代梵鐘が納まることになり、見つかった 2 代は浅間園に納まる。	『嬬恋村史』下 1978 p.2055	語り継がれる行為	遺物	石造物
303	1969	昭和44		嬬恋村芦生田にて、吾妻線延長工事の際に地表下 20m から炭化木が出土。	中之条町歴史と民俗の博物館ミュゼに寄託	災害地形	語り継がれる行為	石造物
304	1970	昭和45		（昭和 43 年 7 月みつかった石仏）隧道工事の殉職者の慰霊をふくめ、昭和 45 年 11 月に日本鉄道建設公団によりトンネル出口道路脇に安置される。	嬬恋村芦生田道路脇碑文	災害地形	語り継がれる行為	石造物
305	1971	昭和46		200 年祭前から観音堂では命日に読まれてきた?「天明三年浅間山供養和讃」　毎年命日には観音堂に集まり供養するときにはこれを唱える。「浅間山犠牲者供養念仏」（楽譜あり）	群馬県教育委員会 1971『群馬県郷土民謡集』	語り継がれる行為	供養	
306	1973	昭和48		村老人会が鎌原観音堂の 15 段の石段の下につづく 11 段を掘り出す。	嬬恋村役場観光商工課・同村観光協会『鎌原観音堂と天明の浅間大噴火』（観光パンフレット）	語り継がれる行為	遺構	遺物
307	1974	昭和49	6 月 21 日	6 月 21 日 ~5 日間　鎌原観音堂　建造物営繕　有線引き込み。	鎌原観音堂奉仕会 1992『天明の災にかがやく恩恵』pp.55-56	行事	語り継がれる行為	災害の繋がり
308	1974	昭和49	この頃?	昭和 56 年 4 月 10 日の鼎談。「いま、観音堂で、老人クラブが交代で留守番をしておりますが、これはもう七年ほどになりましょうか、発掘以前から続いているんです。で、老人クラブがあそこで留守番をはじめた動機というのは、NHK などの報道に取り上げられたのが契機となって、そのころからぽつぽつ参詣客が見えようになったんですね。それで、人が来てくれてるのだから誰か居なければ、ということになって、それからずっとおてんまがつづけられております。」／ NHK テレビ、新聞の報道などにより、昭和 40 年頃から鎌原観音堂への参詣客が増え、昭和 50 年の民家一部の発掘により、7、8 月を中心に数万の観光客。 鎌原老人クラブを中心に毎日数人のおてんまにより案内や接待。	清水寥人 1996『緑よみがえった鎌原』あさを社 pp.24-25/『嬬恋村史』下 1978 p.1926、1996	語り継がれる行為	災害の繋がり	行事
309	1974	昭和49		奉仕会の発足　とうかのくぼの試掘・奉仕会のはじまり（昭和 50 年 ?）が回想されている。	鎌原観音堂奉仕会 1992『天明の災にかがやく恩恵』p.53	供養	語り継がれる行為	災害の繋がり
310	1974	昭和49		1974（昭和 49）年頃から近年まで、頌徳碑にほど近い銚子市南小川町の人達で組織する「銚子市小川町郷土芸能保存会」によって、杢左衛門の命日に近い 8 月下旬に「庄川杢左衛門を偲ぶ郷土芸能の夕べ」が開催され、そこで「じょうかんよ節」が唄われていました。現在は、同じ時期に、碑前で「庄川杢左衛門に線香を手向ける会」が行われ、じょうかんよ節の演奏と共に、舞踊家による日舞が奉納されています。この「じょうかん」とは「代官」という言葉がなまったものだと言われています。1988(昭和 63) 年 7 月 31 日、同保存会の会長だった髙橋作右衛門さんが、漢文で彫られている「庄川杢左衛門頌徳碑」の碑文を、口語文に訳した石碑を、同碑の左隣に建立しました。尚、口語文は、銚子市史を編纂した篠崎四郎さんが訳したものです。	http://www.sukikuru.net/cdb/modules/soapbox/article.php?articleID=56	語り継がれる行為	石造物	

	西暦	和暦	月日	概要・関連事項	出典等	事例分類		
311	1975	昭和50		昭和58年秋　天明3年浅間押し流死者菩提塔が鎌原区により建立される。鎌原忠司識す。納められた遺骨は、昭和50年横町横沢寛様造成地男性2体（1体小児）、昭和54年観音堂石段5m下女性2体、昭和54年十日窪女性1体、昭和62年延命寺庫裏男性1体、昭和63年延命寺跡馬1頭。	鎌原観音堂奉仕会1992『天明の災にかがやく恩恵』p.52	供養	石造物	遺物
312	1975	昭和50	3月	鎌原老人老人クラブ有志が十日ノ窪を発掘調査、遺品を多数掘り出す。水差し、硯、鎌、砥石などの遺品30点余りは、鎌原観音堂に保存。十日窪の埋没家屋発掘（昭和50年3月の写真　『嬬恋村誌』p.1912）。	嬬恋村役場観光商工課・嬬恋村観光協会『鎌原観音堂と天明の浅間大噴火』（観光パンフレット）/『嬬恋村史』下1977 p.1912/ 浅間山麓埋没村落総合調査会・東京新聞編集局特別報道部1994「鎌原の被災 - 発掘小史」『嬬恋・日本のポンペイ』東京新聞出版局 p.241	供養	語り継がれる行為	遺物
313	1975	昭和50	3月末	鎌原地区老人クラブ16名、十日の窪地下3mから柱や日用品を発掘。県教委中止させ、学術調査に向け乗り出すことに、とコメント。	1975年4月12日付　読売新聞(19)	供養	語り継がれる行為	語り継がれる行為
314	1975	昭和50		「土地の持ち主が、炭焼窯を作ろうとして地面を掘っていたところ、何か埋没した家屋材らしいものを発見した。これを足掛かりに、昭和五十年、鎌原地区老人会有志の人たちが試掘して、地表面から四～五mのところから家屋材と家具の一部を発見、後は埋め戻していた」/「十日ノ窪」の発掘が試みられたが、志し半ばでストップがかけられた。戦後間もなく、十日ノ窪の畑地で炭焼がまを築いたときに土中から屋根瓦や柱が見つかり、このことを気にかけていた老人たちの間から「わしらでほってみよう」という声が上がった。地下1~3mから、梁材、硯、水差し、かいば桶などで、それらは、現在観音堂内に並んでいる30点余りがその時の出土遺物。「天明三年浅間焼け遺跡」として史跡指定されていることでむやみに着手することはできない。半分でかかった鉄鍋などは、再び土でおおわれた。	大石慎三郎1986『天明三年浅間大噴火』角川選書 p.154/ 浅間山麓埋没村落総合調査会・東京新聞編集局特別報道部1994/『嬬恋・日本のポンペイ』東京新聞出版局 p.34	口伝	語り継がれる行為	遺物
315	1975	昭和50		江戸時代の天明の飢饉（1782～86年）の際、太田市の高林地区の住民が米やアワ、ヒエを粉にして餅をつくり、地元の不動尊に供えて五穀豊穣や子宝を祈願、貴重な食料にしたという「焼き餅会」が22日、同地区の高林神社で行われた。戦後の一時期、途絶えていたが1975年、高林南、西、北町の老人会などを中心に復活、焼き餅会（富沢公晴会長）が神社の祈願祭に合わせて開いている。長野県の郷土食として知られる「おやき」に似た形で、米ともち米の粉を混ぜて水で練り、高菜やニンジンを刻んで炒めて包み、囲炉裏にかけた焙烙の上で焼く。焼き上げられた約600個は神社や不動尊に供えられたほか、地区役員や老人会の会員らが味わい、この1年の豊穣や健康を祈願した。	2012年2月22日付『上毛新聞』/「「天明の大飢饉」を偲ぶ高林神社・焼き餅の味」『週刊再現日本史』講談社2003 第91号 p38	語り継がれる行為	謝恩顕彰	行事
316	1976	昭和51	3月14日	村下西造成工事中、地下から浅間押し被害者である大人と子どもの遺体2体を発掘。鎌原の十日ノ窪で台地に接する崖下を造成中に、地下1.5mから重なり合うように埋まっていた3人の遺体が見つかり、掘り出された。警察でも「大噴火の被害者ではなかろうか」と推定された。遺骨は鎌原区の人々の手により、共同墓地に葬られた。	浅間山麓埋没村落総合調査会・東京新聞編集局特別報道部1994『嬬恋・日本のポンペイ』東京新聞出版局 p.34/ 嬬恋村役場観光商工課・嬬恋村観光協会『鎌原観音堂と天明の浅間大噴火』（観光パンフレット）	供養	石造物	語り継がれる行為
317	1976	昭和51		鎌原の老人の一人が炭を焼いていたところ、余熱で周辺がくすぶりはじめた。これは、伝えられている家屋の一部分ではないか…、それならば手掘りでやろうではないかと、…。県の文化財保護課からストップを喰ったわけです。…こういう経過をへて調査団による発掘となったように聞いております。	清水寥人1996『緑よみがえった鎌原』あさを社 p.24	口伝	語り継がれる行為	遺物
318	1976	昭和51		萩原進氏「一切の公職から解放され、」「噴火二百年記念に向けて著述、…後から研究される人たちに二度と史料捜しの苦行をやらなくてすむようにしてあげるのが自分に課せられた責任と思い…」	『浅間山天明噴火史料集成 II』萩原進1986 p.33	人物	史料	
319	1977	昭和52	1月	鎌原観音堂　建造物営繕　本堂屋根葺替　職人　山崎富吉。	鎌原観音堂奉仕会1992『天明の災にかがやく恩恵』pp.55-56	行事	語り継がれる行為	
320	1978	昭和53	8月	群馬県史編さん委員会・近世史部会、昭和53、54年度にかけて吾妻地方（資料編11北毛地域1）の資料調査の実施。昭和53年8月から翌8月にかけてのほぼ1年間の調査活動により、200家の文書調査実施。編纂委員会の近世部会は、「昭和五十四年近世史部会の目標は、「近世3」（北毛地域1）を年度内に刊行することであった。そのため前年度に引き続き四月から六月にかけて対象地域（被害の中心となった吾妻郡内）の調査がおこなわれた。	群馬県史編さん委員会1980「部会報告」『群馬県史研究』第12号 pp.83-85	史料		
321	1978	昭和53		鎌原観音堂　建造物営繕　本堂土台替　木材寄進　安済半次　土屋多賀雄　山崎金次郎　土木　須藤一雄　大工　佐藤　太一。	鎌原観音堂奉仕会1992『天明の災にかがやく恩恵』pp.55-56	行事	語り継がれる行為	語り継がれる行為
322	1978	昭和53		近年では、伊勢崎市戸谷塚に建てられた「天明地蔵尊」への参拝もおこなわれている。	上野勇1978『生きている民俗探訪　群馬』第一法規 p.157	供養	石造物	
323	1979	昭和54	7月26日	「浅間山麓埋没村総合調査会」（代表、児玉幸多学習院前学長）により第一次発掘調査始まる(~8月26日まで)。十日ノ窪からは埋没家屋が発見され、建材、調度品、台所用品、印籠、脇差し、銭差しに通した百数十枚の銅銭など、300余点の遺品と成人1体分遺骨が出土。また鎌原観音堂石段の掘削では50段が確認され、その最下段で老婆の遺骨と、老婆を背負って熱泥流をのがれようとした若い女の遺骨が見つかる。	嬬恋村役場観光商工課・嬬恋村観光協会『鎌原観音堂と天明の浅間大噴火』（観光パンフレット）/ 鎌原観音堂奉仕会1992「天明以来の名主区長表」『天明の災にかがやく恩恵』pp.58-63/ 浅間山麓埋没村落総合調査会・東京新聞編集局特別報道部1994「鎌原の被災 - 発掘小史」『嬬恋・日本のポンペイ』東京新聞出版局　p.241	語り継がれる行為	遺跡	
324	1979	昭和54	8月9日	第一次調査開始後、石段の発掘調査は、8月6日に開始された。9日に2体の遺体を確認。10~11日は参道脇の建物の移動に費やされ、その後、地元老人会により、2人にとっての200年目の通夜が営まれた。	清水寥人1996『緑よみがえった鎌原』あさを社 pp.50-51	語り継がれる行為	遺跡	展示

	西暦	和暦	月日	概要・関連事項	出典等	事例分類		
325	1979	昭和54	8月13日	見つかった二人の遺体は観音堂に上げて、13日9時から供養が行われ、地元老人会によって一晩の通夜が営まれた。「二百年目の悲願の達成」であった。（見つかった遺体は、昭和58年秋　天明三年浅間押流死者菩提塔が鎌原区により建立されそこに納められた。他に、昭和50年横町横沢寛氏造成地男性2体（1体小児）、昭和54年十日窪女性1体、昭和62年延命寺庫裏男性1体、昭和63年延命寺跡馬1頭）	関口ふさの『緑よみがえった鎌原』月刊上州路　別冊あさを社 p.7/ 鎌原観音堂奉仕会 1992『天明の災にかがやく恩恵』p.52	供養	語り継がれる行為	展示
326	1979	昭和54	9月27日	「本日、文化庁の長官が視察に見えられたそうですが…」 「この地区を国指定の文化財にするかしないか、そんなことを調べに来られたようですよ」	清水寥人 1996『緑よみがえった鎌原』あさを社 p.110	語り継がれる行為	遺跡	展示
327	1979	昭和54	8月	皇太子ご一家「十日ノ窪」発掘現場を見学。浩宮さま発掘調査に参加。	嬬恋郷土資料館開館30周年記念誌編集委員会 2013『開館30周年記念誌30年の歩み』pp.26-36	語り継がれる行為	遺跡	展示
328	1979	昭和54	8月	皇后さまが、鎌原地区を視察された際に、皇太子さまが調査会の発掘調査と一緒に発掘調査に参加された様子をご覧になり、「熱泥の埋めし天明の村のあと掘る人群に吾子（わこ）もまじれる」と詠んだ。	上毛新聞 2016年7月16日付	語り継がれる行為	遺跡	展示
329	1979	昭和54		1979~82年　鎌原村(現群馬県吾妻郡嬬恋村)観音堂の石段の下から女性の遺体発見、マスコミが大きく扱い、教科書に取り上げられる。	http://tunagaru-wa.jimdo.com/%E6%B4%BB%E5%8B%95%E5%A0%B1%E5%91%8A/%E6%9D%BE%E5%B0%BE%E7%BE%8E%E6%81%B5%E5%AD%90%E6%95%99%E6%8E%88-%E6%97%A5%E6%9C%AC%E5%8F%B2%E8%AB%96iii-%E8%BF%91%E4%B8%96-%E6%8E%88%E6%A5%AD%E5%A0%B1%E5%91%8A/%E5%A4%A9%E6%98%8E%E3%81%AE%E6%B5%85%E9%96%93%E5%B1%B1%E5%99%B4%E7%81%AB/	語り継がれる行為	遺跡	展示
330	1979	昭和54		上毛新聞　松島榮治氏執筆「地中の村から＝鎌原発掘レポート＝」連載される（全17回）。	嬬恋郷土資料館開館30周年記念誌編集委員会 2013『開館30周年記念誌30年の歩み』pp.26-36	語り継がれる行為	遺跡	展示
331	1980	昭和55	7月28日	浅間山麓埋没村落調査会第2次発掘調査始まる（~8月14日まで）。 7月28日安全祈願祭の後、測量開始。村内9ヶ所のトレンチ調査実施。	浅間山麓埋没村落総合調査会・東京新聞編集局特別報道部 1994「鎌原の被災―発掘小史」『嬬恋・日本のポンペイ』東京新聞出版局 p.241、153/ 嬬恋郷土資料館開館30周年記念誌編集委員会 2013『開館30周年記念誌30年の歩み』pp.26-36	語り継がれる行為	遺跡	
332	1980	昭和55		1981年刊行、概報の中で「最近地元では150段とも」（松島）。	『鎌原遺跡発掘調査概報』1981 p.8、41	口伝	遺構	展示
333	1981	昭和56	7月21日	浅間山麓埋没村落調査会（第3次）発掘調査始まる。 8月13日、3年越し、3次にわたる現地調査は、「十日ノ窪」の埋め戻しにより、ひとまずその幕を閉じる。「十日ノ窪」の埋め戻しの終了後、8月31日~1週間の予定で東京・箱根で開催された「国際火山会議」の参加者のうち、米・仏・スイス・インドネシア・フィリピンなど7ヶ国32人の火山学者・地質学者が現地を訪れ（9月6日）、国際的な関心が寄せられたことがうかがえる。	浅間山麓埋没村落総合調査会・東京新聞編集局特別報道部 1994『嬬恋・日本のポンペイ』東京新聞出版局 pp.86-187、241/ 嬬恋郷土資料館開館30周年記念誌編集委員会 2013『開館30周年記念誌30年の歩み』pp.26-36	語り継がれる行為	遺跡	復旧 復興
334	1981	昭和56	4月	鎌原観音堂　建造物営繕　薪小屋敷地借受　小屋建立 地主　宮崎トヨ子。	鎌原観音堂奉仕会 1992『天明の災にかがやく恩恵』pp.55-56	行事	語り継がれる行為	
335	1981	昭和56		長野原町で、昭和56年の総合グラウンド造成中に、浅間押しで全滅した新井村の生活用品が出土した。「山村地域若者定住環境整備モデル事業」総合グラウンド建設により、新井村（家屋6軒、24人『浅間山山津波記』）が確認される。新井村は、明治8年には廃村になったと考えられる。	清水寥人 1996『緑よみがえった鎌原』あさを社 pp.64-65/ 長野原町 1989『写真で見る長野原町100年のあゆみ』p.54	口伝	語り継がれる行為	展示
336	1981	昭和56		「闇を斬れ」、1981（昭和56）年4月7日~9月29日、フジテレビ系で放映。	萩原進 1983『上州こぼれ話』NHK前橋放送局	情勢	人物	
337	1981	昭和56		鎌原観音堂　建造物営繕　御籠堂修理　大塚土木（株）。	鎌原観音堂奉仕会 1992『天明の災にかがやく恩恵』pp.55-56	行事	語り継がれる行為	
338	1982	昭和57	8月5日	浅間焼け二百回忌法要、聖観音開眼。 「天明200回忌供養聖観音像」、韓国から取り寄せた白御影石製。 重さ15トンの観音像の開眼供養。 用地取得費用、像建造費など総額6700万円は、全額浄財をあてがう。 →昭和57年6月末聖観音は据えられた。	浅間山麓埋没村落総合調査会・東京新聞編集局特別報道部 1994「鎌原の被災―発掘小史」『嬬恋・日本のポンペイ』東京新聞出版局 p.197、241/ 嬬恋郷土資料館開館30周年記念誌編集委員会 2013『開館30周年記念誌30年の歩み』pp.26-36	行事	供養	石造物
339	1982	昭和57	3月	浅間山麓埋没村落調査会、発掘調査費用の交付を受けた文部省に調査の概要をまとめた報告書を提出。	浅間山麓埋没村落総合調査会・東京新聞編集局特別報道部 1994『嬬恋・日本のポンペイ』東京新聞出版局 p.187	語り継がれる行為	遺跡	石造物
340	1982	昭和57	5月末	二百回忌・江戸川区東小岩善養寺でも、二百回忌の観音開眼。 この年、住職の手により善養寺の和讃「浅間山焼け供養碑和讃」（昭和57年4月）がつくられ、供養碑が造立されている。 また、鎌原区の供養祭においては、遠く江戸川区東小岩の善養寺からの関係者との交流もおこなわれることになった。	萩原進 1982『天明三年浅間山噴火史』鎌原観音堂奉仕会 p.67/ 浅間山麓埋没村落総合調査会・東京新聞編集局特別報道部 1994『嬬恋・日本のポンペイ』東京新聞出版局 p.189/ 鎌原観音堂奉仕会 1992『天明の災にかがやく恩恵』p.68	供養	語り継がれる行為	展示
341	1982	昭和57		関越自動車道渋川伊香保インターチェンジ建設に伴い、渋川市教育委員会により中村遺跡の発掘調査が始まる。	『中村遺跡』渋川市教育委員会 1986	語り継がれる行為	遺跡	遺物

	西暦	和暦	月日	概要・関連事項	出典等	事例分類		
342	1982	昭和57		嬬恋郷土資料館用地賃貸借契約締結。建設工事（昭和57年4月~58年3月）	嬬恋郷土資料館開館30周年記念誌編集委員会2013『開館30周年記念誌30年の歩み』pp.26-36	行事	語り継がれる行為	
343	1982	昭和57		『天明3年(1783)浅間山大噴火による埋没村落（鎌原村）の発掘調査報告書』刊行。	嬬恋郷土資料館開館30周年記念誌編集委員会2013『開館30周年記念誌30年の歩み』pp.26-36	遺跡	展示	
344	1983	昭和58	秋	昭和58年秋　天明3年浅間押し流死者菩提塔が鎌原区により建立される。鎌原忠司識す。 納められた遺骨は、昭和50年横町横沢寛様造成地男性2体(1体小児)、昭和54年観音堂石段5m下女性2体、昭和54年十日窪女性1体、昭和62年延命寺庫裏男性1体、昭和63年延命寺跡馬1頭。	鎌原観音堂奉仕会1992『天明の災にかがやく恩恵』p.52	供養	石造物	石造物
345	1983	昭和58		鎌原村の檀家寺となっている長野原町小宿の常林寺では、天明の災禍に遭った穴谷観音の再興の開眼法要を挙行し、諸精霊の供養として、天明浅間押し二百年記念碑の建立がなされている。	萩原進1982『天明三年浅間山噴火史』鎌原観音堂奉仕会p.67	語り継がれる行為	供養	語り継がれる行為
346	1983	昭和58		二百回忌記念事業　「一村の供養ではなく、関係村々を含めての行事としたい」という森田村長の発意。	『群馬歴史散歩』48号1981p.7	行事	供養	語り継がれる行為
347	1983	昭和58		噴火200年のこの年、嬬恋村今井の吾妻川の川原で常林寺梵鐘の竜頭が発見された。（梵鐘は、明治43年発見。）	長野原町1989『写真で見る長野原町100年のあゆみ』p.54	語り継がれる行為	遺物	口伝
348	1983	昭和58		オカマノクチ。8月1日に行うところが多いが、鎌原では、旧盆の七月八日のことで、200年前 浅間山の噴火で鎌原村が全部埋まってしまった日にあたるので、おまんじゅうを作って仏さんに供える。	山崎金次郎1985「盆行事」『群馬歴史散歩』71/『嬬恋村史』下1977 p.1618	行事	語り継がれる行為	口伝
349	1983	昭和58		群馬県立文書館　10/15~11/30「浅間焼けの古文書展（特別展）」開催。	『文書館だより』1984第2号 p.6	語り継がれる行為	史料	展示
350	1983	昭和58		嬬恋郷土資料館開館。	嬬恋郷土資料館開館30周年記念誌編集委員会2013『開館30周年記念誌30年の歩み』pp.26-36	語り継がれる行為	展示	
351	1983	昭和58		イタリア文化財省ポンペイ遺跡総監督官チュルーリ・イレーリ女史外1名鎌原遺跡視察。	嬬恋郷土資料館開館30周年記念誌編集委員会2013『開館30周年記念誌30年の歩み』pp.26-36	語り継がれる行為	遺物	展示
352	1983	昭和58		噴火200年、萩原進70古希を迎え、昭和51年~の県史編さん室辞任。	『浅間山天明噴火史料集成Ⅰ』萩原進1985 p.21	人物	史料	
353	1984	昭和59		「天明三年浅間山大噴火150年忌法会　昭和7年9月13日公会堂において」等を記載する『鎌原学校百五年の歩み』刊行。	嬬恋村立鎌原小開校百五年事業実行委員会1984『鎌原学校百五年の歩み』	行事	語り継がれる行為	
354	1985	昭和60	6月	鎌原観音堂　建造物営繕　物置倉庫建立　地主　山崎章一。	鎌原観音堂奉仕会1992『天明の災にかがやく恩恵』pp.55-56	行事	語り継がれる行為	展示
355	1985	昭和60		第一次延命寺発掘調査（本堂の確認）。	嬬恋郷土資料館開館30周年記念誌編集委員会2013『開館30周年記念誌30年の歩み』pp.26-36	語り継がれる行為	遺跡	
356	1985	昭和60		~1995　萩原進、昭和17年待望の処女出版『浅間山風土記』を刊行。昭和15年4月専攻科を卒業後、前橋市立桃井小学校に赴任。その後、天明三年浅間山噴火史を大成しようと決心したのは、昭和51年群馬県史編纂室嘱託を辞してから。萩原、半世紀の歩み、昭和60年(1985)『浅間山天明噴火史料集成Ⅰ』(群馬県文化事業振興会)刊行なる。(『浅間山天明噴火史料集成Ⅴ』刊行1995)	萩原進1985『浅間山天明噴火史料集成Ⅰ』群馬県文化事業振興会pp.18-22	人物	史料	
357	1986	昭和61		第二次延命寺発掘調査（庫裏の確認）。	嬬恋郷土資料館開館30周年記念誌編集委員会2013『開館30周年記念誌　30年の歩み』pp.26-36	語り継がれる行為	遺跡	展示
358	1987	昭和62		昭和62年延命寺庫裏男性1体の発見。	鎌原観音堂奉仕会1992『天明の災にかがやく恩恵』p.52	供養	石造物	語り継がれる行為
359	1987	昭和62		第三次延命寺発掘調査（敷地と納屋の確認）。	嬬恋郷土資料館開館30周年記念誌編集委員会2013『開館30周年記念誌30年の歩み』pp.26-36	語り継がれる行為	遺跡	展示
360	1988	昭和63	7月31日	1988（昭和63）年7月31日、同保存会の会長だった髙橋作右衛門さんが、漢文で彫られている「庄川杢左衛門頌徳碑」の碑文を、口語文に訳した石碑を、同碑の左隣に建立。	http://www.sukikuru.net/cdb/modules/soapbox/article.php?articleID=56	謝恩顕彰	語り継がれる行為	語り継がれる行為
361	1988	昭和63		昭和63年延命寺跡馬1頭の発見。	鎌原観音堂奉仕会1992『天明の災にかがやく恩恵』p.52	供養	石造物	展示
362	1988	昭和63		第四次延命寺発掘調査（出土品整理・研究）。	嬬恋郷土資料館開館30周年記念誌編集委員会2013『開館30周年記念誌30年の歩み』pp.26-36	語り継がれる行為	遺跡	石造物
363	1989	平成元~2		甘楽町　天引向原遺跡　発掘調査で「灰掻き山」下から天明三年の畑跡が検出された。（地上集積タイプ）	群馬県埋蔵文化財調査事業団1997『白倉下原・天引向原遺跡Ⅴ』	語り継がれる行為	遺跡	遺構
364	1990	平成2		第五次延命寺発掘調査（南方限界等の確認・庫裏の再確認）。鬢出土。	嬬恋郷土資料館開館30周年記念誌編集委員会2013『開館30周年記念誌30年の歩み』pp.26-36	語り継がれる行為	遺跡	展示
365	1990	平成2		雲仙普賢岳の噴火継続（平成2~7年）。	渡辺尚志2003『浅間山大噴火』吉川弘文館p.188	災害の繋がり		
366	1991	平成3		第六次延命寺発掘調査（本堂位置の再確認）。	嬬恋郷土資料館開館30周年記念誌編集委員会2013『開館30周年記念誌30年の歩み』pp.26-36	語り継がれる行為	遺跡	展示
367	1991	平成3		嬬恋村(群馬)から島原へ　キャベツ約10トン早速、避難住民に配布。普賢岳噴火の際　浅間押し復旧の際に世話になった恩返しに九州細川へキャベツ送る　美談　雲仙普賢岳噴火の大災害の時、嬬恋村が新鮮なキャベツと見舞金を長崎県島原に届けた事。当時の森田村長は、その時、私たちも昔、天明の浅間大噴火の際、この地から大変な見舞金をもらって助けられた、その恩返です と語った。	1991年7月4日付長崎新聞/http://www.sevo.kyushu-u.ac.jp/sevo/reports/1991/reports91.html 丸山不二夫2010/『加部安左衛門』みやま文庫p.133	災害の繋がり		

	西暦	和暦	月日	概要・関連事項	出典等	事例分類		
368	1992	平成 4	8 月 5 日	観音堂奉仕会発足、今年で 18 年、浅間押し以来二百十年。会長土屋長十郎　冊子『天明の災にかがやく恩恵』平成 4 年 8 月 5 日発行。	鎌原観音堂奉仕会 1992『天明の災にかがやく恩恵』pp.55-56	語り継がれる行為	災害の繋がり	
369	1992	平成 4		災害から 209 年後、鎌原は 100 戸へ。	『群馬歴史散歩』113 1992	復旧復興	口伝	語り継がれる行為
370	1992	平成 4		観音堂奉仕会によって、謝恩・顕彰・顕彰碑（二百十回忌）が建立された。	鎌原観音堂奉仕会 1992『天明の災にかがやく恩恵』pp.58-63「天明以来の名主区長表」	行事	供養	
371	1992	平成 4		文化 10 年 6 月〔鎌原村復興絵図〕再発見。	『群馬歴史散歩』113 1992	史料	口伝	行事
372	1992	平成 4		鎌原観音堂　建造物営繕　御籠堂及び十王堂屋根替屋根職 山崎富吉　大工 山崎順一　グシ・トタン 篠原紀一 足場組み 橋爪良次	鎌原観音堂奉仕会 1992『天明の災にかがやく恩恵』pp.55-56	行事	語り継がれる行為	
373	1992	平成 4		嬬恋郷土資料館入館者 50 万人達成。	嬬恋郷土資料館開館 30 周年記念誌編集委員会 2013『開館 30 周年記念誌 30 年の歩み』pp.26-36	遺跡	遺物	展示
374	1993	平成 5		『嬬恋村の石造物』刊行（天明三年関係石造物含む）。	嬬恋郷土資料館開館 30 周年記念誌編集委員会 2013『開館 30 周年記念誌 30 年の歩み』pp.26-36	石造物	史料	供養
375	1995	平成 7		雲仙普賢岳の噴火この年まで継続（平成 2~7 年）。	渡辺尚志 2003『浅間山大噴火』吉川弘文館 p.188	災害の繋がり		
376	1997	平成 9	1 月 20 日	元甲波宿祢神社、久保内・馬場遺跡は、吾妻川右岸の段丘上に位置し、上越新幹線がすぐ西側を走っている。市内の業者が遺跡を含む 7,000㎡の畑で砂利採取を予定したため、渋川市教委が試掘調査をおこない、2m の天明泥流堆積物下で、南北 13m の社殿の基壇を確認し、1997 年 1 月 20 日 ~3 月 31 日にかけて発掘調査がおこなわれた。	渋川市教育委員会 1998『久保内・馬場遺跡』	語り継がれる行為	遺跡	展示
377	2002	平成 14		高谷洋一氏の絵画「浅間山焼け図」が嬬恋郷土資料館へ寄贈される。	嬬恋郷土資料館開館 30 周年記念誌編集委員会 2013『開館 30 周年記念誌 30 年の歩み』pp.26-36	災害の繋がり	展示	
378	2006	平成 18		「獅子にかまれ　元気に育って　神栖の神社」茨城新聞：益田神社の獅子舞獅子 (茨城県神栖市波崎)。神栖市波崎の舎利地区に 200 年以上前から伝わる市指定無形民俗文化財「益田神社獅子舞」。獅子舞の始まりは 1783 年この年に長野県と群馬県にまたがる浅間山が噴火し、火山灰が波崎にまで降り注いで凶作となったことを「神様の怒りだ」と考えた農民が、怒りを鎮めようと始めたという。現在は 2 月と 9 月の年 2 回行われ、無病息災や五穀豊穣を祈願するものとなっている。この獅子舞が 2006 年、鎌原観音堂で奉納された。きっかけは旧波崎町の小学生らが群馬県嬬恋村を毎夏訪ねていた交流事業。獅子舞の由来を聞かされた鎌原の人たちは驚き、ともに喜んだという。	2015 年 9 月 7 日付　茨城新聞 http://kitakan-navi.jp/archives/824	語り継がれる行為	口伝	行事
379	2006	平成 18		中央防災会議災害教訓の継承に関する専門調査会『1783 天明浅間山噴火報告書』完成。	嬬恋郷土資料館開館 30 周年記念誌編集委員会 2013『開館 30 周年記念誌 30 年の歩み』pp.26-36	本質岩塊	史料	語り継がれる行為
380	2006	平成 18		嬬恋郷土資料館松島榮治館長退任。翌年から名誉館長に就任。	嬬恋郷土資料館開館 30 周年記念誌編集委員会 2013『開館 30 周年記念誌 30 年の歩み』pp.26-36	人物	遺跡	
381	2008	平成 20	4 月	三原三十四番霊場の三十三番札所、長野原町林字下原にある下田観音堂（林 7）はダム建設に伴う水没のため林字中原へ一部部材を使用し移設。その際に確認された開眼供養の奉納札には、「寛政 4（1792）年 6 月良山道心が新たに本尊堂と立っていた二尊を建てることができた」と記されていることが確認された。	長野原町教育委員会 2012「5 地区の石造物及び神社・社宇・堂宇の移設等保存移設について」『長野原町の文化財調査報告書Ⅰ』p.157	語り継がれる行為	復旧復興	
382	2008	平成 20	4 月	川原畑三ツ堂　馬頭観音（116） 水没地のため新三ツ堂石造物群へ移設（川原畑字鈴）。	長野原町教育委員会 2012「5 地区の石造物及び神社・社宇・堂宇の移設等保存移設について」『長野原町の文化財調査報告書Ⅰ』p.77	語り継がれる行為	石造物	
383	2010	平成 22	11 月	百体観音堂建立の元映上人の頌徳碑「百観音剏主元映師墓志銘」を、残された拓本を元に再建。台石は、天保 11（1840）年のもの。	配布パンフレット「百体観音堂創建元映上人頌徳碑」	供養	語り継がれる行為	復旧復興
384	2011	平成 23		「ケイホツ」「ダシツチ」と呼ばれる作業。 最大 2m もある堆積土を取り除く作業の跡も圃場整備などで姿を消していく。細谷地区区画整理により、東吾妻町三島地内でも姿を消していった。	20111015 現地踏査	復旧復興	口伝	語り継がれる行為
385	2011	平成 23		ポンペイの噴火犠牲者の人型寄贈、展示開始。	嬬恋郷土資料館開館 30 周年記念誌編集委員会 2013『開館 30 周年記念誌 30 年の歩み』pp.26-36	災害の繋がり		
386	2012	平成 24	8 月 6 日	鎌原観音堂にて二百三十回忌供養祭。		行事	供養	語り継がれる行為
387	2012	平成 24		嬬恋村：火山噴火が縁で友好都市提携　イタリア・ポンペイと交渉へ。 嬬恋村の熊川栄村長は 26 日、イタリア南部のポンペイ市でクラウディオ・ダレッシオ市長と会談し、友好都市提携の予備交渉に入る。同村は浅間山麓（さんろく）で火山と共生してきたことから、紀元 79 年のベズビオ山の噴火で知られる同市と連携することで、災害の教訓を共に語り継いでいく狙いがある。ポンペイ市はナポリ市の近郊に位置し、古代ローマの一都市として栄えたが、噴火で埋没した。18 世紀の発掘で古代の壁画や建造物が多数見つかり、1997 年には世界遺産登録されて世界有数の観光地になっている。一方、嬬恋村では 1783 年に「天明の浅間押し」と呼ばれる大噴火があり、旧鎌原村の 118 戸 477 人が火砕流にのみ込まれた。鎌原観音堂に逃げた 93 人が生き残って村を再建。嬬恋村は 1983 年、観音堂の隣に郷土資料館を造り、発掘された遺品などを展示している。イタリア文化財省のポンペイ遺跡総監督官が同年、観音堂に視察に訪れて以来、同村は「日本のポンペイ」と自称。村民の自治組織である区長会が、88 年から 05 年にかけて計 10 回ポンペイを視察するなど、草の根の交流を図ってきた。熊川村長は「ぜひとも友好都市提携を実現させ、相互訪問などを通じて村を活性化させたい」と話している。	2012 年 1 月 25 日付 毎日新聞【奥山はるな】http://headlines.yahoo.co.jp/hl?a=20120125-00000107-mailo-l10	災害の繋がり		

	西暦	和暦	月日	概要・関連事項	出典等	事例分類		
388	2013	平成25	10月5日	嬬恋郷土資料館開館30周年記念式典を開催。	嬬恋郷土資料館開館30周年記念誌編集委員会2013『開館30周年記念誌30年の歩み』pp.26-36	行事	語り継がれる行為	
389	2013	平成25	7月	嬬恋、ポンペイの友好都市　正式調印再び延期　財政危機で来日できず「当面、絵画の交換を継続しておこなっていく。お金のかからない交流を通して関係を深めながら、準備をすすめたい」と話し、訪問を待つ考えだと報じられる。	2013年7月16日付　上毛新聞	災害の繋がり		展示
390	2013	平成25		天皇皇后両陛下が嬬恋郷土資料館へ来館される。 「熱泥の埋めし天明の村のあと掘る人群に吾子（わこ）もまじれる」と呼んだ句が収録された御歌集『瀬音』を資料館見学の折り紹介、句の存在が知られるところとなった。	嬬恋郷土資料館開館30周年記念誌編集委員会2013『開館30周年記念誌30年の歩み』pp.26-36 2016年7月16日付　上毛新聞	語り継がれる行為	展示	
391	2016	平成28	7月15日	嬬恋村が建立した「皇后陛下御歌碑」の除幕式が嬬恋郷土資料館で関係者41人により執り行われ、「新たな財産」の完成を祝った。	2016年7月16日付　上毛新聞	語り継がれる行為	展示	石造物
392	2016	平成28		「233年前のご恩忘れない」のリード文で嬬恋村から熊本地震の被災地南阿蘇村に義援金が送られた。住民から「ご先祖がお世話になったお返しがしたい」との声があがり、募金が開始した。鎌原区380戸に区の役員名の呼びかけに対して集まった52万円と嬬恋村で募った寄付をあわせた163万円余りが「熊本のみなさんの尊いご恩を忘れずにいます」という手紙を添えられて送られた、と報じられる。当時、御手伝い普請として、熊本藩から10万両（現在の100億に相当、うち鎌原村へ700両余りが割り振られた）の拠出が命じられた。	2016年8月2日付　朝日新聞	災害の繋がり		

（情報集約・検索は、2017年12月現在）

＜著者紹介＞
関　俊明（せき　としあき）

1963年生まれ。群馬県東吾妻町在住。
群馬大学教育学部卒業。
平成28年度國學院大學大学院文学研究科史学専攻博士課程後期修了。
博士（歴史学）。

県内小中学校勤務を経て、現在、群馬県埋蔵文化財調査事業団に勤務。
2004～2005年内閣府中央防災会議「災害教訓の継承に関する専門調査会」小委員会委員。

〔著書〕
『浅間山大噴火の爪痕—天明三年浅間災害遺跡—』2010、新泉社
『1783天明泥流の記録』（共著）2016、みやま文庫

※本書初版の刊行にあたっては國學院大學課程博士論文出版助成金の交付を受けた。

平成30年1月25日初版発行
令和 2年3月25日普及版発行

【普及版】
災害《さいがい》を語《かた》り継《つ》ぐ—複合的視点《ふくごうてきしてん》からみた天明《てんめい》三年《さんねん》浅間《あさま》災害《さいがい》の記憶《きおく》—

著　者　関　俊明

発行者　宮田哲男

発行所　株式会社 雄山閣

〒102-0071　東京都千代田区富士見2-6-9
電話 03-3262-3231㈹　FAX 03-3262-6938
http://www.yuzankaku.co.jp
E-mail　info@yuzankaku.co.jp
振替：00130-5-1685

印刷・製本　株式会社ティーケー出版印刷

ISBN 978-4-639-02704-1　C3021
N.D.C.213　400p　22cm